“十三五”国家重点出版物出版规划项目
面向可持续发展的土建类工程教育丛书
土木工程研究生系列教材

结构动力学

第2版

刘晶波　杜修力　主编
刘晶波　杜修力　李宏男　李鸿晶　编著
欧进萍　主审

机械工业出版社

本书是土木工程研究生系列教材之一。

作为对第1版的传承和发展，本版总体框架与第1版保持一致，只对相关内容进行了修订、更新和补充，突出了基础性与前瞻性兼顾、通用性与专业性统筹、对学生的知识储备与运用能力并重等特点。

本书在介绍基本概念和基本理论的同时，注重介绍本书所涉及领域的前沿动态和存在的关键性问题，注重对读者解决问题能力的培养和研究发展方向的指点。

本书首先简要介绍分析动力学基础及运动方程的建立，然后通过对单自由度体系、多自由度体系和分布参数体系的系列介绍，读者可以系统掌握结构动力学的基本理论和分析方法，最后通过对结构动力问题分析中的数值分析方法、离散化分析、随机振动分析及结构动力学专题的系列介绍，读者可以初步具有分析和解决结构动力学的理论研究和实际工程问题的能力。

本书可作为大土木专业研究生的教材和从事土木工程研究的技术人员学习参考书。

图书在版编目（CIP）数据

结构动力学/刘晶波，杜修力主编. —2版. —北京：机械工业出版社，2021.8（2022.10重印）

（面向可持续发展的土建类工程教育丛书）

"十三五"国家重点出版物出版规划项目　土木工程研究生系列教材

ISBN 978-7-111-68793-1

Ⅰ.①结…　Ⅱ.①刘…②杜…　Ⅲ.①结构动力学-高等学校-教材　Ⅳ.①O342

中国版本图书馆CIP数据核字（2021）第149702号

机械工业出版社（北京市百万庄大街22号　邮政编码100037）

策划编辑：刘　涛　责任编辑：刘　涛　任正一

责任校对：王明欣　封面设计：张　静

责任印制：张　博

中教科（保定）印刷股份有限公司印刷

2022年10月第2版第2次印刷

184mm×260mm · 20印张 · 491千字

标准书号：ISBN 978-7-111-68793-1

定价：69.80元

电话服务	网络服务
客服电话：010-88361066	机　工　官　网：www.cmpbook.com
010-88379833	机　工　官　博：weibo.com/cmp1952
010-68326294	金　　书　　网：www.golden-book.com
封底无防伪标均为盗版	机工教育服务网：www.cmpedu.com

第2版前言

教材建设是一项需要长期积累和不断更新的工作，既需要精益求精，又要不断探索和创新。《结构动力学》作为土木工程研究生系列教材之一，具有选材得当、由浅入深、循序渐进的特点，实践证明它不仅适合教学，也是相关专业工程技术人员重要的参考书，深受高校教师、学生和工程技术人员的欢迎，已被国内多所高等院校采纳为研究生和高年级本科生的教科书，拥有广泛的读者基础。

自第1版出版以来，研究生的教育培养目标和模式已在社会需求的推动下发生了较大的变化，需要在教材内容的编制上做出相应的调整。知识也在不断丰富和完善，工程实践对知识点的要求也发生了相应的变化。此外，作者在教学和研究工作中积累了很多新的心得体会，相关从业者在实践应用中也对本书提出了不少意见和建议。这些因素促成了本次对《结构动力学》教材的修编。

修编中，作者对第1版进行了修订、更新和扩充，以期取得内容更加全面系统、编排更加紧凑流畅的效果，从而突出基础性与前瞻性兼顾、通用性与专业性统筹、对学生的知识储备与运用能力并重等特点。作为对第1版的传承和发展，本版总体安排保持了与第1版的一致性，主要的更新和变化包括：

第2章补充了泛函和变分的基本概念，补充了多自由度体系运动方程的建立和自由度缩减等内容。

第3章补充了滞变阻尼体系动力放大系数及共振频率的内容，增加了采用离散 Fourier 变换方法进行结构动力反应分析的实例。

第5章扩充了平均加速度法和线性加速度法求解运动方程的具体过程。给出了采用传递矩阵谱半径（特征值方法）分析时域逐步积分方程稳定性的完整证明。

第6章将原内容整合为体系运动微分方程、梁的自由振动分析和动力反应分析、分布参数体系振动分析及简支梁在移动荷载作用下振动等5节。

第7章将基于分布参数体系表述的 Rayleigh 法、Rayleigh-Ritz 法修改为基于离散体系的表述形式；补充了 Lanczos 方法等。

第 8 章补充了连续介质结构有限元动力分析。

除此之外，作者总结提炼多年授课教学过程中学生提问较多的问题和作者的思考收获，以思考题的形式补充在相应章节内容后面，期望激起学生深入探索的兴趣，引导学生自主开展研究。

希望本次修订后的教材将会在研究生课程教学中发挥更好的作用，并成为更完善、实用的从事相关领域科研和实践工作人员的参考书。

本书第 1 章、第 3 章和第 5 章由刘晶波执笔修订，第 2 章、第 4 章和第 8 章由杜修力执笔修订，第 6 章和第 9 章由李鸿晶执笔修订，第 7 章和第 10 章由李宏男执笔修订。全书由刘晶波、杜修力定稿。青年教师宝鑫、聂鑫、王丕光、许坤、张仁波、陈盈等在书稿校对、插图等方面做了大量的工作。

由于作者水平有限，本书疏漏之处在所难免，欢迎读者批评指正。

作　者

2021 年 2 月于北京

第1版前言

本书为土木工程研究生结构动力学教材。本书作者多年来从事结构动力学或相关课程的教学工作，编写了多部《结构动力学》校内教材，在此基础上编写了本书。本书在选材上注重基础理论和基本概念，同时注重培养读者解决理论研究和工程问题的能力，在介绍结构动力学基础知识的同时，也介绍该研究领域的前沿动态和存在的关键性问题。在本书的编写中，作者力求避免内容、论述和思路跳跃过大，使初学者难以理解的弊病；内容的安排上力求循序渐进、由浅入深、系统性和层次感突出，易于理解和自学；避免内容过于偏重某一专业，对基本原理和方法予以全面介绍，使内容有较宽的涵盖面，适用于大土木专业研究生的学习和教学，使学习的知识具有较强的通用性，并能在一定程度上反映结构动力学研究的新成果。为配合教学，本书安排了适当的例题和习题，以利于对课程内容的理解和掌握。

本书系统介绍了结构动力学基础理论知识和分析方法。通过单自由度体系、多自由度体系和分布参数体系的系列介绍，学生能够系统掌握结构动力学的基本理论和分析方法；通过结构动力问题分析中的数值分析方法、离散化分析和随机振动分析的系列介绍，学生可以初步具备分析和解决理论研究和实际工程问题的能力；通过介绍若干重要的前沿研究成果，学生能较迅速接触到结构动力学研究领域的前沿。本书主要内容包括：①结构动力学概述：结构动力分析的目的，动力荷载类型，结构动力计算的特点，结构离散化方法；②运动方程的建立方法：基本动力体系，D'Alembert 原理，虚位移原理，Hamilton 原理，运动的 Lagrange 方程，重力的影响，地基运动的影响；③单自由度体系：自由振动、对简谐荷载、周期荷载和任意荷载的反应，自振频率、自振周期，阻尼比，对数衰减率，振动中的能量，共振，动力放大系数，结构黏性阻尼比的确定，复阻尼理论，振动的测量，隔振（震）原理，Duhamel 积分，Fourier 变换，反应谱；④多自由度体系：运动的特征方程和频率方程，振型的正交性，振型叠加法，结构中的阻尼和阻尼矩阵的构造，振型加速度方法和静力修正法；⑤分布参数体系：梁的偏微分运动方程，自振频率和振型，剪切变形和转动惯性的影响，振型的正交性，梁的动力反应，均直梁轴向振动分析，分布参数结构动力分析；⑥数值分析方法：结构动力反应数值分析的显式方法和隐式方法，结构非线性反应，数值算法中的基本问题；⑦实用振动分析：Rayleigh 法，Rayleigh-Ritz 法，矩阵迭代方法，Jacobi 迭代法，子空间迭代法；⑧离散化分析：建筑物的模型化，变分直接法，加权残值法，动力有限元方法，动力有限元法的模拟精度和误差；⑨随机振动分析：不确定性理论概述，随机过程及其时域和频域特征，功率谱密度函数，窄带与宽带随机过程，几种常见的地面运动随机过程，线性单自由度和多自由度体系随机反应，虚拟激励法，结构随机反应分析的状态空间法；⑩专题介绍：结构地震反应分析中的多点、多维输入问题，复模态分析方法，动态子结构法，结构动力分析中的物理非线性和几何非线性问题，结构动力参数识别和动力检测。

本书共10章，其中第1章、第3章和第5章由刘晶波执笔，第2章、第4章和第8章由杜修力执笔，第6章由夏禾执笔，第7章和第10章由李宏男执笔，第9章由李鸿晶执笔。全书由刘晶波、杜修力定稿。研究生王艳、刘阳冰、谷音、刘琳、赵密在书稿的校对、习题和插图等方面做了大量工作。

本书主审欧进萍院士仔细阅读了全部书稿，并提出了十分有益的建议和修改意见。

由于作者水平有限，本书在内容安排和各章节的衔接上还有考虑不周之处，疏漏和错误也在所难免，欢迎读者批评指正。

作　者

2004年秋

主要符号表

A	面积
$[C]$	阻尼矩阵
C	阻尼系数，协方差
c	波速
C_{n}	振型阻尼
c_{cr}	临界阻尼系数
c_{ij}	阻尼矩阵中的元素
E	弹性模量
EI	梁截面抗弯刚度
E_{D}	一个振动循环内阻尼引起的能量耗散，即阻尼力做的功
E_{I}	一个振动循环内外力做的功
E_{S}	一个振动循环内弹性力做的功
E_{K}	一个振动循环内惯性力做的功
f	频率（Hz）
f_{n}	自振频率（Hz）
f_{I}	惯性力
f_{D}	阻尼力
f_{S}	弹性或非弹性的（弹簧）恢复力
f_{Nyquist}	Nyquist 频率
G	剪切模量
$H(\mathrm{i}\omega)$	复频反应函数
$h(t)$	单位脉冲反应函数
i	虚数单位
I	截面惯性矩
J	截面转动惯量
$[K]$	刚度矩阵
K_{n}	振型刚度
k	刚度

k_{ij}	刚度矩阵中的元素
k_{θ}	弯曲（扭转）刚度
$[M]$	质量矩阵
M_{n}	振型质量
M	集中质量、质量线密度，弯矩
m	质量线密度
m_{ij}	质量矩阵中的元素
mr^{2}	转动惯量
N	轴力，自由度数
p_{0}	简谐荷载的幅值
p，$\{p\}$	外荷载，外荷载向量
p_{n}	振型荷载
$P(\omega)$	荷载的 Fourier 谱
Q	广义力
q	广义坐标
r	回转半径（截面惯性半径）
R	相关函数
S	约束反力，功率谱密度
S_{d}	位移反应谱
S_{a}	加速度反应谱值
$R_{d}(\omega)$	动力放大系数
TR	传递率
T	周期，动能
T_{n}	自振周期
T_{D}	阻尼体系自振周期
t	时间
t_{d}	脉冲作用时间
$\{u\}$	位移向量
$u(0)$	初始位移
$\dot{u}(0)$	初始速度
u	位移
u_{st}	等效静位移
u_{0}	简谐位移的幅值
$\dot{u}$	速度
$\ddot{u}$	加速度

u_{g}	地面运动位移
$\ddot{u}_{\mathrm{g}}$	地面运动加速度
$U(\omega)$	位移的 Fourier 谱
V	应变能，势能，剪力
W	功
W_{nc}	非保守力做功
x	坐标，输入荷载
y	坐标，位移反应
α	地震影响系数
β	地震动力系数
ζ	阻尼比
ζ_{cr}	临界阻尼比
ζ_n	n 阶振型阻尼比
η	滞变阻尼参数
γ	剪应变、剪切角
ω	圆频率，外荷载频率
ω_{n}	自振圆频率
ω_n	n 阶自振圆频率
ω_{D}	阻尼体系自振圆频率
$\omega/\omega_{\mathrm{n}}$	频率比
ϕ	相位角
$\{\phi\}_n$	n 阶振型
$[\phi]$，$[\Phi]$	振型矩阵
μ	均值
σ	正应力，均方差
ρ	质量密度，谱半径
θ	转角，相位角
τ	时间，时间间隔
$\delta(t)$	单位脉冲，δ 函数
Δt	时间步长
Δ_{st}	静位移

目录

第1章 概述

1

1.1 结构动力分析的目的

自然界中，除静力问题外，还存在大量的动力问题。例如，地震作用下建筑结构的振动问题，机器转动产生的不平衡力引起的机器基础的振动问题，风荷载作用下大型桥梁、高层结构的振动问题，车辆运行中由于路面不平顺引起的车辆振动及车辆引起的路面振动问题，爆炸荷载作用下防护工事的冲击动力反应问题等，量大而面广。

虽然在一般情况下，对结构设计和结构分析而言，静力问题是首先要面对的，而且是问题的主要方面，但有时动力荷载引起的破坏却是致命的，是引起结构毁灭性破坏的主要原因。例如，地震引起的结构倒塌破坏；风振引起的大桥破坏；飞机撞击核电站、大楼等，其造成破坏和损失的程度远胜于静力荷载。因此，在工程结构的研究、设计和安全性评价时，进行结构的动力反应分析是重要的。虽然在某些结构设计规范或结构动力反应分析中，为简化起见，采用了一些拟静力计算方法，例如，结构抗震规范中的反应谱法，抗风分析中用等效静力形式的风压代替实际的风压。但在这些方法中仍必须进行结构动力分析，如需要确定结构的自振周期，而在多自由度体系的反应谱法分析时还需要确定结构振型等。

结构动力分析的目的是确定动力荷载作用下结构的内力和变形，并通过动力分析确定结构的动力特性。结构动力学是研究结构体系的动力特性及其在动力荷载作用下的动力反应分析原理和方法的一门理论和技术学科，该学科的目的在于为改善工程结构体系在动力环境中的安全性和可靠性提供坚实的理论基础。

1.2 动力荷载的类型

引起结构静力反应和动力反应不同的原因是荷载的不同。根据荷载是否随时间变化，或随时间变化速率的不同，可以把荷载分为**静力荷载**和**动力荷载**两大类。静力荷载是大小、方向和作用点不随时间变化或缓慢变化的荷载，如结构的自重、雪荷载等；动力荷载是随时间快速变化或在短时间内突然作用或消失的荷载。荷载随时间变化是指其大小、方向或作用点随时间改变，其中作用点随时间变化的荷载称为移动荷载，如车辆荷载。

根据荷载是否已预先确定，动力荷载可以分为两类：**确定性（非随机）荷载和非确定性（随机）荷载**。此处，预先的含义是指在进行结构动力分析之前。

确定性荷载是荷载随时间的变化规律已预先确定，是完全已知的时间过程；非确定性荷载是荷载随时间的变化规律预先不可以确定，是一种随机过程。根据这两类动力荷载的不同，结构动力分析方法可划分为确定性分析和随机振动分析两类。当不考虑结构体系的不确定性时，选用哪种分析方法将依据荷载的类型而定。

应注意的是，随机的含义是指非确定的，而不是指复杂的；简单的荷载可以是随机的，而复杂的荷载也可以是确定性的。例如，振幅 A 或初始相角 ϕ 具有不确定性的简谐荷载

$$F(t)=A\sin(\omega t-\phi)$$

虽然其形式极为简单，但它是随机的。而对于已记录到的地震或脉动风引起的作用于建筑结构的地震作用或风荷载，虽然其随时间变化规律非常复杂，但当用于结构动力反应分析时，则属于确定性荷载。当然，建筑物未来遭遇的地震作用、风荷载是未知的，在将来任一段时间内的确切量值是无法事先确定的，属于随机荷载。对于地震作用和风荷载而言，一个确定的记录相当于随机事件的一个样本，每一个具体的样本都是确定的，但所有样本的集合反映出事件的随机性。

根据荷载随时间的变化规律，动力荷载一般可以划分为两类，即周期荷载和非周期荷载。而根据结构对不同荷载的反应特点或采用的动力分析方法的不同，周期荷载又可分为简谐荷载和非简谐周期荷载，非周期荷载又分为冲击荷载和一般任意荷载。

1. 简谐荷载

荷载随时间周期性变化，并可以用简谐函数来表示，如 $F(t)=A\sin\omega t$ 或 $F(t)=B\cos\omega t$。简谐荷载作用下结构的动力反应分析是重要的，因为不仅实际工程中存在这类荷载，而且由于非简谐的周期荷载可以用一系列简谐荷载的和来表示，这样，一般周期荷载作用下结构的动力反应问题可以转化为一系列简谐荷载作用下的反应问题，而且结构对简谐荷载的反应规律也可以反映出结构的动力特性。

2. 非简谐周期荷载

荷载随时间做周期性变化，是时间 t 的周期函数，但不能简单地用简谐函数来表示。例如，平稳情况下波浪对堤坝的动水压力，轮船螺旋桨产生的推力等。

3. 冲击荷载

荷载的幅值（大小）在很短时间内急剧增大或急剧减小。例如，爆炸引起的冲击波、突加重量等。

4. 一般任意荷载

荷载的幅值变化复杂，难以用解析函数表示。例如，由环境振动引起的地脉动、地震引起的地震动，以及脉动风引起的结构表面的风压时程等。

图 1-1 给出了以上四种类型荷载的时程曲线。

对于不同类型的动力荷载，可以采用不同的方法进行结构动力反应分析，例如，在简单结构体系情况下，对于简谐荷载作用下结构的动力反应问题，可以采用解析方法进行分析，以获得结构反应的解析表达式，更易于获得结构的动力反应规律和结构的动力特性；对于非简谐周期荷载，则可以采用傅里叶（Fourier）级数展开，将其化为一系列简谐荷载之和，再借助简谐荷载作用下结构反应的解析解，得到非简谐周期荷载作用下结构动力反应的级数解；对于爆炸荷载，有时可以采用一些简化的方法评估结构的最大反应；对于一般任意荷载，往往需要采用数值分析方法进行计算，给出结构动力反应的数值解。

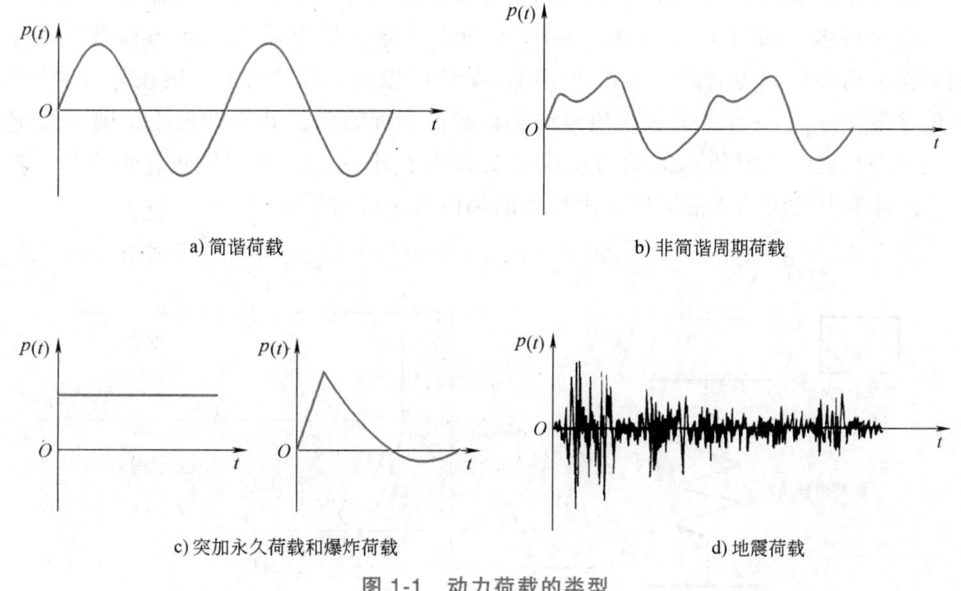

a) 简谐荷载　　b) 非简谐周期荷载

c) 突加永久荷载和爆炸荷载　　d) 地震荷载

图 1-1　动力荷载的类型

1.3　结构动力计算的特点

与静力问题相比，结构动力计算的特点反映在两个方面：

1）动力反应要计算全部时间点上的一系列解，比静力问题复杂且要消耗更多的计算时间。使结构反应成为动力反应的外因是作用于结构的荷载是动力的，即荷载随时间变化。但仅此外因并不足以引起结构静、动力反应产生重大不同，因为如果仅有此外因，而与静力反应相比没有新的重要的因素影响到结构的动力反应，则结构动力反应分析将变成求解一系列真正的静力问题，而无须发展一系列动力问题的分析方法。

2）与静力问题相比，由于动力反应中结构的位置随时间迅速变化，从而产生惯性力，惯性力对结构的反应又产生重要影响。

如图 1-2 所示，一均匀简支梁在梁中受荷载 p 作用，如果 p 是静力荷载，则简支梁所受的力仅有已知的外力 p 和支座反力；但如果 p 是动力荷载，则在 p 的作用下，梁的位置会发生迅速变化，梁中所受的力除外力和支座反力外，还受到沿梁轴线分布的惯性力作用。惯性力的大小与梁的运动有关，同时对梁的运动又产生重要影响。惯性力的出现使结构的反应分析变得大为复杂。

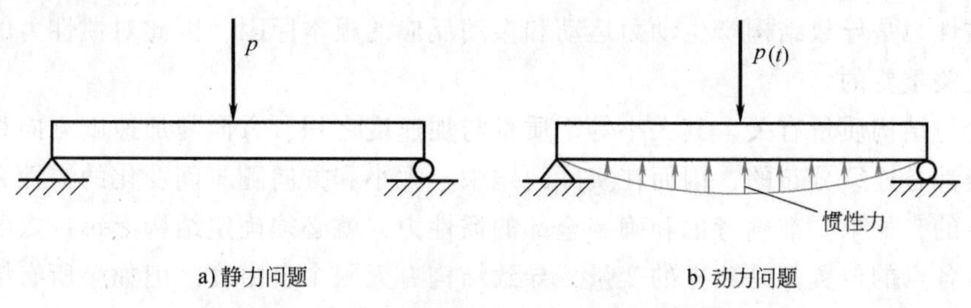

a) 静力问题　　b) 动力问题

图 1-2　静力问题和动力问题受力的区别

当加载速率较快时，由惯性力引起的结构附加反应（相对静力问题而言）可能比相应的静力反应大得多。如图 1-3a 所示，一弹簧-质点体系，计算质点在重力荷载作用下的反应。如果重力荷载按静力加载，即相当于将质量块缓慢放于弹簧之上，则按静力学分析，弹簧的静位移等于 $u_{st}=mg/k$；但如果质量块是突然放到弹簧之上并立即松手，则弹簧-质点体系将发生动力反应，此时质点的动力反应曲线如图 1-3b 所示，可以发现，动力反应的振幅等于 $2u_{st}$，是静力反应的 2 倍，即动力反应的幅值大于静力反应。

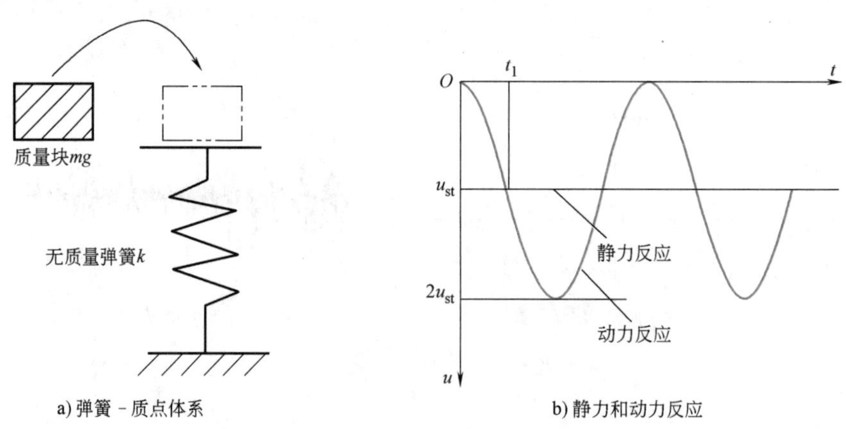

图 1-3　静力问题和动力问题位移反应的区别

结构动力计算需要在全部时间域内进行分析，并考虑惯性力的影响。惯性力的出现使分析工作变得复杂，而对惯性力的了解和有效处理又可使复杂的动力问题分析得以简化。

惯性力的出现，或说考虑惯性力的影响，是结构动力学和静力学的一个本质的、重要的区别。在结构动力反应分析中，有时可通过对惯性力的假设而使动力计算大为简化，如在框架结构地震反应分析中常采用的层模型。

惯性力是使结构产生动力反应的本质因素，而惯性力的产生是由结构的质量引起的。因此，对结构中质量位置及其运动的描述是结构动力分析中的关键，这也导致了结构动力学和结构静力学中对结构体系自由度定义的不同。在结构动力学中动力自由度（数目）的定义为：动力分析中为确定体系任一时刻全部质量的几何位置所需要的独立参数的数目。这些独立参数也称为体系的广义坐标，可以是位移、转角或其他广义量。关于广义坐标与动力自由度的概念将在第 2 章详细介绍。

1.4　结构离散化方法

由于惯性力是导致结构产生动力运动和振动反应的根本原因，因此对惯性力的合理描述和考虑是至关重要的。

惯性力与结构质量有关，其大小等于质量与加速度之积，方向与加速度方向相反。实际结构的质量都是连续分布的，因而在实际问题中，大小和方向随时间变化的惯性力是在结构中连续分布的。如果要准确考虑和确定全部的惯性力，就必须确定结构上每一点的运动。这时，结构上各点的位置都是独立的变量，导致结构有无限个自由度。但如果所有结构都按无限自由度来分析计算，不仅十分困难，实际证明也没有必要。因此，通常对计算模型加以简化，一般称之为结构离散化。动力分析中常用的结构离散化方法有集中质量法、广义坐标法和有限元法。

离散化也就是把无限自由度问题转化为有限自由度的过程，离散化方法是把无限自由度问题转化为有限自由度的数学处理方法。

1. 集中质量法

集中质量法是结构动力分析中最常用的处理方法，它把连续分布的质量集中为几个质点，这样就把一个原为无限（动力）自由度的问题简化为有限自由度问题。

图 1-4 是两个质量连续分布的结构，通过集中质量法将无限自由度问题化为有限自由度的例子。图 1-4a 所示为一简支的连续梁，通过把连续分布的质量集中到梁中三个点上，即用集中质点代替连续分布质量，将梁化为具有三个质点的有限自由度体系。如果仅考虑梁平面内的横向运动，则集中质量简支梁具有三个横向位移自由度。图 1-4b 所示为三层平面框架结构，如果把每一层柱和梁的质量集中到相应楼层梁的中点，则框架结构成为具有三个集中质点的有限自由度体系。

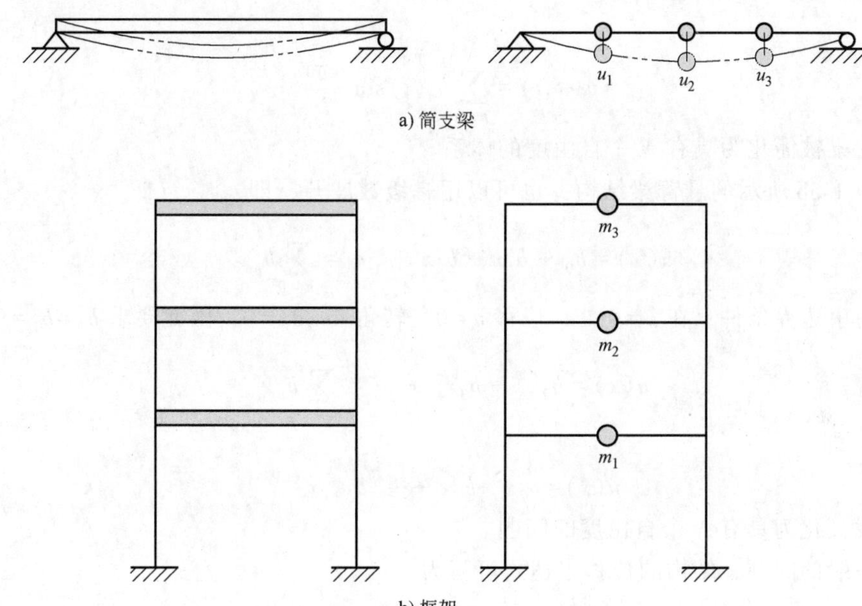

图 1-4　结构集中质量法离散化示意图

2. 广义坐标法

能决定体系几何位置的彼此独立的量，称为该体系的广义坐标。

在数学中常采用级数展开法求微分方程的解，在结构动力分析中，可以采用相同的方法进行求解。例如，对于一个具有分布质量的简支梁（见图 1-5a），其变形（挠）曲线可用三角级数的和来表示，即

$$u(x,t) = \sum_{n=1}^{\infty} b_n \sin\frac{n\pi x}{L} = \sum_{n=1}^{\infty} b_n(t)\sin\frac{n\pi x}{L} \tag{1-1}$$

式中，L 为梁长；$\sin(n\pi x/L)$ 为形函数（形状函数），它是满足边界条件的给定函数；$b_n = b_n(t)$，为广义坐标，是一组待定参数，对动力问题而言，它是时间的函数。

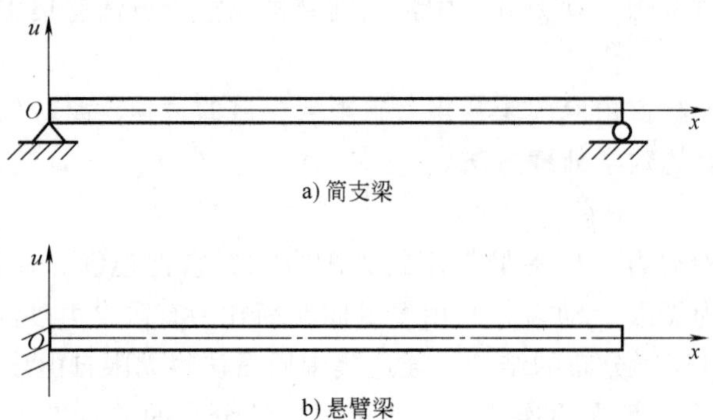

图 1-5　用广义坐标法离散化的简支梁和悬臂梁模型

由于形函数是预先给定的，是确定的函数，梁的变形即由无限多个广义坐标 $b_n(t)$ $(n=1, 2, \cdots, \infty)$ 所确定。这时，简支梁动力反应分析中梁应具有无限个自由度。与数学分析中级数展开法的处理方法相同，在实际动力分析中仅取广义坐标的前几项，如取前 N 项，则有

$$u(x,t)=\sum_{n=1}^{N} b_n(t)\sin\frac{n\pi x}{L} \tag{1-2}$$

这样，简支梁被简化为具有 N 个自由度的体系。

对于图 1-5b 所示的悬臂梁结构，也可以用幂级数展开，即

$$u(x)=b_0+b_1x+b_2x^2+\cdots=\sum_{n=0}^{\infty} b_n x^n \tag{1-3}$$

根据约束边界条件，在 $x=0$ 处，位移 $u=0$，转角 $\mathrm{d}u/\mathrm{d}x=0$，因此要求 $b_0=b_1=0$，则

$$u(x)=b_2x^2+b_3x^3+\cdots=\sum_{n=2}^{\infty} b_n x^n \tag{1-4}$$

取前 N 项，即

$$u(x)=b_2x^2+b_3x^3+\cdots+b_{N+1}x^{N+1} \tag{1-5}$$

这样问题就又化为具有 N 个自由度的问题。

对更一般的问题，结构的位移表达式可写为

$$u(x,t)=\sum_{n} q_n(t)\phi_n(x) \tag{1-6}$$

式中，$q_n(t)$ 为形函数的幅值，即广义坐标；$\phi_n(x)$ 为**形函数**，满足边界条件，一般是连续函数（已知的）。

虽然广义坐标表示了形函数的大小，如果形函数是位移量，则广义坐标具有位移的量纲，但只有 n 项叠加后才是真实的位移物理量，因而广义坐标实际上并不是真实的物理量。

3. 有限元法

有限元法可以看作是广义坐标的一种特殊应用。一般的广义坐标法中，广义坐标是形函数的幅值，有时没有很明确的物理意义，并且在广义坐标法中，形函数是针对整个结构定义的。而有限元法采用具有明确物理意义的参数作为广义坐标，且形函数是定义在分片区域上的。在有限元分析中，形函数有时被称为**插值函数**。

例如，对一个连续梁，可划分为 N 个单元（梁段），相邻单元的交点称为节点，取节点

位移参数（线位移 u 和转角 θ）为广义坐标。在图 1-6 中，$N=3$，即采用 3 个有限单元离散化的情形。

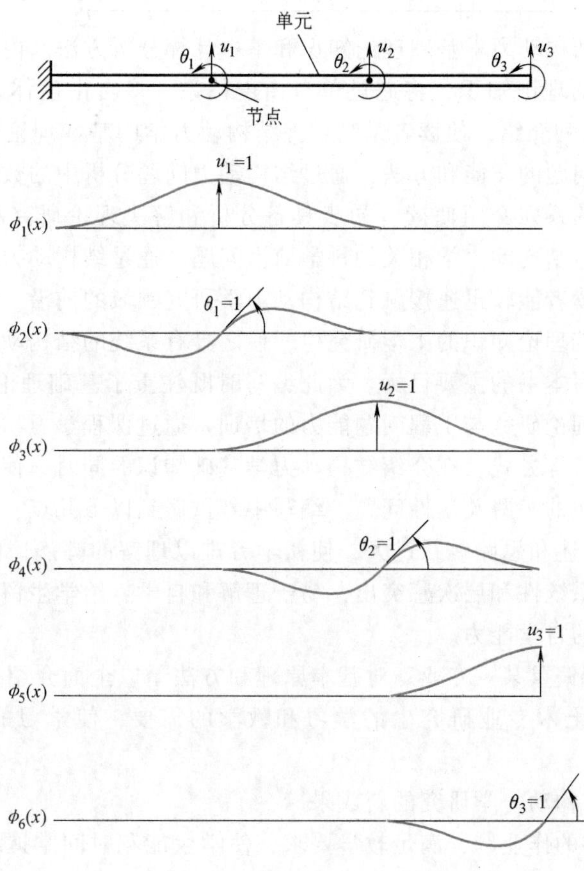

图 1-6　有限元法离散化

图 1-6 给出的有限元模型共有 6 个广义坐标（位移参数）u_1，θ_1，u_2，θ_2，u_3，θ_3。每个节点的位移参数只在与节点相邻的单元内引起位移，图 1-6 也绘出了与节点位移参数 u_1，θ_1，u_2，θ_2，u_3，θ_3 相应的形函数 ϕ_1，ϕ_2，…，ϕ_6。

对于采用 N 个单元离散化的悬臂梁模型，共有 $2N$ 个广义坐标，梁的位移可以用 $2N$ 个广义坐标及其形函数表示：

$$u(x)=u_1\phi_1(x)+\theta_1\phi_2(x)+\cdots+u_N\phi_{2N-1}(x)+\theta_N\phi_{2N}(x) \tag{1-7}$$

通过这样的方法，将无限自由度的梁转化为具有 $2N$ 个有限自由度的体系。

有限元法综合了集中质量法和广义坐标法的特点：

1）与广义坐标法相似，有限元法采用了形函数的概念。但不同于广义坐标法在全部体系（结构）上插值（定义形函数），而是采用了在分片区域上插值的方法（定义分片形函数），因此形函数的表达式（形状）可以相对简单。

2）与集中质量法相比，有限元法中的广义坐标也采用了真实的物理量，具有直接、直观的优点，这与集中质量法相同，但数学处理上比集中质量法更完备。

1.5 本书内容安排

本书将系统介绍结构动力学基础理论知识和基本计算分析方法。内容包括三个层面：一是结构动力分析的基础理论知识，将通过单自由度体系、多自由度体系和无限自由度体系（分布参数体系）的系列介绍，使读者系统掌握结构动力学的基本理论和分析方法；二是解决科研和工程中动力问题的技能和方法，通过结构动力问题分析中的数值分析方法、离散化分析和随机振动分析的系列介绍使读者初步具备分析和解决理论研究和实际工程问题的能力；三是了解和掌握与结构动力学相关的科学前沿问题，通过结构动力学专题介绍若干重要的前沿研究工作，使读者能较迅速接触到结构动力学研究领域的前沿。

培养具有坚实基础理论知识的工学研究生，使之具有系统的结构动力学研究、分析和解决问题的能力，是编写本书的主要目标。为此编写时既注重了基础理论和基本概念的介绍，也注意了分析和解决理论研究与工程问题能力的培训。通过课程学习、习题作业、典型结构动力问题的分析与思考等方式，在介绍结构动力学基础知识的同时，使读者了解目前该研究领域的前沿动态和存在的一些关键性问题。编写中着重做到以下几点：

1）避免内容、论述和思路跳跃过大，使初学者难以理解的弊病。内容的安排上力求循序渐进、由浅入深、系统性和层次感突出，易于理解和自学，给学生留有更多的学习和思考空间，充分培养学生的自学能力。

2）避免内容过于偏重某一专业。对基本原理和方法予以全面介绍，使课程内容有较宽的涵盖面，适用于大土木专业研究生的学习和教学的需要，使学习的知识具有较强的通用性。

3）能尽量反映结构动力学研究的新成果。

4）配有数量足够的作业题，满足教学要求，使学生能花时间掌握基本知识，有较强的解决问题的能力。

5）附加内容较为全面的思考题，除结构动力学基本知识的思考和理解外，也包含了若干难度较大，涉及内容较广的题型，希望读者通过独立和深入的思考，系统深入地理解和掌握结构动力学的原理，同时拓宽眼界和知识面。

思 考 题

1-1 结构动力学与静力学的主要区别是什么？结构的运动方程有什么不同？

1-2 为什么在结构动力学中要重新定义自由度？当动力自由度确定后，结构的变形是否可以完全确定？

1-3 什么是结构的离散化？什么是离散化方法？

1-4 采用集中质量法、广义坐标法和有限元法都可使无限自由度体系简化为有限自由度体系，它们所采用的手段有什么不同？

1-5 图1-3所示弹簧-质点体系，静力加载时，质量块受力为 mg，而动力加载受力 $mg-m\ddot{u}$，在 $0\sim t_1$ 时间段，$\ddot{u}$ 为正，即 $mg-m\ddot{u}<mg$，为什么动力反应的结果不小于静力反应值？

第 2 章

2

分析动力学基础及运动方程的建立

力学分析方法一般可分为两大类：一类是以牛顿基本定律为基础的矢量力学；另一类是以普遍的变分原理为基础的标量力学。后者是利用标量形式的广义坐标来代替前者的矢量形式表述，以对能量和功的分析来代替对力和动量的分析，从而可以方便地利用纯粹数学分析的方法来建立力学体系的运动控制方程。结构动力学分析中也大量采用了分析力学的方法，使问题的建模得以简化，从而方便运用微分几何等近现代数学分析手段进行求解。本章简单介绍了经典分析动力学中的一些基本概念和力学原理及其在建立动力学运动方程方面的应用。

2.1 基本概念

2.1.1 广义坐标与动力自由度

1. 位形及位形空间

质点、质点系和刚体是力学分析中抽象出来的三种理想模型。质点是指只有质量、没有大小的物体；质点系是由若干质点组成的、有内在联系的集合；刚体则是一种特殊的质点系，其中任意两质点间的距离不变。分析力学的研究对象主要是质点系。质点系各质点的空间位置的有序集合决定了该质点系的位置和形状，称为该质点系的位形。研究描述质点系位形变化过程的运动方程、初边值条件及其运动方程的求解是分析力学的主要内容。广义地讲，离散化的结构体系都可理解为质点系。

一般说来，某个质点经过一定时间后其位置发生移动的现象称为运动。描述质点运动需要一定的参照标准来作为度量基准，这种参照标准就是坐标系。在工程问题中，可以不考虑地球的运动，认为基础坐标系与地球固接在一起。直接与基础坐标系相关联的运动称为“绝对运动”。通常用图 2-1 所示的右手坐标系作为表示质点空间位置的坐标系。质点 m_i 的位置可以用矢径 $\boldsymbol{r}_i$ 来表示，也可以用直角坐标（x_i，y_i，z_i）表示。同理，具有 N 个质点的三维体系的位形，可以用 $3N$ 个直角坐标（x_i，y_i，z_i；$i=1$，2，…，N）表示。可以引入一个由这 $3N$ 个直角坐标值张成的抽象空间来表示该质点系的位形，这个抽象空间称为位形空间。质点系每一时刻的位形对应这个位形空间中的一个表现点（可看作该 $3N$ 维空间的一个单点坐标）。当质点系的位形随时间变化时，它的位形表现点在位形空间里面

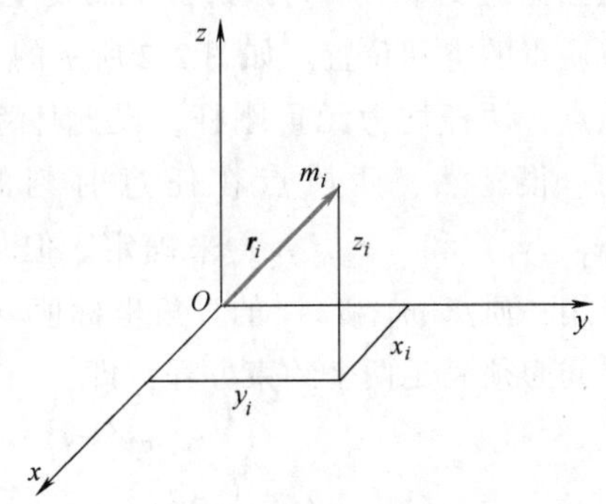

图 2-1 右手坐标系

画出一条超曲线，这条超曲线又称为位形空间里的轨迹。

2. 约束

如果质点系的每一个质点都可以相对于基础坐标系在各方向自由运动，则称为自由质点系，简称自由系，否则称为非自由系。对非自由系各质点（或称结构或体系）的位置和速度所加的几何的或运动学的限制称为“约束”。

约束可以用约束方程表示如下：

$$f(t,\boldsymbol{r}_1,\cdots,\boldsymbol{r}_N,\dot{\boldsymbol{r}}_1,\cdots,\dot{\boldsymbol{r}}_N)=0 \text{ 或 } f(t,\boldsymbol{r}_i,\dot{\boldsymbol{r}}_i)=0 \tag{2-1}$$

各种约束类型主要可以按照下述三种情况来分类：

(1) 稳定约束和非稳定约束　按照约束方程中是否显含时间 t，分为稳定约束和非稳定约束。稳定约束的约束方程中不显含时间 t，其约束方程为

$$f(\boldsymbol{r}_i,\dot{\boldsymbol{r}}_i)=0 \tag{2-2}$$

非稳定约束的约束方程中显含时间 t，其约束方程同式（2-1）。如限制在某个曲面上运动的质点，它的约束方程为该曲面的方程，如果曲面方程随着时间变化（如曲面半径以某一速度不断增加），那么该质点的约束方程就显含时间 t，为非稳定约束。

(2) 完整约束和非完整约束　按照约束方程中是否包含坐标对时间的导数分为完整约束和非完整约束。完整约束的约束方程中不包含坐标对时间的导数，其约束方程为

$$f(t,\boldsymbol{r}_i)=0 \tag{2-3}$$

非完整约束的约束方程中包含坐标对时间的导数，其约束方程同式（2-1）。如果一个体系受到的约束全部都是完整约束，将其称为完整约束体系，否则称为非完整约束体系。

(3) 几何约束和运动约束　按照是否限制质点的速度分为几何约束和运动约束。几何约束只限制体系中质点的位置而不包含对速度的约束，其约束方程同式（2-3）。因此几何约束是一种完整约束。运动约束不仅限制质点的位置，还限制其速度，其约束方程同式（2-1）。

值得注意的是，上述约束与通常的力学常识中的“约束”存在区别，如“弹性约束”就不属于分析力学中定义的“约束”，因为弹性约束并不成为限制质点运动的条件。因此，只有从几何或运动学方面限制质点运动的条件才能在分析力学中被称为“约束”。本书不做特别说明时均指这种“约束”。

由于约束的存在，非自由质点系各质点的位置坐标值不是独立的变量。换句话讲，不需要坐标值的全部就可确定所有质点的空间位置。如图2-2所示的双质点系，m_1 和 m_2 为质点，两杆均为无重刚杆，设此体系只能在 xOy 平面中运动。很显然，两质点在任意时刻的位置可用位置坐标（x_1，y_1）和（x_2，y_2）来确定。但是，由于两刚杆的约束作用，质点 m_1 和 m_2 的直角坐标值（x_1，y_1）和（x_2，y_2）之间必须满足两个约束方程，即

$$x_1^2+y_1^2=l_1^2$$

$$(x_2-x_1)^2+(y_2-y_1)^2=l_2^2$$

由上述两个方程可以消去两个坐标值，因而只有两个可以独

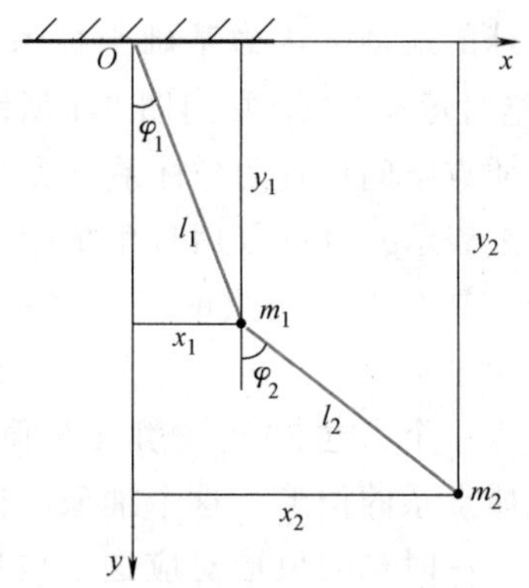

图2-2　双质点系模型和坐标系

立改变的几何参数。

3. 广义坐标

能决定质点系几何位置的彼此独立的量，或用来描述体系运动的一组独立坐标，称为该质点系的广义坐标。广义坐标可以取长度量纲的量，也可以用角度甚至面积和体积来表示。

广义坐标的选取可以有多种，但必须是相互独立的参数。如图 2-2 所示，广义坐标可以为（x_1，x_2）、（y_1，y_2）、（x_1，y_2）、（x_2，y_1）或（φ_1，φ_2），但不能选择（x_1，y_1）或（x_2，y_2）。广义坐标的选择原则是使解题方便。

4. 动力自由度

动力分析中为确定体系任一时刻全部质量的几何位置所需的独立参数的数目称为结构的动力自由度数。

对于大多数工程结构体系而言，均可视为完整系，其“约束”可以表示为 $f(t, \boldsymbol{r}_i)$，即约束方程中不含坐标对时间的导数，不显含速度及更高阶项（加速度等），此时广义坐标数目与动力自由度数是相同的。

下面举几个例子加以说明。

图 2-3 所示的门式框架，忽略柱的轴向变形和质量。由于楼盖只能做水平运动，因此该体系是单自由度的。

图 2-4 所示杆系结构，杆的轴向变形不能忽略时，m_1、m_2 均可做上下、左右运动，体系的动力自由度数为 4。若再考虑质量 m_1、m_2 的转动惯性，则体系的动力自由度数为 6。

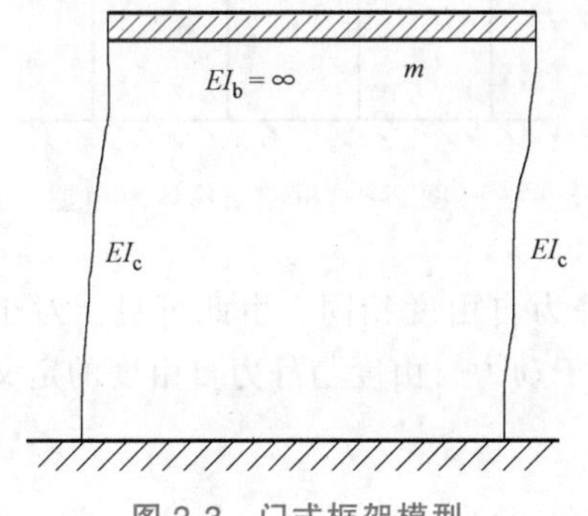

图 2-3　门式框架模型

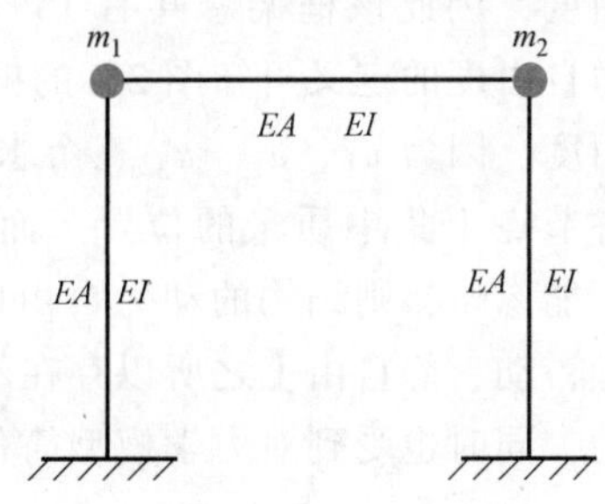

图 2-4　杆系结构模型

若体系自由度数大于 1 且为有限，通常称之为多自由度体系。

当结构体系较为复杂，自由度不易直接确定时，可外加约束固定各质点，使体系所有质点均被固定所必需的最少的外加约束的数目就等于其自由度数。图 2-5a 所示刚架，具有四个质点。忽略杆的轴向变形，则只需加入三根支杆便可限制其全部质点的位置，如图 2-5b 所示，故其动力自由度数为 3。

由上面的例子可见，动力自由度数目不完全取决于质点的数目，也与结构是否静定无关。当然，自由度数目是随计算要求的精确度不同而有所改变的。实际上，工程结构的质量分布非常复杂，一般均为连续分布的质量体系，其自由度数目为无限。完全按实际结构计算是十分困难的。因此，针对具体问题，采用一定的简化措施是必要的。

下面比较结构静力学中的自由度与动力学中动力自由度概念的区别。

静力学中自由度的概念：确定体系在空间中的位置所需的独立参数的数目。

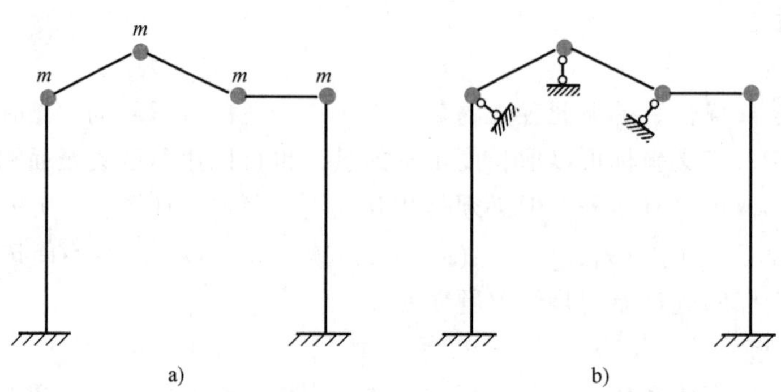

图 2-5　外加约束求体系自由度

对工程结构来讲，其体系的空间位置及内部变形实际上都与质量相关联，这时质量是分布参数。

因此，结构体系的动力自由度和静力自由度应该是一样的。但是，为了数学处理上的简单，人们在建立结构体系的简化力学模型时可能忽略了一些对惯性影响不大的因素，这时就可能导致两种自由度的不同。如图 2-6 所示框架结构体系，假设各节点是刚性的，忽略构件的轴向变形及节点的转动惯性。平面框架中共有 12 个可转动节点，每个转动节点有一个转动自由度，同时三层框架有 3 个平动自由度，因此该框架总共有 15 个静力自由度。再由动力自由度的定义可知图 2-6 的框架体系有三个动力自由度。因为 u_1、u_2、u_3 三个水平位移就完全确定了各节点上集中质量的位置。而如果节点的转动惯性不能忽略，则结构的动力自由度数为 15，与静力自由度相同。由此可见，对于同一结构模型，动、静自由度之所以存在不同，完全是由于动力自由度与静力自由度的定义不同而导致的，同时也受到对力学模型简化的影响。

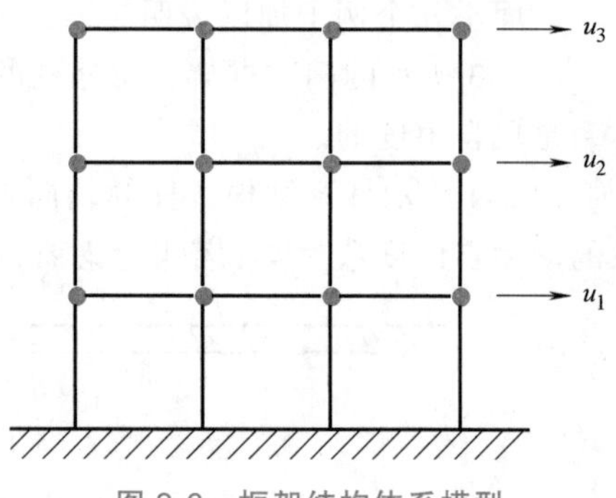

图 2-6　框架结构体系模型

2.1.2　功和能

1. 功的定义

如图 2-7 所示，m 为一运动着的质点，$\boldsymbol{F}$ 为作用在质点 m 上的力，当质点做微量位移 $\mathrm{d}\boldsymbol{u}$ 时，力 $\boldsymbol{F}$ 所做的元功 $\mathrm{d}W$ 被定义为

$$\mathrm{d}W=\boldsymbol{F}\cdot\mathrm{d}\boldsymbol{u} \tag{2-4}$$

在质点 m 由 A 移至 B 的过程中，力 $\boldsymbol{F}$ 所做的功为

$$W=\int_{A_{(C)}}^{B}\boldsymbol{F}\cdot\mathrm{d}\boldsymbol{u} \tag{2-5}$$

其中 C 为由 $A(x_A,y_A,z_A)$ 到 $B(x_B,y_B,z_B)$ 的曲线。若力 $\boldsymbol{F}$ 的大小、方向不变时，$\boldsymbol{F}$ 所做的功

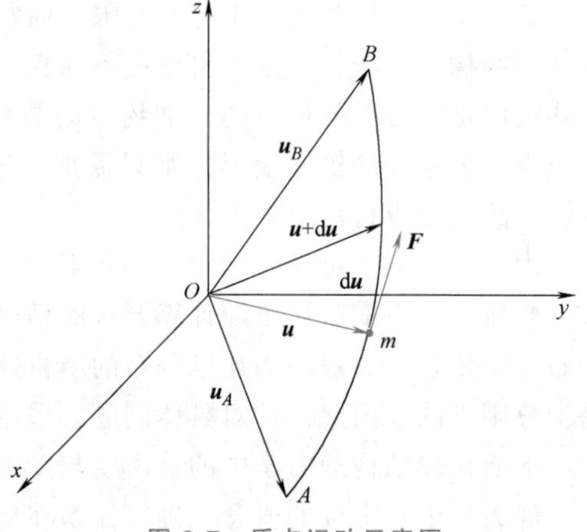

图 2-7　质点运动示意图

可进一步表示为

$$W=F_x(x_B-x_A)+F_y(y_B-y_A)+F_z(z_B-z_A) \tag{2-6}$$

式中，F_x，F_y，F_z 分别表示力 $\boldsymbol{F}$ 在坐标轴方向的投影。

在功的定义中，对位移是由什么原因引起的，并无任何限制。在应用式（2-6）时，只要求力 $\boldsymbol{F}$ 的大小和方向不变，对质点 m 是经由什么途径从 A 移动到 B 的，也无任何限制。

值得指出的是，上述功的定义仅适用于力的受力点和力点的运动情况是一致的问题，这对绝大多数工程问题是适合的。

2. 有势力和势能

设质点系中的每一个质点 m_i 上所受的力为 $\boldsymbol{F}_i$（可以是约束反力），若满足下述两种性质，则可称之为有势力：

1）这些力中每一个力的大小和方向只取决于体系各质点的位置。

2）体系从某一位置 A_i 移动到另一位置 B_i（$i=1，2，\cdots，N$，N 为质点数目），各力所做的功之和只取决于位置 A_i 和 B_i，而与各质点运动的路径无关。

由有势力的上述特性可推得

$$\oint \boldsymbol{F}\cdot \mathrm{d}\boldsymbol{u} = W = 0 \tag{2-7}$$

这表明有势力（又称保守力）$\boldsymbol{F}$ 沿任何封闭路线所做的功为零。

先取体系的某一位置 O_i 作为体系的“零位置”，则势能定义为体系从位置 A_i 移至 O_i 过程中各有势力所做的功之和。有势力所做的功仅与体系前后的位置有关，而与路径无关。因此，当确定了体系的“零位置”后，体系的任意状态的势能将是各质点位置的单值函数，表示为

$$V=V(x_i,y_i,z_i) \tag{2-8}$$

在“零位置”时势能为零。函数 V 称为势函数。

设 V_A 是位置 A 时体系的势能，V_B 是位置 B 时体系的势能，则由 A 到 B 时体系势能的变化可表示为

$$V_A-V_B=-\mathrm{d}V \tag{2-9}$$

$\mathrm{d}V$ 表示由 A 到 B 势能的增量，有势力做正功则势能减少，做负功则势能增加。由 A 到 B，有势力做的功等于 A 点和 B 点的势能之差，

$$\sum_{i=1}^{N}\mathrm{d}W_i = \sum_{i=1}^{N}(F_{ix}\mathrm{d}x_i + F_{iy}\mathrm{d}y_i + F_{iz}\mathrm{d}z_i) = -\mathrm{d}V \tag{2-10}$$

其中 $\sum \mathrm{d}W_i$ 表示微元功，由式（2-10）有

$$F_{ix}=-\frac{\partial V}{\partial x_i},\ F_{iy}=-\frac{\partial V}{\partial y_i},\ F_{iz}=-\frac{\partial V}{\partial z_i} \tag{2-11}$$

式（2-11）表明，有势力 $\boldsymbol{F}$ 可表示为势函数的负梯度形式

$$\boldsymbol{F}=-\mathrm{grad}V \tag{2-12}$$

3. 动能

设包含 N 个质点的质点系中任一质点 m_i 的速度为 $\dot{\boldsymbol{u}}_i$，加速度为 $\ddot{\boldsymbol{u}}_i$，由牛顿定律 $\boldsymbol{F}_i=m_i\ddot{\boldsymbol{u}}_i$，将其代入式（2-5）有

$$
\begin{aligned}
W &= \sum_{i=1}^{N}\int_{A_{(C)}}^{B}\boldsymbol{F}_i\cdot \mathrm{d}\boldsymbol{u}_i=\sum_{i=1}^{N}\int_{A_{(C)}}^{B} m_i\ddot{\boldsymbol{u}}_i\cdot \mathrm{d}\boldsymbol{u}_i=\sum_{i=1}^{N} m_i\int_{A_{(C)}}^{B}\ddot{\boldsymbol{u}}_i\cdot\dot{\boldsymbol{u}}_i\mathrm{d}t\\
&=\sum_{i=1}^{N} m_i\int_{A_{(C)}}^{B}\dot{\boldsymbol{u}}_i\cdot \mathrm{d}\dot{\boldsymbol{u}}_i=\sum_{i=1}^{N}\frac{1}{2}m_i\int_{A_{(C)}}^{B}\mathrm{d}(\dot{\boldsymbol{u}}_i^2)=\sum_{i=1}^{N}\frac{1}{2}m_i(\dot{\boldsymbol{u}}_{iB}^2-\dot{\boldsymbol{u}}_{iA}^2)\\
&=\sum_{i=1}^{N}(T_{iB}-T_{iA})
\end{aligned}
\tag{2-13}
$$

式中，$T_i=\frac{1}{2}m_i\dot{\boldsymbol{u}}_i^2$ 为质点 m_i 的动能，而 $\dot{\boldsymbol{u}}_i^2=|\dot{\boldsymbol{u}}_i|^2$。定义质点系的动能为

$$
T=\sum_{i=1}^{N}\frac{1}{2}m_i\dot{\boldsymbol{u}}_i^2 \tag{2-14}
$$

由式（2-13）可知：质点系从一位置移动到另一位置时，其动能的增量等于作用于该质点系的力在给定运动过程中所做的功。

2.1.3　实位移、可能位移和虚位移

满足所有约束条件的位移称为体系的可能位移。

如果位移不仅满足约束条件，而且满足运动方程和初始条件，则称为体系的实位移。

在某一固定时刻，体系在约束许可的情况下可能产生的任意组微小位移，称为体系的虚位移。

从上面的定义可见，实位移为体系的真实位移，它必为可能位移中的一员。虚位移与可能位移的区别在于虚位移是约束冻结后许可产生的微小位移。当约束方程中不显含时间的稳定约束体系中虚位移与可能位移相同时，实位移必与某一虚位移重合。

2.1.4　广义力

力或力系可以分解，力或力系向广义坐标分解（投影）后的量即为广义力，广义力是与广义坐标对应的量。下面给出对应不同广义坐标的广义力的计算方法。

对于完整约束的质点系，包含 N 个质点，任一质点 m_i 的空间位置 $\boldsymbol{u}_i$ 可表示为其广义坐标 $q_j(j=1,2,\cdots,n)$ 和时间 t 的函数

$$
\boldsymbol{u}_i=\boldsymbol{u}_i(q_1,q_2,\cdots,q_n;t) \tag{2-15}
$$

该质点所受力为 $\boldsymbol{F}_i$，在虚位移 $\delta\boldsymbol{u}_i$ 上所做虚功为

$$
\delta W_i=\boldsymbol{F}_i\cdot\delta\boldsymbol{u}_i \tag{2-16}
$$

$\delta\boldsymbol{u}_i$ 可表示为广义坐标的虚位移 δq_j 的函数

$$
\delta\boldsymbol{u}_i=\sum_{j=1}^{n}\frac{\partial\boldsymbol{u}_i}{\partial q_j}\delta q_j \tag{2-17}
$$

将式（2-17）代入式（2-16）有

$$
\delta W_i=\boldsymbol{F}_i\cdot\sum_{j=1}^{n}\frac{\partial\boldsymbol{u}_i}{\partial q_j}\delta q_j=\sum_{j=1}^{n}\boldsymbol{F}_i\cdot\frac{\partial\boldsymbol{u}_i}{\partial q_j}\delta q_j \tag{2-18}
$$

质点系的虚功为

$$
\delta W=\sum_{i=1}^{N}\sum_{j=1}^{n}\boldsymbol{F}_i\cdot\frac{\partial\boldsymbol{u}_i}{\partial q_j}\delta q_j=\sum_{j=1}^{n}\sum_{i=1}^{N}\boldsymbol{F}_i\cdot\frac{\partial\boldsymbol{u}_i}{\partial q_j}\delta q_j=\sum_{j=1}^{n}Q_j\delta q_j \tag{2-19}
$$

定义

$$Q_j = \sum_{i=1}^{N} \boldsymbol{F}_i \cdot \frac{\partial \boldsymbol{u}_i}{\partial q_j} \tag{2-20}$$

为对应于广义坐标 q_j 的广义力。

由上面的定义可见，广义力是标量而非矢量，广义力与广义坐标的乘积具有功的量纲。

广义力的计算方法：

1）将式（2-20）写成向坐标轴投影的形式

$$Q_j = \sum_{i=1}^{N} \left(F_{ix} \frac{\partial x_i}{\partial q_j} + F_{iy} \frac{\partial y_i}{\partial q_j} + F_{iz} \frac{\partial z_i}{\partial q_j} \right) \tag{2-21}$$

式中，F_{ix}、F_{iy}、F_{iz} 为质点 m_i 所受力 $\boldsymbol{F}_i$ 在 x、y、z 轴上的投影；x_i、y_i、z_i 为 m_i 的坐标位置。当 x_i、y_i、z_i 可容易地表示为广义坐标的函数时，由式（2-21）求 Q_j 是便捷的。

2）若记 δW_j 为 δq_j 对应的虚功，此时其余广义坐标不变，则 q_j 对应的广义力可按下式计算

$$Q_j = \frac{\delta W_j}{\delta q_j} \tag{2-22}$$

例 2-1　图 2-8 所示的双质点系中，$\boldsymbol{p}_1$ 和 $\boldsymbol{p}_2$ 为作用于质点 m_1 和 m_2 上的外力。选择 φ_1 和 φ_2 为广义坐标，求对应的广义力。

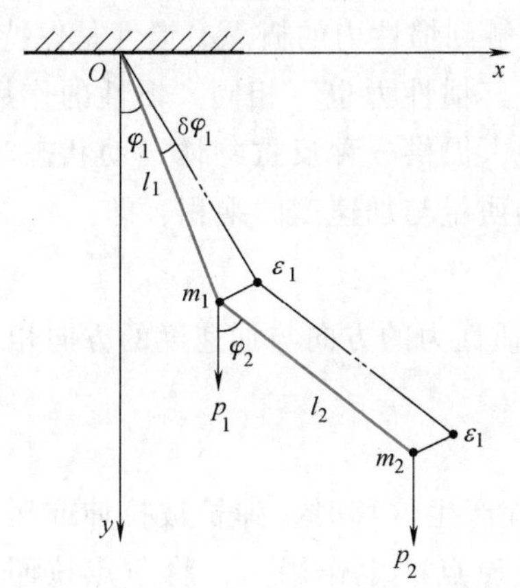

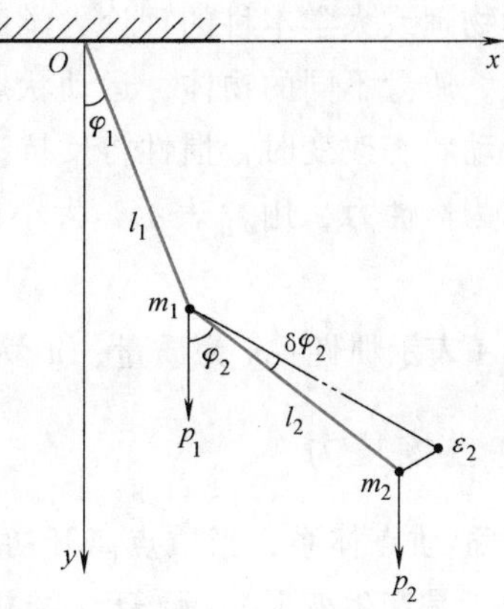

图 2-8　例 2-1 模型

解： 方法一

$$F_{1x} = F_{2x} = F_{1z} = F_{2z} = 0, \quad F_{1y} = p_1, \quad F_{2y} = p_2$$

由于 F_{1x}、F_{2x}、F_{1z}、F_{2z} 为零。因此，只需写出用广义坐标 φ_1 和 φ_2 表达的 y_1 和 y_2，即

$$y_1 = l_1 \cos\varphi_1, \quad y_2 = l_1 \cos\varphi_1 + l_2 \cos\varphi_2$$

$$\frac{\partial y_1}{\partial \varphi_1} = -l_1 \sin\varphi_1, \quad \frac{\partial y_1}{\partial \varphi_2} = 0$$

$$\frac{\partial y_2}{\partial \varphi_1} = -l_1 \sin\varphi_1, \quad \frac{\partial y_2}{\partial \varphi_2} = -l_2 \sin\varphi_2$$

于是有

$$Q_1=F_{1y}\frac{\partial y_1}{\partial \varphi_1}+F_{2y}\frac{\partial y_2}{\partial \varphi_1}=-p_1l_1\sin\varphi_1-p_2l_1\sin\varphi_1$$

$$Q_2=F_{1y}\frac{\partial y_1}{\partial \varphi_2}+F_{2y}\frac{\partial y_2}{\partial \varphi_2}=-p_2l_2\sin\varphi_2$$

方法二

先令 φ_1 有一虚位移 $\delta\varphi_1$，而 φ_2 不变，则质点系对应的虚功为

$$\delta W_1=p_1\delta y_1+p_2\delta y_1=-p_1l_1\delta\varphi_1\sin\varphi_1-p_2l_1\delta\varphi_1\sin\varphi_1$$

将上式代入式（2-22）可求得

$$Q_1=-(p_1+p_2)l_1\sin\varphi_1$$

再令 φ_2 有一虚位移 $\delta\varphi_2$，而 φ_1 不变，则质点系对应的虚功为

$$\delta W_2=p_2\delta y_2=-p_2l_2\delta\varphi_2\sin\varphi_2$$

同理，将上式代入式（2-22）可求得

$$Q_2=-p_2l_2\sin\varphi_2$$

可见，用两种广义力计算方法得到的结果相同。

2.1.5 惯性力

在中学物理或大学本科的理论力学课程中已接触到惯性力的概念。惯性是保持物体运动状态的能力。质量不同的物体，运动状态不同时，其惯性力也不相同。惯性的作用表现在，当物体的运动状态改变时，惯性将反抗运动的改变，提供一种反抗物体运动状态改变的力。这种力被称为惯性力，用 f_I 表示，大小等于物体的质量与加速度的乘积，即

$$f_I=m\ddot{u} \tag{2-23}$$

式中，下标 I 表示惯性；m 为质量；$\ddot{u}$ 为加速度。惯性力的方向与加速度的方向相反。

2.1.6 弹性恢复力

对于弹簧-质点体系，当质点离开初始平衡位置产生位移时，弹簧被拉伸或压缩（对结构体系而言，是产生变形），弹簧（结构构件）对质点产生作用力，将质点拉回到平衡位置，这种力称为恢复力，记为 f_S。一般情况下，弹簧的恢复力与弹簧的变形有关，可表示成质点位移的函数，方向指向体系的平衡位置。图 2-9 给出了弹簧恢复力与位移的关系。当力与位移关系为线性时，弹簧的恢复力也被称为弹性恢复力，其大小等于弹簧刚度与位移之积，即

$$f_S=ku \tag{2-24}$$

式中，下标 S 表示弹簧；f_S 为弹性恢复力；k 为弹簧的刚度；u 为质点位移。

当单层框架结构的梁与柱的刚度比为有限值，在水平力作用下结构变形时，梁也将发生变形，如图 2-10a 所示，此时可将结构质量集中到梁的中点，并仅考虑质点的水平位移，使结构化为单自由度体系。如果框架结构宽为 L，高为 h，弹性模量为 E，梁和柱的截面弯曲惯性矩分别为 I_b 和 I_c，则单自由度体系的刚度为

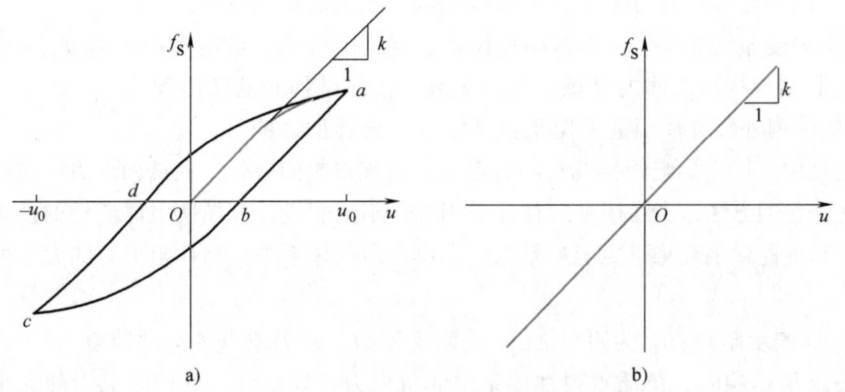

图 2-9　弹簧恢复力与位移的关系

$$k=\frac{24EI_c}{h^3}\cdot\frac{6\rho+1}{6\rho+4}$$

式中，$\rho=\frac{h(EI_b)}{L(EI_c)}$。

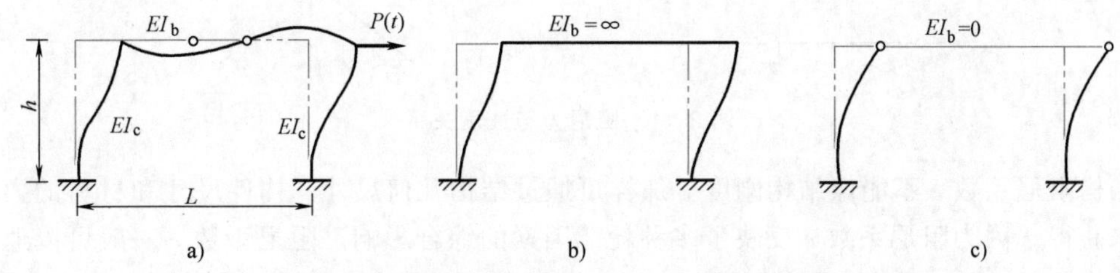

图 2-10　单层框架结构在水平力作用下的变形

当梁的抗弯刚度远大于柱的抗弯刚度时（见图 2-10b），$\rho\to\infty$，此时，体系的刚度为

$$k=\frac{24EI_c}{h^3}$$

当梁的抗弯刚度为零时（见图 2-10c），$\rho\to0$，体系的刚度为

$$k=\frac{6EI_c}{h^3}$$

可见对于框架结构体系，梁的抗弯刚度对体系的水平刚度影响很大。

2.1.7　阻尼力

对于弹簧-质点体系，受到一初始的扰动（初始位移或初始速度）后，质点在平衡点附近做往复振动，称为**自由振动**。如果结构体系仅由理想的弹簧和质量块组成，而没有其他影响因素存在，那么自由振动将永远持续下去。而实际问题中并不存在这样的振动，任何振动在没有持续外力作用下，经过一段时间振幅都将衰减到零，结构最后趋向静止。这说明任何实际结构在自由振动过程中一定存在能量的消耗。引起结构能量的耗散，使结构振幅逐渐变小的这种作用称为**阻尼**，也称为**阻尼力**。

结构振动过程中阻尼力有多种来源。产生阻尼力的物理机制有很多，例如：

1）固体材料变形时的内摩擦，或材料快速应变引起的热耗散。

2）结构连接部位的摩擦，如钢结构螺栓连接处的摩擦；混凝土中微裂纹的张开和闭合；结构构件与非结构构件之间的摩擦，如填充墙与主体结构间的摩擦等。

3）结构周围外部介质引起的阻尼，如空气、流体的影响等。

实际问题中，以上影响因素几乎同时存在，很难将它们分开。在结构动力反应问题中一般采用高度理想化的方法来考虑阻尼，往往采用黏性阻尼假设，令黏性阻尼消耗的能量等于所有阻尼机制引起的能量消耗来确定阻尼系数。在单自由度体系中，黏性阻尼力的大小可表示为

$$f_{\mathrm{D}}=c\dot{u} \tag{2-25}$$

式中，下标 D 表示阻尼；f_{D} 为阻尼力；c 为阻尼系数；$\dot{u}$ 为质点的运动速度。

在考虑阻尼影响时，单质点弹性体系中的阻尼力可表示为：黏性阻尼力的大小与速度成正比，方向与速度相反，起阻碍介质运动的作用。

图 2-11 给出了结构动力分析中常采用的黏性阻尼及其与速度的关系。

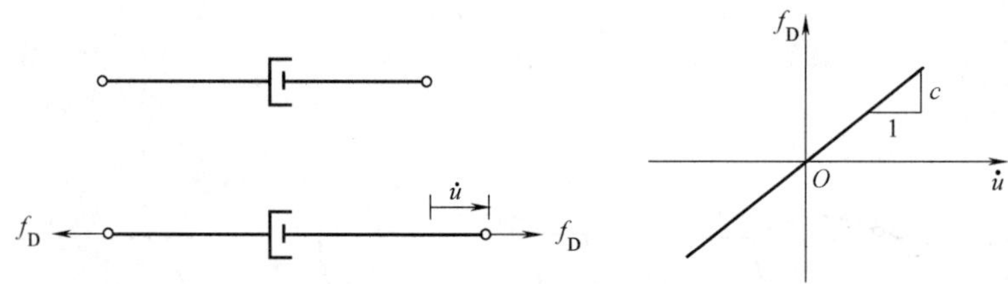

图 2-11　阻尼力与速度关系

结构阻尼系数 c 不能像结构刚度 k 那样可通过结构几何尺寸、构件尺寸和材料的力学性质等来获得，因为阻尼系数 c 反映了多种耗能因素的综合影响。阻尼系数 c 一般可以通过结构原型振动试验的方法得到。黏性阻尼理论仅是多种阻尼理论中最为简单的一种，除此之外，还有以下常用的阻尼：

1）摩擦阻尼：阻尼力大小与速度大小无关，一般为常数。

2）滞变阻尼：阻尼力大小与位移成正比（相位与速度相同）。

3）流体阻尼：阻尼力与质点速度的二次方成正比，如由空气（风）、水产生的阻力。

2.1.8　线弹性体系和阻尼弹性体系

（1）线弹性体系　由线性弹簧（或线性构件）组成的体系。当结构处于小变形状态，并忽略介质的阻尼时，结构体系成为线弹性体系。这是一种最简单的理想化力学模型。

（2）阻尼弹性体系　当线弹性体系中进一步考虑阻尼的影响时，结构体系被称为阻尼弹性体系。阻尼弹性体系是结构动力分析中最基本的力学模型。

当阻尼为黏性阻尼时，体系也称为黏弹性体系。

2.1.9　非弹性体系

只有当结构处于小变形状态时，结构的反应才表现为弹性状态。而在高强度荷载作用下，如强地震作用下，结构将进入大变形状态，结构构件的力-变形关系将出现非线性关系，结构刚度不再为常数，这时构件（或弹簧）的恢复力 f_{S} 可表示为

$$f_{\mathrm{S}}=f_{\mathrm{S}}(u,\dot{u}) \tag{2-26}$$

f_S 是位移 u 和速度 $\dot{u}$ 的非线性函数，此时结构体系为非弹性体系。工程结构属于弹性体系还是非弹性体系，一般主要由结构变形的大小决定。图 2-12 是一典型钢结构构件的力（弯矩）与位移（曲率或转角）关系曲线。可见，当结构的变形（位移）较小时，力与位移之间呈现线性关系，结构处于线性阶段，结构的反应为弹性反应；而当结构的变形变大，超过了弹性极限时，反应进入非线性阶段，结构属于非弹性体系，此时，构件或弹簧恢复力 f_S 的确定将变得复杂。

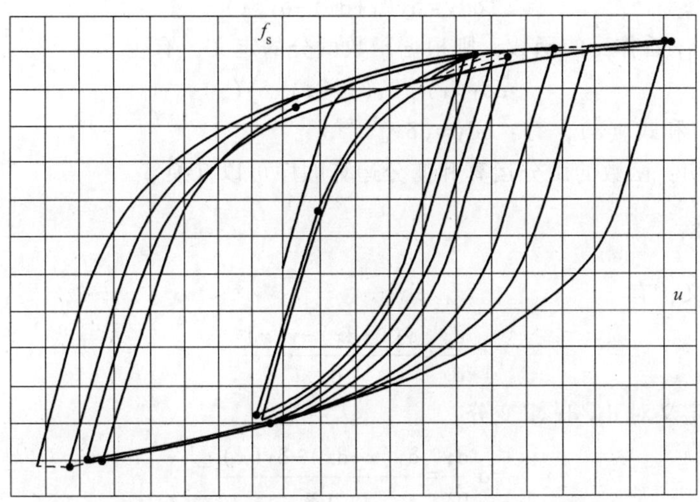

图 2-12　非弹性体系中结构构件的力与位移的关系

2.1.10　泛函和变分

在各种工程和力学问题中，存在一类可在一定范围内变化的函数，如 $y=y(x)$，x 称为自变量，y 称为自变函数。如果同时存在一类依赖这些自变函数的量 z，使得 $z=z(y)$ 成立，则 z 称为自变函数 $y(x)$ 的泛函。因此，泛函是一种广义的函数，或函数的函数。如当结构发生运动时，结构中的能量（动能和位能）是位移（包括速度）的函数，而位移（速度）又是时间的函数，则以时间 t 为自变量，位移（速度）为自变函数，而能量为泛函。

微分和变分是微分学和变分学中的两个重要概念。如图 2-13 所示，由于变量 x 发生一个增量 $\mathrm{d}x$，使得自变函数 y 产生一个增量 $\mathrm{d}y$，则 $\mathrm{d}y$ 称为变量 y 的**微分**。相应的在泛函 $z(y)$ 中，在自变量 x 不变的情况下，只由于自变函数 $y(x)$ 的变化而引起的纵坐标 y 的改变 $\delta y=y^*(x)-y(x)$，称为自变函数 $y(x)$ 的**变分**。若 x 代表时间 t，则 δy 表示时间固定不变情况下函数 $y(t)$ 的改变，称为**等时变分**。在分析动力学中，还要规定相应的端点条件，如果 δy 在端点 A、B 处等于 0，称为**固定边界条件**，或位置约束条件。在一些问题中，端点处没有位置约束条件，这类端点条件称为**自然边界条件**。

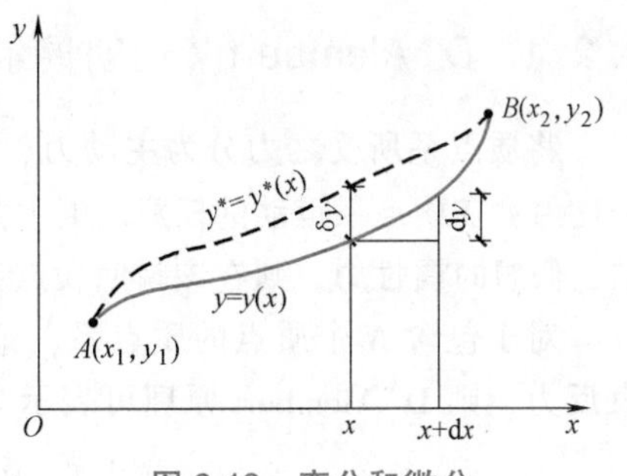

图 2-13　变分和微分

变分在变分学中的地位如同微分在微分学中的地位一样重要，二者在形式上有很多相似之处，但不尽相同，必须把它们严格区分开。

变分满足以下运算法则：

1）$\delta \mathrm{d}y=\mathrm{d}\delta y$。

证明过程如下：

根据微分定义，有

$$\mathrm{d}y=y(x+\mathrm{d}x)-y(x) \tag{a}$$

根据变分的定义对 $\mathrm{d}y$ 求变分：

$$\delta \mathrm{d}y=\delta y(x+\mathrm{d}x)-\delta y(x) \tag{b}$$

同时可以将 δy 看作 x 的函数，则根据函数微分的定义，有

$$\mathrm{d}\delta y(x)=\delta y(x+\mathrm{d}x)-\delta y(x) \tag{c}$$

对比式（b）和式（c），有：$\delta \mathrm{d}y=\mathrm{d}\delta y$。

上述公式表明：函数的微分运算和变分运算顺序可以互换。

2）$\delta \frac{\mathrm{d}y}{\mathrm{d}x}=\frac{\mathrm{d}}{\mathrm{d}x}\delta y$。

由导数的定义，有

$$\frac{\mathrm{d}y}{\mathrm{d}x}=\frac{y(x+\mathrm{d}x)-y(x)}{\mathrm{d}x} \tag{d}$$

根据变分的定义对 $\mathrm{d}y/\mathrm{d}x$ 求变分：

$$\delta \frac{\mathrm{d}y}{\mathrm{d}x}=\frac{\delta y(x+\mathrm{d}x)-\delta y(x)}{\mathrm{d}x} \tag{e}$$

同理，将 $\mathrm{d}y/\mathrm{d}x$ 作为 x 的函数，根据导数的定义可以得到

$$\frac{\mathrm{d}}{\mathrm{d}x}\delta y(x)=\frac{\delta y(x+\mathrm{d}x)-\delta y(x)}{\mathrm{d}x} \tag{f}$$

对比式（e）和式（f），有：$\delta \frac{\mathrm{d}y}{\mathrm{d}x}=\frac{\mathrm{d}}{\mathrm{d}x}\delta y$。

其他运算法则：

3）$\delta\int F(y,y',x)\,\mathrm{d}x=\int\delta F(y,y',x)\,\mathrm{d}x$。

4）$\delta(z_1+z_2)=\delta z_1+\delta z_2$。

5）$\delta(z_1\cdot z_2)=\delta z_1\cdot z_2+z_1\cdot\delta z_2$。

2.2　基本力学原理及运动方程的建立

2.2.1　D'Alembert（达朗贝尔，达朗伯）原理

将质点系所受之力分为主动力、“约束”反力和惯性力，则质点系的 D'Alembert 原理可表述为：**在质点系运动的任意瞬时，如果除了实际作用于每一质点的主动力和约束反力外，再加上假想的惯性力，则在该瞬时质点系将处于假想的平衡状态，称之为动力平衡状态。**

对于包含 N 个质点的质点系，记 F_i、$f_{\mathrm{I}i}$、S_i 分别为质点 m_i 所受之主动力、惯性力和约束反力，则 D'Alembert 原理可表示为

$$F_i+S_i+f_{\mathrm{I}i}=0\quad(i=1,2,\cdots,N) \tag{2-27}$$

通常主动力 F_i 包括外荷载 $p(t)$、阻尼力 f_D 和弹性恢复力 f_S。

必须指出，对质点来说惯性力是假想中施加的，而非实际作用于质点上的力。但对施力物体而言，则是为了克服质点的惯性所需的力，因此，惯性力是作用于施力物体之上的。

用 D'Alembert 原理建立质点系运动方程的方法称为"**动静法**"或"**惯性力法**"。

例 2-2　图 2-14 所示体系，质量 m 上受外力 $p(t)$ 作用，试列出体系的运动方程。

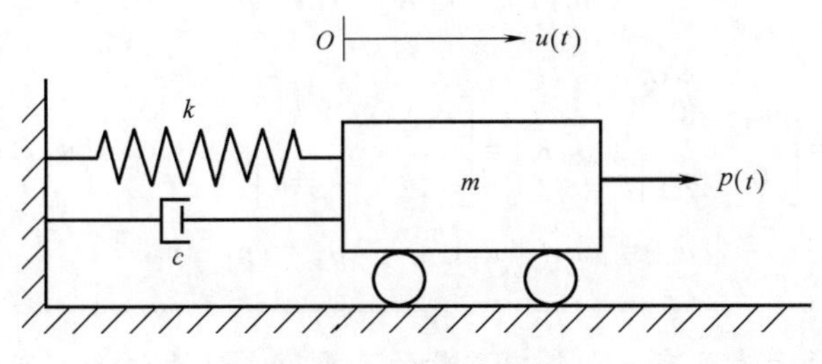

图 2-14　例 2-2 模型

解： 质量 m 只能做水平运动，因此，该体系为单自由度体系。设 $u(t)$ 为质量块 m 的位移坐标，则质量块 m 所受的主动力为

$$F(t)=-ku(t)-c\dot{u}(t)+p(t)$$

惯性力为

$$f_I(t)=-m\ddot{u}(t)$$

对于约束反力不做功的理想约束体系，由于约束限制了体系的运动，因此，在列运动方程时，仅考虑运动方向上的受力，此时约束反力自然是没有的。

将上面两式代入式（2-27），即可得到体系的运动方程

$$m\ddot{u}(t)+c\dot{u}(t)+ku(t)=p(t)$$

例 2-3　图 2-15 所示为两质点动力体系，求运动方程。

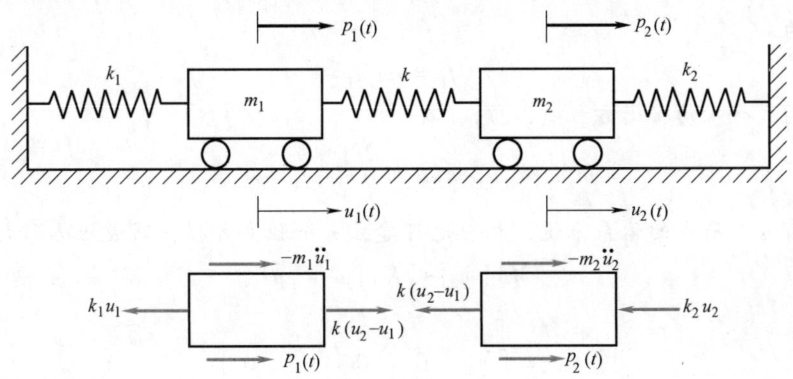

图 2-15　例 2-3 模型

解： 该体系为两自由度体系，设 $u_1(t)$ 和 $u_2(t)$ 分别为质点 m_1 和 m_2 的位移坐标。m_1 上所受的主动力 $F_1(t)=p_1(t)+k[u_2(t)-u_1(t)]-k_1u_1(t)$，惯性力 $f_{I1}(t)=-m_1\ddot{u}_1(t)$。

m_2 上所受的主动力 $F_2(t)=p_2(t)-k[u_2(t)-u_1(t)]-k_2u_2(t)$，惯性力 $f_{I2}(t)=-m_2\ddot{u}_2(t)$。代入动平衡方程（2-27），有

$$p_1(t)+k[u_2(t)-u_1(t)]-k_1u_1(t)-m_1\ddot{u}_1(t)=0$$
$$p_2(t)-k[u_2(t)-u_1(t)]-k_2u_2(t)-m_2\ddot{u}_2(t)=0$$

整理后写成矩阵形式

$$[M]\{\ddot{u}\}+[K]\{u\}=\{p\}$$

其中

$$[M]=\begin{bmatrix} m_1 & 0 \\ 0 & m_2 \end{bmatrix},\quad [K]=\begin{bmatrix} k_1+k & -k \\ -k & k_2+k \end{bmatrix},\quad \{u\}=\{u_1 \quad u_2\}^{\mathrm{T}}$$
$$\{\ddot{u}\}=\{\ddot{u}_1 \quad \ddot{u}_2\}^{\mathrm{T}},\quad \{p\}=\{p_1 \quad p_2\}^{\mathrm{T}}$$

例 2-4　图 2-16 所示为具有 n 个集中质量的无重简支动力体系，列出其运动方程（忽略阻尼力作用）。

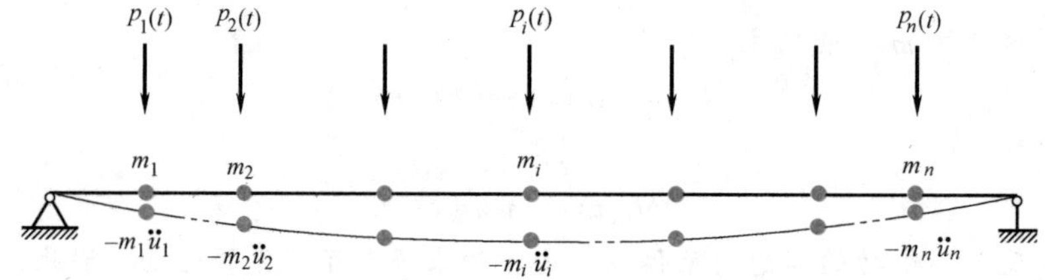

图 2-16　例 2-4 模型

解：设第 i 个质点的位移为 $u_i(t)$，若假定 k_{ij}（仅由 j 坐标发生单位位移所引起的对应于 i 坐标的力，可由结构力学方法求得）已知，那么，质点 m_i 上所受主动力为

$$F_i=p_i(t)-k_{i1}u_1-k_{i2}u_2-\cdots-k_{in}u_n$$

惯性力为

$$f_{Ii}=-m_i\ddot{u}_i$$

将上面两式代入动平衡方程（2-27），有

$$m_i\ddot{u}_i+k_{i1}u_1+k_{i2}u_2+\cdots+k_{in}u_n=p_i(t)$$

对于具有 n 个质点的体系来说，相应地可建立 n 个独立方程，写成矩阵形式为

$$[M]\{\ddot{u}\}+[K]\{u\}=\{p\}$$

其中

$$[M]=\begin{bmatrix} m_1 & 0 & 0 & \cdots & 0 \\ 0 & m_2 & 0 & \cdots & 0 \\ 0 & 0 & m_3 & \cdots & 0 \\ \vdots & \vdots & \vdots & & \vdots \\ 0 & 0 & 0 & \cdots & m_n \end{bmatrix}$$

$$[K]=\begin{bmatrix} k_{11} & k_{12} & k_{13} & \cdots & k_{1n} \\ k_{21} & k_{22} & k_{23} & \cdots & k_{2n} \\ k_{31} & k_{32} & k_{33} & \cdots & k_{3n} \\ \vdots & \vdots & \vdots & & \vdots \\ k_{n1} & k_{n2} & k_{n3} & \cdots & k_{nn} \end{bmatrix}$$

$$\{p\}=\{p_1(t),p_2(t),\cdots,p_n(t)\}^{\mathrm{T}}$$

通过以上算例可知，应用“动静法”列运动方程的步骤如下：

1）分析体系各质量所受的主动力和惯性力。

2）沿质量的各自由度方向列动平衡方程。

2.2.2　虚功原理

动力学虚功原理：具有理想约束的质点系运动时，在任意瞬时，主动力和惯性力在任意虚位移上所做的虚功之和等于零。

理想约束：在任意虚位移下，约束反力所做虚功之和恒等于零，$\sum_{i=1}^{N} S_i\delta u_i=0$，即约束反力不做功。设体系第 i 质点所受的主动力合力为 F_i，惯性力为 $f_{\mathrm{I}i}=-m_i\ddot{u}_i$，虚位移为 δu_i，由虚功原理写出如下虚功方程：

$$\sum_{i=1}^{N}(F_i-m_i\ddot{u}_i)\delta u_i=0 \tag{2-28}$$

由于虚位移 δu_i 的任意性，上式得以满足的充要条件是

$$F_i-m_i\ddot{u}_i=0\quad(i=1,2,\cdots,N) \tag{2-29}$$

这表明虚功原理和动静法是等价的。因此，在用虚功原理建立方程时，首先要确定体系各质量上所受的力，包括惯性力，然后引入相应于每个自由度的虚位移，并使所做功总和等于零，这样就可得出运动方程。

利用虚功原理建立运动方程的主要优点是：虚功为标量，可以按代数方式相加。而作用于结构上的力为矢量，它只能按矢量叠加。因此，对于不便于直接列动平衡方程的复杂体系，采用虚功原理的方法较动静法方便。

下面举例说明虚功原理的应用。

例 2-5　图 2-17 所示的动力体系，试列出其运动方程。

解：(1) 质量 m_1 受力分析

主动力合力 $F_1(t)=p_1(t)+k_2(u_2-u_1)-k_1u_1$

惯性力 $f_{\mathrm{I1}}(t)=-m_1\ddot{u}_1$

对应的虚位移为 δu_1。

(2) 质量 m_2 的受力分析

主动力合力 $F_2(t)=p_2(t)-k_2(u_2-u_1)$

惯性力 $f_{\mathrm{I2}}(t)=-m_2\ddot{u}_2$

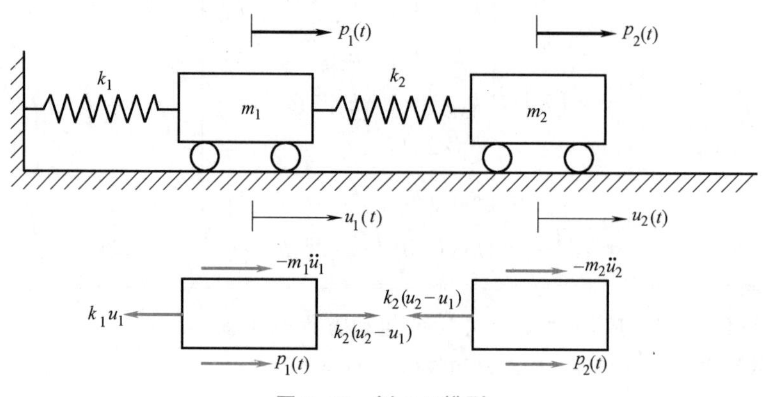

图 2-17　例 2-5 模型

对应的虚位移为 δu_2。

(3) 列虚功方程

$$[p_1(t)+k_2(u_2-u_1)-k_1u_1-m_1\ddot{u}_1]\delta u_1+[p_2(t)-k_2(u_2-u_1)-m_2\ddot{u}_2]\delta u_2=0$$

由于 δu_1、δu_2 的任意性，于是有

$$\begin{cases}p_1+k_2(u_2-u_1)-k_1u_1-m_1\ddot{u}_1=0\\p_2-k_2(u_2-u_1)-m_2\ddot{u}_2=0\end{cases}$$

整理后写成矩阵形式

$$\begin{bmatrix}m_1 & 0\\0 & m_2\end{bmatrix}\begin{Bmatrix}\ddot{u}_1\\\ddot{u}_2\end{Bmatrix}+\begin{bmatrix}k_1+k_2 & -k_2\\-k_2 & k_2\end{bmatrix}\begin{Bmatrix}u_1\\u_2\end{Bmatrix}=\begin{Bmatrix}p_1\\p_2\end{Bmatrix}$$

例 2-6　图 2-18 所示动力体系中，AB 为均布质量刚杆，BC 为无质量刚杆，m_2 为集中质量。以 B 点位移 $u=u_B$ 为广义坐标，试求体系的运动方程。

解：(1) 忽略轴向力影响

1) AB 杆受力分析。竖直向主动力为 p_1、f_{D1}、f_{S1}、f_{D2}，相应各点的虚位移为 $\frac{2}{3}\delta u$、$\frac{1}{4}\delta u$、$\frac{3}{4}\delta u$、δu。惯性力为质心的平动惯性力 f_{I1}，相应的虚位移为 $\frac{1}{2}\delta u$；AB 杆绕质心的转

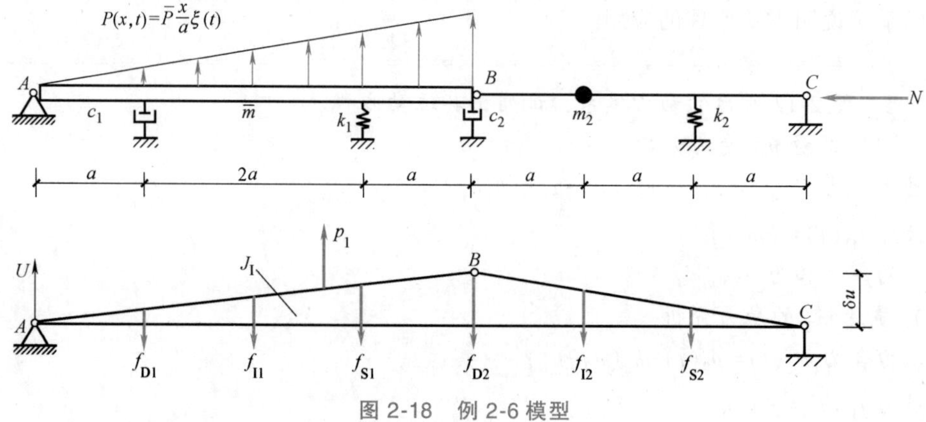

图 2-18　例 2-6 模型

动惯性力 J_1，相应的虚位移为$\frac{\delta u}{4a}$。

2）BC 杆受力分析。竖直向主动力为 f_{S2}，相应虚位移为$\frac{1}{3}\delta u$；质点 m_2 的惯性力为 f_{I2}，相应的虚位移为$\frac{2}{3}\delta u$。

3）列虚功方程。

$$p_1\frac{2}{3}\delta u-f_{D1}\frac{1}{4}\delta u-f_{S1}\frac{3}{4}\delta u-f_{D2}\delta u-f_{I1}\frac{1}{2}\delta u-J_I\frac{\delta u}{4a}-f_{S2}\frac{1}{3}\delta u-f_{I2}\frac{2}{3}\delta u=0$$

其中：

$$p_1=8\bar{p}a\xi(t),f_{I1}=4a\bar{m}\frac{1}{2}\ddot{u}=2a\bar{m}\ddot{u},f_{I2}=\frac{2}{3}m_2\ddot{u},J_I=\frac{4}{3}a^2\bar{m}\ddot{u}=I_0\frac{\ddot{u}}{4a}\left(I_0=\frac{\bar{m}}{12}l^3\right)$$

$$f_{D1}=\frac{1}{4}c_1\dot{u},f_{D2}=c_2\dot{u},f_{S1}=\frac{3}{4}k_1u,f_{S2}=\frac{1}{3}k_2u$$

将以上各式代入上面的虚功方程，整理后有体系的运动方程为

$$M^*\ddot{u}(t)+C^*\dot{u}(t)+K^*u(t)=p^*(t)$$

$$M^*=\frac{4}{3}\bar{m}a+\frac{4}{9}m_2,\quad C^*=\frac{1}{16}c_1+c_2$$

$$K^*=\frac{9}{16}k_1+\frac{1}{9}k_2,\quad p^*(t)=\frac{16}{3}\bar{p}a\xi(t)$$

M^*、C^*、K^*、p^*分别为广义质量、广义阻尼、广义刚度和广义力。

（2）考虑轴向力影响　由图 2-19 所示，轴向力所做虚功可以表示为 $\delta W_N=\delta eN$。δe 为由 δa 引起的 C 点的水平虚位移，N 为轴力。可用虚功方程求机构位移的方法来求解。

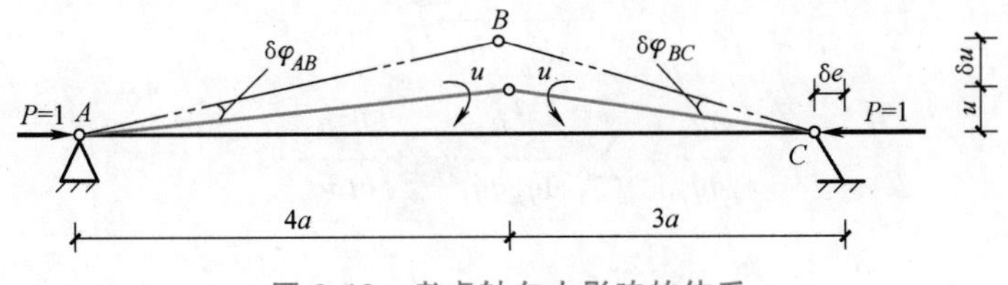

图 2-19　考虑轴向力影响的体系

给图 2-19 所示的刚体体系一组平衡力（包括单位轴力 1 及作用在铰 B 两侧杆端的力偶 1×u）。在虚位移 δu 上，此平衡力系所做虚功之和应等于零，即

$$1\times\delta e-u\delta\varphi_{AB}-u\delta\varphi_{BC}=0$$

由此得

$$\delta e=u(\delta\varphi_{AB}+\delta\varphi_{BC})$$

小位移情况时有

$$\delta\varphi_{AB}=\frac{\delta u}{4a},\quad\delta\varphi_{BC}=\frac{\delta u}{3a}$$

于是

$$\delta e=\frac{7u}{12a}\delta u,\quad\delta W_N=\frac{7u}{12a}N\delta u$$

将 δW_N 引入上面的虚功方程仍可导出形式上与忽略轴向力影响时相同的运动方程，只是广义刚度 K^* 应改写为

$$\overline{K^*}=K^*-\frac{7N}{12a}$$

由上式可见，轴向压力使广义刚度减小，轴向拉力使其增大。由轴向力引起的刚度变化称为“几何刚度”。注意到当广义刚度 $\overline{K^*}=0$ 时，体系进入随遇平衡状态，即临界状态。由上式可得临界荷载为

$$N_{cr}=\left(\frac{27}{28}k_1+\frac{4}{21}k_2\right)a$$

2.2.3　Lagrange（拉格朗日）运动方程

设质点系的动力自由度为 n，质点系有 N 个质点，则对于完整约束的质点系，任意质点的坐标可用 n 个广义坐标表示为

$$u_i=u_i(q_1,q_2,\cdots,q_n;t)\,(i=1,2,\cdots,N) \tag{2-30}$$

假定这些函数对于 $q_i(i=1,2,\cdots,n)$ 是二次可微函数。于是有

$$\dot{u}_i=\frac{\mathrm{d}u_i}{\mathrm{d}t}=\sum_{j=1}^{n}\frac{\partial u_i}{\partial q_j}\dot{q}_j+\frac{\partial u_i}{\partial t} \tag{2-31}$$

式（2-31）的右边是 $q_1,q_2,\cdots,q_n,\dot{q}_1,\dot{q}_2,\cdots,\dot{q}_n$ 的函数，其中 $\dot{q}_1,\dot{q}_2,\cdots,\dot{q}_n$ 是广义坐标的时间变化率，称为广义速度。分析动力学中，把各 q_j、$\dot{q}_j$ 看作相互独立的变量，那么由式（2-31）可以得到

$$\frac{\partial\dot{u}_i}{\partial\dot{q}_j}=\frac{\partial u_i}{\partial q_j} \tag{2-32}$$

$$\frac{\partial\dot{u}_i}{\partial q_j}=\sum_{k=1}^{n}\frac{\partial^2 u_i}{\partial q_k\partial q_j}\dot{q}_k+\frac{\partial^2 u_i}{\partial t\partial q_j} \tag{2-33}$$

另外，有

$$\frac{\mathrm{d}}{\mathrm{d}t}\left(\frac{\partial u_i}{\partial q_j}\right)=\sum_{k=1}^{n}\frac{\partial}{\partial q_k}\left(\frac{\partial u_i}{\partial q_j}\right)\dot{q}_k+\frac{\partial}{\partial t}\left(\frac{\partial u_i}{\partial q_j}\right) \tag{2-34}$$

比较式（2-33）和式（2-34）有

$$\frac{\mathrm{d}}{\mathrm{d}t}\left(\frac{\partial u_i}{\partial q_j}\right)=\frac{\partial\dot{u}_i}{\partial q_j} \tag{2-35}$$

根据式 D'Alembert 原理，质点 m_i 在广义坐标下的运动方程为

$$\widetilde{Q}_j+R_j+F_{\mathrm{I}j}=0\quad(j=1,2,\cdots,n) \tag{2-36}$$

根据式（2-20），广义主动力 $\widetilde{Q}_j$、广义约束反力 R_j 和广义惯性力 $F_{\mathrm{I}j}$ 可以表示为

$$\widetilde{Q}_j=\sum_{i=1}^{N}F_i\frac{\partial u_i}{\partial q_j} \tag{2-37}$$

$$R_j = \sum_{i=1}^{N} S_i \frac{\partial u_i}{\partial q_j} \tag{2-38}$$

$$F_{Ij} = \sum_{i=1}^{N}(-m_i\ddot{u}_i)\frac{\partial u_i}{\partial q_j} = -\sum_{i=1}^{N} m_i \frac{\mathrm{d}\dot{u}_i}{\mathrm{d}t}\frac{\partial u_i}{\partial q_j} = -\frac{\mathrm{d}}{\mathrm{d}t}\left(\sum_{i=1}^{N} m_i\dot{u}_i\frac{\partial u_i}{\partial q_j}\right) + \sum_{i=1}^{N} m_i\dot{u}_i\frac{\mathrm{d}}{\mathrm{d}t}\left(\frac{\partial u_i}{\partial q_j}\right) \tag{2-39}$$

式中，S_i 为作用于 i 质量的约束反力；$-m_i\ddot{u}_i$为 i 质点的惯性力。

将式（2-32）和式（2-35）代入式（2-39），可以得到

$$F_{Ij} = -\frac{\mathrm{d}}{\mathrm{d}t}\left(\sum_{i=1}^{N} m_i\dot{u}_i\frac{\partial \dot{u}_i}{\partial \dot{q}_j}\right) + \sum_{i=1}^{N} m_i\dot{u}_i\frac{\partial \dot{u}_i}{\partial q_j} \tag{2-40}$$

考虑到质点系的动能为

$$T = \frac{1}{2}\sum_{i=1}^{N} m_i\dot{u}_i^2 \tag{2-41}$$

广义惯性力可以表示成

$$F_{Ij} = -\frac{\mathrm{d}}{\mathrm{d}t}\left(\frac{\partial T}{\partial \dot{q}_j}\right) + \frac{\partial T}{\partial q_j} \tag{2-42}$$

代入式（2-36）可以得到完整质点系的 Lagrange 广义坐标运动微分方程：

$$\frac{\mathrm{d}}{\mathrm{d}t}\left(\frac{\partial T}{\partial \dot{q}_j}\right) - \frac{\partial T}{\partial q_j} - \widetilde{Q}_j - R_j = 0 \tag{2-43}$$

具有理想约束的质点系，$R_j=0$。如果系统的主动力分为两部分，一部分为有势力，另一部分为非有势力，即存在势函数 $V=V(q_1,q_2,\cdots,q_n)$ 使得

$$\widetilde{Q}_j = -\frac{\partial V}{\partial q_j} + Q_j \tag{2-44}$$

其中 Q_j 为非有势力对应于广义坐标 q_j 的广义力函数，则上述 Lagrange 运动方程可写为

$$\frac{\mathrm{d}}{\mathrm{d}t}\left(\frac{\partial T}{\partial \dot{q}_j}\right) - \frac{\partial T}{\partial q_j} + \frac{\partial V}{\partial q_j} = Q_j \quad j=(1,2,\cdots,n) \tag{2-45}$$

例 2-7　针对例 2-1 中图 2-8 所示的两自由度体系，利用 Lagrange 运动方程建立关于广义坐标 φ_1、φ_2 的运动方程。(假设 φ_1、φ_2 为小量，即体系线性微振)

解：物理坐标与广义坐标的关系

$$x_1 = l_1\sin\varphi_1,\quad y_1 = l_1\cos\varphi_1$$

$$x_2 = l_1\sin\varphi_1 + l_2\sin\varphi_2,\quad y_2 = l_1\cos\varphi_1 + l_2\cos\varphi_2$$

质点 m_1 的动能为

$$T_1 = \frac{1}{2}m_1(\dot{x}_1^2 + \dot{y}_1^2) = \frac{1}{2}m_1 l_1^2\dot{\varphi}_1^2$$

质点 m_2 的动能为

$$T_2 = \frac{1}{2}m_2(\dot{x}_2^2 + \dot{y}_2^2) = \frac{1}{2}m_2[(l_1\dot{\varphi}_1\cos\varphi_1 + l_2\dot{\varphi}_2\cos\varphi_2)^2 + (l_1\dot{\varphi}_1\sin\varphi_1 + l_2\dot{\varphi}_2\sin\varphi_2)^2]$$

$$= \frac{1}{2}m_2[l_1^2\dot{\varphi}_1^2 + l_2^2\dot{\varphi}_2^2 + 2l_1l_2\dot{\varphi}_1\dot{\varphi}_2\cos(\varphi_1 - \varphi_2)]$$

设 $\varphi_1=0$、$\varphi_2=0$ 时质点 m_2 所在位置为零势能点，则质点 m_1 的势能为

$$V_1=m_1g(l_1+l_2-y_1)=m_1g[l_1(1-\cos\varphi_1)+l_2]$$

质点 m_2 的势能为

$$V_2=m_2g(l_1+l_2-l_1\cos\varphi_1-l_2\cos\varphi_2)$$

由例 2-1 可知，对应广义坐标 φ_1、φ_2 的广义力为

$$Q_1=-p_1l_1\sin\varphi_1-p_2l_1\sin\varphi_1$$
$$Q_2=-p_2l_2\sin\varphi_2$$

体系总动能 $T=T_1+T_2$，总势能 $V=V_1+V_2$，可以得到

$$\frac{\partial T}{\partial\dot{\varphi}_1}=m_1l_1^2\dot{\varphi}_1+m_2l_1^2\dot{\varphi}_1+m_2l_1l_2\dot{\varphi}_2\cos(\varphi_1-\varphi_2)$$

$$\frac{\mathrm{d}}{\mathrm{d}t}\left(\frac{\partial T}{\partial\dot{\varphi}_1}\right)=(m_1+m_2)l_1^2\ddot{\varphi}_1+m_2l_1l_2[\ddot{\varphi}_2\cos(\varphi_1-\varphi_2)-\dot{\varphi}_2(\dot{\varphi}_1-\dot{\varphi}_2)\sin(\varphi_1-\varphi_2)]$$

$$\frac{\partial T}{\partial\varphi_1}=-m_2l_1l_2\dot{\varphi}_1\dot{\varphi}_2\sin(\varphi_1-\varphi_2)$$

$$\frac{\partial V}{\partial\varphi_1}=(m_1+m_2)gl_1\sin\varphi_1$$

$$\frac{\partial T}{\partial\dot{\varphi}_2}=m_2l_2^2\dot{\varphi}_2+m_2l_1l_2\dot{\varphi}_1\cos(\varphi_1-\varphi_2)$$

$$\frac{\mathrm{d}}{\mathrm{d}t}\left(\frac{\partial T}{\partial\dot{\varphi}_2}\right)=m_2l_2^2\ddot{\varphi}_2+m_2l_1l_2[\ddot{\varphi}_1\cos(\varphi_1-\varphi_2)-\dot{\varphi}_1(\dot{\varphi}_1-\dot{\varphi}_2)\sin(\varphi_1-\varphi_2)]$$

$$\frac{\partial T}{\partial\varphi_2}=m_2l_1l_2\dot{\varphi}_1\dot{\varphi}_2\sin(\varphi_1-\varphi_2)$$

$$\frac{\partial V}{\partial\varphi_2}=m_2gl_2\sin\varphi_2$$

将以上各式代入 Lagrange 运动方程，再根据 φ_1、φ_2 为小量，则 $\sin\varphi_1=\varphi_1$、$\sin\varphi_2=\varphi_2$、$\cos\varphi_1=\cos\varphi_2=1$，略去二阶小量，最后得到体系微幅运动方程为

$$(m_1+m_2)l_1^2\ddot{\varphi}_1+m_2l_1l_2\ddot{\varphi}_2+(m_1+m_2)gl_1\varphi_1=-(p_1+p_2)l_1\varphi_1$$
$$m_2l_1l_2\ddot{\varphi}_1+m_2l_2^2\ddot{\varphi}_2+m_2gl_2\varphi_2=-P_2l_2\varphi_2$$

写成矩阵形式为

$$\begin{bmatrix}(m_1+m_2)l_1^2 & m_2l_1l_2\\ m_2l_1l_2 & m_2l_2^2\end{bmatrix}\begin{Bmatrix}\ddot{\varphi}_1\\ \ddot{\varphi}_2\end{Bmatrix}+\begin{bmatrix}(p_1+p_2+m_1g+m_2g)l_1 & 0\\ 0 & (p_2+m_2g)l_2\end{bmatrix}\begin{Bmatrix}\varphi_1\\ \varphi_2\end{Bmatrix}=\begin{Bmatrix}0\\ 0\end{Bmatrix}$$

2.2.4 Hamilton（哈密顿）原理

如图 2-13 所示，当 x 表示时间 t，y 表示广义坐标 $q_j(j=1,2,\cdots,n)$ 时，$q_j(t)$ 从 A 点到 B 点的运动可看作位形空间的一条运动轨道，当这条轨道满足 Lagrange 运动方程时，称之为正轨。在这条正轨附近如果引入任一变动了的轨道 $\tilde{q}_j(j=1,2,\cdots,n)$，称为变轨。定义如下等时变分，$\delta q_j=\tilde{q}_j(t)-q_j(t)$，可以看到在 A 点和 B 点时 $\delta q_j=0$。

对于理想约束的质点系，系统的动能函数可以表示为广义坐标和广义速度的函数，即

$$T=T(q_1,q_2,\cdots,q_n,\dot{q}_1,\dot{q}_2,\cdots,\dot{q}_n,t) \tag{2-46}$$

于是动能函数的变分可写为

$$\delta T=\sum_{j=1}^{n}\left(\frac{\partial T}{\partial q_j}\delta q_j+\frac{\partial T}{\partial \dot{q}_j}\delta \dot{q}_j\right) \tag{2-47}$$

从 t_0 时刻到 t_1 时刻的区间上对上式积分，有

$$\int_{t_0}^{t_1}(\delta T)\mathrm{d}t=\int_{t_0}^{t_1}\sum_{j=1}^{n}\frac{\partial T}{\partial q_j}\delta q_j\mathrm{d}t+\int_{t_0}^{t_1}\sum_{j=1}^{n}\frac{\partial T}{\partial \dot{q}_j}\delta \dot{q}_j\mathrm{d}t \tag{2-48}$$

根据变分运算法则 $\delta\mathrm{d}y=\mathrm{d}\delta y$，上式最后一项可以写为

$$\int_{t_0}^{t_1}\sum_{j=1}^{n}\frac{\partial T}{\partial \dot{q}_j}\delta \dot{q}_j\mathrm{d}t=\int_{t_0}^{t_1}\sum_{j=1}^{n}\frac{\partial T}{\partial \dot{q}_j}\left(\frac{\mathrm{d}}{\mathrm{d}t}\delta q_j\right)\mathrm{d}t=\sum_{j=1}^{n}\frac{\partial T}{\partial \dot{q}_j}\delta q_j\Bigg|_{t_0}^{t_1}-\int_{t_0}^{t_1}\sum_{j=1}^{n}\left(\frac{\mathrm{d}}{\mathrm{d}t}\frac{\partial T}{\partial \dot{q}_j}\right)\delta q_j\mathrm{d}t \tag{2-49}$$

将式（2-49）代入式（2-48），并根据端点处 $\delta q_j=0$，得到

$$\int_{t_0}^{t_1}(\delta T)\mathrm{d}t=\int_{t_0}^{t_1}\sum_{j=1}^{n}\left(\frac{\partial T}{\partial q_j}-\frac{\mathrm{d}}{\mathrm{d}t}\frac{\partial T}{\partial \dot{q}_j}\right)\delta q_j\mathrm{d}t \tag{2-50}$$

根据 Lagrange 方程（2-45），可以得到

$$\int_{t_0}^{t_1}\left(\delta T-\sum_{j=1}^{n}\frac{\partial V}{\partial q_j}\delta q_j+\sum_{j=1}^{n}Q_j\delta q_j\right)\mathrm{d}t=0 \tag{2-51}$$

由于

$$\sum_{j=1}^{n}\frac{\partial V}{\partial q_j}\delta q_j=\delta V$$

同时记

$$\sum_{j=1}^{n}Q_j\delta q_j=\delta W_{\mathrm{nc}}$$

将以上两式代入式（2-51）得到

$$\int_{t_0}^{t_1}\delta(T-V)\mathrm{d}t+\int_{t_0}^{t_1}\delta W_{\mathrm{nc}}\mathrm{d}t=0 \tag{2-52}$$

式中，T 为体系的总动能；V 为保守力产生的体系的势能；W_{nc} 为作用于体系上的非保守力所做的功；δ 为指定时段内所取的变分。

式（2-52）为 Hamilton 原理的一般形式。应用 Hamilton 原理可以推导出体系的运动方程。

Hamilton 原理也可用于静力问题，此时动能 T 一项不存在，而式（2-52）的积分中剩余项是不随时间 t 改变的，于是式（2-52）简化为

$$\delta(V-W_{\mathrm{nc}})=0$$

上式为广泛应用于静力分析的最小势能原理。

Hamilton 原理的优点：不明显使用惯性力和弹性力，而分别用对动能和位能的变分代替。因而对这两项来讲，仅涉及标量处理。与之相比，在虚功原理中，尽管虚功本身是标量，但用来计算虚功的力和虚位移都是矢量。

例 2-8　用 Hamilton 原理求图 2-20 所示体系的运动方程。

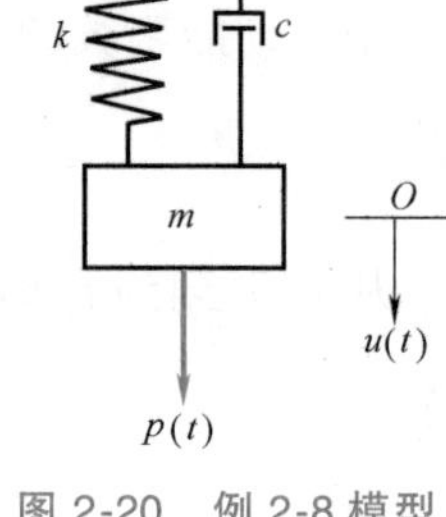

图 2-20　例 2-8 模型

解：质量 m 的动能 $T=\frac{1}{2}m\dot{u}^2$

体系的势能（保守力）$V=\frac{1}{2}ku^2$

非保守力做功的变分等于非保守力在位移变分 δu 上做的功，即

$$\delta W_{nc}=p\delta u-c\dot{u}\delta u$$

将以上各式代入 Hamilton 原理，得

$$\int_{t_1}^{t_2}(m\dot{u}\delta\dot{u}-ku\delta u+p\delta u-c\dot{u}\delta u)\mathrm{d}t=0$$

又因为

$$\int_{t_1}^{t_2}m\dot{u}\delta\dot{u}\mathrm{d}t=\int_{t_1}^{t_2}m\dot{u}\frac{\mathrm{d}(\delta u)}{\mathrm{d}t}\mathrm{d}t=m\dot{u}\delta u\Big|_{t_1}^{t_2}-\int_{t_1}^{t_2}m\ddot{u}\delta u\mathrm{d}t$$

$$=m\dot{u}\delta u\big|_{t=t_2}-m\dot{u}\delta u\big|_{t=t_1}-\int_{t_1}^{t_2}m\ddot{u}\delta u\mathrm{d}t$$

$$=-\int_{t_1}^{t_2}m\ddot{u}\delta u\mathrm{d}t$$

所以

$$\int_{t_1}^{t_2}(-m\ddot{u}-c\dot{u}-ku+p)\delta u\mathrm{d}t=0$$

由于 δu 的任意性，有

$$m\ddot{u}+c\dot{u}+ku=p$$

Hamilton 原理作为理想约束系统动力学的基本原理，也可从它出发更为简单明了地导出 Lagrange 方程，推导过程如下：

对于具有 n 个自由度的结构体系，体系的动能和位能的变分为

$$\delta T=\sum_{j=1}^{n}\frac{\partial T}{\partial q_j}\delta q_j+\sum_{j=1}^{n}\frac{\partial T}{\partial\dot{q}_j}\delta\dot{q}_j \tag{a}$$

$$\delta V=\sum_{j=1}^{n}\frac{\partial V}{\partial q_j}\delta q_j \tag{b}$$

非保守力所做功的变分为

$$\delta W_{nc}=\sum_{j=1}^{n}Q_j\delta q_j \tag{c}$$

将式（a）、式（b）和式（c）代入 Hamilton 原理式（2-52），得

$$\int_{t_1}^{t_2}\sum_{j=1}^{n}\left(\frac{\partial T}{\partial q_j}-\frac{\partial V}{\partial q_j}+Q_j\right)\delta q_j\mathrm{d}t+\sum_{j=1}^{n}\int_{t_1}^{t_2}\frac{\partial T}{\partial\dot{q}_j}\delta\dot{q}_j\mathrm{d}t=0 \tag{d}$$

对式（d）的第二项进行分部积分，得

$$\int_{t_1}^{t_2}\frac{\partial T}{\partial \dot{q}_j}\delta\dot{q}_j\mathrm{d}t=\int_{t_1}^{t_2}\frac{\partial T}{\partial \dot{q}_j}\delta\left(\frac{\mathrm{d}q_j}{\mathrm{d}t}\right)\mathrm{d}t=\int_{t_1}^{t_2}\frac{\partial T}{\partial \dot{q}_j}\frac{\mathrm{d}}{\mathrm{d}t}(\delta q_j)\mathrm{d}t=\int_{t_1}^{t_2}\frac{\partial T}{\partial \dot{q}_j}\mathrm{d}(\delta q_j)$$
$$=\frac{\partial T}{\partial \dot{q}_j}\delta q_j\Bigg|_{t_1}^{t_2}-\int_{t_1}^{t_2}\frac{\mathrm{d}}{\mathrm{d}t}\left(\frac{\partial T}{\partial \dot{q}_j}\right)\delta q_j\mathrm{d}t=-\int_{t_1}^{t_2}\frac{\mathrm{d}}{\mathrm{d}t}\left(\frac{\partial T}{\partial \dot{q}_j}\right)\delta q_j\mathrm{d}t \tag{e}$$

式（e）代入式（d），得

$$\sum_j^n\int_{t_1}^{t_2}\left(-\frac{\mathrm{d}}{\mathrm{d}t}\left(\frac{\partial T}{\partial \dot{q}_j}\right)+\frac{\partial T}{\partial q_j}-\frac{\partial V}{\partial q_j}+Q_j\right)\delta q_j\mathrm{d}t=0 \tag{f}$$

由 δq_j 的任意性，可知式（f）中被积分项恒为零，这样就得到了 Lagrange 方程，即

$$\frac{\mathrm{d}}{\mathrm{d}t}\left(\frac{\partial T}{\partial \dot{q}_j}\right)-\frac{\partial T}{\partial q_j}+\frac{\partial V}{\partial q_j}=Q_j\quad(j=1,2,\cdots,n) \tag{2-53}$$

以上介绍了四种建立体系运动方程的基本力学原理。D' Alembert 原理是一种简单、直观的建立运动方程的方法，得到了广泛的应用，更重要的是 D' Alembert 原理建立了动平衡的概念，使得在结构静力分析中的一些建立控制方程的方法可以直接推广到动力问题，如虚位移原理。当结构具有分布质量和弹性时，直接应用 D' Alembert 原理，用动力平衡的方法来建立体系的运动方程可能是困难的。这时采用虚位移原理更方便，它部分避免了矢量运算，在获得体系虚功后，可以采用标量运算建立体系的运动方程，从而简化了运算过程。Hamilton 原理是另外一种建立运动方程的能量方法，如果不考虑非保守力做的功（主要是阻尼力），它是完全的标量运算。但实际上直接采用 Hamilton 原理建立运动方程并不多。Hamilton 原理的美妙在于它以一个极为简洁的表达式概括了复杂的数学（力学）问题。与 Hamilton 原理相比，Lagrange 方程得到更多的应用，它和 Hamilton 原理一样，除非保守力（阻尼力）外，是一个完全的标量分析方法，不必直接分析惯性力和保守力（主要是弹性恢复力），而惯性力和弹性恢复力正是建立运动方程时最为困难的处理对象。关于阻尼力，实际上它一般不是通过数学推理分析，从材料、结构构件的几何尺寸等推演得到的，而往往是通过实验、测试的方法得到（至少对结构动力学是如此）。因此，由阻尼产生的非保守力引起的分析困难并不大。这可能与纯粹的连续介质力学很不同，连续介质力学中的阻尼主要由介质本身引起，而结构动力学中阻尼来源更广、更复杂，无法简单推出，因而通常采用试验加假设的方法。如采用 Rayleigh 阻尼，阻尼系数由实测或经验给出。

表 2-1 给出了以上介绍的四种建立运动方程方法的特点。

表 2-1　四种建立运动方程方法的特点

方　法	特　点
D' Alembert 原理	矢量方法，直观，建立了动平衡概念
虚位移原理	半矢量法，可处理复杂分布质量和弹性问题
Hamilton 原理	标量方法，表达简洁
Lagrange 方程	标量方法，运用面广

以上介绍的四种方法对建立运动方程完全是等同的，可以推得完全相同的运动方程。在实际问题中选用哪一种方法，一般取决于处理问题的方便，同时取决于个人的习惯和爱好。

2.3　重力的影响

在实际工程结构中，重力总是存在的。作为已知的外力，重力对结构的内力和变形影响很大。重力问题，特别是结构自重，一般都属于静力问题，可用结构力学中的方法去研究。重力对结构动力反应与对建立结构运动方程的影响，是本节要讨论的问题。分析结果表明，如果结构是线弹性的，或者说结构反应处于线弹性范围，并且是小变形，包括小位移阶段，重力问题的分析和动力问题的分析可以分别讨论，即静力问题和动力问题的分析可以分开进行。

图 2-21 所示的悬吊单质点弹簧-质点体系，刚度为 k，阻尼系数为 c，质量为 m，在自重 W 作用下和动力荷载 $p(t)$ 作用下的变形过程如图 2-21 各分图所示。

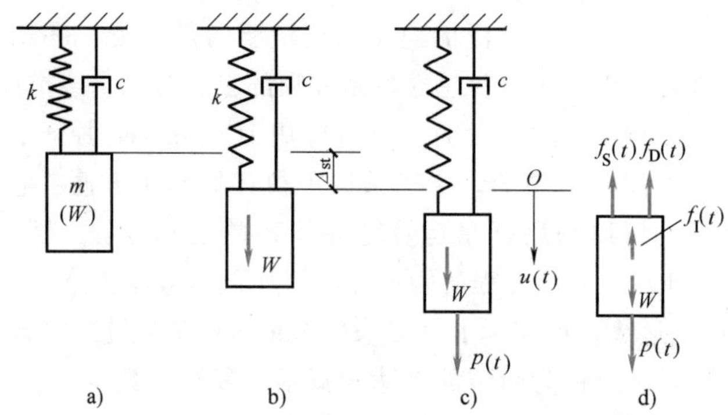

图 2-21　考虑重力影响时单自由度体系受力分析

在自重作用下，质量块 m 产生一竖向位移 Δ_{st}，即重力作用下弹簧伸长了 Δ_{st}，注意自重作用下位移分析是一个静力问题，按静力学的方法可得到重力 $W=mg$ 作用下体系的静位移为

$$\Delta_{st}=W/k$$

在静力荷载（自重）作用下结构所处的位置叫作静平衡位置。对于实际结构，这个位置就是受到动力作用以前结构所处的实际位置。

取结构的静平衡位置为坐标的原点，此时在结构上施加动力荷载 $p(t)$ 作用，质点的动力位移、速度、加速度分别为 u，$\dot{u}$，$\ddot{u}$。质点受到的惯性力、阻尼力和弹性恢复力分别为

$$f_I=m\ddot{u},\ f_D=c\dot{u},f_S=k(u+\Delta_{st})$$

而外荷载包括动力荷载和自重，即 $p(t)+W$。

应用 D'Alembert 原理得到质点的平衡方程为

$$f_I+f_D+f_S=p(t)+W$$

将 f_I、f_D、f_S 代入上式得

$$m\ddot{u}+c\dot{u}+k(u+\Delta_{st})=p(t)+W$$

再将式 $\Delta_{st}=W/k$ 代入上式，得到考虑重力影响的结构体系的运动方程为

$$m\ddot{u}+c\dot{u}+ku=p(t)$$

可见，考虑重力影响的结构体系的运动方程与无重力影响时的运动方程完全一样，此时

u 是由动荷载引起的动力反应。这样在研究结构的动力反应时，可以完全不考虑重力的影响，建立体系的运动方程，直接求解动力荷载作用下的运动方程，即可得到结构体系的动力解。当需要考虑重力影响时，结构的总位移（变形）等于静力解加动力解，即叠加原理成立。

因此，在结构反应问题中，应用叠加原理可将静力问题（一般是重力问题）和动力问题分开计算，将其结果相加即得到真实结构的反应。

同时也要注意到，并不是对任何结构动、静力反应问题都可以这样处理，因为在以上推导中，假设弹簧的刚度 k 为常数，即结构是线弹性的，因此只有对线弹性结构［如果是二维或三维问题，还要加上小变形（位移）的限制］才可以使用叠加原理，将静力、动力问题分开考虑。

以后对线弹性、小变形结构分析时，要经常直接应用叠加原理，并不再给予证明。

应当注意的是，在以上推导过程中，假设悬挂的弹簧-质点体系只发生竖向振动，在动荷载作用之前，重力被弹簧的弹性变形所平衡，而施加荷载后，重力始终被弹性变形所平衡。如果重力的影响没有预先被平衡，则在施加动力荷载产生进一步变形后，可以产生二阶影响问题，如 P-Δ 效应。最简单的例子是倒立摆，当倒立摆产生水平振动后，摆的重力引起的附加弯矩是一个新的量，它并没有预先被平衡，将对体系的动力反应产生影响，这种影响必然反映到结构的运动方程中。

2.4　地基运动的影响

结构动力学中研究的一个重要课题是地震作用下结构的动力反应。在结构地震反应问题中，结构的动力反应不是由直接作用到结构上的动力引起的，而是由地震导致的结构基础的运动引起的，是地基运动问题。下面建立由地基运动引起的结构的运动方程。为直观起见，取图 2-22 所示的单自由度体系讨论，其中，u_g 是地基的位移，u 是质点相对于固定在地基之上的相对坐标系的位移，反映了结构本身的变形，u^t 是质点相对于绝对坐标系的位移，$u^t=u+u_g$。因为惯性力与绝对加速度成正比，弹性力仅与相对变形的大小有关，同时认为结构阻尼主要与结构变形有关，则体系的惯性力、阻尼力和弹性恢复力分别为

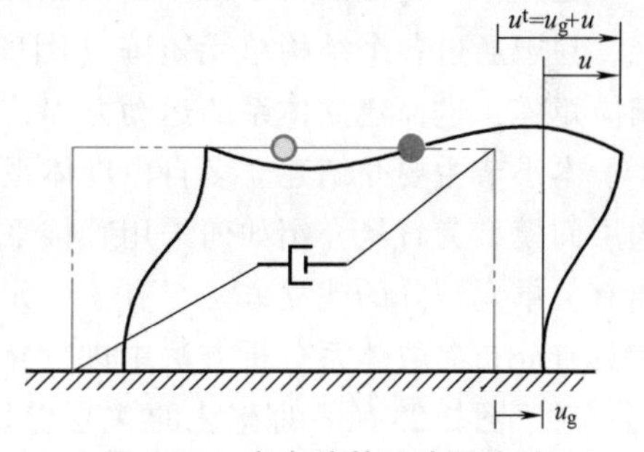

图 2-22　考虑地基运动影响时体系运动与变形的关系

$$f_I=m(\ddot{u}+\ddot{u}_g),\quad f_S=ku,\quad f_D=c\dot{u} \tag{a}$$

根据平衡方程 $f_I+f_D+f_S=0$ 得

$$m\ddot{u}+c\dot{u}+ku=p_{eff}(t)$$

$$p_{eff}(t)=-m\ddot{u}_g \tag{b}$$

$p_{eff}(t)$ 表示由地基运动产生的等效荷载，大小等于结构的质量与地面加速度之积，方向与地面加速度方向相反。上式将由地基运动引起的结构动力反应问题化为在等效荷载作用下基底固定结构的动力反应问题。注意到如此得到的结构反应是相对运动，相当于结构的形

变部分。

由于地面运动引起的等效荷载 $p_{\mathrm{eff}}(t)$ 与地面的加速度有关，因此在结构地震反应问题中，输入的地震动一般为加速度时程。

式（b）也称为相对运动方程。对于大型复杂结构动力反应问题，如大型结构的多点地震输入问题，常常采用绝对运动方程求解。这一运动方程也可以由平衡方程导出，由 $f_{\mathrm{I}}+f_{\mathrm{D}}+f_{\mathrm{S}}=0$ 得到

$$m(\ddot{u}+\ddot{u}_{\mathrm{g}})+c\dot{u}+ku=0 \tag{c}$$

对式（c）两端同时加上 $c\dot{u}_{\mathrm{g}}$ 和 ku_{g}，得到绝对运动方程

$$m\ddot{u}^{\mathrm{t}}+c\dot{u}^{\mathrm{t}}+ku^{\mathrm{t}}=cu_{\mathrm{g}}+ku_{\mathrm{g}} \tag{d}$$

其中 $u^{\mathrm{t}}=u+u_{\mathrm{g}}$，为绝对坐标系下的位移。

相对运动方程式（b）右端施加的等效荷载 $-m\ddot{u}_{\mathrm{g}}$ 并不是以物理的方式施加于结构上的力，仅是形式上的等效力。对于多自由度体系，由相对运动方程直接求解得到的相对运动 $u(t)$ 也不具有运动（振动）及能量以有限速度传播的特征。而绝对运动方程右端荷载项 $c\dot{u}_{\mathrm{g}}+ku_{\mathrm{g}}$ 是真实施加于结构的力，即地震作用通过弹簧的弹性和阻尼器的阻尼将地震力施加于结构之上，得到的绝对运动具有以有限速度传播的特征。

2.5 多自由度体系运动方程的建立

2.5.1 直接平衡法

直接平衡方法应用动力平衡的概念以矩阵的形式建立多自由度体系的运动方程，概念直观，易于通过各个结构单元矩阵（刚度矩阵、质量矩阵、阻尼矩阵）建立整个结构体系的相应矩阵，进而建立体系的运动方程，便于计算机编程。

本小节主要介绍建立多自由度体系运动方程的直接平衡法的基本概念和实施技术，以结构层间模型为背景介绍如何采用直接平衡法建立多自由度体系的运动方程。本小节不具体介绍有关单元矩阵的建立方法，有关单元刚度阵、质量阵和阻尼阵的建立将在后面的有限元法和具有分布参数体系分析方法中进行介绍。

对于图 2-23 所示理想化的 N 层剪切型框架，假定楼板的刚度无穷大，并且建筑物的质量集中于楼层处。忽略柱的轴向变形和轴力对柱子刚度的影响。作用于每个楼层质量 m_i 的力如图 2-23b 所示，这些力包括外力 $p_i(t)$、弹性恢复力 $f_{\mathrm{S}i}$、阻尼力 $f_{\mathrm{D}i}$ 和惯性力 $f_{\mathrm{I}i}$。根据 D'Alembert 原理，有

$$f_{\mathrm{I}i}+f_{\mathrm{S}i}+f_{\mathrm{D}i}=p_i(t) \qquad (i=1,2,\cdots,N) \tag{2-54}$$

对于整个结构而言，共有 N 个上述方程，可以写成矩阵形式：

$$\{f_{\mathrm{I}}\}+\{f_{\mathrm{S}}\}+\{f_{\mathrm{D}}\}=\{p(t)\} \tag{2-55}$$

弹性恢复力 $f_{\mathrm{S}i}$ 可以用结构的层间（单元）刚度来表示，其一般表达式为

$$f_{\mathrm{S}i}=k_{i1}u_1+k_{i2}u_2+\cdots+k_{iN}u_N \tag{2-56}$$

式中，k_{ij} 称为刚度影响系数，简称刚度系数。如图 2-24 所示，它的物理意义是由第 j 个自由度的单位位移引起的第 i 个自由度的力，即 j 自由度给定一个单位位移，而其余自由度都

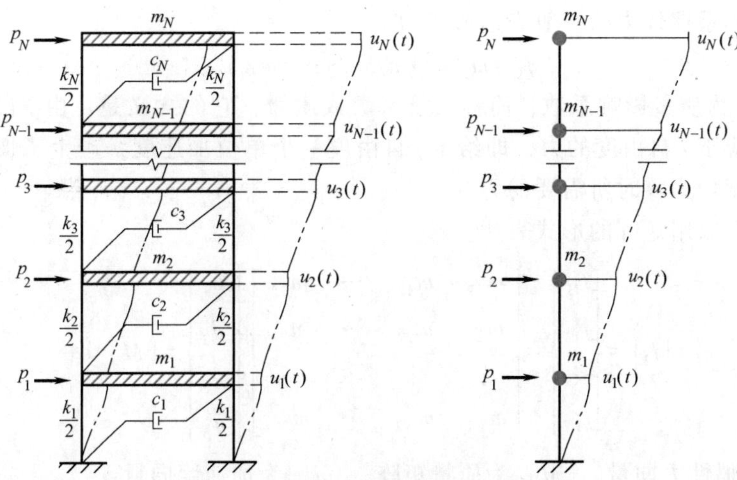

a) 多层剪切框架及剪切模型

b) 作用在i层上的力

图 2-23　多层剪切型框架及作用在楼层上的力

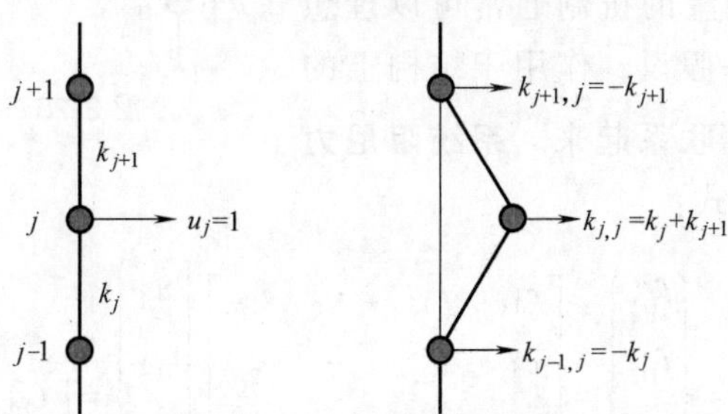

图 2-24　刚度系数

不动时所需要的力（反力）。

体系的全体弹性恢复力可以写成矩阵的形式：

$$\{f_S\}=\begin{Bmatrix} f_{S1} \\ f_{S2} \\ \vdots \\ f_{SN} \end{Bmatrix}=\begin{bmatrix} k_{11} & k_{12} & \cdots & k_{1N} \\ k_{21} & k_{22} & \cdots & k_{2N} \\ \vdots & \vdots & \ddots & \vdots \\ k_{N1} & k_{N2} & \cdots & k_{NN} \end{bmatrix}\begin{Bmatrix} u_1 \\ u_2 \\ \vdots \\ u_N \end{Bmatrix}=[K]\{u\} \tag{2-57}$$

其中，$\{f_S\}$ 为弹性恢复力向量，$[K]$ 为刚度矩阵，$\{u\}$ 为位移向量。

对于图 2-23 所示 N 层框架，结构刚度矩阵为

$$[K]=\begin{bmatrix} k_1+k_2 & -k_2 & \cdots & 0 \\ -k_2 & k_2+k_3 & \cdots & 0 \\ \vdots & \vdots & \ddots & \vdots \\ 0 & 0 & \cdots & k_N \end{bmatrix} \tag{2-58}$$

多自由度体系**惯性力**的一般表达形式为

$$f_{Ii}=m_{i1}\ddot{u}_1+m_{i2}\ddot{u}_2+\cdots+m_{iN}\ddot{u}_N \tag{2-59}$$

式中，系数 m_{ij} 为质量影响系数，简称质量系数或质量，它的含义是：由 j 自由度的单位加速度引起的相应于 i 自由度的力，即给定 j 自由度一个单位加速度，产生了惯性力，而其余自由度的加速度均为零时所需要的力。

惯性力也可以用矩阵的形式表达：

$$\{f_I\}=\begin{Bmatrix} f_{I1} \\ f_{I2} \\ \vdots \\ f_{IN} \end{Bmatrix}=\begin{bmatrix} m_{11} & m_{12} & \cdots & m_{1N} \\ m_{21} & m_{22} & \cdots & m_{2N} \\ \vdots & \vdots & \ddots & \vdots \\ m_{N1} & m_{N2} & \cdots & m_{NN} \end{bmatrix}\begin{Bmatrix} \ddot{u}_1 \\ \ddot{u}_2 \\ \vdots \\ \ddot{u}_N \end{Bmatrix}=[M]\{\ddot{u}\} \tag{2-60}$$

其中，$\{f_I\}$ 为惯性力向量，$[M]$ 为质量矩阵，$\{\ddot{u}\}$ 为加速度向量。

当假定建筑物的质量集中在楼层处时，质量矩阵只包含对角项，而非对角元素等于零。如果柱的质量不能忽略，质量矩阵的非对角元素将不恒为零。柱引起的质量系数的物理含义如图 2-25 所示，其中 $\overline{m}$ 为柱的质量线密度。

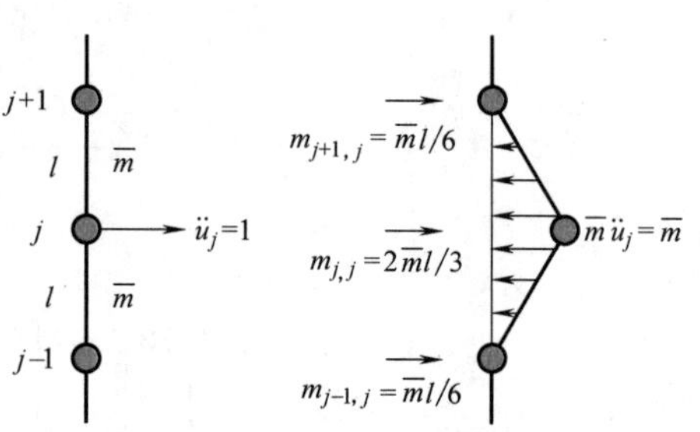

图 2-25　柱引起的质量系数

一个振动结构耗散能量的机制通常可以理想化为黏性阻尼，基于这一假设，作用于结构上的阻尼力 f_{Di} 可以与速度 $\dot{u}_i$ 联系起来。**系统阻尼力**也可以表示为如下矩阵形式：

$$\{f_D\}=\begin{Bmatrix} f_{D1} \\ f_{D2} \\ \vdots \\ f_{DN} \end{Bmatrix}=\begin{bmatrix} c_{11} & c_{12} & \cdots & c_{1N} \\ c_{21} & c_{22} & \cdots & c_{2N} \\ \vdots & \vdots & \ddots & \vdots \\ c_{N1} & c_{N2} & \cdots & c_{NN} \end{bmatrix}\begin{Bmatrix} \dot{u}_1 \\ \dot{u}_2 \\ \vdots \\ \dot{u}_N \end{Bmatrix}=[C]\{\dot{u}\} \tag{2-61}$$

式中，$\{f_D\}$ 为阻尼力向量，$[C]$ 为阻尼矩阵，$\{\dot{u}\}$ 为速度向量。

阻尼矩阵中的元素 c_{ij} 称为阻尼影响系数，简称为阻尼系数。如图 2-26 所示，其物理意义是：由 j 自由度的单位速度引起的相应于 i 自由度的力。结构阻尼矩阵的计算很难，一般都给予一定的假设，如与刚度阵或质量阵成正比等。

根据式（2-55）~式（2-61），结构体系的运动方程可以用矩阵的形式表示为

$$[M]\{\ddot{u}\}+[C]\{\dot{u}\}+[K]\{u\}=\{p(t)\} \tag{2-62}$$

式中，$[M]$ 为质量矩阵，$[K]$ 为刚度矩阵，$[C]$ 为阻尼矩阵，$\{p(t)\}$ 为外荷载向量。

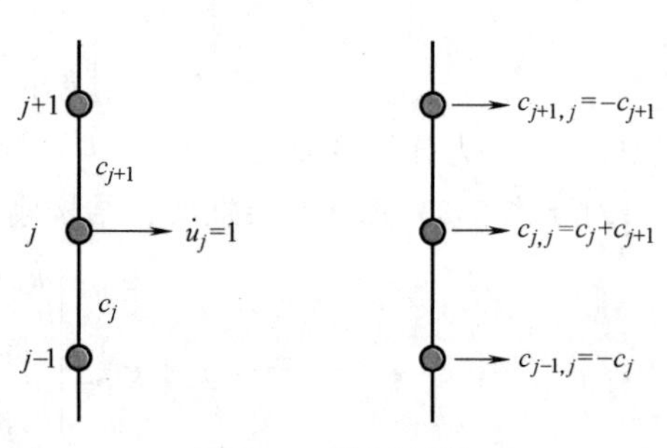

图 2-26　阻尼系数

以上给出了一般情况下多自由度结构体系的运动方程的矩阵表达形式，建立这一矩阵方程的

关键是建立体系的质量、阻尼和刚度矩阵。

上面推导中忽略了轴力对柱子刚度的影响。如果进一步考虑轴力的影响，例如由于结构自重的存在，可引起的附加的二阶力，这些附加荷载也可以用矩阵形式表达：

$$\{f_G\}=\begin{bmatrix} k_{G11} & k_{G12} & \cdots & k_{G1N} \\ k_{G21} & k_{G22} & \cdots & k_{G2N} \\ \vdots & \vdots & \ddots & \vdots \\ k_{GN1} & k_{GN2} & \cdots & k_{GNN} \end{bmatrix}\begin{Bmatrix} u_1 \\ u_2 \\ \vdots \\ u_N \end{Bmatrix}=[K_G]\{u\} \tag{2-63}$$

式中，$[K_G]$ 称为**几何刚度矩阵**。矩阵元素 K_{Gij} 的物理意义为：由第 j 个自由度单位位移和结构中轴力共同引起的 i 自由度的附加力。

考虑轴力影响（P-Δ 效应）的结构运动方程可写为：

$$[M]\{\ddot{u}\}+[C]\{\dot{u}\}+[K]\{u\}-[K_G]\{u\}=\{p(t)\} \tag{2-64}$$

或者写为

$$[M]\{\ddot{u}\}+[C]\{\dot{u}\}+[\widetilde{K}]\{u\}=\{p(t)\} \tag{2-65}$$

式中，$[\widetilde{K}]=[K]-[K_G]$。

下面用一个简单的例子说明几何刚度的求法。如图 2-27 所示，对于一个高度为 h 的柱子，受轴向力 N 作用，当自由度 j 发生单位位移时，由力的平衡条件，分别对 i 和 j 点取矩，可以得到

$$K_{Gjj}=N/h,\quad K_{Gij}=-N/h$$

同理可以得到

$$K_{Gii}=N/h,\quad K_{Gji}=-N/h$$

由此得到柱单元 e 的几何刚度为

$$[K_G]_e=\begin{bmatrix} N/h & -N/h \\ -N/h & N/h \end{bmatrix} \tag{2-66}$$

由单元的几何刚度可以组装得到结构体系的总体几何刚度阵 $[K_G]$。

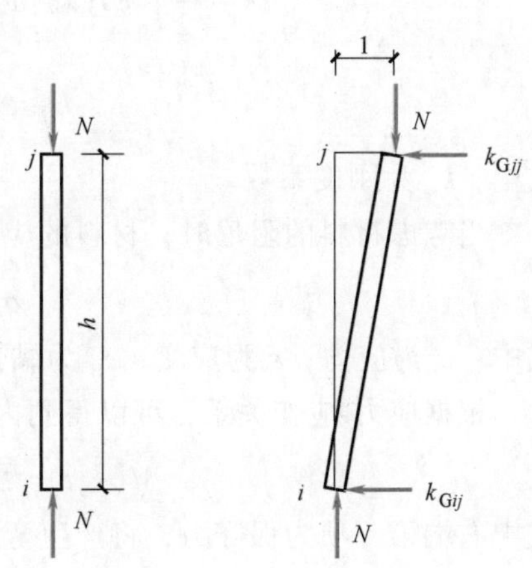

图 2-27　柱单元几何刚度

2.5.2　多自由度体系 Lagrange 运动方程

对于那些不易直接用动平衡方法建立运动方程的问题，有时采用 Lagrange 法建立运动方程是特别有效的，尤其是当结构动力分析时采用了不易直观判断的广义坐标时更是如此。只要能用广义坐标给出体系总动能 T 和位能 V 的表达式，以及确定相应于每一广义坐标的非保守力 Q_i，就可以直接由 Lagrange 运动方程建立结构体系的运动控制方程。

下面以弯曲梁为例来介绍如何应用 Lagrange 方程来建立多自由度体系的运动方程。首先采用有限个广义坐标（即有限个自由度）来近似无限自由度体系，将无限自由度体系离散为多自由度体系。弯曲长梁模型如图 2-28 所示，材料的弹

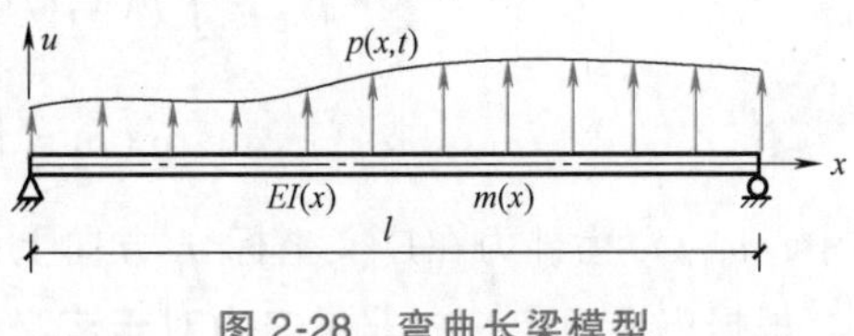

图 2-28　弯曲长梁模型

性模量为 E，截面惯性矩为 $I(x)$，质量线密度为 $m(x)$，分布外荷载为 $p(x,\ t)$。

采用有限个广义坐标近似梁的位移：

$$u(x,t)=q_1(t)\phi_1(x)+q_2(t)\phi_2(x)+\cdots+q_N(t)\phi_N(x)=\sum_{i=1}^{N}q_i(t)\phi_i(x) \tag{2-67}$$

式中，$q_i(t)(i=1,2,\cdots,N)$ 为广义坐标；$\phi_i(x)(i=1,2,\cdots,N)$ 为满足边界条件的形函数。

体系动能为

$$T=\frac{1}{2}\int_0^l m(x)[\dot{u}(x,t)]^2\mathrm{d}x=\frac{1}{2}\sum_{i=1}^{N}\sum_{j=1}^{N}\left[\int_0^l m(x)\phi_i(x)\phi_j(x)\mathrm{d}x\right]\dot{q}_i(t)\dot{q}_j(t) \tag{2-68}$$

定义质量系数为

$$m_{ij}=\int_0^l m(x)\phi_i(x)\phi_j(x)\mathrm{d}x \tag{2-69}$$

体系动能可以表示为

$$T=\frac{1}{2}\sum_{i=1}^{N}\sum_{j=1}^{N}m_{ij}\dot{q}_i(t)\dot{q}_j(t) \tag{2-70}$$

同理，体系的弯曲应变能为

$$V=\frac{1}{2}\int_0^l EI(x)[u''(x,t)]^2\mathrm{d}x=\frac{1}{2}\sum_{i=1}^{N}\sum_{j=1}^{N}k_{ij}q_i(t)q_j(t) \tag{2-71}$$

$$k_{ij}=\int_0^l EI(x)\phi_i''(x)\phi_j''(x)\mathrm{d}x \tag{2-72}$$

式中，k_{ij} 为刚度系数。

当考虑材料的阻尼时，材料的应力应变关系为

$$\sigma(t)=E\varepsilon(t)+c_{\mathrm{S}}\dot{\varepsilon}(t)$$

式中，σ 为应力；ε 为应变；c_{S} 为黏性阻尼系数。

根据应力-应变关系，可以得到内力-位移关系，对弯曲长梁而言，其弯矩-曲率关系为

$$M(x,t)=EI(x)u''(x,t)+c_{\mathrm{S}}I(x)\dot{u}''(x,t) \tag{2-73}$$

式中右端第一项为保守力，将产生弯曲应变能，后一项是由材料黏性引起的非保守力，它在任一个曲率变分（即位移变分引起的曲率）上做的虚功为

$$\delta W_{\mathrm{nc,s}}=-\int_0^l c_{\mathrm{s}}I(x)\dot{u}''(x,t)\delta u''(x,t)\mathrm{d}x=-\sum_{i=1}^{N}\left[\sum_{j=1}^{N}c_{ij}\dot{q}_j(t)\right]\delta q_i(t) \tag{2-74}$$

$$c_{ij}=\int_0^l c_{\mathrm{s}}I(x)\phi_i''(x)\phi_j''(x)\mathrm{d}x \tag{2-75}$$

式中，c_{ij} 为阻尼系数。

外力虚功为

$$\delta W_{\mathrm{nc,p}}=\int_0^l p(x,t)\delta u(x,t)\mathrm{d}x=\sum_{i=1}^{N}p_i(t)\delta q_i(t) \tag{2-76}$$

$$p_i(t)=\int_0^l p(x,t)\phi_i(x)\mathrm{d}x \tag{2-77}$$

式中，$p_i(t)$ 为外力在广义坐标 q_i 方向上的广义力。

根据广义力定义，非保守力对于广义坐标 q_i 的广义力可以表示为

$$Q_i = p_i(t) - \sum_{j=1}^{N} c_{ij}\dot{q}_j(t) \tag{2-78}$$

将 T、V、Q_i 代入 Lagrange 方程，可以得到体系运动方程为

$$\sum_{j=1}^{N} m_{ij}\ddot{q}_j + \sum_{j=1}^{N} c_{ij}\dot{q}_j + \sum_{j=1}^{N} k_{ij}q_j = p_i \qquad (i = 1,2,\cdots,N) \tag{2-79}$$

上述方程可以写成矩阵形式

$$[M]\{\ddot{q}\}+[C]\{\dot{q}\}+[K]\{q\}=\{p(t)\} \tag{2-80}$$

式中，$\{q\}=\{q_1(t),q_2(t),\cdots,q_N(t)\}^{\mathrm{T}}$，$\{p(t)\}=\{p_1(t),p_2(t),\cdots,p_N(t)\}^{\mathrm{T}}$

质量阵 $[M]$、阻尼阵 $[C]$ 和刚度阵 $[K]$ 中的元素由式（2-69）、式（2-75）和式（2-72）算出，各矩阵中的元素满足 $m_{ij}=m_{ji}$，$c_{ij}=c_{ji}$，$k_{ij}=k_{ji}$，即各矩阵是对称的。如果广义坐标是离散节点的位移，即 $q_i=u_i$，则用 Lagrange 法给出的方程与前面用直接平衡法给出的矩阵运动方程完全相同。

2.6　多自由度体系自由度的缩减

在结构动力分析之前，通常需要对结构进行永久荷载和活荷载下的静力分析。结构静力分析模型与动力分析模型常常采用同一个离散化模型，此时结构的总自由度等于静力自由度，既包括**动力自由度**，也包括那些**非动力自由度的静力自由度**。即使有时为节省动力分析工作量而采用了相对简化的动力分析模型，当多自由度体系的动力自由度不能充分确定体系的几何位置时，初始建立的运动方程组中也一定含有非动力自由度的静力自由度。因此，一般情况下，初始建立的多自由度结构体系的总自由度实际上就是静力自由度。

采用精细的离散化模型可以直接用于结构动力分析。但若采用振型叠加法进行计算，许多结构的动力反应可以仅用前面几阶振型就能得到较好描述，而得到这些振型所需离散化模型的自由度数比精细化分析模型的自由度数少得多。同时，在建立的运动方程中，动力自由度的数目可能比静力自由度的少。因此，在进行动力分析之前，我们希望将自由度数量尽量缩减到合理的程度，并仅包含动力自由度。目前已提出多种用于体系自由度缩减的方法，下面简要介绍其中三种方法。

2.6.1　运动约束法

运动约束法是结构动力分析中最常用的处理方法。运动约束法是在对结构的性质及动力反应规律了解的基础上，对结构的运动做出某些假设，以达到降低结构模型自由度的目的。图 2-29 所示 n 层框架结构，每层有 m 个节点，每个节点有 6 个自由度（3 个平动和 3 个转动），体系共有 $6mn$ 个自由度。考虑到框架结构的楼板虽然在竖向是柔性的，但是在自身平面内刚度较大，假设结构楼板为平面内刚性时，不会产生显著误差。此时每个节点上的自由度有 3 个（z 方向平动，绕 x 轴和绕 y 轴的转动），体系总自由度有 $3mn+3n$ 个（包括每个节点的 3 个自由度和每层楼板的 3 个刚体自由度）。

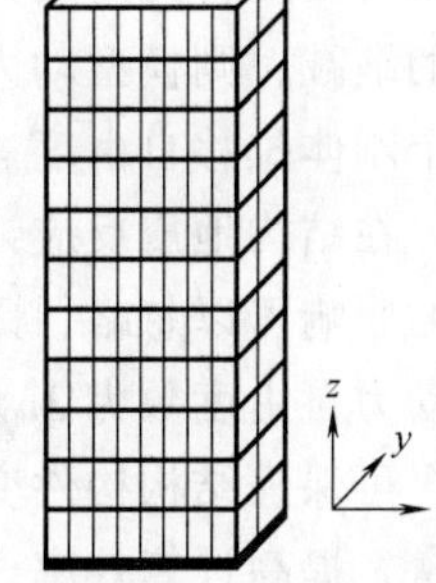

图 2-29　n 层框架结构

上述方法即典型的**运动约束法**。另外的一些运动约束法也常常采

用，如主从节点法等。

2.6.2 静力凝聚法

静力凝聚法是在进行结构动力反应分析之前，采用静力分析的方式将运动方程中的非动力自由度预先消除（凝聚掉），使得动力分析方程仅包含动力自由度，以减小结构动力分析的工作量。下面以框架结构为例，简要介绍静力凝聚法的处理过程。

图2-29所示的框架结构模型中，与节点平动质量相比，转动质量是相对小量，因此可以忽略与转角相关的转动质量。在进行动力分析之前，采用静力凝聚将与转动质量相关的自由度消去，可有效缩减结构体系的自由度数目，降低计算量，提高动力分析的计算效率。此时，无阻尼体系运动方程可以写成如下形式：

$$\begin{bmatrix} [m_{tt}] & [0] \\ [0] & [0] \end{bmatrix} \begin{Bmatrix} \{\ddot{u}_t\} \\ \{\ddot{u}_\theta\} \end{Bmatrix} + \begin{bmatrix} [k_{tt}] & [k_{t\theta}] \\ [k_{\theta t}] & [k_{\theta\theta}] \end{bmatrix} \begin{Bmatrix} \{u_t\} \\ \{u_\theta\} \end{Bmatrix} = \begin{Bmatrix} \{p_t(t)\} \\ \{0\} \end{Bmatrix} \tag{2-81}$$

式中，下标θ表示质量可以忽略的转动自由度；下标t为质量不能忽略的平动自由度。将上述方程展开为2个分块方程：

$$[m_{tt}]\{\ddot{u}_t\}+[k_{tt}]\{u_t\}+[k_{t\theta}]\{u_\theta\}=\{p_t(t)\} \tag{2-82}$$

$$[k_{\theta t}]\{u_t\}+[k_{\theta\theta}]\{u_\theta\}=\{0\} \tag{2-83}$$

由式（2-82）和式（2-83）可以解得

$$[m_{tt}]\{\ddot{u}_t\}+[\hat{k}_{tt}]\{u_t\}=\{p_t(t)\} \tag{2-84}$$

式中，$[\hat{k}_{tt}]$ 为凝聚刚度矩阵，具有如下形式：

$$[\hat{k}_{tt}]=[k_{tt}]-[k_{t\theta}][k_{\theta\theta}^{-1}][k_{\theta t}] \tag{2-85}$$

对于一个三维框架结构，静力自由度（每个节点有三个平动和三个转动）是动力自由度（每节点三个平动自由度）的两倍。通过静力凝聚方法，图2-29所示框架结构的总体动力自由度数为 $3mn$。

2.6.3 混合方法

混合方法是同时采用两种或两种以上处理方法，以达到减少结构自由度的目的。例如，可以同时使用运动约束法和静力凝聚法。实际问题处理中往往是采用混合方法来进一步缩减体系的自由度。仍以图2-29所示的框架结构为例，如果采用前述运动约束法，只约束了楼板的板内自由度，此时动力自由度数为 $3mn+3n$。如果采用静力凝聚法，则只凝聚了所有的转角自由度，此时动力自由度数为 $3mn$。若同时采用运动约束法和静力凝聚法进行体系自由度的缩减，则模型动力自由度数为 $mn+3n$，包括各节点的竖向位移自由度和各楼层板内的三个刚体位移自由度。

在结构地震反应计算中，常认为结构地震反应以水平位移为主，与竖向位移相关的惯性力的影响可以忽略，则竖向自由度均为静力自由度，可采用静力凝聚法将其消去。这时模型的动力自由度数为 $3n$。由于静力凝聚后的模型反映了楼板板外实际刚度和结构地震反应特点，可保证结构构件变形和内力计算的合理性。自由度的缩减可以有效减小体系动力计算工作量，提高计算效率。以静力凝聚法为例，进行静力凝聚所需的工作量约为总自由度的2次方，而动力计算的工作量约为自由度的3次方。对于一般的三维框架结构动力反应问题，采用静力凝聚法时结构分析的总计算工作量为 $N^2+(N/2)^3$；不进行静力凝聚时结构分析的总计算工作量为 N^3。前者是后者的 $1/8+1/N$。若自由度 $N\geqslant100$，则前者完成结构动力反应分析所需的计算工作量约为后者的 1/8。

习　题

2-1　建立图 2-30 所示的三个弹簧-质点体系的运动方程（要求从刚度的基本定义出发确定体系的等效刚度）。

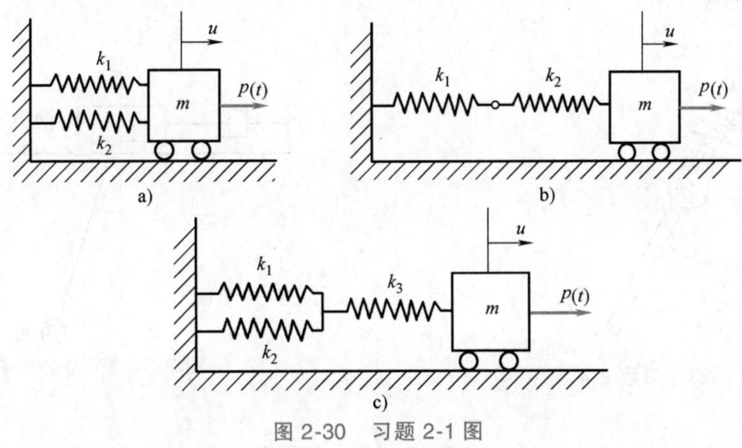

图 2-30　习题 2-1 图

2-2　建立图 2-31 所示梁框架结构的运动方程（集中质量位于梁中，框架分布质量和阻尼忽略不计）。

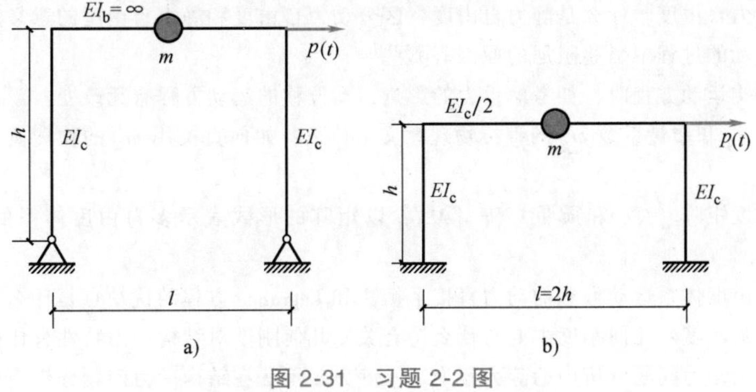

图 2-31　习题 2-2 图

2-3　试建立图 2-32 所示体系的运动方程，给出体系的广义质量 M、广义刚度 K、广义阻尼 C 和广义荷载 $p(t)$，其中位移坐标 $u(t)$ 定义为无重刚杆左端点的竖向位移。

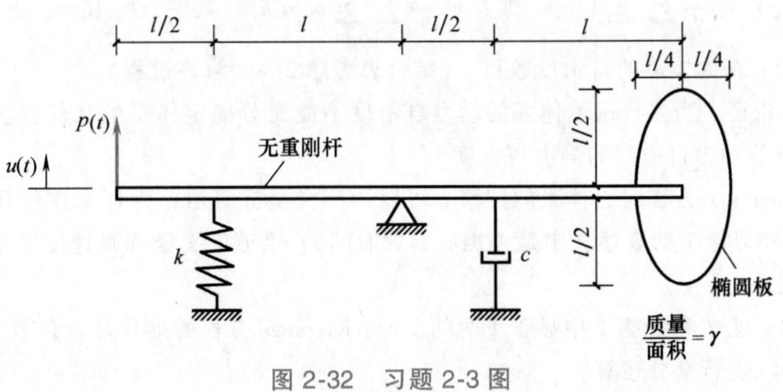

图 2-32　习题 2-3 图

2-4　一总质量为 m_1、长为 L 的均匀刚性直杆在重力作用下摆动。一集中质量 m_2 沿杆轴滑动并由一刚度为 k_2 的无质量弹簧与摆轴相连，如图 2-33 所示。设体系无摩擦，并考虑大摆角，用图中的广义坐标 q_1 和 q_2 建立体系的运动方程。弹簧 k_2 的自由长度为 b。

2-5　图 2-34 所示一质量为 m_1 的质量块可水平运动，其右端与刚度为 k 的弹簧相连，左端与阻尼系数为 c 的阻尼器相连。摆锤 m_2 以长为 L 的无重刚杆与滑块以铰相连，摆锤只能在图示铅垂面内摆动。建立以广义坐标 u 和 θ 表示的体系的运动方程（坐标原点取静平衡位置）。

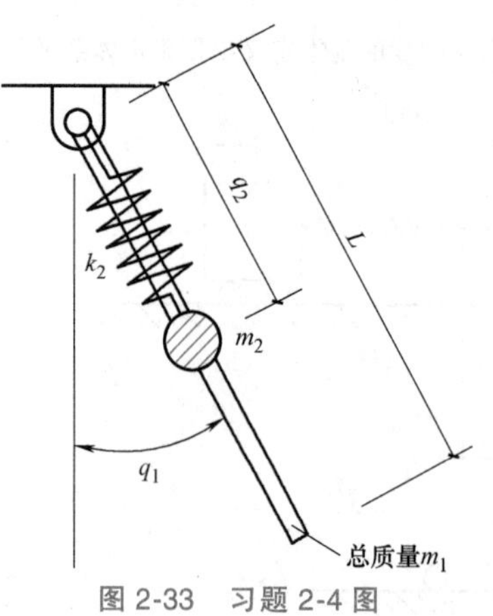

图 2-33　习题 2-4 图

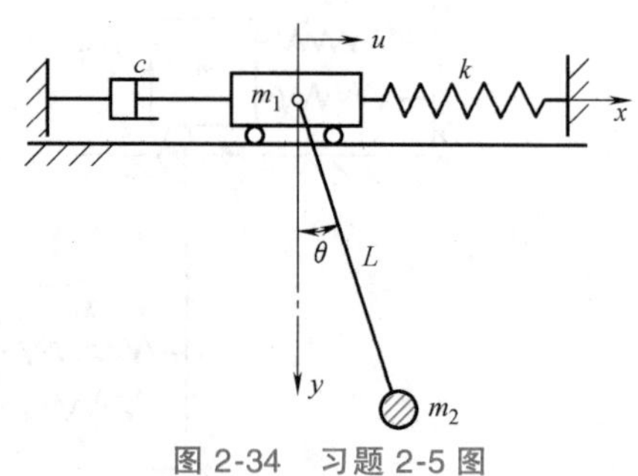

图 2-34　习题 2-5 图

思　考　题

2-1　什么是动力自由度？什么是静力自由度？区分动力自由度和静力自由度的意义是什么？

2-2　在结构振动的过程中引起阻尼的原因有哪些？

2-3　在建立结构运动方程时，如考虑重力的影响，动位移的运动方程有无改变？

2-4　刚度系数 k_{ij} 和质量系数 m_{ij} 的直接物理意义是什么？如何直接用 m_{ij} 的物理概念建立梁单元的质量矩阵 $[M]$？

2-5　如何用刚度矩阵 $[K]$ 和质量矩阵 $[M]$，以矩阵的形式表示多自由度体系的位能（势能）和动能？

2-6　建立多自由度体系运动方程的动力直接平衡法和 Lagrange 方程的优缺点是什么？

2-7　什么是几何刚度？几何刚度主要与什么量有关？几何刚度对结构动力特性有什么影响？

2-8　什么是结构动力问题分析中的静力凝聚法？静力凝聚法在结构动力问题分析中可起什么作用？

2-9　对于单自由度体系，体系的位能 V 和动能 T 分别为 $V=\frac{1}{2}ku^2$ 和 $T=\frac{1}{2}m\dot{u}^2$，试证明多自由度体系的位能和动能分别为 $V=\frac{1}{2}\sum_{i=1}^{N}\sum_{j=1}^{N}k_{ij}u_iu_j$ 和 $T=\frac{1}{2}\sum_{i=1}^{N}\sum_{j=1}^{N}m_{ij}\dot{u}_i\dot{u}_j$，其中，$k_{ij}$ 和 m_{ij} 分别为多自由度体系的刚度系数和质量系数；N 为体系的自由度数目。（结合思考题 2-5 的解答过程）

2-10　如何充分论证，当多自由度体系的动力自由度不能充分确定体系的几何位置时，初始建立的运动方程组中一定含有非动力自由度的静力自由度？

2-11　在推导 Lagrange 方程时，体系的位移 u 可以用广义坐标表示，为什么在位移的表达式中会显含时间 t？体系动能 T 和势能 V 的表达式中是否也应显含时间 t？难道广义坐标及速度完全确定后，体系的动能 T 还与时间 t 有关系？

2-12　若体系的动能 T 和势能 V 中显含了时间 t，对 Lagrange 方程的推导是否有影响？在变分运算时是否需要对显含的时间 t 进行变分运算？

第3章 单自由度体系

3

结构动力分析中最简单的结构是单自由度（Single Degree of Freedom，SDOF）体系。在单自由度体系中，结构的运动状态仅需用一个几何参数就可以确定，如单质点的弹簧摆、弹簧振子等。单自由度体系虽然比较简单，但是非常重要。这是因为：第一，单自由度体系包括了结构动力分析中涉及的所有物理量及基本概念；第二，很多实际的动力问题可以直接按单自由度体系进行分析计算，如单层厂房、水塔等。有时为简化分析，也将多自由度体系等效为单自由度体系进行求解，如在土-结构动力相互作用问题的简化分析中，有时将上部结构等效为单质点结构。求解多自由度体系振动问题的振型叠加法则直接将多自由度问题化成一系列单自由度问题进行求解。另外，结构动力分析中的一些重要解法，如时域逐步积分法和频域Fourier变换方法，可以通过单自由度体系来推导、介绍和分析，更为简单直观，易于理解，而这些方法同样适用于多自由度体系的动力分析。图3-1给出了几种结构动力分析中常用的单自由度体系力学模型。

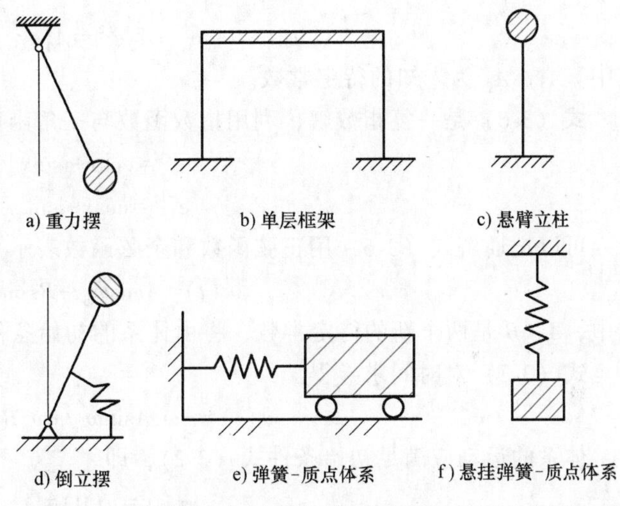

图3-1 结构动力分析中常用的单自由度体系力学模型

单自由度体系的动力分析是多自由度体系动力分析的基础，只有牢固地打好这个基础，才能顺利地学习更复杂的结构动力学内容。本章介绍单自由度体系动力反应的特点和计算方法。

3.1 无阻尼自由振动

结构的自由振动是指结构受到扰动离开平衡位置以后，不再受任何外力影响的振动过程。通过对单自由度体系无阻尼和有阻尼自由振动的分析，可以学习和掌握结构的自振频率、阻尼比的概念，并了解它们的特点。

单自由度体系无阻尼（$c=0$）自由振动（$p(t)=0$）的运动方程为

$$m\ddot{u}+ku=0 \tag{3-1}$$

引起体系自由振动的扰动可以用初始条件表示，即由于初始扰动的影响而使体系产生一个非零的初始位移或速度，定义初始条件为

$$u|_{t=0}=u(0),\dot{u}|_{t=0}=\dot{u}(0) \tag{3-2}$$

运动方程（3-1）是一个二阶齐次常微分方程，可以用常微分方程的分析方法求解。设解的形式为

$$u(t)=A\mathrm{e}^{st} \tag{3-3}$$

式中，常数 s 是待定的；A 为常系数（只有当 s 为纯虚数时，A 才代表振幅）。

将式（3-3）代入运动方程（3-1）得

$$(ms^2+k)A\mathrm{e}^{st}=0 \tag{3-4}$$

由式（3-4）可以解得两个虚根为

$$s_1=\mathrm{i}\omega_\mathrm{n},s_2=-\mathrm{i}\omega_\mathrm{n} \tag{3-5}$$

式中，$\mathrm{i}=\sqrt{-1}$ 为虚数单位；$\omega_\mathrm{n}=\sqrt{k/m}$ 为仅与结构性质有关的常数。

因此，运动方程（3-1）的通解为

$$u(t)=A_1\mathrm{e}^{s_1t}+A_2\mathrm{e}^{s_2t}=A_1\mathrm{e}^{\mathrm{i}\omega_\mathrm{n}t}+A_2\mathrm{e}^{-\mathrm{i}\omega_\mathrm{n}t} \tag{3-6}$$

式中，A_1、A_2 为未知的待定常数。

式（3-6）是一复指数解，利用指数函数与三角函数的关系式

$$\mathrm{e}^{\mathrm{i}x}=\cos x+\mathrm{i}\sin x$$

$$\mathrm{e}^{-\mathrm{i}x}=\cos x-\mathrm{i}\sin x$$

可以把通解式（3-6）用正弦函数和余弦函数表示

$$u(t)=A\cos\omega_\mathrm{n}t+B\sin\omega_\mathrm{n}t \tag{3-7}$$

式中，A、B 是两个新的待定常数，将由体系的初始条件确定。

式（3-7）对时间求导得

$$\dot{u}(t)=-\omega_\mathrm{n}A\sin\omega_\mathrm{n}t+\omega_\mathrm{n}B\cos\omega_\mathrm{n}t \tag{3-8}$$

体系的运动应满足初始条件式（3-2），即

$$\left.\begin{aligned}u|_{t=0}&=u(0)=A\\ \dot{u}|_{t=0}&=\dot{u}(0)=\omega_\mathrm{n}B\end{aligned}\right\} \tag{3-9}$$

由式（3-9）可解得

$$A=u(0),B=\frac{\dot{u}(0)}{\omega_\mathrm{n}}$$

代入式（3-7），得到体系无阻尼自由振动的解为

$$u(t)=u(0)\cos\omega_\mathrm{n}t+\frac{\dot{u}(0)}{\omega_\mathrm{n}}\sin\omega_\mathrm{n}t \tag{3-10}$$

而

$$\omega_\mathrm{n}=\sqrt{\frac{k}{m}} \tag{3-11}$$

式（3-10）表明，体系的无阻尼振动是一个简谐运动（Simple harmonic motion），即运动是时间的正弦函数或余弦函数。在物理学中，ω_n 称为圆频率或角速度。

图 3-2 给出体系运动随时间 t 的变化曲线，在初始时刻（$t=0$），曲线值等于初始位移

$u(0)$，曲线的斜率等于初始速度 $\dot{u}(0)$，然后曲线沿斜率方向变化，经过一段时间，曲线达到其最大值 u_0，即

$$u_0 = \max[u(t)] = \sqrt{[u(0)]^2 + \left[\frac{\dot{u}(0)}{\omega_n}\right]^2} \tag{3-12}$$

式中，u_0 为体系自由振动的振幅。此时，体系运动速度为零，弹性恢复力最大。然后结构向负方向，即向静平衡点运动，当到达静平衡点时，质点的速度达到最大（绝对值），此时弹性恢复力为零。在惯性作用下，质点越过静平衡点继续运动直到负向最大位移点，然后结构又向正向、向静平衡点运动，如此往复循环。

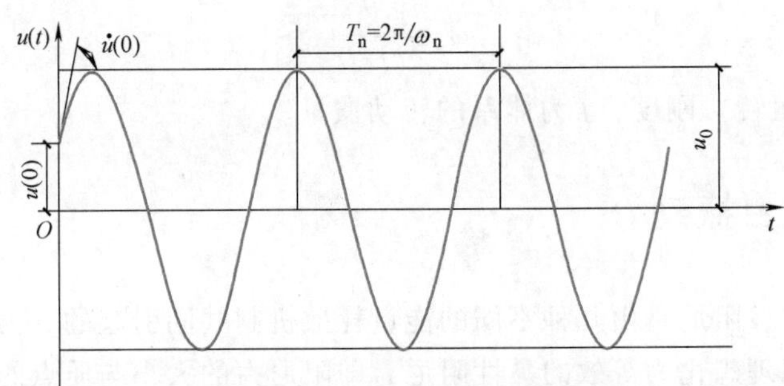

图 3-2　无阻尼体系的自由振动

分析式（3-10）可以发现，每经过一个时间段 T_n

$$T_n = 2\pi/\omega_n \tag{3-13}$$

结构就完成一个振动循环。T_n 是使结构完成一次振动循环所需要的时间，称为结构的自振周期（Natural period of vibration）。

自振周期 T_n 是体系的固有特性。当体系为线弹性时，无论初始条件如何，如振幅较大或很小（由初始条件决定），体系完成一个振动循环所用的时间总是相等的，即等于 T_n。

工程和理论研究中也常常用频率作为结构振动快慢的度量，其定义为

$$f_n = 1/T_n \tag{3-14}$$

式中，f_n 为结构的自振频率（Natural frequency of vibration），是指单位时间内体系循环振动的次数，单位是赫兹（Hz，s^{-1}）。根据 T_n 和 ω_n 的关系，可以给出 f_n 和 ω_n 的关系式，即

$$f_n = \omega_n/2\pi \tag{3-15}$$

可见，在结构无阻尼自由振动分析中，出现了三个表示结构动力性质的物理量 ω_n、T_n 和 f_n，它们的关系列于表 3-1 中。

表 3-1　结构自振频率和自振周期及其关系

物理量	名称	单位
$\omega_n = \sqrt{\frac{k}{m}}$	自振圆频率	rad/s
$T_n = 2\pi/\omega_n$	自振周期	s
$f_n = \omega_n/2\pi$	自振频率	Hz(s^{-1})

有时为把自振频率 f_n 和自振圆频率 ω_n 区分开，称 f_n 为工程频率，而在不引起混淆的情

况下，也将 ω_n 简称为自振频率。

结构自振频率 ω_n 仅与结构的刚度 k 和质量 m 有关，因而自振频率 ω_n、f_n 和自振周期 T_n 都是结构的固有特性，仅与结构本身有关。自振周期和自振频率有时也称为固有周期和固有频率。

结构的自振周期（频率）是反映结构动力特性的主要物理量，在描述一个结构的动力特性或实际测量结构动力特性时必须给出。不同结构的自振周期可能相差很大，从一般单层房屋的0.1s，到200m左右高度的超高层结构的4~5s，再到大型悬索桥的17s不等。

对于由单自由度的弯曲（扭转）弹簧构成的弹簧-质量体系，自振频率的计算公式为

$$\omega_n=\sqrt{\frac{k_\theta}{J}}$$

式中，k_θ 为弯曲（扭转）刚度；J 为体系的转动惯量。

3.2　有阻尼自由振动

在真实的结构中，阻尼是由几种不同的能量耗散机制共同引起的。为了便于数学上的分析，常常把这些阻尼理想化为等效的黏性阻尼，即阻尼力的大小与质点的速度成正比，方向与之相反。

令 $p(t)=0$，得到有阻尼单自由度体系自由振动的运动方程为

$$m\ddot{u}+c\dot{u}+ku=0 \tag{3-16}$$

同样令 $u(t)=Ae^{st}$，代入运动方程（3-16）得

$$s_{1,2}=-\frac{c}{2m}\pm\sqrt{\left(\frac{c}{2m}\right)^2-\omega_n^2} \tag{3-17}$$

式中，$\omega_n=\sqrt{k/m}$是前面所定义的无阻尼体系的自振频率。当结构体系的刚度和质量一定时，式中根号内项的取值完全取决于阻尼系数 c。当阻尼系数 c 较大时，根号内的数值可能大于零，而 c 较小时，则可能小于零，这对应于两种完全不同的运动状态。当根号内的值大于零时，s_1、s_2 是两个实数，体系的运动将不会发生往复的振动；而当根号内的值小于零时，s_1、s_2 是两个不同的复数，对应的解代表着振动；而使根号内数值为零时的阻尼值代表着这两种完全不同的运动状态的分界线，该阻尼值称为临界阻尼。

3.2.1　临界阻尼和阻尼比

令式（3-17）中的根式等于零，得到临界阻尼 c_{cr} 为

$$c_{cr}=2m\omega_n=2\sqrt{km} \tag{3-18}$$

可见临界阻尼 c_{cr} 也是完全由结构的刚度和质量决定的常数，当结构的阻尼系数 c 正好等于临界阻尼时，即

$$c=c_{cr}=2m\omega_n$$

时，式（3-17）所表示的两个特征根为

$$s_1=s_2=-\omega_n$$

微分方程（3-16）的特征方程有两个相同的实根，则方程的解为

$$u(t)=(A+Bt)\mathrm{e}^{-\omega_n t}$$

式中，A，B 是待定系数，由初始条件确定。

满足初始条件的临界阻尼体系运动的最终形式为

$$u(t)=\{u(0)+[\omega_n u(0)+\dot{u}(0)]t\}\mathrm{e}^{-\omega_n t} \tag{3-19}$$

式（3-19）表明，具有临界阻尼的体系自由振动反应不会出现在静平衡位置附近的往复振动，其典型的运动曲线如图 3-3 所示。图 3-3 中，上面一条曲线相应于体系的位移不改变符号，下面一条曲线为体系的位移要改变符号，而中间曲线相应于体系运动是否变号的临界状态。

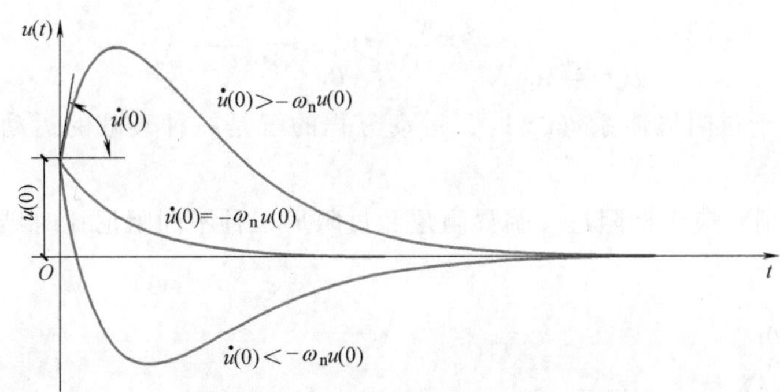

图 3-3　临界阻尼体系的自由振动

图 3-3 所示曲线表明，当结构的阻尼等于临界阻尼时，结构的运动是按指数衰减的运动，随时间的增加而逐步衰减到零，恢复到静平衡位置，不会出现往复的振动。

当结构体系的阻尼大于临界阻尼时，s_1 和 s_2 是两个不等的负实根，对应的运动方程的解同样是按指数衰减的运动，而只有当体系的阻尼小于临界阻尼时，体系才会出现往复振动。

临界阻尼可以定义为：使体系自由振动反应中不出现往复振动所需的最小阻尼值。

结构的阻尼系数 c 是结构在每一振动循环中消耗能量大小的度量，其量值可能在很大范围内变化。由于结构的阻尼往往靠试验得到，采用阻尼系数 c 不利于对结构阻尼进行合理性判断和开展不同结构间阻尼大小的比较。在科研工作中，有时为获得规律性的研究成果，常采用无量纲分析方法，将有量纲的参数无量纲化，再开展影响因素分析或分布规律分析，从而获得具有普适性和规律性的研究成果，对于结构的阻尼也可以采用无量纲方法进行分析。在有阻尼的结构动力反应分析中，均采用阻尼系数 c 和临界阻尼 c_{cr} 的比值 ζ 来表示结构阻尼的大小，即

$$\zeta=\frac{c}{c_{cr}}=\frac{c}{2m\omega_n} \tag{3-20}$$

阻尼比 ζ 是一个无量纲系数。

根据阻尼比的不同，可以将结构进行如下分类：

1）当 $\zeta<1$ 时，称为低阻尼（Under damped），结构体系称为低阻尼体系，有时也称为欠阻尼体系。

2）当 $\zeta=1$ 时，称为临界阻尼（Critically damped）。

3）当$\zeta>1$时，称为过阻尼（Over damped），结构体系称为过阻尼体系。

采用阻尼比ζ来研究不同类型结构的阻尼性质（大小）具有很好的规律性。例如，对于钢结构，阻尼比ζ为1%左右；对于钢筋混凝土结构，在脉动（微振）情况下，阻尼比ζ为3%左右，而在中、小强度的地震作用下，阻尼比ζ为5%左右。

结构动力特性的现场测量得到的阻尼量值一般为阻尼比ζ，由阻尼比即可得到动力分析中的阻尼系数$c=2m\omega_n\zeta$。

对于过阻尼体系，采用阻尼比表示的特征方程的两个根为

$$s_{1,2}=-\zeta\omega_n\pm\sqrt{(\zeta\omega_n)^2-\omega_n^2}=-(\zeta\mp\sqrt{\zeta^2-1})\omega_n$$

体系的运动为

$$u(t)=A\mathrm{e}^{-(\zeta-\sqrt{\zeta^2-1})\omega_n t}+B\mathrm{e}^{-(\zeta+\sqrt{\zeta^2-1})\omega_n t}$$

可清楚地看到，对于过阻尼体系（$\zeta>1$），运动方程的解是一种衰减的运动，体系不发生往复的振动。

图3-4给出分别对应于低阻尼、临界阻尼和过阻尼三种不同阻尼比时结构的自由振动时程曲线。

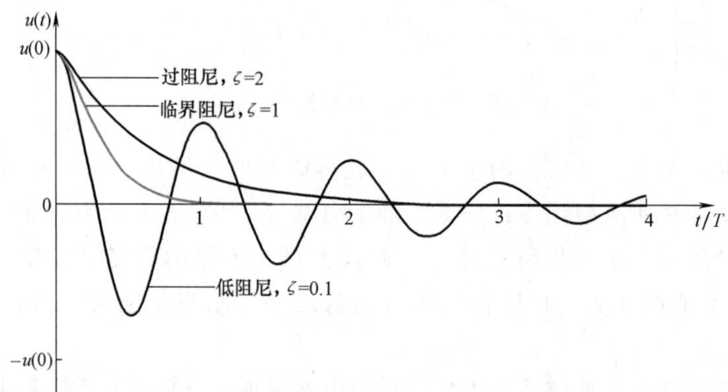

图3-4 低阻尼、临界阻尼和过阻尼体系的自由振动时程曲线

3.2.2 低阻尼体系

低阻尼体系是指结构的阻尼小于临界阻尼，即$c<c_{cr}$，亦即阻尼比$\zeta<1$，将$c=2m\omega_n\zeta$代入式（3-17）得

$$s_{1,2}=-\zeta\omega_n\pm\mathrm{i}\omega_n\sqrt{1-\zeta^2}$$

采用与无阻尼自由振动相同的分析方法，可得到低阻尼体系满足初始条件的自由振动解，即

$$u(t)=\mathrm{e}^{-\zeta\omega_n t}\left[u(0)\cos\omega_D t+\left(\frac{\dot{u}(0)+\zeta\omega_n u(0)}{\omega_D}\right)\sin\omega_D t\right] \tag{3-21}$$

其中，

$$\omega_D=\omega_n\sqrt{1-\zeta^2} \tag{3-22}$$

当阻尼比$\zeta=0$时，式（3-21）退化成无阻尼自由振动的解式（3-10）。

式（3-21）表明，有阻尼体系的自由振动为一振幅衰减的振动过程。方括号内的项代表了一个简谐振动。该简谐振动的幅值为

$$\rho=\sqrt{u(0)^2+\left[\frac{\dot{u}(0)+\zeta\omega_{\mathrm{n}}u(0)}{\omega_{\mathrm{D}}}\right]^2} \tag{3-23}$$

而振动的圆频率为 ω_{D}，因此 ω_{D} 为有阻尼体系的自振频率。可见，由于阻尼的存在，使体系自由振动的自振频率变小。由关系式 $T_{\mathrm{D}}=2\pi/\omega_{\mathrm{D}}$，得到有阻尼体系的自振周期为

$$T_{\mathrm{D}}=\frac{2\pi}{\omega_{\mathrm{n}}\sqrt{1-\zeta^2}}=\frac{T_{\mathrm{n}}}{\sqrt{1-\zeta^2}} \tag{3-24}$$

可见阻尼的存在使体系的自振周期变长，当 $\zeta=1$ 时，自振周期 $T_{\mathrm{D}}=\infty$。

有阻尼体系振动的幅值按指数规律衰减，直至为 0，图 3-5 既给出了阻尼比 $\zeta=5\%$ 时，体系自振衰减与时间关系曲线，也给出了无阻尼体系的时程曲线。

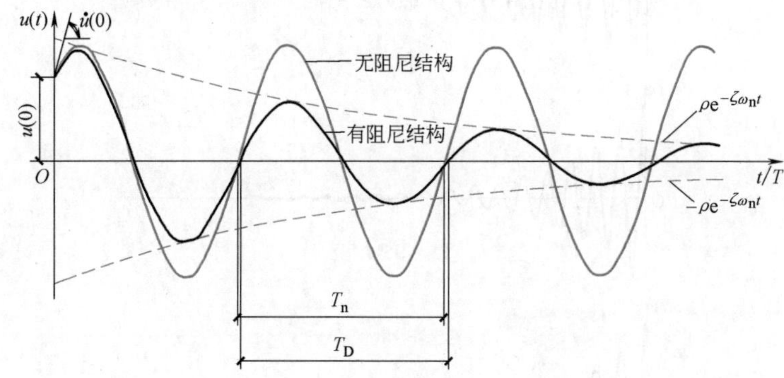

图 3-5　阻尼对自由振动的影响

前面的分析结果表明，有阻尼体系的自振频率（或自振周期）与无阻尼体系的自振频率（或自振周期）是不同的。阻尼使体系的自振频率变小，自振周期延长。结构自振周期和自振频率是重要的结构动力特性，是结构动力特性现场测量和结构动力计算分析中必须给出的重要参数。在现场测量中自然考虑了阻尼的影响，因而给出的结果是 ω_{D} 和 T_{D}。在用计算机进行结构动力特性分析时，不考虑阻尼的影响，给出的是 ω_{n} 和 T_{n}，一般不加以区分，都称为结构的自振频率和自振周期。因此，研究 ω_{D} 和 ω_{n} 的关系也是必要的。图 3-6 给出 ω_{D}-ω_{n} 或 T_{D}-T_{n} 的关系随阻尼比 ζ 的变化曲线。由图 3-6 可见，由于工程中结构的阻尼比 ζ 通常为 1%～5%，一般不超过 20%，因此有阻尼体系的自振频率（或自振周期）与无阻尼体系的自振频率（或自振周期）之间的差别一般不超过 2%，可以用有阻尼体系的结果代替无阻尼的结果。

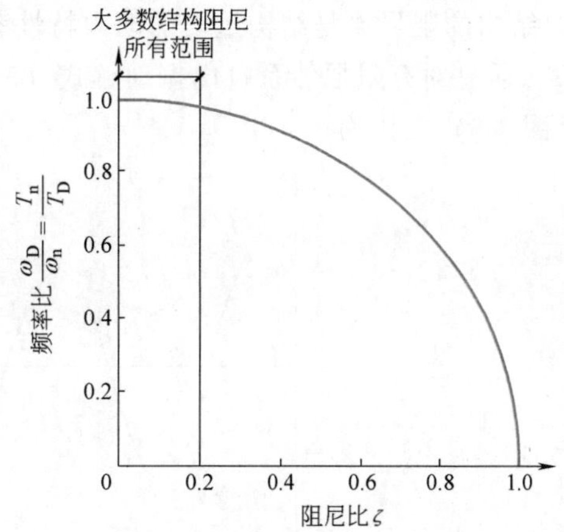

图 3-6　阻尼对自振频率和自振周期的影响

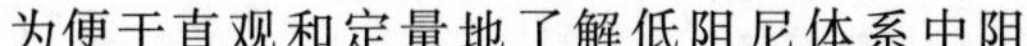

为便于直观和定量地了解低阻尼体系中阻

尼的大小对结构自由振动衰减的影响，选择自振频率相同而阻尼比 ζ 分别为 1%、2%、5% 和 10%的体系，绘出给定初始位移而初始速度为零时的自由振动时程曲线，如图 3-7 所示。从图 3-7 中可以发现，低阻尼体系的阻尼对结构自由振动的影响很大，因而，合理地确定体系的阻尼是结构动力问题研究中的一项重要工作。同时，由于阻尼对体系自由振动的衰减影响大，通过对体系衰减曲线的分析，可以有效地分辨出不同体系的阻尼比。

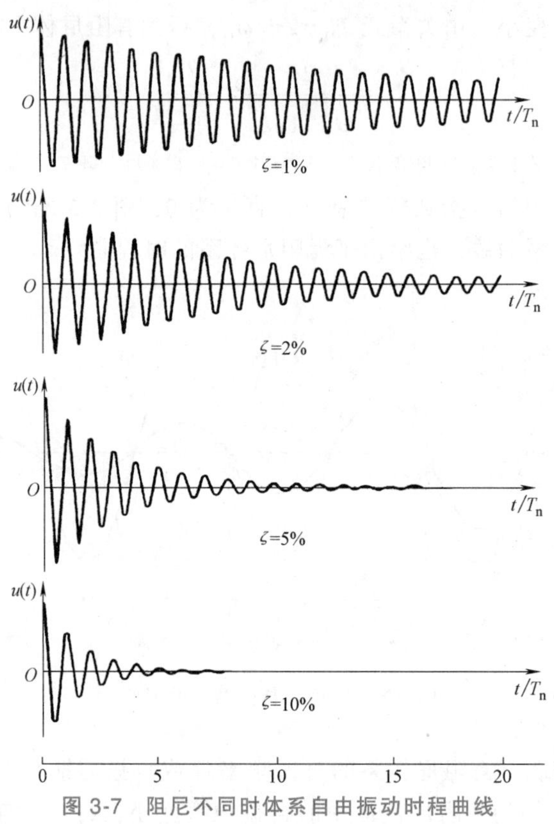

图 3-7　阻尼不同时体系自由振动时程曲线

3.2.3　运动的衰减和阻尼比的测量

结构的阻尼比是结构重要的动力特性参数，利用结构自由振动试验可以获得结构的阻尼比 ζ。通过对有阻尼体系自由振动解式（3-21）进行分析，可以得到任意两个相邻振动峰值（见图 3-8）之比为

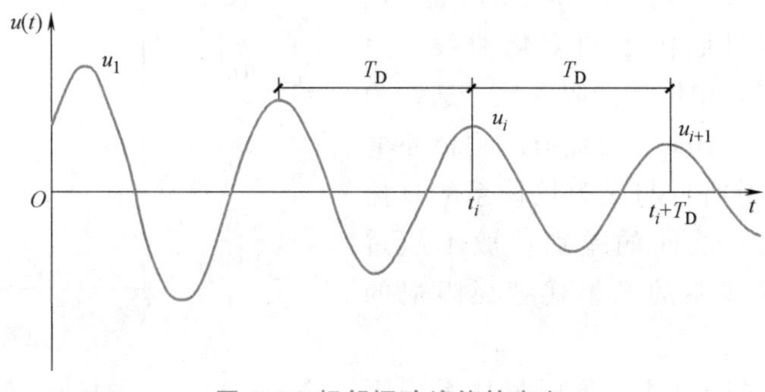

图 3-8　相邻振动峰值的定义

$$\frac{u_i}{u_{i+1}}=\frac{u(t_i)}{u(t_i+T_{\mathrm{D}})}=\exp(\zeta\omega_{\mathrm{n}}T_{\mathrm{D}})=\exp\left(\frac{2\pi\zeta}{\sqrt{1-\zeta^2}}\right) \tag{3-25}$$

由式（3-25）可见，**相邻振动峰值比**（有时也称为相邻振幅比）仅与阻尼比有关，而与 i 的取值无关。相邻振动峰值比的自然对数值称为**对数衰减率**，用 δ 表示，即

$$\delta=\ln\frac{u_i}{u_{i+1}}=\frac{2\pi\zeta}{\sqrt{1-\zeta^2}} \tag{3-26}$$

因此，阻尼比 ζ 可由对数衰减率 δ 得到，即

$$\zeta=\frac{\delta/2\pi}{\sqrt{1+(\delta/2\pi)^2}} \tag{3-27}$$

当阻尼比 ζ 较小时，$(1-\zeta^2)\approx 1$，由式（3-26）可以得到小阻尼体系阻尼比的近似计算式

$$\zeta\approx\frac{\delta}{2\pi} \tag{3-28}$$

图 3-9 所示为分别采用式（3-27）和式（3-28）计算，得到的阻尼比 ζ 与对数衰减率 δ 的关系曲线，可以发现当阻尼比小于 20%时，两种阻尼比计算公式的差别不大。

当结构的阻尼很小时，自由振动衰减很慢，这时为获得更高的精度，可以采用相隔几个周期的振动峰值比来计算结构的阻尼比。如相隔 j 周，振动由 u_i 衰减到 u_{i+j}，则比值为

$$\frac{u_i}{u_{i+j}}=\frac{u_i}{u_{i+1}}\cdot\frac{u_{i+1}}{u_{i+2}}\cdot\cdots\cdot\frac{u_{i+j-1}}{u_{i+j}}=\mathrm{e}^{j\delta}$$

由此可以得到对数衰减率为

$$\delta=\frac{1}{j}\ln\frac{u_i}{u_{i+j}}$$

代入小阻尼体系阻尼比的近似计算式（3-28）得

$$\zeta\approx\frac{1}{2\pi j}\ln\frac{u_i}{u_{i+j}} \tag{3-29}$$

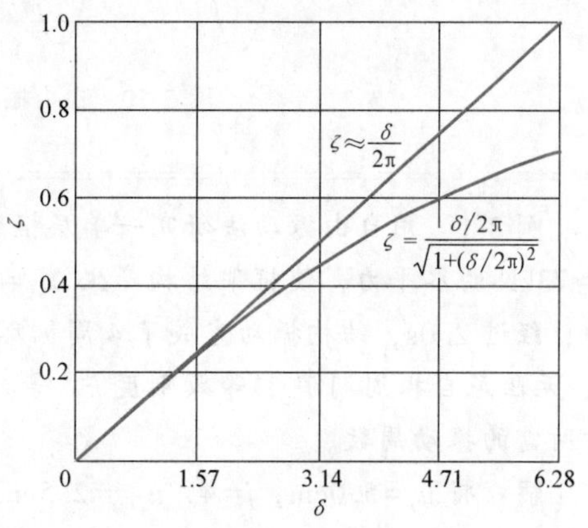

图 3-9 不同计算公式给出的阻尼比 ζ 与对数衰减率 δ 的关系

这一根据结构自由振动试验确定结构阻尼比的方法也称为**对数衰减率法**。

在试验中，有时也用振动峰值衰减至 50%所需的次数 $j_{50\%}$ 来计算阻尼比，此时

$$\delta=\frac{1}{j_{50\%}}\ln 2,\ \zeta\approx\frac{1}{2\pi j_{50\%}}\ln 2\approx\frac{0.11}{j_{50\%}} \tag{3-30}$$

用以上方法计算体系的阻尼比时，仅用到了体系振动衰减曲线上两个峰值点的信息。另外一种利用更多信息的方法是拟合振动的峰值衰减关系全曲线，通过对峰值点衰减曲线的拟合分析获得振动幅值的指数衰减规律，进而得到对振动衰减有重要影响的阻尼比。

3.2.4 自由振动试验

因为对于实际结构，阻尼比 ζ 不能通过理论分析方法得到，而需要由试验确定。自由振

动试验提供了一种确定结构阻尼比的途径。根据上面推导，当结构阻尼较小时，如阻尼比 $\zeta<20\%$，阻尼比的计算式为

$$\zeta=\frac{1}{2\pi j}\ln\frac{u_i}{u_{i+j}} \tag{3-31}$$

在现场实测中为提高测量精度，往往采用加速度传感器（拾振器）记录信号，其记录到的测量信号是加速度时程 $\ddot{u}(t)$，如图 3-10 所示。容易证明，可以直接用加速度振幅值计算阻尼比

$$\zeta=\frac{1}{2\pi j}\ln\frac{\ddot{u}_i}{\ddot{u}_{i+j}} \tag{3-32}$$

而结构的自振周期 T_D 可以通过相邻振幅的时间间隔来计算。

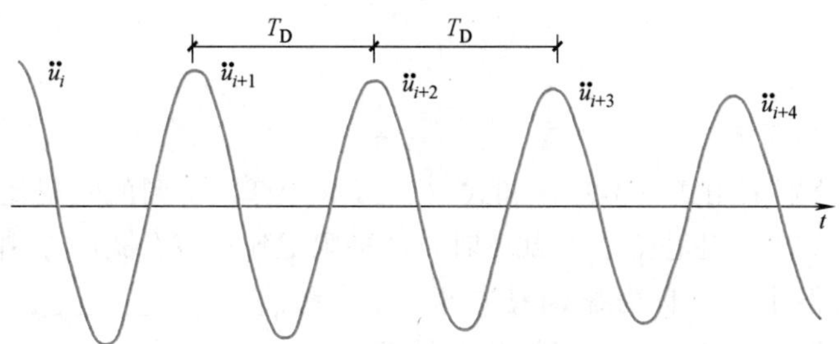

图 3-10　自由振动试验中记录的加速度时程

例 3-1　用自由振动法研究一单层框架结构的性质，试验中用一钢索对结构的屋面施加 $p=73\text{kN}$ 的水平力，使框架结构产生 $\Delta_{st}=5.0\text{cm}$ 的水平位移，突然切断钢索，让结构自由振动，经过 2.0s，结构振动完成了 4 周循环，振幅变为 2.5cm。从以上数据计算结构的阻尼比 ζ、无阻尼自振周期 T_n、等效刚度 k、等效质量 m、阻尼系数 c，以及位移振幅衰减到 0.5cm 时所需的振动周数。

解：将 $u_i=5.0\text{cm}$，$j=4$，$u_{i+j}=2.5\text{cm}$ 代入式（3-29）得

$\zeta=\frac{1}{2\pi j}\ln\frac{u_i}{u_{i+j}}=\frac{1}{8\pi}\ln\frac{5}{2.5}=0.0276$（2.76%），是小阻尼体系。

有阻尼自振周期 $T_D=\frac{2.0}{4}\text{s}=0.5\text{s}$，因为体系是小阻尼，则有

$$T_n\approx T_D=0.5\text{s}$$

刚度 $k=p/\Delta_{st}=73\text{kN}/0.05\text{m}=1460\text{kN/m}$

自振频率 $\omega_n=\frac{2\pi}{T_n}=\frac{2\pi}{0.5}\text{rad/s}=12.57\text{rad/s}$

等效质量 $m=\frac{k}{\omega_n^2}=\frac{1460}{(12.57)^2}\text{t}=9.24\text{t}$

阻尼系数 $c=\zeta(2\sqrt{km})=0.0276\times2\times\sqrt{1460\times9.24}\,\text{kN}\cdot\text{s/m}=6.41\text{kN}\cdot\text{s/m}$

由 $\zeta=\frac{1}{2\pi j}\ln\frac{u_i}{u_{i+j}}$ 得，位移振幅衰减到 0.5cm 时所需的振动周数为

$$j=\frac{1}{2\pi\zeta}\ln\frac{u_i}{u_{i+j}}=\frac{1}{2\pi\times0.0276}\ln\frac{5}{0.5}\text{周}=13.28\text{ 周}\approx13\text{ 周}$$

例 3-2　如果例 3-1 中框架结构的屋面再附加上一质量为 37t 的质量块，求有附加质量后结构的自振周期和阻尼比（不考虑质量块本身的阻尼以及结构振动过程中质量块和屋面之间的摩擦阻尼影响）。

解：此时结构的总质量 $m_1=(9.24+37)\text{t}=46.24\text{t}$，结构的刚度不变，$k_1=k=1460\text{kN/m}$，则结构的自振周期为

$$T_{n1}=2\pi\sqrt{\frac{m_1}{k_1}}=2\pi\sqrt{\frac{46.24}{1460}}\text{s}=1.12\text{s}$$

不考虑附加质量块引起的附加阻尼影响，结构的阻尼系数不变，$c_1=c=6.41\text{kN}\cdot\text{s/m}$，因此阻尼比为

$$\zeta_1=\frac{c_1}{2m_1\omega_{n1}}=\frac{c_1T_{n1}}{2m_1 2\pi}=\frac{6.41\times1.12}{4\pi\times46.24}=1.24\%$$

当结构的质量增加时，其自振周期变长。附加质量对结构阻尼比的影响则是一个稍微复杂的问题，至少对建筑结构是如此。对于实际的工程结构，一般不考虑质量对阻尼比的影响，如在小震作用下结构地震反应分析中，钢筋混凝土结构的阻尼比取为 5%，钢结构的取为 3%，不会因为结构承受重量的不同（相当于质量不同）而对阻尼比进行调整，对此问题的深入讨论将涉及结构阻尼的性质与机理。

3.2.5　库仑（Coulomb）阻尼自由振动

实际结构中的阻尼是由几种不同的耗能机制引起的，在一般情况下，黏性阻尼可以给出较好的模拟结果，但对一些特殊的问题，则不能令人满意。在工程结构的减振中常采用摩擦阻尼器，在隔振中有时也采用摩擦型的隔振技术，此时采用库仑阻尼更适合。

库仑阻尼是由两接触面的干摩擦引起的，摩擦力的大小可表示为 $F=\mu N$，其中 μ 为摩擦系数（对静、动力情况相等），N 为作用于摩擦面上的法向力。库仑摩擦假设摩擦力的大小与运动的速度无关，而方向与运动方向相反。当运动方向改变时，摩擦力的方向（符号）也随之改变，因此需要用两个运动方程描述，并给出两个解式。

图 3-11a 所示为一个弹簧-质点体系，质点置于摩擦面上滑动，图 3-11b、c 是质点的隔离体受力图，当质点从右向左滑动时，运动方程为

$$m\ddot{u}+ku=F \tag{3-33}$$

运动方程的解为

$$u(t)=A_1\cos\omega_n t+B_1\sin\omega_n t+u_F \tag{3-34}$$

式中，$u_F=F/k$；$\omega_n=\sqrt{k/m}$ 为体系自振频率。

当质点由左向右滑动时，运动方程及其解为

$$m\ddot{u}+ku=-F \tag{3-35}$$

$$u(t)=A_2\cos\omega_n t+B_2\sin\omega_n t-u_F \tag{3-36}$$

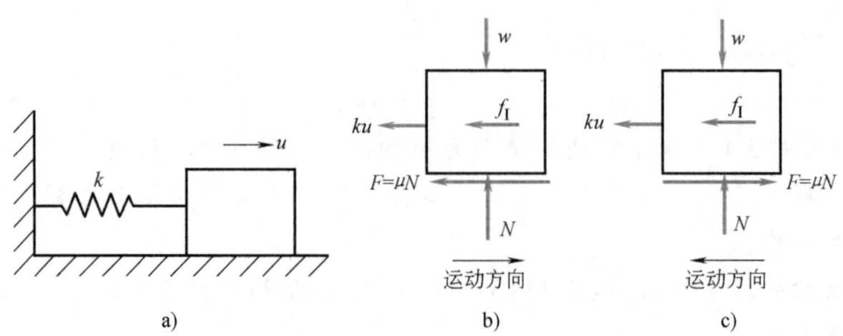

图 3-11　具有库仑摩擦阻尼的弹簧-质点体系

从考虑库仑摩擦阻尼的体系振动解式（3-34）和式（3-36）可以看出，仅有库仑阻尼时，体系自由振动的频率与无阻尼体系的自振频率 ω_n 相同。式（3-34）和式（3-36）中 A_1、B_1、A_2、B_2 是待定系数，由初始条件确定。由于库仑阻尼的影响，体系的运动方程不唯一，在确定待定系数时也不像黏性阻尼体系那样便于确定。由于运动方程的解式（3-34）或式（3-36）仅适用于半周循环，即由右向左，或由左向右，初始条件需要根据每周循环确定，以当前半周循环的初始时刻，即前半周循环的终止状态来定当前半周循环的待定系数。下面仅结合一个具体的初始条件说明待定系数的确定方法及说明库仑阻尼体系运动的特点。

设在时刻 $t=0$ 时的初始条件为

$$u|_{t=0}=u(0),\dot{u}|_{t=0}=0$$

在第一个半周循环（$0\leqslant t\leqslant T_n/2$）：

将解式（3-34）代入以上初始条件得

$$A_1=u(0)-u_F,B_1=0$$

满足初始条件的解为

$$u(t)=[u(0)-u_F]\cos\omega_n t+u_F\quad(0\leqslant t\leqslant \pi/\omega_n)$$

上式代表一个余弦函数，振幅为 $u(0)-u_F$，但其中轴向上偏移 u_F。

当 $t=\pi/\omega_n(=T_n/2)$ 时，质点位移达到负向最大值，即

$u(\pi/\omega_n)=-u(0)+2u_F$，而 $\dot{u}(\pi/\omega_n)=0$

在第二半周循环（$T_n/2\leqslant T\leqslant T_n$）：

将上半周循环终止时刻的运动条件作为初始条件，即

$$u(\pi/\omega_n)=-u(0)+2u_F,\ \dot{u}(\pi/\omega_n)=0$$

代入解式（3-36）得

$$u(t)=[u(0)-3u_F]\cos\omega_n t-u_F\quad(\pi/\omega_n\leqslant t\leqslant 2\pi/\omega_n)$$

上式是一个振幅为 $u(0)-3u_F$，而中轴向下偏移 u_F 的余弦函数。

采用相同的方法，可以递推求得全部时域解，如在第三个半周循环内（$T_n\leqslant T\leqslant 3T_n/2$）

$$u(t)=[u(0)-5u_F]\cos\omega_n t+u_F\quad(2\pi/\omega_n\leqslant t\leqslant 3\pi/\omega_n)$$

从以上分析可见，在每一周循环中，振幅衰减了 $4u_F$，即

$$u_{i+1}=u_i-4u_F$$

式中，i 和 $i+1$ 代表相邻的峰值点。

图 3-12 所示为以上具有库仑摩擦阻尼的弹簧-质点体系的自由振动时程曲线。

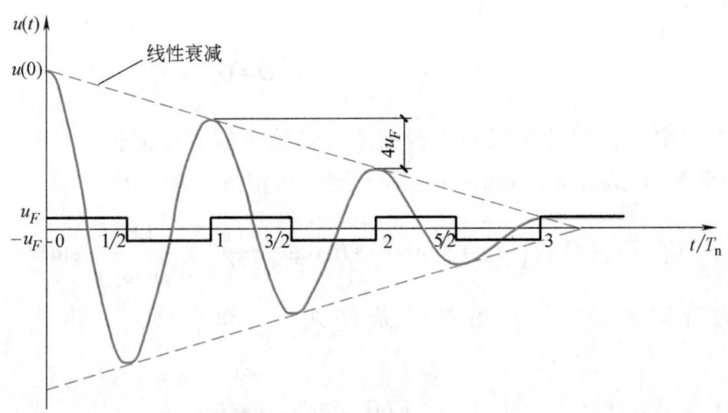

图 3-12　具有库仑摩擦阻尼的弹簧-质点体系的自由振动时程曲线

由图 3-12 可以清楚地看到，库仑阻尼体系自由振动随时间变化的外包络线（峰值点的连线）是直线，不像黏性阻尼体系那样是按指数衰减的曲线，这可以使运动更快速地衰减至静止状态。

3.3　单自由度体系对简谐荷载的反应

单自由度体系在简谐荷载作用下的反应是结构动力学中的一个经典内容。不仅工程实际中存在这种形式的荷载，而且简谐荷载作用下单自由度体系的解（反应）提供了了解结构动力特性和用于更复杂荷载作用下体系动力反应分析的手段和方法。

3.3.1　无阻尼体系对简谐荷载的反应

当体系上作用的外荷载为简谐荷载，同时忽略体系的阻尼时，单自由度体系的运动方程为

$$m\ddot{u}+ku=p_0\sin\omega t \tag{3-37}$$

式中，p_0 为简谐荷载的幅值；ω 为简谐荷载的圆频率。

体系的初始条件由下式给出：

$$u|_{t=0}=u(0),\dot{u}|_{t=0}=\dot{u}(0) \tag{3-38}$$

式（3-37）和式（3-38）是一个带有初值条件的二阶常微分方程，其全解分为两部分，一是齐次方程的通解（Complementary solution），二是特解（Particular solution）。通解也称为自由振动反应解，特解又被称为强迫振动反应解。

通解对应的方程是一个自由振动方程，其解 u_c 为无阻尼自由振动

$$u_c(t)=A\cos\omega_n t+B\sin\omega_n t \tag{3-39}$$

$$\omega_n=\sqrt{\frac{k}{m}}$$

而特解是满足式（3-37）的解，记为 $u_p(t)$，是由动力荷载 $p_0\sin\omega t$ 直接引起的振动解。设特解为

$$u_p(t)=C\sin\omega t+D\cos\omega t \tag{3-40}$$

将式（3-40）代入式（3-37）可得

$$C=\frac{p_0}{k}\frac{1}{1-(\omega/\omega_n)^2},D=0 \tag{3-41}$$

式中，ω/ω_n 称为频率比，即外荷载的激振频率与结构自振频率之比。

运动方程的全解（Complete solution）等于通解和特解之和，即

$$u(t)=u_c(t)+u_p(t)=A\cos\omega_n t+B\sin\omega_n t+\frac{p_0}{k}\frac{1}{1-(\omega/\omega_n)^2}\sin\omega t \tag{3-42}$$

式（3-42）中的待定系数 A、B 由初始条件式（3-38）确定，将式（3-42）代入式（3-38）得

$$A=u(0),B=\frac{\dot{u}(0)}{\omega_n}-\frac{p_0}{k}\frac{\omega/\omega_n}{1-(\omega/\omega_n)^2} \tag{3-43}$$

最后得到满足初始条件的全解为

$$u(t)=u(0)\cos\omega_n t+\frac{\dot{u}(0)}{\omega_n}\sin\omega_n t-\frac{p_0}{k}\frac{\omega/\omega_n}{1-(\omega/\omega_n)^2}\sin\omega_n t+\frac{p_0}{k}\frac{1}{1-(\omega/\omega_n)^2}\sin\omega t \tag{3-44}$$

式（3-44）中右端的第四项是直接由动力荷载引起的，其振动频率与外荷载频率 ω 相同，称为稳态反应；第一、二、三项相当于自由振动，振动的频率等于体系的自振频率 ω_n，称为瞬态反应。与无阻尼自由振动的解式（3-10）对比可以发现，第一项和第二项是分别由初始位移和初始速度引起的自由振动项。而第三项和第四项之和应等于满足零初始条件的由动力荷载引起的振动项，其中第三项也被称为伴生自由振动。因为实际问题中体系的阻尼一定存在，阻尼将使自由振动项很快衰减为零，最后结构的反应仅为由外荷载直接引起的稳态反应，因此，一般情况下稳态反应是最重要的和最为关心的。

下面将仅讨论体系的稳态反应，如果记

$$u_{st}=\frac{p_0}{k} \tag{3-45}$$

称为等效静位移或静位移，相当于 p_0 静止作用的结果，而 u_0 为稳态反应的振幅，即

$$u_0=\frac{p_0}{k}\frac{1}{|1-(\omega/\omega_n)^2|}$$

则位移放大系数定义为

$$R_d=\frac{u_0}{u_{st}}=\frac{1}{|1-(\omega/\omega_n)^2|}$$

称为动力放大系数。图 3-13 给出无阻尼体系动力放大系数 R_d 随频率比 ω/ω_n 的变化曲线，分析动力放大系数可以发现：

1）当 $\omega=0$ 时，$R_d=1$，此时动力问题已转化成静力问题。

2）当 $\omega=\omega_n$ 时，$R_d\to\infty$，此时动力反应趋于无穷大，称为共振。

3）当 $\omega/\omega_n>\sqrt{2}$ 时，$R_d<1$，此时体系的动力反应小于静力反应。

当 $\omega \to \omega_n$ 时，运动方程的特解为 $u_p(t) = -\frac{u_{st}}{2}\omega_n t\cos\omega_n t$，而满足零初始条件的全解为

$$u(t) = -\frac{u_{st}}{2}(\omega_n t\cos\omega_n t - \sin\omega_n t)$$

图 3-14 所示为零初始条件下共振时体系的动力反应随时间增大的过程。可以看到，当体系发生共振时，动力反应是逐渐增大的过程，而不是瞬时趋于无穷大的。

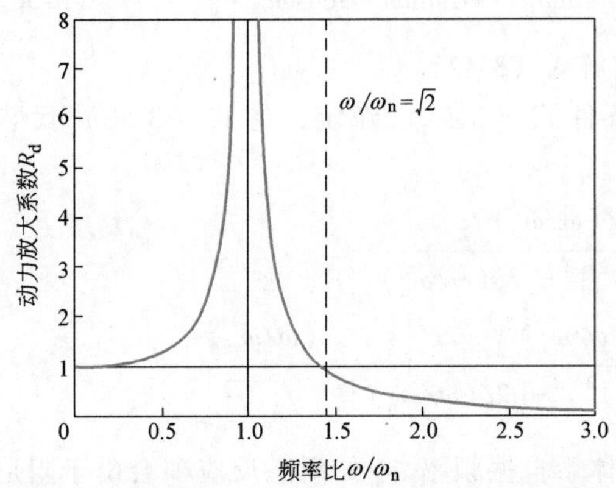

图 3-13　无阻尼体系强迫振动时的动力放大系数

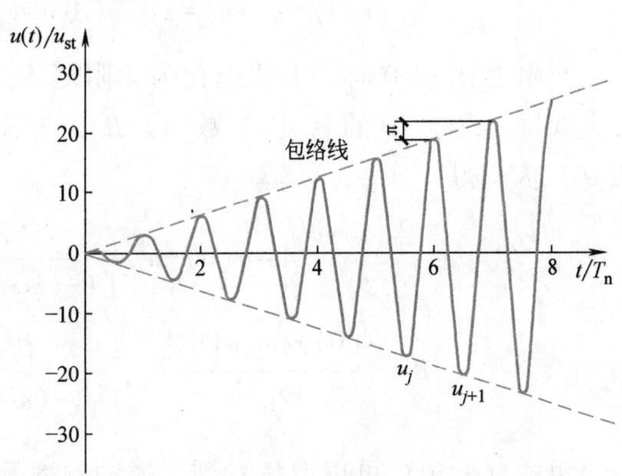

图 3-14　共振时无阻尼体系的动力反应随时间增大的过程

3.3.2　有阻尼体系对简谐荷载的反应

简谐荷载作用下单自由度体系的运动方程和初始条件为

$$m\ddot{u} + c\dot{u} + ku = p_0\sin\omega t$$

$$u\big|_{t=0} = u(0), \dot{u}\big|_{t=0} = \dot{u}(0)$$

运动方程两边同除 m，并将 c 用阻尼比代替，即 $c = 2m\omega_n\zeta$，得到如下形式的运动方程：

$$\ddot{u} + 2\zeta\omega_n\dot{u} + \omega_n^2 u = \frac{p_0}{m}\sin\omega t \tag{3-46}$$

以上齐次方程的通解 u_c 对应于有阻尼体系的自由振动反应，并设 $\zeta<1$，则

$$u_c(t) = e^{-\zeta\omega_n t}(A\cos\omega_D t + B\sin\omega_D t) \tag{3-47}$$

而 $\omega_D = \omega_n\sqrt{1-\zeta^2}$ 为有阻尼体系的自振频率。

运动微分方程的特解 u_p 可以设为如下形式：

$$u_p(t) = C\sin\omega t + D\cos\omega t \tag{3-48}$$

将式（3-48）代入运动方程（3-46）得

$$[(\omega_n^2-\omega^2)C - 2\zeta\omega_n\omega D]\sin\omega t + [2\zeta\omega_n\omega C + (\omega_n^2-\omega^2)D]\cos\omega t = \frac{p_0}{m}\sin\omega t$$

由时间 t 的任意性，可得如下两个关于系数 C、D 的联立方程：

$$[1-(\omega/\omega_n)^2]C - (2\zeta\omega/\omega_n)D = u_{st}$$

$$(2\zeta\omega/\omega_n)C + [1-(\omega/\omega_n)^2]D = 0$$

解之得

$$\left.\begin{aligned}C&=u_{st}\frac{1-(\omega/\omega_n)^2}{[1-(\omega/\omega_n)^2]^2+[2\zeta(\omega/\omega_n)]^2}\\D&=u_{st}\frac{-2\zeta\omega/\omega_n}{[1-(\omega/\omega_n)^2]^2+[2\zeta(\omega/\omega_n)]^2}\end{aligned}\right\}\tag{3-49}$$

则运动方程（3-46）的全解为

$$u(t)=u_c+u_p=e^{-\zeta\omega_n t}(A\cos\omega_D t+B\sin\omega_D t)+C\sin\omega t+D\cos\omega t\tag{3-50}$$

当阻尼比 $\zeta=0$ 时，上式退化为无阻尼体系的解式（3-42）。

式（3-50）中的待定系数 A、B 由初始条件式（3-38）确定，将式（3-50）代入式（3-38）得

$$A=u(0)+u_{st}\frac{2\zeta(\omega/\omega_n)}{[1-(\omega/\omega_n)^2]^2+[2\zeta(\omega/\omega_n)]^2}$$

$$B=\frac{\dot{u}(0)+\zeta\omega_n u(0)}{\omega_D}-u_{st}\frac{[1-(\omega/\omega_n)^2]-2\zeta^2}{[1-(\omega/\omega_n)^2]^2+[2\zeta(\omega/\omega_n)]^2}\frac{(\omega/\omega_n)}{\sqrt{1-\zeta^2}}$$

由式（3-50）可以清楚看到，振动频率等于体系自振频率 ω_n 的瞬态反应项会由于阻尼的存在而很快衰减为零，最后结构的反应仅有由外荷载直接引起的稳态反应。图 3-15 所示为有初始条件影响的有阻尼体系动力反应时程曲线，其中虚线为稳态反应项，而实线为在稳态反应项上叠加了瞬态反应项后的总体反应（全解）。

由于瞬态反应项以结构的自振频率振动，因此它可以反映结构的动力特性；而稳态反应项以外荷载的激振频率振动，它可以反映输入荷载的性质。

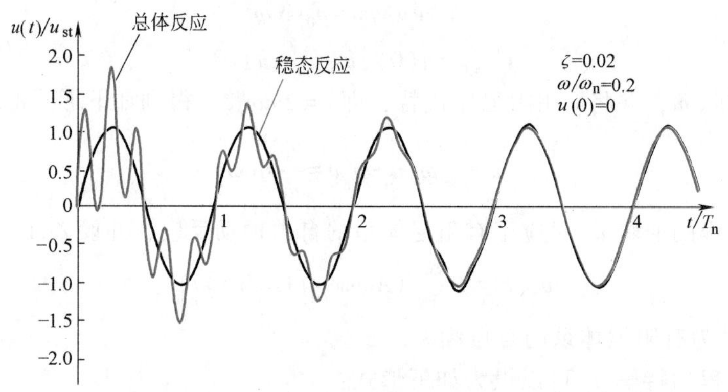

图 3-15 有初始条件影响的有阻尼体系动力反应时程曲线

虽然在一般情况下感兴趣的是稳态反应项，但也应当注意，在特殊情况下，在反应的初始阶段瞬态反应项可能远远大于稳态反应项，从而成为结构最大反应的控制量。对于这种情况，在结构的动力反应分析或结构设计时，瞬态反应项的影响不能忽略。当然，如果采用的分析方法能自动包括全解，如采用后面介绍的时域逐步积分法进行分析，则不会出现忽略瞬态反应项的问题，因为这时所获得的解中既包含了稳态反应项，也包括了瞬态反应项。

3.3.3　激振频率为 ω_n 时体系的动力反应

当外荷载的激振频率等于无阻尼体系的自振频率时，即 $\omega=\omega_n$，由式（3-49）可得

$$C=0, D=-\frac{u_{st}}{2\zeta} \tag{3-51}$$

将式（3-51）代入式（3-50），再令其满足零初始条件 $u(0)=\dot{u}(0)=0$ 得到

$$A=\frac{1}{2\zeta}u_{st}, B=\frac{1}{2\sqrt{1-\zeta^2}}u_{st} \tag{3-52}$$

最后得满足零初始条件的振动反应为

$$u(t)=\frac{u_{st}}{2\zeta}\left[e^{-\zeta\omega_n t}\left(\cos\omega_D t+\frac{\zeta}{\sqrt{1-\zeta^2}}\sin\omega_D t\right)-\cos\omega_n t\right] \tag{3-53}$$

当阻尼较小时，$\omega_D=\omega_n$，而式（3-53）中正弦项的影响不大，此时式（3-53）成为

$$u(t)=\frac{u_{st}}{2\zeta}(e^{-\zeta\omega_n t}-1)\cos\omega_n t \tag{3-54}$$

当 $\zeta=0$ 时，由式（3-53）可以得到满足零初始条件的动力反应为

$$u(t)=-\frac{u_{st}}{2}(\omega_n t\cos\omega_n t-\sin\omega_n t)$$

与无阻尼时的结果完全相同。

图 3-16 给出当 $\omega=\omega_n$ 时有阻尼体系的动力反应时程曲线。与图 3-14 相比可以发现，当结构存在阻尼时，在激振频率为 ω_n 的简谐荷载作用下，体系的动力反应并不趋于无穷，而是趋于稳态反应。

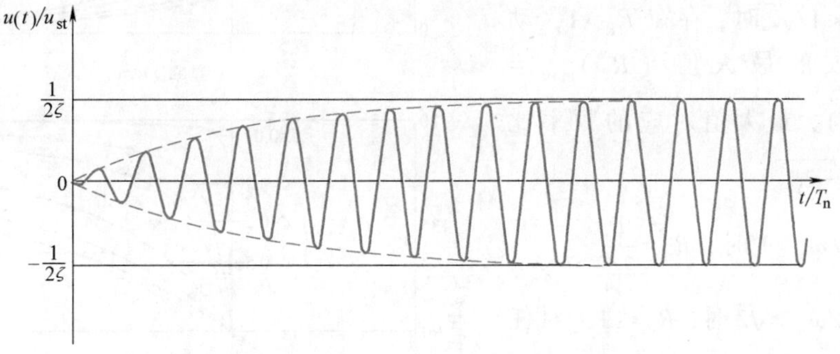

图 3-16　$\omega=\omega_n$ 时有阻尼体系动力反应时程曲线

3.3.4　动力放大系数

由于简谐荷载作用下体系振动的瞬态反应项会由于阻尼的影响而很快衰减，经过一段时间后，体系的振动将仅有稳态解。下面讨论稳态振动的特点，为此把稳态反应项写为如下形式：

$$u(t)=C\sin\omega t+D\cos\omega t=u_0\sin(\omega t-\phi) \tag{3-55}$$

式中，u_0 为稳态振动的振幅；ϕ 为相角，反映体系振动位移与简谐荷载的相位关系；而 C 和 D 由式（3-49）给出。

利用三角公式得

$$u_0 = \sqrt{C^2 + D^2}, \phi = \arctan\left(-\frac{D}{C}\right)$$

将式（3-49）给出的 C、D 代入上式，得

$$\left.\begin{aligned} u_0 &= u_{st} \frac{1}{\sqrt{[1-(\omega/\omega_n)^2]^2 + [2\zeta(\omega/\omega_n)]^2}} \\ \phi &= \arctan \frac{2\zeta(\omega/\omega_n)}{1-(\omega/\omega_n)^2} \quad (0 \leqslant \phi \leqslant 180°) \end{aligned}\right\} \tag{3-56}$$

而动力放大系数 R_d 定义为

$$R_d = \frac{u_0}{u_{st}} = \frac{1}{\sqrt{[1-(\omega/\omega_n)^2]^2 + [2\zeta(\omega/\omega_n)]^2}} \tag{3-57}$$

图 3-17 所示为阻尼比 ζ 取不同的值时，体系动力放大系数 R_d 和相角 ϕ 随动力荷载频率的变化曲线。

由 R_d-ω/ω_n 图可以得到简谐荷载作用下结构动力反应的特点和规律，这对了解结构的动力特性很重要。分析图 3-17 可以发现：

1）当 $\zeta \geqslant 1/\sqrt{2}$ 时，$R_d \leqslant 1$，即体系反应不放大。

2）当 $\zeta < 1/\sqrt{2}$ 时，存在 $R_d > 1$，动力放大系数的最大值 $(R_d)_{max} = 1/(2\zeta\sqrt{1-\zeta^2})$，最大值对应的频率比为 $\omega/\omega_n = \sqrt{1-2\zeta^2}$。

3）当 $\omega/\omega_n = 1$ 时，$R_d = \frac{1}{2\zeta}$。

4）当 $\omega/\omega_n \geqslant \sqrt{2}$ 时，$R_d \leqslant 1$，对任意 ζ 均成立。

在简谐荷载作用下，结构的共振反应是一个重要的现象。共振的定义为：在做强迫振动的体系中，当激振频率稍微变化（增大或减小），其反应即减小，此时对应的体系的状态为共振。共振频率为体系发生共振时的激振频率。

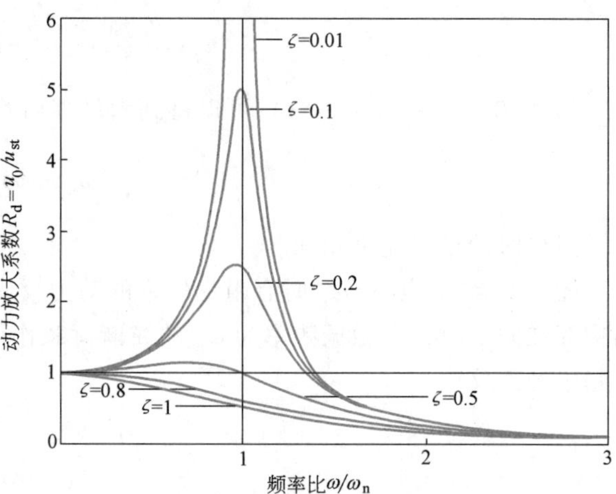

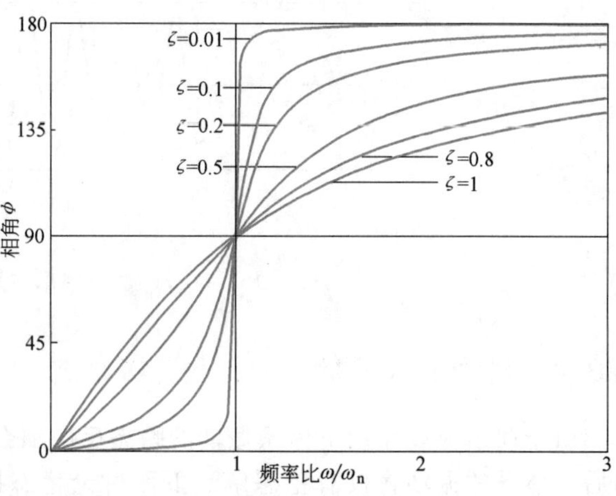

图 3-17　阻尼体系动力放大系数 R_d 和相角 ϕ

若按共振的定义，动力放大系数峰值点对应的频率为共振频率，即共振频率为 $\omega = \omega_n\sqrt{1-2\zeta^2}$。这一频率既不等于无阻尼体系的自振频率 ω_n，也不等于有阻尼体系的自振频率

$\omega_n\sqrt{1-\zeta^2}$。进一步分析可以发现，对于黏性阻尼体系，其位移反应、速度反应和加速度反应的共振频率也不尽相同，无法得到无阻尼体系那样清晰的定义。考虑到一般工程和科研中阻尼较小，共振频率、无阻尼体系自振频率和有阻尼体系自振频率相差不大，定义 $\omega=\omega_n$ 时为共振，对有阻尼体系也基本是合适的。由上述 2）、3）条可以发现，当阻尼比较小时，两种不同定义的共振频率及动力放大系数差别不大，大阻尼时则存在较大的差别。

3.3.5　有阻尼体系动力反应与荷载的相位关系

在动力荷载作用下，有阻尼体系的动力反应（位移、速度、加速度）一定要滞后动力荷载一段时间，即存在反应滞后现象。这个滞后的时间由相角 ϕ 反映，如果滞后时间为 t_0，则 $\phi=\omega t_0$。由计算 ϕ 的公式（3-56）可知，滞后的相角与频率比 ω/ω_n 和阻尼大小均有关系。图 3-18 给出了阻尼比 $\zeta=0.2$ 时，相应于不同频率比 ω/ω_n 的外力 $p(t)$ 和位移 $u(t)$ 的时程曲线及滞后相角 ϕ。由于相角 ϕ 实际上反映了结构体系位移相应于动力荷载的反应滞后时间，从图中可以发现，频率比越大，即外荷载作用得越快，动力反应的滞后时间越长，相角越大。

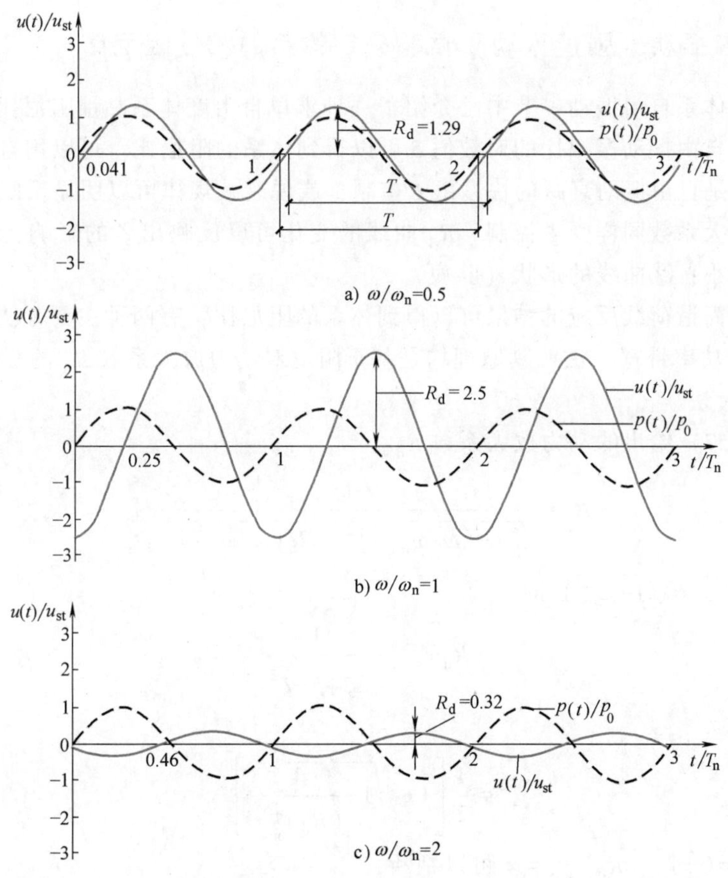

图 3-18　相应于不同频率比时阻尼体系的稳态反应（T 为外荷载的周期）

从具有不同阻尼比体系的相角与振动频率的关系图可以发现，荷载频率越大，结构反应越滞后。而荷载频率等于零、共振和趋于无限大，是三种特殊的情形，当频率接近零时，体系的反应与静力荷载作用结果相同，位移与荷载同相，则反映位移滞后效应的相角 ϕ 趋于零；当共振时，位移与荷载相位相差 90°；而当荷载频率非常大时，位移和荷载相位相差 180°，即两者完全反向。表 3-2 给出相应于这三种情况的物理解释。

表 3-2　三种特殊情况时体系振动位移与简谐荷载的相位关系

由 ϕ-ω/ω_n 图判断	物理解释 （根据关系：$f_S\propto u,f_D\propto \dot{u},f_I\propto \ddot{u}=-\omega^2u$，其中 f_S，f_D 和 f_I 分别为弹性恢复力，阻尼力和惯性力）
$\omega/\omega_n\to 0$ 时，$\phi\to 0$	$\omega\to 0$ 则 $\dot{u}$ 和 $\ddot{u}\to 0$，即 f_D 和 $f_I\to 0$ 则 $f_S\approx p(t)$，即 $ku\approx p(t)$，u 与 $p(t)$ 相位相同
$\omega/\omega_n=1$ 时，$\phi=90°$	$f_I=m\ddot{u}=-m\omega_n^2u=-ku=-f_S$，则 $f_I+f_S=0$ 则 $f_D=p(t)$，即 $c\dot{u}=p(t)$，$\dot{u}$ 与 $p(t)$ 同相，而 $\dot{u}$ 与 u 相位相差 90°，则 $u(t)$ 与 $p(t)$ 相位相差 90°
$\omega/\omega_n\to\infty$ 时，$\phi=180°$	$\omega\to\infty$，则 $f_I\gg f_S$ 和 f_D，则 $f_I\approx p(t)$，而惯性力与位移反相，所以位移与 $p(t)$ 相位相差 180°，即 $\phi=180°$

3.3.6　用简谐振动（强迫振动）试验确定体系的黏性阻尼比

在单自由度体系自由振动一节中已介绍了一种求单自由度体系黏性阻尼比的方法——对数衰减率法，由自由振动振幅比的对数值 δ 可以得到体系的阻尼比。可以用自由振动方法求阻尼比 ζ 的原因是自由振动衰减的快慢由 ζ 控制，或说衰减规律可以明显反映出阻尼比 ζ 的影响。而动力放大系数同样受 ζ 控制，R_d 曲线的变化可以反映出 ζ 的影响，其影响主要有两点：①峰值大小；②曲线的形状（胖瘦）。

利用体系对简谐荷载反应的结果可以得到体系的阻尼比，有两种主要方法：共振放大法和半功率点（半功率带宽）法，其原理均是基于阻尼对动力放大系数 R_d 的影响规律。

1. 共振放大法

根据式（3-57）给出的动力放大系数 R_d

$$R_d=\frac{1}{\sqrt{[1-(\omega/\omega_n)^2]^2+[2\zeta(\omega/\omega_n)]^2}}$$

当发生共振（$\omega/\omega_n=\sqrt{1-2\zeta^2}$）时

$$(R_d)_{max}=\frac{1}{2\zeta\sqrt{1-\zeta^2}}$$

由此可以解得

$$\zeta^2=\frac{1}{2}\left[1\pm\sqrt{1-\frac{1}{(R_d)_{max}^2}}\right]$$

根据条件，当 $\zeta=0$ 时，$(R_d)_{max}=\infty$ 可以判断，

$$\zeta^2=\frac{1}{2}\left[1-\sqrt{1-\frac{1}{(R_d)_{max}^2}}\right]$$

因此可以得到阻尼比的计算公式为

$$\zeta=\sqrt{\frac{1}{2}\left[1-\sqrt{1-\frac{1}{(R_d)^2_{max}}}\right]} \tag{3-58}$$

一旦获得动力放大系数 R_d 曲线，即可以由式（3-58）确定阻尼比。

当小阻尼时，可以直接得到

$$(R_d)_{max}\approx\frac{1}{2\zeta}$$

则有

$$\zeta\approx\frac{1}{2(R_d)_{max}}=\frac{u_{st}}{2u_{0m}} \tag{3-59}$$

其中 $u_{0m}=\max(u_0)$。当阻尼比较小时（如 $\zeta<20\%$），采用式（3-59）计算阻尼比所导致的误差很小。

用共振放大法确定体系的阻尼比，方法简单，但实际工程中测得的动力放大系数曲线一般以 u_0-ω 图给出，为用式（3-58）或式（3-59）计算体系的阻尼比，还需要得到零频时的静位移值，实际测量静载位移 u_{st} 无论从加载设备和记录（拾振）设备都有一定的困难，即实现动力加荷和测量动力信号的设备不能在零频率时工作。因此，工程中往往采用半功率点（带宽）法从动力试验中得到阻尼比 ζ。

2. 半功率点法（半功率带宽法）

从动力放大系数 R_d 的图形可以看到，R_d 曲线形状完全由阻尼比 ζ 控制，阻尼比 ζ 大时，R_d 胖（宽）；ζ 小时，R_d 瘦（窄）。设 ω_a 和 ω_b 分别是 R_d 曲线上振幅值等于 $1/\sqrt{2}$ 倍最大振幅的点所对应的两个频率点（见图 3-19），称为半功率点。当阻尼比较小时，半功率点与阻尼比 ζ 的关系如下：

$$\zeta=\frac{\omega_b-\omega_a}{2\omega_n} \tag{3-60}$$

或者

$$\zeta=\frac{\omega_b-\omega_a}{\omega_b+\omega_a} \tag{3-61}$$

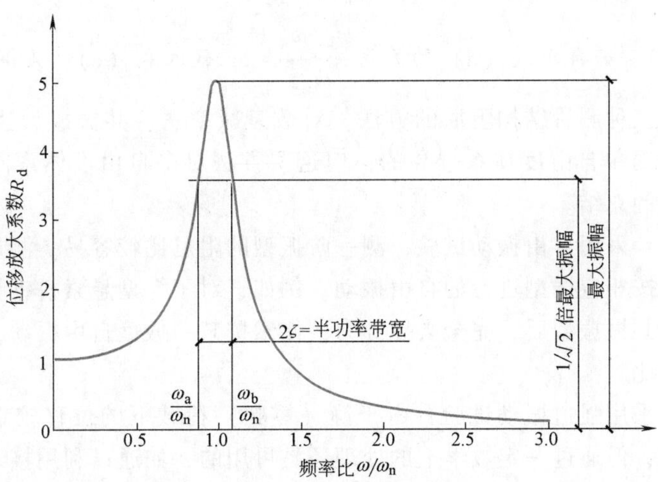

图 3-19　半功率带宽

有时也采用工程频率计算阻尼比，即用

$$\zeta=\frac{f_b-f_a}{2f_n}$$

计算，其中 f_n 为工程自振频率。$\omega_b-\omega_a$ 或 f_b-f_a 也称为半功率带宽。

证明：

由 R_d 的定义可知，R_d 的最大值 $(R_d)_{max}=\dfrac{1}{2\zeta\sqrt{1-\zeta^2}}$。而振幅等于 $\dfrac{1}{\sqrt{2}}$ 倍 $(R_d)_{max}$ 对应的频率满足以下方程：

$$\frac{1}{\sqrt{[1-(\omega/\omega_n)^2]^2+[2\zeta(\omega/\omega_n)]^2}}=\frac{1}{\sqrt{2}}\frac{1}{2\zeta\sqrt{1-\zeta^2}} \tag{a}$$

对式（a）两边同时取倒数，并开平方，整理后得

$$\left(\frac{\omega}{\omega_n}\right)^4-2(1-2\zeta^2)\left(\frac{\omega}{\omega_n}\right)^2+1-8\zeta^2(1-\zeta^2)=0 \tag{b}$$

式（b）是关于 $(\omega/\omega_n)^2$ 的一元二次方程，可得两个根为

$$\left(\frac{\omega}{\omega_n}\right)^2=(1-2\zeta^2)\pm2\zeta\sqrt{1-\zeta^2} \tag{c}$$

式（c）取正号时对应数值较大的根 ω_b，负号对应较小的根 ω_a。对于一般的工程结构，阻尼比较小，式（c）中 ζ 的二次方项可忽略，因此

$$\frac{\omega}{\omega_n}\approx\sqrt{1\pm2\zeta}\approx1\pm\zeta$$

则对应于半功率点的两个根为

$$\frac{\omega_b}{\omega_n}=1+\zeta,\quad \frac{\omega_a}{\omega_n}=1-\zeta \tag{d}$$

由式（d）得到半功率点频率 ω_b 和 ω_a 与阻尼比 ζ 的关系为

$$\frac{\omega_b-\omega_a}{\omega_n}=2\zeta \tag{e}$$

由此得到式（3-60）。若再用式（d）的关系 $\dfrac{\omega_b+\omega_a}{\omega_n}=2$，代入式（e），又得到式（3-61）。

以上共介绍了三种测量结构阻尼的方法：对数衰减率法、共振放大法和半功率点（带宽）法，虽然是针对单自由度体系推导的，但这些方法对多自由度体系同样适用。下面对这三种方法做简要的总结。

对数衰减率法：采用自由振动试验，测一阶振型的阻尼比较容易。测量高阶振型阻尼比的关键是能激发出按相应振型进行的自由振动。例如，对于大型悬索桥钢拉索的试验，用简谐强迫振动激发出共振振型后，完全去掉外力，使索按某一振型自由振动，由此测量得到相应于该振型的阻尼比。

共振放大法：采用强迫振动试验，由于静（零频）荷载下的位移较难确定，应用上存在一定的技术困难，但通过一定数学上的处理还是可用的，如通过利用接近零频的非零频位移的插值外推得到零频时的位移值。

半功率点（带宽）法：采用强迫振动试验，不但能用于单自由度体系，也可用于多自由度体系。对多自由度体系，要求共振频率稀疏，即多个自振频率应相隔较远，保证在确定相应于某一自振频率的半功率点时不受相邻自振频率的影响。

用简谐振动试验确定体系的黏性阻尼比的关键是得到体系的动力放大系数。虽然这里定义的是简谐振动试验，但并不必须要求动力荷载本身一定是简谐形式的，如利用结构的脉动反应结果也可以得到结构的动力放大系数，这可在相关的书籍中看到，当然从现有知识看，只有“扫频”试验方法才能得到体系的动力放大系数 R_d。

3.4　体系的阻尼和振动过程中的能量

在结构动力问题研究中除对位移（包括速度或加速度）和内力的反应规律进行分析外，有时也关注能量的变化规律及不同类型力的做功规律。另外，在结构抗震设计中除采用位移、内力或加速度量进行控制外，有时也采用基于能量控制的设计方法。

3.4.1　自由振动过程中的能量

对于自由振动，输入到单自由度体系中的能量有两个来源，初始位移 $u(0)$ 和初始速度 $\dot{u}(0)$，前者使弹簧产生应变能，而后者使质点产生动能。用 E_0 表示体系初始时刻具有的总能量，则

$$E_0=\frac{1}{2}k[u(0)]^2+\frac{1}{2}m[\dot{u}(0)]^2 \tag{3-62}$$

在自由振动过程中的任意时刻，体系中的总能量包括两部分，质点的动能 E_K 和弹簧变形产生的应变能 E_S，即

$$\left.\begin{aligned}E_K&=\frac{1}{2}m[\dot{u}(t)]^2\\E_S&=\frac{1}{2}k[u(t)]^2\end{aligned}\right\} \tag{3-63}$$

首先讨论一下无阻尼体系中的能量，将无阻尼体系自由振动的解式（3-10）

$$u(t)=u(0)\cos\omega_n t+\frac{\dot{u}(0)}{\omega_n}\sin\omega_n t$$

代入动能和势能的表达式（3-63），有

$$\left.\begin{aligned}E_K&=\frac{1}{2}m\omega_n^2\left[-u(0)\sin\omega_n t+\frac{\dot{u}(0)}{\omega_n}\cos\omega_n t\right]^2\\E_S&=\frac{1}{2}k\left[u(0)\cos\omega_n t+\frac{\dot{u}(0)}{\omega_n}\sin\omega_n t\right]^2\end{aligned}\right\} \tag{3-64}$$

而总的能量

$$E=E_K+E_S \tag{3-65}$$

将式（3-64）代入式（3-65），并利用关系式 $\omega_n^2=k/m$，可得体系任意时刻的总能量为

$$E=\frac{1}{2}k[u(0)]^2+\frac{1}{2}m[\dot{u}(0)]^2=E_0 \tag{3-66}$$

以上从理论上证明了，无阻尼体系自由振动过程中的总能量守恒，不随时间变化，等于初始时刻输入的能量。

对于有阻尼体系，在自由振动过程中位移和速度的振幅在不断减小，由式（3-65）和式（3-63）可知，体系中的能量将不断减小，这些减小的能量被体系的阻尼所耗散，在 $0\sim t_1$ 时刻由黏性阻尼耗散的能量 E_D 可用下式计算：

$$E_D=\int f_D\,\mathrm{d}u=\int_0^{t_1}(c\dot{u})\dot{u}\mathrm{d}t=\int_0^{t_1}c\dot{u}^2\mathrm{d}t \tag{3-67}$$

由式（3-67）可见，与弹簧不同，阻尼在体系振动过程中始终在消耗能量，随着 $t_1\to\infty$，体系中的总能量将完全被阻尼所消耗，当 $t_1\to\infty$ 时，$E_D=E_0$。

3.4.2 黏性阻尼体系的能量耗散

下面分析单自由度体系在简谐荷载 $p(t)=p_0\sin\omega t$ 作用下，在一个振动循环内能量的耗散。分别定义：E_D 为一个振动循环内阻尼引起的能量耗散，即阻尼力做的功；E_I 为一个振动循环内外力做的功；E_S 为一个循环内弹性力做的功；E_K 为一个振动循环内惯性力做的功。

在简谐荷载 $p(t)$ 作用下，单自由度体系的位移为

$$u(t)=u_0\sin(\omega t-\phi)$$

（1）阻尼引起的能量耗散 E_D

$$\begin{aligned}E_D&=\int f_D\,\mathrm{d}u=\int_0^{2\pi/\omega}(c\dot{u})\dot{u}\mathrm{d}t=\int_0^{2\pi/\omega}c\dot{u}^2\mathrm{d}t=c\int_0^{2\pi/\omega}[\omega u_0\cos(\omega t-\phi)]^2\mathrm{d}t\\&=\pi c\omega u_0^2=2\pi\zeta\frac{\omega}{\omega_n}ku_0^2\end{aligned} \tag{3-68}$$

在式（3-68）推导中用到关系式

$$c=2\zeta\omega_n m=2\zeta\omega_n(k/\omega_n^2)=2\zeta k/\omega_n$$

由式（3-68）可以看到黏性阻尼引起的能量耗散与振幅 u_0 的二次方成正比，与阻尼比 ζ 和外荷载的频率 ω 成正比。

（2）外力做的功 E_I

$$\begin{aligned}E_I&=\int p(t)\,\mathrm{d}u=\int_0^{2\pi/\omega}p(t)\dot{u}\mathrm{d}t=\int_0^{2\pi/\omega}(p_0\sin\omega t)[\omega u_0\cos(\omega t-\phi)]\mathrm{d}t\\&=\pi p_0u_0\sin\phi=2\pi\zeta\frac{\omega}{\omega_n}ku_0^2\end{aligned} \tag{3-69}$$

在上式推导中用到关系式

$$\sin\phi=\left(2\zeta\frac{\omega}{\omega_n}\right)R_d=\left(2\zeta\frac{\omega}{\omega_n}\right)\frac{u_0}{p_0/k}$$

（3）弹性力的功

$$\begin{aligned}E_S&=\int f_S\,\mathrm{d}u=\int_0^{2\pi/\omega}(ku)\dot{u}\mathrm{d}t\\&=\int_0^{2\pi/\omega}k[u_0\sin(\omega t-\phi)][\omega u_0\cos(\omega t-\phi)]\mathrm{d}t=0\end{aligned} \tag{3-70}$$

（4）惯性力的功

$$E_{\mathrm{K}} = \int f_{\mathrm{I}} \mathrm{d}u = \int_0^{2\pi/\omega} (m\ddot{u})\dot{u}\mathrm{d}t$$
$$= \int_0^{2\pi/\omega} m[-\omega^2 u_0 \sin(\omega t - \phi)][\omega u_0 \cos(\omega t - \phi)]\mathrm{d}t = 0 \tag{3-71}$$

可见在简谐振动中的一个循环内，弹性力和惯性力做功均等于零，而由阻尼耗散的能量等于外力做的功。

3.4.3　等效黏性阻尼

黏性阻尼是一种理想化的阻尼，具有简单和便于分析计算的优点。工程中结构的阻尼源于多方面，其特点和数学描述更为复杂，这时可以将复杂的阻尼在一定的意义上等效成黏性阻尼，一般采用基于能量等效的原则，下面首先介绍可反映阻尼耗散能量大小的阻尼力滞回曲线的概念和特点。

1. 阻尼力的滞回曲线

阻尼力的滞回曲线是指阻尼力与位移之间的关系曲线，即 f_{D}-u 曲线。将简谐荷载作用下体系振动的解 $u(t)=u_0\sin(\omega t-\phi)$ 代入黏性阻尼力计算公式，可得

$$f_{\mathrm{D}} = c\dot{u}(t) = c\omega u_0\cos(\omega t-\phi) = \pm c\omega\sqrt{u_0^2-[u_0\sin(\omega t-\phi)]^2} = \pm c\omega\sqrt{u_0^2-u^2(t)} \tag{3-72}$$

图 3-20 给出了黏性阻尼力和抗力的滞回关系曲线。

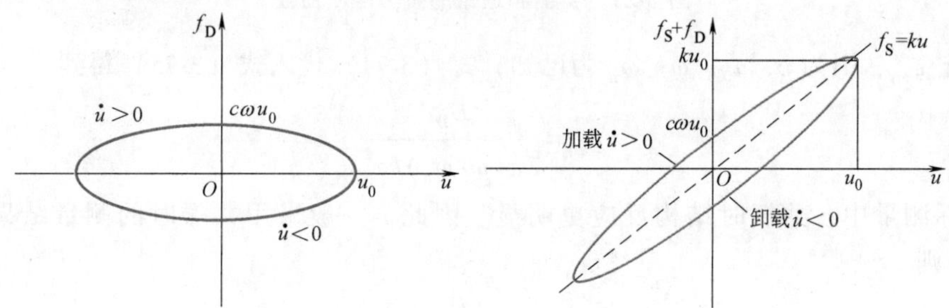

图 3-20　黏性阻尼力和抗力的滞回关系曲线

对式 (3-72) 整理可以得到

$$\left(\frac{u}{u_0}\right)^2+\left(\frac{f_{\mathrm{D}}}{c\omega u_0}\right)^2=1 \tag{3-73}$$

可见，对于黏性阻尼，其阻尼力的滞回曲线是一椭圆。

力在一个循环内所做的功等于滞回曲线所包围的面积，这可以从功的定义直接得出。对于上面给出的阻尼力滞回曲线，可以直接进行证明，根据以上给出的黏性阻尼的椭圆形滞回环，其面积为

$$S_{\mathrm{D}} = \pi ab = \pi(c\omega u_0)(u_0) = \pi c\omega u_0^2 = 2\pi\zeta\frac{\omega}{\omega_{\mathrm{n}}}ku_0^2 = E_{\mathrm{D}}$$

对于图 3-20 中的右图，其面积与左图面积相等，而 $f_{\mathrm{D}}+f_{\mathrm{S}}$ 有时称为抗力，因此抗力的滞回曲线包围的面积等于阻尼力做的功。在实际测量时，量测到的量是抗力，得到的滞回曲线的形状与右图相近。

2. 等效黏性阻尼比

确定等效黏性阻尼比的原则是基于能量耗散相等的原理，即在一个振动循环内让等效黏

性阻尼做的功等于实际阻尼所做的功。

实际测量的抗力滞回曲线如图 3-21a 所示，其中滞回曲线包围的面积为 E_D，E_D 为一个循环内实际阻尼力做的功。如果等效成黏性阻尼，如图 3-21b 所示，设等效阻尼比为 ζ_{eq}，则在一个循环内等效阻尼力做的功为

$$E_D^{eq} = 2\pi\zeta_{eq}\frac{\omega}{\omega_n}ku_0^2 \tag{3-74}$$

由

$$E_D^{eq} = E_D \tag{3-75}$$

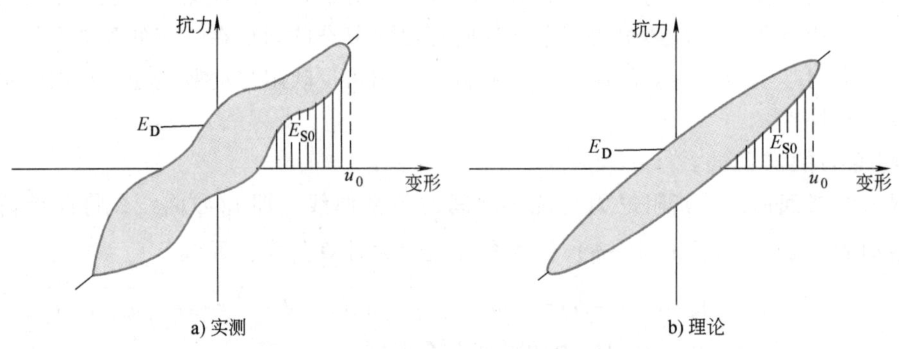

图 3-21　实测和理论的抗力滞回曲线

即可以确定 ζ_{eq}，因为 k、u_0、ω、ω_n 为已知，式（3-74）代入式（3-75）得到

$$\zeta_{eq} = \frac{E_D}{2\pi(\omega/\omega_n)ku_0^2} \tag{3-76}$$

在实际测量中，共振时结构反应更明显。因此，一般采用共振时的测量结果。此时，$\omega/\omega_n = 1$，则

$$\zeta_{eq} = \frac{E_D}{2\pi ku_0^2} \tag{3-77}$$

有时采用最大弹性应变能 $E_{S0} = \frac{1}{2}ku_0^2$ 来表示，即

$$\zeta_{eq} = \frac{E_D}{4\pi E_{S0}} \tag{3-78}$$

由 $\omega = \omega_n$ 确定的等效阻尼比 ζ_{eq} 对于其他频率可能并不完全正确，但提供了一个令人满意的近似。工程中这种等效方法广泛应用，对多自由度体系也是适用的。

3.4.4　滞变阻尼（复阻尼）理论

黏性阻尼由于其在建立运动方程和求解时的方便性，在工程中得到广泛应用。但它也存在一个缺陷，即黏性阻尼的能量耗散与激振频率有关。如在每一振动循环中耗散的能量为

$$E_D = 2\pi\zeta\frac{\omega}{\omega_n}ku_0^2$$

对于任一结构体系，阻尼比 ζ 为常数，固定振幅 u_0，则 $E_D \propto (\omega)$，即在每一振动循环中耗散的能量与激振频率成正比，这与结构试验的结果不符。试验结果表明，阻尼力或其耗

能与频率基本是无关的。为此，人们发展了滞变（Hysteretic）阻尼理论。

滞变阻尼的基本定义为：阻尼力大小与位移幅值成正比而与速度同相。如此定义的阻尼力可以保证其在一个振动循环中所耗散的能量与频率无关。

1. 三种滞变阻尼定义

目前滞变阻尼有三种形式的定义：

1）$f_D=\eta k|u(t)|\dfrac{\dot{u}(t)}{|\dot{u}(t)|}$

2）$f_D=\mathrm{i}\eta k u(t)$

3）$f_D=\dfrac{\eta k}{\omega}\dot{u}(t)$

式中，η 为滞变阻尼参数。

第一种形式是直接套用滞变阻尼的定义；第二种是滞变阻尼的复数形式；第三种是从构造频率无关阻尼的构思出发。

上述三种形式在复数域是完全等价的，如假设 $u(t)=u_0\mathrm{e}^{\mathrm{i}\omega t}$，则以上三种形式表示的阻尼力 f_D 均为 $\mathrm{i}\eta k u(t)$。但在实数域则不尽相同，其中第一种和第三种的 f_D-u 滞回曲线相差极大，共同点是耗能与频率无关，但具体耗能值不同。定义的第一种滞变阻尼在一个振动循环内耗能为

$$E_{D1}=2\eta k u_0^2$$

第三种滞变阻尼在一个振动循环内耗能为

$$E_{D3}=\pi\eta k u_0^2$$

从滞回曲线的形状分析，第一种滞变阻尼形式与实际相差太大，不可接受。从阻尼力的表达式看，第三种定义的阻尼力中出现与外荷载相关的频率项，因而其时域的运动方程将出现与频率有关的部分，不易理解，特别当外荷载是任意的动力荷载时。但第三种滞变阻尼的定义在用于简谐荷载作用下的动力反应分析及自由振动分析时，相比于采用第二种滞变阻尼的定义，还是具有一定的方便之处。

2. 滞变阻尼与黏性阻尼的关系

下面讨论第三种滞变阻尼与黏性阻尼的关系。由等效阻尼比计算公式（3-76）得

$$\zeta_{eq}=\frac{E_D}{2\pi(\omega/\omega_n)ku_0^2}=\frac{E_D}{4\pi(\omega/\omega_n)E_{S0}}$$

将在一个循环内实际阻尼力的功 E_D 用滞变阻尼的结果 $E_{D3}=\pi\eta k u_0^2$ 代替，由上式可得到黏性阻尼比 ζ 与滞变阻尼系数 η 的关系，即

$$\zeta=\frac{1}{2(\omega/\omega_n)}\eta \tag{3-79}$$

当发生共振时

$$\eta=2\zeta$$

上述两式是目前确认的滞变阻尼参数 η 与黏性阻尼比 ζ 之间的关系式。

应注意到关系式 $\eta=2\zeta$ 是在 $\omega=\omega_n$ 时取得的，对 $\omega\neq\omega_n$ 时并不成立。

图 3-22 给出了黏性阻尼和滞变阻尼耗能与激振频率 ω 的关系曲线，可清楚地看到两种

阻尼理论耗能的不同。滞变阻尼的耗能接近实际结构阻尼；而黏性阻尼当外力频率较低时，低估了体系的耗能能力，当外力频率较高时，又会过高估计耗能能力。因此，希望通过阻尼比的选取使黏性阻尼理论能正确反映所有频率情况下体系的耗能是不可能的，一个较为稳妥的方法是使阻尼比 ζ 的选取能较为正确地反映感兴趣频段内的耗能能力。这可以通过设外荷载频率等于感兴趣频率的方法实现。实际的做法是取外荷载频率等于结构自振频率，此时结构的反应最大，是阻尼影响最大的点。由于结构往复试验时，在不同频率下得到的滞回环面积基本相等，因此可以用共振时的公式来定阻尼比，而不考虑实际加载频率，这样得到的阻尼比对反映共振时的耗能能力相对准确。

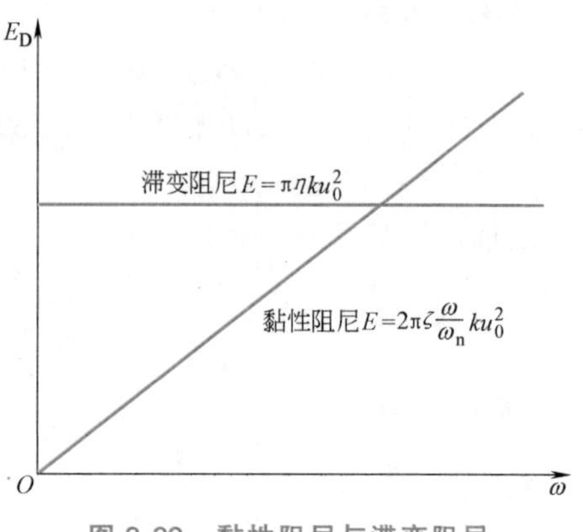

图 3-22　黏性阻尼与滞变阻尼耗能 E_D 与激振频率 ω 的关系

将 $\zeta=\dfrac{\eta}{2(\omega/\omega_n)}$ 代入黏性阻尼力的表达式得

$$f_D=2m\omega_n\frac{\eta}{2(\omega/\omega_n)}\dot{u}=m\omega_n^2\frac{\eta}{\omega}\dot{u}=\frac{\eta k}{\omega}\dot{u}$$

即第三种滞变阻尼的表达式。

滞变阻尼第二种表达式 $f_D=\mathrm{i}\eta ku(t)$ 也称为**复阻尼**，在复阻尼理论中，将阻尼力和弹性恢复力合在一起，由此形成**复刚度**。由 $f_D=\mathrm{i}\eta ku(t)$ 和 $f_S=ku(t)$，可以定义复刚度为

$$\hat{K}=(1+\mathrm{i}\eta)k \tag{3-80}$$

在复数形式的简谐荷载作用下质点的运动方程可写成

$$m\ddot{u}+\hat{K}u=p_0\mathrm{e}^{\mathrm{i}\omega t} \tag{3-81}$$

方程（3-81）的稳态解可设成

$$u(t)=U\mathrm{e}^{\mathrm{i}\omega t} \tag{3-82}$$

而加速度为

$$\ddot{u}=-\omega^2U\mathrm{e}^{\mathrm{i}\omega t} \tag{3-83}$$

将式（3-82）和式（3-83）代入运动方程（3-81）得

$$(-m\omega^2+\hat{K})U\mathrm{e}^{\mathrm{i}\omega t}=p_0\mathrm{e}^{\mathrm{i}\omega t}$$

由此可以解得

$$U=\frac{p_0}{k}\left[\frac{1}{1-(\omega/\omega_n)^2+\mathrm{i}\eta}\right] \tag{3-84}$$

则稳态反应为

$$u(t)=\frac{p_0}{k}\left[\frac{1}{1-(\omega/\omega_n)^2+\mathrm{i}\eta}\right]\mathrm{e}^{\mathrm{i}\omega t} \tag{3-85}$$

$u(t)$ 是一个复函数，可以写成它的模与单位复数积的形式，即

$$u(t)=u_0\mathrm{e}^{\mathrm{i}(\omega t-\theta)} \tag{3-86}$$

可以证明

$$\left.\begin{aligned}u_0&=\frac{p_0}{k}\frac{1}{\sqrt{[1-(\omega/\omega_n)^2]^2+\eta^2}}\\ \theta&=\arctan\frac{\eta}{1-(\omega/\omega_n)^2}\end{aligned}\right\}\tag{3-87}$$

时域解可取式（3-85）或式（3-86）的实部或虚部（实部相当于 $p(t)=p_0\cos\omega t$ 作用的结果，虚部相当于 $p(t)=p_0\sin\omega t$ 作用的结果）。

将以上采用复阻尼得到的简谐荷载作用下的解式（3-87）与采用黏性阻尼时的解式（3-56）对比可以发现，只要取

$$\eta=2\zeta(\omega/\omega_n)$$

则复阻尼理论与黏性阻尼理论的解完全相同，而该关系式已由式（3-79）给出。

可以证明采用复阻尼时，在每一振动循环阻尼消耗的能量为

$$E_D=\pi\eta m\omega_n^2u_0^2=\pi\eta ku_0^2$$

与第三种滞变阻尼的结果相同。

复阻尼理论与结构试验结果相符，广泛应用于频域分析，即简谐反应分析中。

图 3-23 给出滞变阻尼参数 η 取不同的值时，体系动力放大系数 R_d 和相角 θ 随动力荷载频率比的变化曲线，其中 $u_{st}=p_0/k$。

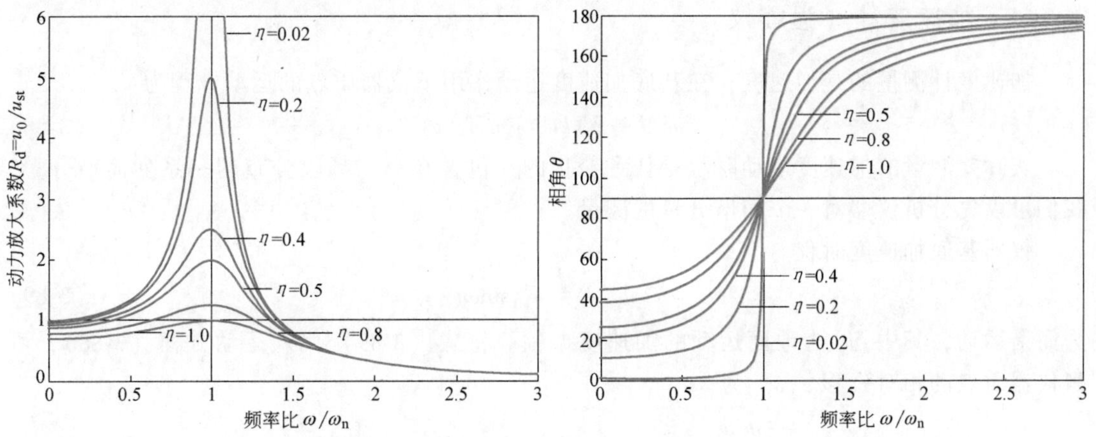

图 3-23　滞变阻尼体系的动力放大系数 R_d 与滞后相角 θ 随频率比的变化

由图 3-23 给出的滞变阻尼体系的动力放大系数随频率比的变化曲线可以清楚地看到，对于不同的阻尼比，动力放大系数曲线峰值点对应的频率是相同的，即对于不同阻尼比，滞变阻尼体系的共振频率相同，且等于结构体系的无阻尼自振频率 ω_n。考虑到实际建筑结构中的阻尼很大一部分来自于摩擦阻尼，将无阻尼体系的自振频率 ω_n 定为有阻尼体系的共振频率，对于实际结构工程问题还是具有相当精度的，即便是大阻尼情况也是如此。

3.5　振动的测量

在结构工程中常常进行运动量（位移、速度或加速度）的测量，如地震动时程的测量，振动台试验中结构模型动力反应的测量，脉动作用下结构物的振动测量，大桥、超高层结构

风振的测量，大型机器设备、动力基础的振动测量等。用于测量振动量的仪器（拾振仪）主要有加速度计、位移计、速度计三种。加速度计用于测量加速度时程（强震仪），位移计用于测量位移时程（地震仪），速度计用于测量速度。

虽然现代振动测量仪器制造得更为精密，构造更为复杂，但其基本原理是相同的。最简单的测量仪器模型是一单自由度的弹簧-质点-阻尼体系，被封闭在一个刚性盒子里，振动测量仪器构造如图 3-24 所示。

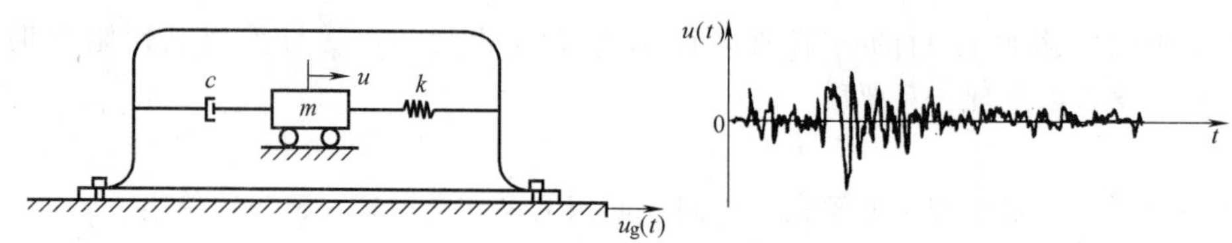

图 3-24　振动测量仪器构造

振动测量仪器可以是单分量的，也可以是多分量的，即可以同时测量两三个分量。仪器输出的量是相对位移 $u(t)$。

对测量仪器的要求是能在一定频段内精确地再现被量测运动的时程曲线。下面根据单自由度弹簧-质点体系在简谐荷载作用下的基本解式分别分析加速度计和位移计的工作原理。

3.5.1　加速度计（强震仪）

加速度计测量的是加速度，在基底加速度运动作用下仪器质点的运动方程为

$$m\ddot{u}+c\dot{u}+ku=-m\ddot{u}_g(t) \tag{3-88}$$

实际要测量的加速度运动时程是任意变化的，包含在一定频段分布的一系列简谐分量，我们可以先分析仪器对一个简谐分量的测量。

仪器基底加速度时程

$$\ddot{u}_g(t)=\ddot{u}_{g0}\sin\omega t \tag{3-89}$$

为简谐运动，其中 $\ddot{u}_{g0}$ 为地面运动的加速度振幅。将式（3-89）代入运动方程（3-88），可得仪器质点的相对位移 $u(t)$ 为

$$\begin{aligned} u(t)&=-\frac{m\ddot{u}_{g0}}{k}\frac{1}{\sqrt{[1-(\omega/\omega_n)^2]^2+[2\zeta(\omega/\omega_n)]^2}}\sin(\omega t-\phi) \\ &=-\frac{m}{k}R_d\ddot{u}_{g0}\sin(\omega t-\phi) \end{aligned} \tag{3-90}$$

为简单起见，以下仅讨论 $u(t)$ 的振幅 u_0

$$u_0=\left(\frac{m}{k}R_d\right)\ddot{u}_{g0} \tag{3-91}$$

作为一把标尺，或说一种量测仪器，其测量物体时的长度单位可以不同（如采用 cm 或 m 等为单位），但一定要成比例。

由式（3-91）可见，仪器记录值 u_0 和被量测的地面加速度值之间关系的变化由动力放大系数 R_d 决定，而动力放大系数 R_d 是 ω 的函数，观察不同阻尼比时动力放大系数曲线图 3-25a 可以发现，当 $\zeta=0.7$ 时，在频段 $0\leqslant\omega/\omega_n\leqslant0.5$ 范围内，$R_d\approx1$ 为常数。即在以上

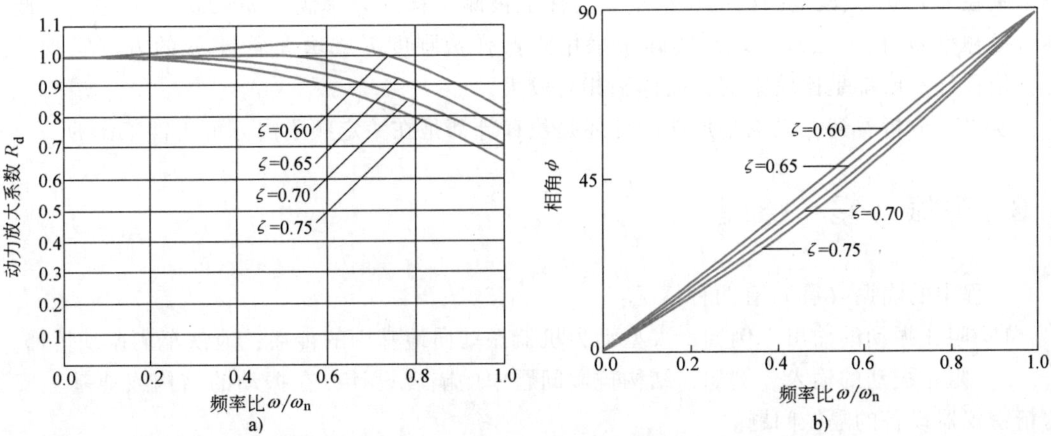

图 3-25　不同频率比下的动力放大系数和相角

频段范围内，仪器反应的振幅量 u_0，或者说是仪器的记录与仪器要测量的加速度振幅成线性关系（对不同的简谐运动均如此）。这时可以用仪器反应 u 来度量要测量的加速度。为保证加速度的不同简谐分量的频率 ω 都满足 $0\leqslant\omega/\omega_n\leqslant0.5$，可以采用提高 ω_n 的方法来实现，因 $\omega_n=\sqrt{k/m}$，一般情况下，可以采用提高加速度计中弹簧刚度 k 的方法或减小质量 m 的方法来实现提高 ω_n 的目的。因此，加速度计或强震仪中弹簧刚度比较大，仪器是比较刚性的，而体积相对较小。

3.5.2　位移计（地震仪）

位移计是用来测量仪器基底位移量的仪器，设任一个简谐位移为

$$u_g=u_{g0}\sin\omega t \tag{3-92}$$

式中，u_{g0} 为地面运动的位移振幅。将 $\ddot{u}_g=-\omega^2u_{g0}\sin\omega t$ 代入运动方程（3-88）解得仪器的相对位移反应为

$$u(t)=\frac{m\omega^2}{k}u_{g0}R_d\sin(\omega t-\phi)=\left(\frac{\omega}{\omega_n}\right)^2R_du_{g0}\sin(\omega t-\phi) \tag{3-93}$$

相对位移反应的振幅为

$$u_0=\left(\frac{\omega}{\omega_n}\right)^2R_du_{g0} \tag{3-94}$$

与加速度计的原理相同，我们希望在所量测的振动频率范围内，对于不同的频率分量均有 u_0 和 u_{g0} 之间的比例系数 $(\omega/\omega_n)^2R_d$ 接近常量。图 3-26 给出了 $(\omega/\omega_n)^2R_d$ 随频率比 ω/ω_n 的变化曲线。

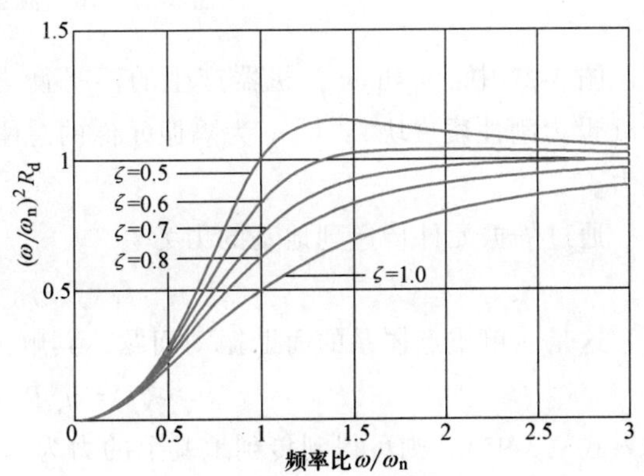

图 3-26　不同阻尼比时 u_0 和 u_{g0} 之间的比例系数 $(\omega/\omega_n)^2R_d$

由图 3-26 给出的 $(\omega/\omega_n)^2R_d$ 随频率比 ω/ω_n 变化的曲线可见，当阻尼比 $\zeta=0.7$ 时，在频率范围 $\omega/\omega_n>2$ 时，$(\omega/\omega_n)^2R_d$ 接近于常数，因此可以用位移计来测量频

率范围在 $\omega>2\omega_n$ 频段范围内的位移量。为保证被测位移的频率满足 $\omega>2\omega_n$，可通过降低仪器自振频率 ω_n 的方法来实现，实际中采用降低弹簧刚度 k 或增大质量 m 的方法实现。因此，位移计一般都是比较柔的，而体积相对较大。

从以上分析看到，无论是加速度计还是位移计都是在一定频段内方可正常工作的。

3.6　隔振（震）原理

工程中的隔振（震）有两种情况：

1）阻止振动的输出。例如，大型动力机器振动向地基中的传播；地铁车辆振动传播。

2）阻止振动的输入。例如，结构抗震问题中的隔震设计，在振动的结构或地基上安装的精密仪器设备的隔振问题。

3.6.1　力的传递和隔振

第一种隔振情况实际上是力的隔离，即使动力机器产生的不平衡力或地铁车辆产生的冲击力降低，不传入或少传入到地基中，其力学模型如图 3-27a 所示。

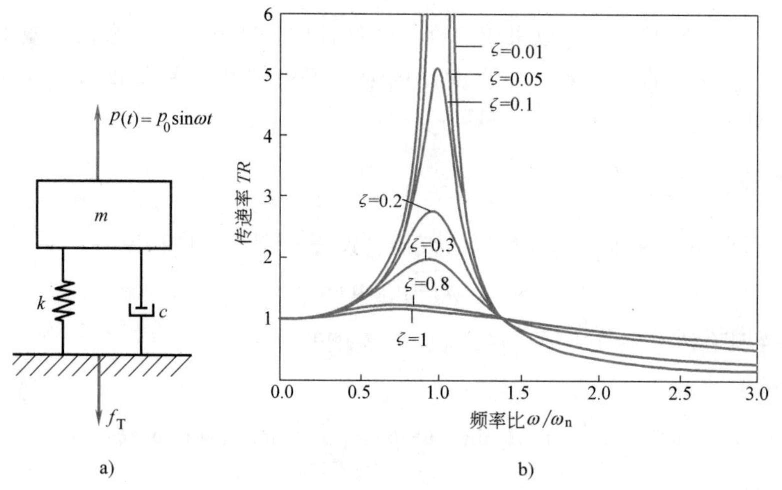

图 3-27　不同频率时力的传递率

图 3-27 中，$p_0\sin\omega t$ 为机器产生的不平衡力；ω 为机器的转速（角速度）；m 为机器质量（设为刚性质量块）；k、c 为隔振元件的总刚度和阻尼系数；f_T 为从隔振元件传到地基上的力。

通过隔振元件传递到地基的力为

$$f_T=f_S+f_D=ku+c\dot{u} \tag{3-95}$$

这是一单质点体系的简谐振动问题，其解为

$$u(t)=u_{st}R_d\sin(\omega t-\phi)$$

代入式（3-95），则可得到传到地基上的力为

$$f_T(t)=u_{st}R_d[k\sin(\omega t-\phi)+c\omega\cos(\omega t-\phi)]$$

作用力 f_T 的最大值为

$$f_{\text{Tmax}} = u_{\text{st}} R_{\text{d}} \sqrt{k^2 + c^2 \omega^2}$$

将 $u_{\text{st}} = p_0/k$、$c = 2m\omega_{\text{n}}\zeta$ 代入上式得

$$f_{\text{Tmax}} = p_0 R_{\text{d}} \sqrt{1 + (2\zeta\omega/\omega_{\text{n}})^2} \tag{3-96}$$

作用于地基上的力的最大值 f_{Tmax} 与体系上作用力的幅值 p_0 之比称为传递率，它是反映隔振效果的量，用 TR（Transmissibility）表示，即

$$\text{TR} = \frac{f_{\text{Tmax}}}{p_0} = \sqrt{\frac{1 + [2\zeta(\omega/\omega_{\text{n}})]^2}{[1-(\omega/\omega_{\text{n}})^2]^2 + [2\zeta(\omega/\omega_{\text{n}})]^2}} \tag{3-97}$$

不同频率时力的传递率 TR 可从图 3-27b 中看到，当

$$\frac{\omega}{\omega_{\text{n}}} > \sqrt{2} \text{时}, \text{TR} < 1$$

即提高隔振体系的频率比（ω/ω_{n}）可实现隔振，即使 TR<1。因此，为达到隔振的目的，可采用降低 ω_{n} 的办法，即通过减小隔振元件刚度或增加仪器质量的方法提高隔振效果。实际的减振设计方案应在尽量小的刚度和可接受的静位移之间优化选取。

从图 3-27b 中可以看到，当满足 $\omega/\omega_{\text{n}} > \sqrt{2}$ 时，阻尼对隔振产生不利影响，是否选择无阻尼最好？这要考虑实际情况。机器工作时，运转的频率 ω 是由零逐渐增大，最后达到工作频率的。在某一时刻，其产生的荷载频率 ω 总要与体系自振频率重合，在这一瞬时，体系发生共振，虽然重合的时间一般不会太长，共振反应不会达到其稳态值，但也可能达到较大值，对机器的工作和隔振是不利的。因此，实际上隔振体系需要适宜的阻尼。

3.6.2　基底振动的隔离

第二种隔振情况实际上是基底振动的隔离，其力学模型与前者相似，如图 3-27 所示，而作用的是基底（地面）的振动位移 $u_{\text{g}}(t)$，质点的绝对位移为

$$u^{\text{t}}(t) = u(t) + u_{\text{g}}(t)$$

而 $u(t)$ 为相对位移。

对基底隔振的要求是 $u^{\text{t}} < u_{\text{g}}$，即设备或结构的振动小于基底的振动。基底输入的位移时程为

$$u_{\text{g}}(t) = u_{\text{g0}} \sin\omega t$$

与前述位移计一节的推导完全相同，可以得到质点的相对位移解 $u(t)$ 为

$$u(t) = \left(\frac{\omega}{\omega_{\text{n}}}\right)^2 R_{\text{d}} u_{\text{g0}} \sin(\omega t - \phi)$$

则质点的总位移 $u^{\text{t}}(t)$ 为

$$u^{\text{t}}(t) = u(t) + u_{\text{g}}(t) = u_{\text{g0}} R_{\text{d}} \sqrt{1 + [2\zeta(\omega/\omega_{\text{n}})]^2} \sin(\omega t - \phi_1)$$

质点位移的最大值为 $u_0^{\text{T}}(t) = u_{\text{g0}} R_{\text{d}} \sqrt{1 + [2\zeta(\omega/\omega_{\text{n}})]^2}$

由此可以得到位移的传递率 TR 为

$$TR = \frac{u_0^{\text{T}}}{u_{\text{g0}}} = R_{\text{d}} \sqrt{1 + [2\zeta(\omega/\omega_{\text{n}})]^2}$$

可见位移的传递率关系与力的传递率完全相同，说明两种隔振问题是相同的，其隔振设

计方法也基本相同。

建筑结构的隔振（震）问题与以上讨论的单质点体系有类似的地方，如都是试图通过降低体系自振频率的方法来提高隔振（震）效率。也有不同的地方。建筑结构体系是多自由度体系，其隔振效率的研究更复杂，而且地震动是宽频带的震动过程，总有与结构自振频率相同的频率成分存在，无法通过避开地震动频率的方法来实现隔振（震）的目的，对此问题的研究已成为一专门的课题。

在基底隔振研究中有时专门研究对加速度的隔振，此时给出加速度的传递率

$$TR=\frac{\ddot{u}_0^{\mathrm{t}}}{\ddot{u}_{\mathrm{g0}}}=\frac{\omega^2 u_0^{\mathrm{t}}}{\omega^2 u_{\mathrm{g0}}}=\frac{u_0^{\mathrm{t}}}{u_{\mathrm{g0}}}$$

可见加速度的传递率与位移的传递率完全相同。

例 3-3　工程场地竖向加速度为 $\ddot{u}_{\mathrm{g}}=0.1g$，振动频率为 $f=10\mathrm{Hz}$，安放一个质量 $m=50\mathrm{kg}$ 的敏感仪器，仪器固定在刚度 $k=14\mathrm{kN/m}$，阻尼系数 $c=0.168\mathrm{kN\cdot s/m}$ 的橡胶隔振垫上，问：

1）传递到仪器上的加速度是多少？

2）如果仪器只能承受 $0.005g$ 的加速度，给出解决方案。

解：1）求传递率 TR。

$$\omega_{\mathrm{n}}=\sqrt{\frac{k}{m}}=\sqrt{\frac{14}{50}\times1000}\,\mathrm{rad/s}\approx16.73\mathrm{rad/s}$$

$$\frac{\omega}{\omega_{\mathrm{n}}}=\frac{2\pi\times10}{16.73}=3.75$$

体系的阻尼比 $\zeta=\dfrac{c}{2\sqrt{mk}}=\dfrac{0.168}{2\sqrt{\dfrac{50}{1000}\times14}}=0.1$

代入传递率计算公式

$$TR=\frac{\ddot{u}_0^{\mathrm{t}}}{\ddot{u}_{\mathrm{g0}}}=\sqrt{\frac{1+[2\zeta(\omega/\omega_{\mathrm{n}})]^2}{[1-(\omega/\omega_{\mathrm{n}})^2]^2+[2\zeta(\omega/\omega_{\mathrm{n}})]^2}}=0.091$$

$$\ddot{u}_0^{\mathrm{t}}=TR\times\ddot{u}_{\mathrm{g0}}=0.091\times0.1g=0.009g$$

2）给出解决方案。降低体系的自振频率 ω_{n}，即增大 $\omega/\omega_{\mathrm{n}}$ 可以提高隔振效率，由于隔振垫参数不易改变，可以通过增加附加质量办法降低 ω_{n}，先假设附加质量 $m_{\mathrm{b}}=60\mathrm{kg}$，则体系总质量 $m'=110\mathrm{kg}$。

$$\omega'_{\mathrm{n}}=\sqrt{\frac{14}{110}\times1000}\,\mathrm{rad/s}\approx11.28\mathrm{rad/s}$$

$$\frac{\omega}{\omega'_{\mathrm{n}}}=\frac{2\pi\times10}{11.28}=5.57$$

增加附加质量后，体系阻尼不变，但阻尼比发生变化

$$\zeta'=\frac{c}{2\sqrt{m'k}}=\frac{0.168}{2\sqrt{\dfrac{110}{1000}\times14}}=0.068$$

$$TR'=\sqrt{\frac{1+(2\times0.068\times5.57)^2}{(1-5.57^2)^2+(2\times0.068\times5.57)^2}}\approx0.04$$

$$\ddot{u}_0^t=TR'\times\ddot{u}_{g0}=0.04\times0.1g=0.004g$$

可见方案是成功的，因为 $\ddot{u}_0^t=0.004g<0.005g$。

例 3-4　汽车在多跨连续桥梁上行驶，桥梁跨度均为 $L=30\text{m}$，桥面由于长时徐变效应而产生 15cm 的挠度，如图 3-28 所示。桥面可以用振幅为 7.5cm 的正弦曲线来近似，汽车可以用一个单质点体系模拟，如果车质量 $m=1.8\text{t}$，等效弹簧刚度 $k=140\text{kN/m}$，等效阻尼比 $\zeta=40\%$，求：

1）车以 $v=80\text{km/h}$ 行驶时，汽车的竖向运动 $u^t(t)$ 的振幅 u_0^t。

2）发生共振时汽车的行驶速度（此处指使振幅最大时的速度）。

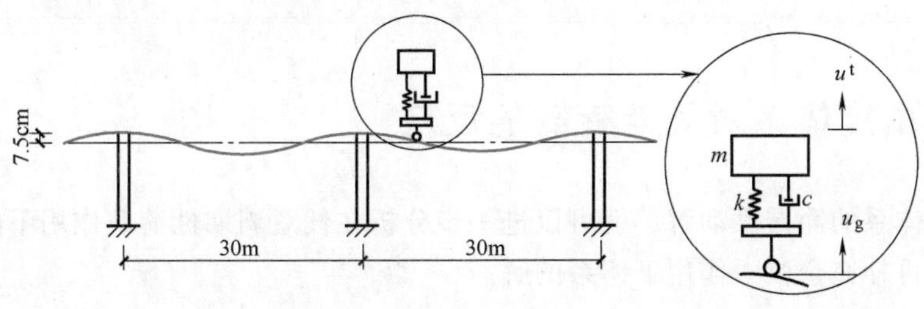

图 3-28　例 3-4 模型

解：1）求汽车竖向运动的振幅 u_0^t。

汽车相当于受振幅为 $u_{g0}=0.075\text{m}$，波长为 $L=30\text{m}$ 的简谐运动 u_g 的干扰。

简谐运动的周期 $T=L/v=30\text{m}/(80\times1000\text{m}/3600\text{s})=1.35\text{s}$

车辆的固有周期 $T_n=\frac{2\pi}{\omega_n}=2\pi\sqrt{\frac{m}{k}}=2\pi\sqrt{\frac{1.8}{140}}\text{s}=0.71\text{s}$

频率比 $\beta=\frac{\omega}{\omega_n}=\frac{T_n}{T}=\frac{0.71}{1.35}=0.53$

根据对基底振动的解

$$TR=\sqrt{\frac{1+(2\zeta\beta)^2}{(1-\beta^2)^2+(2\zeta\beta)^2}}=\sqrt{\frac{1+(2\times0.4\times0.53)^2}{(1-0.53^2)^2+(2\times0.4\times0.53)^2}}=1.3$$

所以汽车竖向运动的振幅 $u_0^t=TRu_{g0}=1.3\times0.075\text{m}=0.0975\text{m}$

2）共振时的车速（此处指使振幅最大时的行驶速度）及振幅。

如果体系的阻尼比 ζ 很小，可取 $\omega=\omega_n$ 时的 u^t 最大值，而本问题阻尼比 $\zeta=0.4$，很大，因此使 u^t 取最大值时的频率 ω 不一定等于汽车的无阻尼自振频率 ω_n，此时要采用取极值条件求使 u_0^t 达到最大的频率 ω。由于当 TR 取最大值时 TR^2 也取最大值。而

$$TR^2=\frac{1+(2\zeta\beta)^2}{(1-\beta^2)^2+(2\zeta\beta)^2}$$

由 $\frac{\partial TR^2}{\partial\beta}=0$ 可得 β_1，而 β_1 是使 TR 取最大值的频率比。再由 $\beta_1=\frac{\omega_1}{\omega_n}=\frac{T_n}{T_1}$ 得到使车辆发生

共振时的周期 $T_1=T_n/\beta_1$。而 $v_1=L/T_1$，v_1 即为使车辆振幅达到最大时的车速。对于本例

$$\beta_1\approx 0.89, T_1=\frac{T_n}{\beta_1}=\frac{0.71\text{s}}{0.89}=0.798\text{s}$$

$$v_1=\frac{L}{T_1}=\frac{30\text{m}}{0.798\text{s}}=37.6\text{m/s}=135\text{km/h}$$

$$TR_1=\sqrt{\frac{1+(2\zeta\beta_1)^2}{(1-\beta_1^2)^2+(2\zeta\beta_1)^2}}=\sqrt{2.739}\approx 1.655$$

$$u_0^t=TR_1u_{g0}=1.655\times 0.075\text{m}=0.124\text{m}$$

即当汽车的行驶速度为 135km/h 时，车辆的振幅达到最大值 0.124m。

以上计算存在一定的近似，因为没有考虑初始条件的影响，研究的也仅仅是稳态反应，考虑初始条件影响时，计算要变得更复杂。

3.7 单自由度体系对周期荷载的反应

有了结构体系的简谐振动解，就可以进一步分析在任意周期性荷载作用下的解。在开展这一分析前，再补充余弦力作用下体系的解。

设外荷载为

$$p(t)=p_0\cos\omega t$$

运动方程为

$$m\ddot{u}+c\dot{u}+ku=p_0\cos\omega t$$

设稳态解为

$$u(t)=C\sin\omega t+D\cos\omega t$$

将稳态解代入运动方程得

$$C=\frac{p_0}{k}\frac{2\zeta(\omega/\omega_n)}{[1-(\omega/\omega_n)^2]^2+[2\zeta(\omega/\omega_n)]^2}$$

$$D=\frac{p_0}{k}\frac{1-(\omega/\omega_n)^2}{[1-(\omega/\omega_n)^2]^2+[2\zeta(\omega/\omega_n)]^2}$$

如将 $u(t)$ 写成

$$u(t)=u_0\cos(\omega t-\phi)$$

则有

$$u_0=\frac{p_0}{k}\frac{1}{\sqrt{[1-(\omega/\omega_n)^2]^2+[2\zeta(\omega/\omega_n)]^2}}=u_{st}R_d$$

$$\phi=\arctan\frac{2\zeta(\omega/\omega_n)}{1-(\omega/\omega_n)^2}$$

可见在余弦力作用下体系动力反应解的形式与正弦力作用的结果相似，仅需把解中的正弦函数改成余弦函数，而动力放大系数 R_d 和滞后相位 ϕ 完全相同。实际上这个结果在前面求复

数形式简谐荷载作用的解时已经给出。

在得到单自由度体系对简谐荷载的反应结果以后，就可以方便地分析单自由度体系对周期性荷载的反应。实际上简谐荷载就是一种最简单、最具代表性的周期荷载，而任意周期性荷载均可以分解成一系列简谐荷载的代数和，所用的手段就是 Fourier 级数展开方法。

任意周期为 T_{P} 的周期荷载 $p(t)$，可以展开成 Fourier 级数，即

$$p(t)=a_0+\sum_{j=1}^{\infty}a_j\cos\omega_j t+\sum_{j=1}^{\infty}b_j\sin\omega_j t \tag{3-98}$$

其中，$\omega_j=j\omega_1=j\dfrac{2\pi}{T_{\mathrm{P}}}$，$j=1, 2, 3, \cdots$，而

$$\begin{aligned}a_0&=\frac{1}{T_{\mathrm{P}}}\int_0^{T_{\mathrm{P}}}p(t)\,\mathrm{d}t\\ a_j&=\frac{2}{T_{\mathrm{P}}}\int_0^{T_{\mathrm{P}}}p(t)\cos(\omega_j t)\,\mathrm{d}t\qquad (j=1,2,3,\cdots)\\ b_j&=\frac{2}{T_{\mathrm{P}}}\int_0^{T_{\mathrm{P}}}p(t)\sin(\omega_j t)\,\mathrm{d}t\qquad (j=1,2,3,\cdots)\end{aligned} \tag{3-99}$$

当用 Fourier 级数展开时，隐含假设周期函数是从 $-\infty$ 开始到 $+\infty$。初始条件（$t=-\infty$）的影响到 $t=0$ 时已完全消失，仅需计算稳态解即特解。

记 u_0^{a} 为常荷载 a_0 作用下体系的反应，u_j^{c} 为余弦简谐荷载 $a_j\cos\omega_j t$ 作用下体系的反应，u_j^{s} 为正弦简谐荷载 $b_j\sin\omega_j t$ 作用下体系的反应。容易求出

$$\begin{aligned}u_0^{\mathrm{a}}&=a_0/k\\ u_j^{\mathrm{c}}&=\frac{a_j}{k}\,\frac{2\zeta\beta_j\sin\omega_j t+(1-\beta_j^2)\cos\omega_j t}{(1-\beta_j^2)^2+(2\zeta\beta_j)^2}\\ u_j^{\mathrm{s}}&=\frac{b_j}{k}\,\frac{(1-\beta_j^2)\sin\omega_j t-2\zeta\beta_j\cos\omega_j t}{(1-\beta_j^2)^2+(2\zeta\beta_j)^2}\end{aligned} \tag{3-100}$$

其中

$$\beta_j=\frac{\omega_j}{\omega_{\mathrm{n}}}=\frac{\omega_1}{\omega_{\mathrm{n}}}j$$

式中，ω_{n} 为体系的自振频率。

则任意周期荷载作用下体系总的稳态反应为

$$\begin{aligned}u(t)&=u_0+\sum_{j=1}^{\infty}(u_j^{\mathrm{c}}+u_j^{\mathrm{s}})\\ &=\frac{a_0}{k}+\sum_{j=1}^{\infty}\frac{1}{k}\,\frac{a_j(2\zeta\beta_j)+b_j(1-\beta_j^2)}{(1-\beta_j^2)^2+(2\zeta\beta_j)^2}\sin\omega_j t+\sum_{j=1}^{\infty}\frac{1}{k}\,\frac{a_j(1-\beta_j^2)-b_j(2\zeta\beta_j)}{(1-\beta_j^2)^2+(2\zeta\beta_j)^2}\cos\omega_j t\end{aligned} \tag{3-101}$$

从以上公式看到，通过 Fourier 级数展开，把任意周期性荷载表示成一系列简谐荷载的叠加。对每一简谐荷载作用下结构的反应可以得到其稳态解，再求和即可得到结构在任意周期性荷载作用下的反应。

也可用复指数形式的 Fourier 级数展开周期性荷载，进而得到复数形式的解。将周期荷载用复数形式的 Fourier 级数展开，即

$$p(t)=\sum_{j=-\infty}^{\infty}P_j\mathrm{e}^{\mathrm{i}\omega_j t}$$

$$P_j=\frac{1}{T_{\mathrm{P}}}\int_0^{T_{\mathrm{P}}}p(t)\mathrm{e}^{-\mathrm{i}\omega_j t}\mathrm{d}t \tag{3-102}$$

式中，P_j 为复数简谐力的振幅。

令 $H(\mathrm{i}\omega)$ 为单位复数简谐荷载 $\mathrm{e}^{\mathrm{i}\omega t}$ 作用下体系稳态解的复振幅值，则

$$u_j(t)=H(\mathrm{i}\omega_j)\mathrm{e}^{\mathrm{i}\omega_j t} \tag{3-103}$$

将式（3-103）代入以下运动方程

$$m\ddot{u}+c\dot{u}+ku=\mathrm{e}^{\mathrm{i}\omega t}$$

得到

$$H(\mathrm{i}\omega)=\frac{1}{k}\left[\frac{1}{1-(\omega/\omega_{\mathrm{n}})^2+\mathrm{i}[2\zeta(\omega/\omega_{\mathrm{n}})]}\right] \tag{3-104}$$

$H(\mathrm{i}\omega)$ 称为复频反应函数，也称为传递函数或频响函数。

则周期荷载作用下体系的解为

$$u(t)=\sum_{j=-\infty}^{\infty}P_ju_j(t)=\sum_{j=1}^{\infty}H(\mathrm{i}\omega_j)P_j\mathrm{e}^{\mathrm{i}\omega_j t} \tag{3-105}$$

可以证明式（3-105）与时域分析给出的解式（3-101）完全相同。

3.8　单自由度体系对任意荷载的反应

在实际工程中，很多动力荷载既不是简谐荷载，也不是周期性荷载，而是随时间任意变化的荷载。为此需要采用更通用的方法来研究任意荷载作用下单自由度体系的动力反应问题。本节首先介绍一种时域分析方法——Duhamel（杜哈曼）积分法，然后介绍一种频域分析方法——Fourier 变换法，这两种方法适用于处理线弹性结构的动力反应问题。

3.8.1　时域分析方法——Duhamel 积分

1. 单位脉冲反应函数

单位脉冲是作用时间很短、冲量等于 1 的荷载，实际上就是数学中的特殊函数——δ 函数。δ 函数是线性问题中描述点源或瞬时量的用途非常广泛的一个广义函数，它的应用使一些很复杂的极限过程能够以非常简洁的数学形式来表示。δ 函数的定义为

$$\delta(t-\tau)=\begin{cases}\infty & (t=\tau)\\ 0 & (\text{其他})\end{cases}$$

和

$$\int_0^{\infty}\delta(t-\tau)\mathrm{d}t=1$$

在 $t=\tau$ 时刻的一个单位脉冲 $p(t)=\delta(t-\tau)$ 作用在静止的单自由度体系上，使结构的质点获得一个单位冲量，在脉冲结束后，质点获得一个初速度，即

$$m\dot{u}(\tau+\varepsilon)=\int_{\tau}^{\tau+\varepsilon}p(t)\,\mathrm{d}t=\int_{\tau}^{\tau+\varepsilon}\delta(t-\tau)\,\mathrm{d}t=1$$

当 $\varepsilon\to0$ 时

$$\dot{u}(\tau)=\frac{1}{m}$$

由于脉冲作用时间很短，当 $\varepsilon\to0$ 时，由单位脉冲引起的质点的位移为零，即

$$u(\tau)=0$$

求体系在单位脉冲作用下的反应，即是求解单位脉冲作用后的自由振动问题。单位脉冲的作用相当于给出一个初始条件，将 τ 时刻脉冲作用后的初值条件 $u(\tau)=0$ 和 $\dot{u}(\tau)=1/m$ 代入单自由度体系自由振动的一般解式（3-10）或式（3-21），可以得到无阻尼和阻尼体系的单位脉冲反应函数。

单位脉冲反应函数用 $h(t-\tau)$ 表示，其中 t 为结构体系动力反应的时间，而 τ 则表示单位脉冲作用的时刻。

对无阻尼体系，单位脉冲反应函数为

$$h(t-\tau)=u(t)=\frac{1}{m\omega_{\mathrm{n}}}\sin[\omega_{\mathrm{n}}(t-\tau)]\quad(t\geqslant\tau)\tag{3-106}$$

阻尼体系的单位脉冲反应函数为

$$h(t-\tau)=u(t)=\frac{1}{m\omega_{\mathrm{D}}}\mathrm{e}^{-\zeta\omega_{\mathrm{n}}(t-\tau)}\sin[\omega_{\mathrm{D}}(t-\tau)]\quad(t\geqslant\tau)\tag{3-107}$$

图 3-29 给出了单位脉冲及在单位脉冲作用下无阻尼体系和阻尼体系的动力反应时程，即单位脉冲反应函数 $h(t-\tau)$。

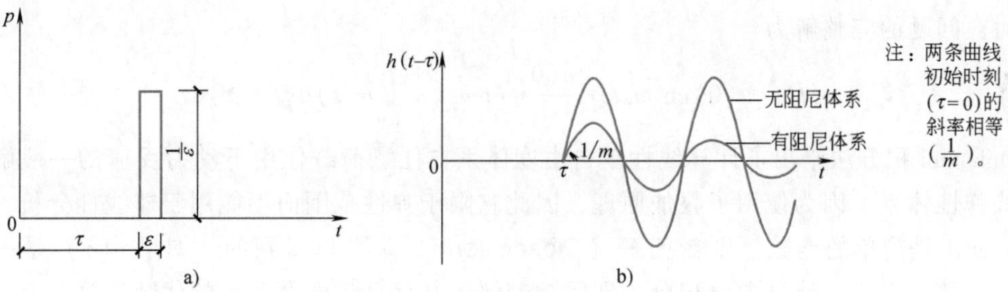

图 3-29　单位脉冲及单位脉冲反应函数

2. 对任意荷载的反应

在前面对任意周期荷载反应分析中，把荷载分解成一系列简谐荷载，通过分析获得任一简谐荷载的反应，再叠加求得体系的总体反应。采用相似的方法，也可以把任意荷载分解成一系列脉冲，然后获得每一个脉冲作用下结构的反应，最后叠加每一脉冲作用下的反应得到结构总的反应。图 3-30 给出了将任意荷载离散成一系列脉冲以及各个脉冲引起的动力反应时程。

如果已经将作用于结构体系的外荷载 $p(t)$ 离散成一系列脉冲，首先计算其中任一脉冲 $p(\tau)\mathrm{d}\tau$ 的动力反应。此时，由于脉冲的冲量等于 $p(\tau)\mathrm{d}\tau$，则直接利用单位脉冲反应函数可得在该脉冲作用下结构的反应为

$$\mathrm{d}u(t)=p(\tau)\,\mathrm{d}\tau h(t-\tau)\quad(t>\tau)$$

在任意时间 t 结构的反应，就是在 t 以前所有脉冲作用下反应之和

$$u(t)=\int_0^t \mathrm{d}u=\int_0^t p(\tau)h(t-\tau)\,\mathrm{d}\tau \tag{3-108}$$

式（3-108）即 Duhamel 积分公式，Duhamel 积分表明，任意荷载作用下单自由度体系的反应等于作用于结构的外荷载与单位脉冲反应函数的卷积。

将式（3-106）和式（3-107）分别代入式（3-108）得到求解无阻尼和有阻尼体系动力反应的 Duhamel 积分公式

$$u(t)=\frac{1}{m\omega_{\mathrm{n}}}\int_0^t p(\tau)\sin[\omega_{\mathrm{n}}(t-\tau)]\,\mathrm{d}\tau \tag{3-109}$$

$$u(t)=\frac{1}{m\omega_{\mathrm{D}}}\int_0^t p(\tau)\mathrm{e}^{-\zeta\omega_{\mathrm{n}}(t-\tau)}\sin[\omega_{\mathrm{D}}(t-\tau)]\,\mathrm{d}\tau \tag{3-110}$$

式中，ω_{n} 和 $\omega_{\mathrm{D}}=\omega_{\mathrm{n}}\sqrt{1-\zeta^2}$ 分别为无阻尼和有阻尼体系的自振频率。

Duhamel 积分给出的解是一个由动力荷载引起的相应于零初始条件的特解。如果初始条件不为零，则需要再叠加上由非零初始条件引起的自由振动，其解的形式已在前面给出。例如，对于无阻尼体系，当存在非零初始条件时，问题的完整解为

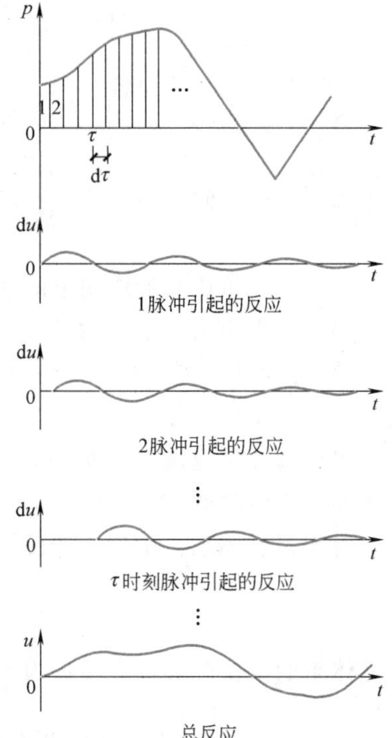

图 3-30　任意荷载离散成一系列脉冲及各个脉冲引起的动力反应时程

$$u(t)=u(0)\cos\omega_{\mathrm{n}}t+\frac{\dot{u}(0)}{\omega_{\mathrm{n}}}\sin\omega_{\mathrm{n}}t+\int_0^t p(\tau)h(t-\tau)\,\mathrm{d}\tau$$

Duhamel 积分法给出了计算线性单自由度体系在任意荷载作用下动力反应的一般解，适用于线弹性体系。因为使用了叠加原理，因此它限于弹性范围而不能用于非线性分析。如果荷载 $p(\tau)$ 是简单的函数，则封闭解（Closed-form）是可以得到的。如果 $p(\tau)$ 是一个很复杂的函数，也可以通过数值积分得到问题的解，其计算仅涉及简单的代数运算。但从实际应用上看，采用 Duhamel 积分法求解时，计算效率并不高，因为对于任一个时间点 t 的反应，积分都要从 0 积到 t，而实际要计算一系列时间点，可能包含几百到几千个点。这时可采用效率更高的数值解法，这将在以后介绍。

虽然在实际的计算中并不常用 Duhamel 积分方法，但它给出了以积分形式表示的体系运动的解析表达式，在任意荷载作用下体系动力反应的理论研究中得到广泛应用。而当外荷载可以用解析函数表示时，采用 Duhamel 积分法有时更容易获得体系动力反应的解析解。如对于共振情况下无阻尼体系强迫振动，采用 Duhamel 积分可以很容易得到满足零初始条件的全解。

3.8.2　频域分析方法——Fourier 变换法

频域分析方法基于 Fourier 变换。对任意非周期、有限长的荷载，可以采用 Fourier 变换

法，在频域求得体系的动力反应。

Fourier 变换的定义为

$$\left.\begin{aligned} U(\omega) &= \int_{-\infty}^{+\infty} u(t)\mathrm{e}^{-\mathrm{i}\omega t}\mathrm{d}t \quad (\text{正变换}) \\ u(t) &= \frac{1}{2\pi}\int_{-\infty}^{+\infty} U(\omega)\mathrm{e}^{\mathrm{i}\omega t}\mathrm{d}\omega \quad (\text{逆变换}) \end{aligned}\right\} \tag{3-111}$$

式中，$U(\omega)$ 称为位移 $u(t)$ 的 Fourier 谱。

Fourier 变换除了可以用于时间函数（信号）的频谱分析外，也可以用于微分方程的求解。根据 Fourier 变换的性质，速度和加速度的 Fourier 变换为

$$\left.\begin{aligned} \int_{-\infty}^{+\infty} \dot{u}(t)\mathrm{e}^{-\mathrm{i}\omega t}\mathrm{d}t &= \mathrm{i}\omega U(\omega) \\ \int_{-\infty}^{+\infty} \ddot{u}(t)\mathrm{e}^{-\mathrm{i}\omega t}\mathrm{d}t &= -\omega^2 U(\omega) \end{aligned}\right\} \tag{3-112}$$

对单自由度体系运动方程

$$\ddot{u}(t)+2\zeta\omega_{\mathrm{n}}\dot{u}(t)+\omega_{\mathrm{n}}^2 u(t)=\frac{1}{m}p(t)$$

两边同时进行 Fourier 正变换得

$$-\omega^2 U(\omega)+\mathrm{i}2\zeta\omega_{\mathrm{n}}\omega U(\omega)+\omega_{\mathrm{n}}^2 U(\omega)=\frac{1}{m}P(\omega) \tag{3-113}$$

式中，$U(\omega)$ 和 $P(\omega)$ 分别为 $u(t)$ 和 $p(t)$ 的 Fourier 谱

$$U(\omega)\xleftrightarrow{F}u(t)$$

$$P(\omega)\xleftrightarrow{F}p(t)$$

可以看到，通过 Fourier 变换，把问题从时间域（自变量为 t），变到频率域（自变量为 ω），由频域的运动方程（3-113）可得到

$$U(\omega)=H(\mathrm{i}\omega)P(\omega) \tag{3-114}$$

式中，

$$H(\mathrm{i}\omega)=\frac{1}{k}\left[\frac{1}{[1-(\omega/\omega_{\mathrm{n}})^2]+\mathrm{i}[2\zeta(\omega/\omega_{\mathrm{n}})]}\right]$$

为由式（3-104）给出的复频反应函数，而 $H(\mathrm{i}\omega)$ 中的 i 是用来表示函数是一复数。

以上即为频域分析的原理，在频率域完成了频域解的推导，再利用式（3-111）中的 Fourier 逆变换得到体系的位移解，即

$$u(t)=\frac{1}{2\pi}\int_{-\infty}^{+\infty} H(\mathrm{i}\omega)P(\omega)\mathrm{e}^{\mathrm{i}\omega t}\mathrm{d}\omega \tag{3-115}$$

以上给出了基于 Fourier 变换的频域分析方法，其基本计算步骤为：

1）对外荷载 $p(t)$ 做 Fourier 变换，得到荷载的 Fourier 谱 $P(\omega)$：$p(t)\xrightarrow{F}P(\omega)$。

2）利用式（3-114），根据外荷载的 Fourier 谱 $P(\omega)$ 和复频反应函数 $H(\mathrm{i}\omega)$，得到结构反应的频域解——Fourier 谱 $U(\omega)$：$U(\omega)=H(\mathrm{i}\omega)P(\omega)$。

3）最后由式（3-115），应用 Fourier 逆变换，由频域解 $U(\omega)$ 得到时域解 $u(t)$：$U(\omega)\xrightarrow{\text{逆}F}u(t)$。

采用频域法分析时涉及两次 Fourier 变换，均为无穷域积分，特别是 Fourier 逆变换，被积函数是复数，有时涉及复杂的围道积分。此外，当外荷载是复杂的时间函数，如地震时，采用解析型的 Fourier 变换几乎是不可能的，实际计算中大量采用的是离散 Fourier 变换。

离散 Fourier 变换（DFT）将随时间连续变化的函数用等步长 Δt 离散成有 N 个离散数据点的系列，即

$$p(t_k),k=0,1,2,\cdots,N-1$$
$$t_k=k\Delta t,$$
$$\Delta t=T_{\mathrm{P}}/N$$

式中，Δt 为离散时间步长；T_{P} 为外荷载的持续时间。

同样，对频域的 Fourier 谱也进行离散化，即

$$P(\omega_j),j=0,1,2,\cdots,N-1$$
$$\omega_j=j\Delta\omega,$$
$$\Delta\omega=2\pi/T_{\mathrm{P}}$$

图 3-31 所示为荷载及其 Fourier 谱的时域和频域离散化。

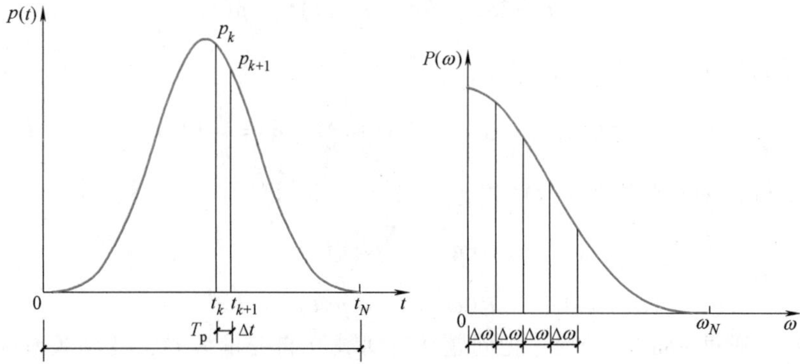

图 3-31 荷载的时域与频域离散化

将如此离散化的值代入 Fourier 正变换公式，并应用阶梯型数值积分公式得

$$P(\omega_j)=\int_{-\infty}^{+\infty}p(t)\mathrm{e}^{-\mathrm{i}\omega_j t}\mathrm{d}t=\sum_{k=0}^{N-1}p(t_k)\mathrm{e}^{-\mathrm{i}\omega_j t_k}\cdot\Delta t=\Delta t\sum_{k=0}^{N-1}p(t_k)\mathrm{e}^{-\mathrm{i}\frac{2\pi kj}{N}} \tag{3-116}$$

由式（3-114）可以得到体系的位移谱 $U(\omega_j)=H(\mathrm{i}\omega_j)P(\omega_j)$，将 $U(\omega_j)$ 代入式（3-115）得

$$u(t_k)=\frac{1}{2\pi}\int_{-\infty}^{+\infty}U(\omega)\mathrm{e}^{\mathrm{i}\omega_j t_k}\mathrm{d}\omega=\frac{1}{2\pi}\sum_{k=0}^{N-1}U(\omega_j)\mathrm{e}^{\mathrm{i}\omega_j t_k}\Delta\omega=\frac{1}{T_{\mathrm{P}}}\sum_{k=0}^{N-1}U(\omega_j)\mathrm{e}^{\mathrm{i}\frac{2\pi kj}{N}} \tag{3-117}$$

以上公式是求结构反应的离散 Fourier 变换方法。如果 $N=2^m$，再利用简谐函数 $\mathrm{e}^{\pm\mathrm{i}x}$ 周期性的特点，可以得到快速 Fourier 变换（FFT），应用 FFT 可以大大加快分析速度和减少工作量。

在应用离散 Fourier 变换方法分析一般任意荷载作用下体系的动力反应问题时应特别注意一点：离散 Fourier 变换将非周期函数周期化。图 3-32 所示为离散 Fourier 变换将非周期的外荷载时间函数周期化。实际上由式（3-117）容易证明 $u(t_k+T_{\mathrm{P}})=u(t_k)$，同样也可以证

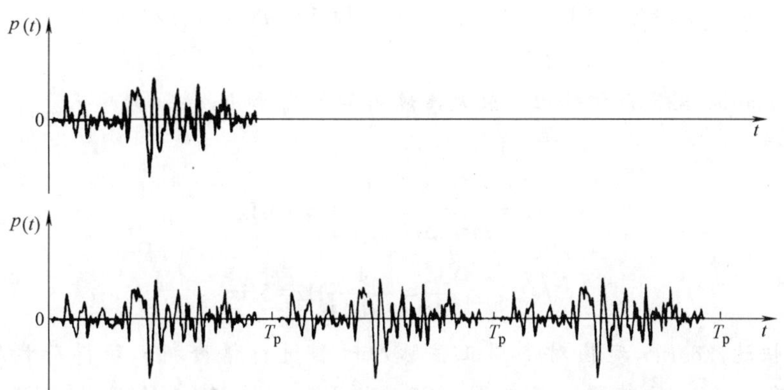

图 3-32 离散 Fourier 变换将非周期外荷载时间函数周期化

明外荷载 $p(t_k+T_P)=p(t_k)$。

在应用离散 Fourier 变换时应注意以下事项：

1）离散 Fourier 变换将非周期外荷载时间函数周期化。

2）由于以上原因，对 $p(t)$ 要加足够多的零点，以增大持续时间 T_P，从而保证在所计算的时间段［0，T_P］内，体系的位移能衰减到零，即不同周期的荷载不对彼此引起的动力反应造成影响。

3）频谱上限频率（也称为 Nyquist 频率）$f_{\text{Nyquist}}=\dfrac{1}{2\Delta t}$，$\omega_{\text{Nyquist}}=2\pi f_{\text{Nyquist}}$。

4）频谱的分辨率为 $\Delta f=1/T_P$，即 $\Delta\omega=2\pi/T_P$。

5）频谱的下限 $f_1=1/T_P$。

6）有效最高频谱，即满足信号分析精度要求的最高频率，要更加低于 Nyquist 频率。大量的理论和数值分析经验表明，满足一定精度要求的有效频率应满足 $f\leqslant\dfrac{2}{3}f_{\text{Nyquist}}$。

离散 Fourier 变换（DFT）和快速 Fourier 变换（FFT）算法的研究经历了一个漫长而有趣的过程，其历史可追溯到德国数学家高斯的工作，从高斯开始直至 1984 年长达 200 多年的历史中，与之相关的论文达到 2400 余篇。Fourier 变换，特别是快速 Fourier 变换在信号分析和处理中得到广泛应用，目前已有标准的 Fourier 变换和快速 Fourier 变换程序可用。但作为一种微分方程的解法，在用于求解结构的运动方程时，为获得可靠的结构动力反应分析结果，仍需要对这一分析方法的特点有全面的了解和掌握。

例 3-5 采用 FFT 方法计算单自由度结构在半周正弦脉冲作用下的反应。结构自振周期 T_n 为 1s，阻尼比为 0.05。分别取持续时间 T_p 为 3.2s，6.4s，12.8s 和 25.6s，时间步长 $\Delta t=$ 0.1s（离散点数取 $N=32$，64，128 和 256），初始时刻结构处于静止状态，脉冲时程为

$$p(t)=\begin{cases}0 & (0\text{s}\leqslant t<1\text{s})\\ p_0\sin\pi(t-1) & (1\text{s}\leqslant t<2\text{s})\\ 0 & (t\geqslant 2\text{s})\end{cases}$$

1）计算离散 Fourier 谱的最大频率点 f_N 和频谱的上限频率 f_{Nyquist}。

2）计算并画出荷载的 Fourier 谱。

3）给出采用不同持续时间 T_P 进行分析时结构反应的位移时程曲线。

解：

1）根据 Fourier 谱离散化给出的最大离散频率点 f_N 和 Nyquist 频率 $f_{Nyquist}$ 与离散时间步长 Δt 的关系得

$$f_N=\frac{\omega_N}{2\pi}=\frac{1}{\Delta t}=\frac{1}{0.1}\text{Hz}=10\text{Hz}$$

$$f_{Nyquist}=\frac{1}{2\Delta t}=\frac{1}{2\times 0.1}\text{Hz}=5\text{Hz}$$

2）采用快速 Fourier 变换对半周正弦脉冲时程进行谱分析，获得荷载的 Fourier 谱，图 3-33 示出其 Fourier 幅值谱，其中图 3-33a 为［0，f_N］频段的 Fourier 谱，图 3-33b 为［$-f_{Nyquist}$，$f_{Nyquist}$］频段的 Fourier 谱。由于离散 Fourier 变换获得的频谱的最高频率，即上限频率为 $f_{Nyquist}$，因此并不存在大于 Nyquist 频率 $f_{Nyquist}$ 的频率成分，图 3-33a 中［$f_{Nyquist}$，f_N］频段的 Fourier 谱不是真正的高频成分谱，而仅是名义上的高频谱。再考虑由离散化导致的 Fourier 谱的周期化，可以判断，［$f_{Nyquist}$，f_N］频段的谱实际上是［$-f_{Nyquist}$，0］频段的 Fourier 谱，因此，图 3-33b 给出的 Fourier 谱才是合理的谱曲线。

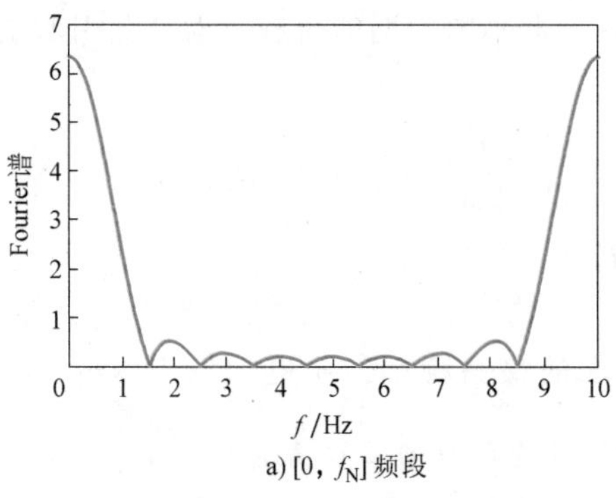

a) [0, f_N] 频段

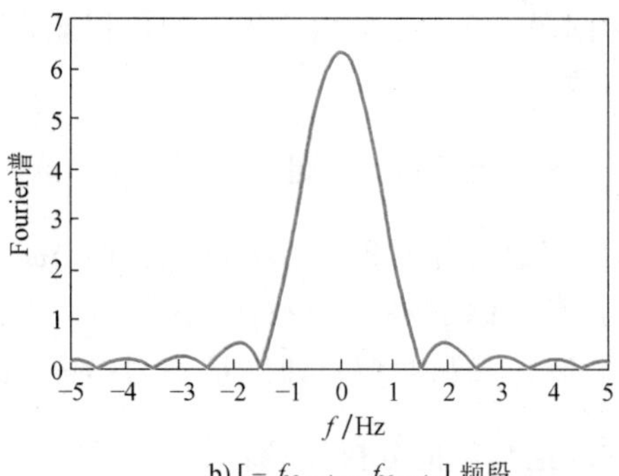

b) [$-f_{Nyquist}$, $f_{Nyquist}$] 频段

图 3-33　例 3-5 半周正弦脉冲的 Fourier 谱

3）采用离散 Fourier 变换对半周正弦脉冲作用下单自由度结构的动力反应进行求解，当持续时间 T_P 分别采用 3.2s、6.4s、12.8s 和 25.6s 时的位移时程如图 3-34 所示。由图 3-34 可以清楚地看到，由于离散 Fourier 变换将非周期的荷载周期化，导致结构的动力反应也发生周期化，且动力反应的周期等于离散 Fourier 变换分析中采用的持续时间 T_P。为获得可靠

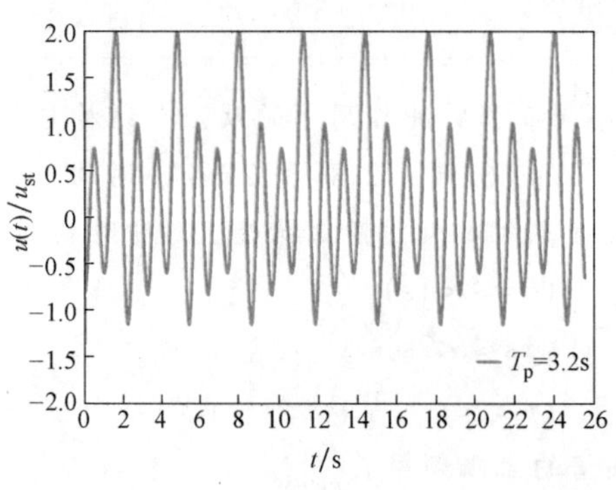

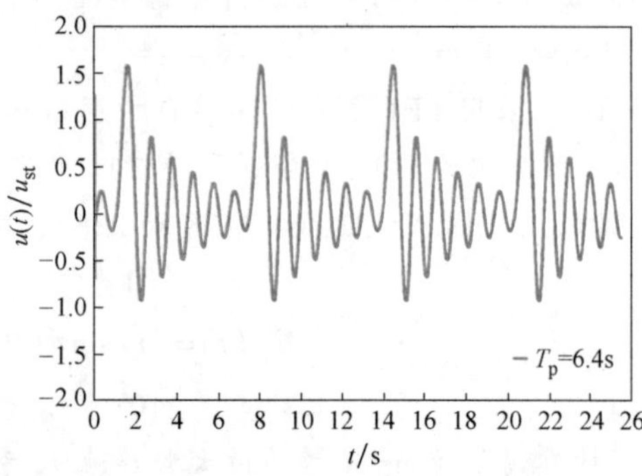

图 3-34　例 3-5 采用不同持续时间计算时结构反应的位移时程曲线

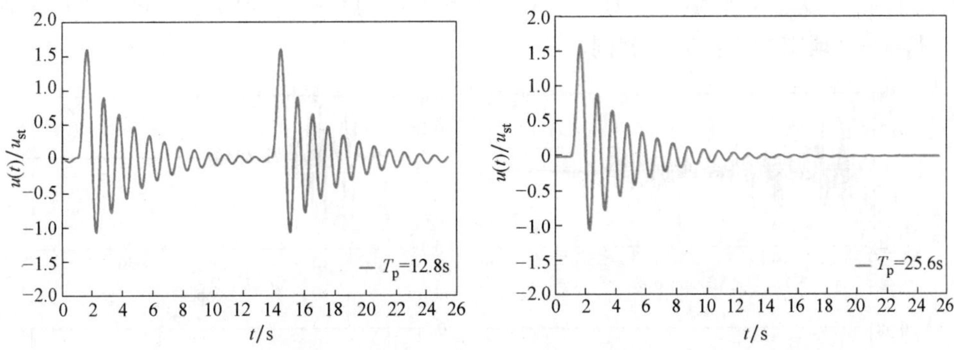

图 3-34　例 3-5 采用不同持续时间计算时结构反应的位移时程曲线（续）

的分析结果，需要对非周期荷载加足够多的零点以增大持续时间 T_P，保证在所计算的时间段 $[0,\ T_P]$ 内，体系的运动能衰减到零。此时每个周期内结构的动力反应是独立的，一个周期内的荷载对其他周期内的动力反应不产生影响，从而消除了非周期荷载的周期化对结构动力反应所带来的影响。

3.9　结构地震反应分析的反应谱法

在掌握了前面介绍的结构动力反应分析方法后，可以对结构地震反应问题开展计算分析。当地震动较小时，结构反应处于线弹性范围，可以采用时域的 Duhamel 积分法，或频域的 Fourier 变换方法获得地震作用下结构的反应，并根据得到的结构最大变形和最大内力进行抗震设计。当地震动较强时，结构反应可能进入塑性，这时可以采用时域逐步积分法进行弹塑性反应分析，关于时域逐步积分方法的内容将在第 5 章介绍。下面仅限于讨论结构线弹性地震反应问题，采用 Duhamel 积分法介绍地震反应谱的概念。

地震作用的特点是地震动过程非常复杂，随时间不规则、快速变化。设地震加速度时程为 $\ddot{u}_g(t)$，其特点为：第一阶段，振幅快速增长；第二阶段，相对稳定；第三阶段，振荡衰减。图 3-35 所示为一些典型的地震动加速度时程曲线。

地震作用下结构的运动方程为

$$m\ddot{u}+c\dot{u}+ku=-m\ddot{u}_g$$

式中，$u=u(t)$ 为结构相对于地面的位移；$\ddot{u}_g(t)$ 为地震动加速度时程。

对于线弹性结构的地震反应问题，可以采用 Duhamel 积分给出积分形式的解析表达式。地震等效荷载为 $p_{eq}(t)=-m\ddot{u}_g(t)$，应用 Duhamel 积分，结构地震反应的位移为

$$\begin{aligned}u(t)&=\int_0^t p_{eq}(\tau)h(t-\tau)\mathrm{d}\tau=\frac{1}{m\omega_D}\int_0^t[-m\ddot{u}_g(\tau)]\mathrm{e}^{-\zeta\omega_n(t-\tau)}\sin[\omega_D(t-\tau)]\mathrm{d}\tau\\&=\frac{-1}{\omega_D}\int_0^t\ddot{u}_g(\tau)\mathrm{e}^{-\zeta\omega_n(t-\tau)}\sin[\omega_D(t-\tau)]\mathrm{d}\tau\end{aligned}\tag{3-118}$$

式中，$\omega_D=\omega_n\sqrt{1-\zeta^2}$ 为有阻尼体系的自振频率。

观察式（3-118）可以发现，对一给定地震动 $\ddot{u}_g$，结构的地震反应仅与结构的阻尼比 ζ

和自振频率 ω_n 有关。换句话说，对于尺寸、形状不同的结构，当结构阻尼比和自振频率相同时，对同一个地震的反应完全相同。

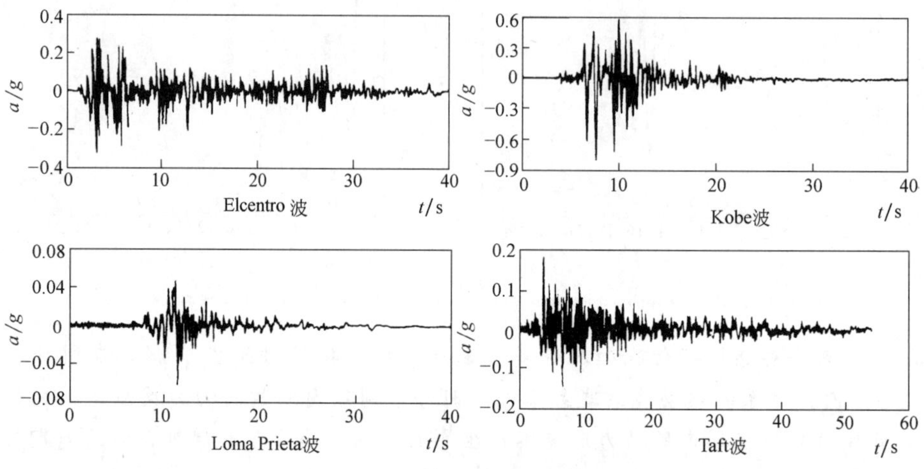

图 3-35　典型的地震动加速度时程曲线

当阻尼比 ζ 较小时，例如 5%，结构地震反应计算式（3-118）可简化为

$$u(t)=\frac{-1}{\omega_n}\int_0^t \ddot{u}_g(\tau)\mathrm{e}^{-\zeta\omega_n(t-\tau)}\sin\omega_n(t-\tau)\mathrm{d}\tau \tag{3-119}$$

在实际工程中，对结构的绝对加速度 $\ddot{u}(t)+\ddot{u}_g(t)$ 感兴趣，它可以根据结构位移的解式直接得到

$$\ddot{u}(t)+\ddot{u}_g(t)=\omega_n\int_0^t \ddot{u}_g(\tau)\mathrm{e}^{-\zeta\omega_n(t-\tau)}\sin\omega_n(t-\tau)\mathrm{d}\tau \tag{3-120}$$

对比式（3-119）和式（3-120）可以发现

$$\ddot{u}(t)+\ddot{u}_g(t)=-\omega_n^2u(t) \tag{3-121}$$

式（3-121）仅当小阻尼时成立，实际上，这一公式可以直接由运动方程得到。在结构抗震设计时，人们往往仅需要知道结构反应的最大值，即

$$\left.\begin{aligned} S_d&=\max|u(t)| \\ S_a&=\max|\ddot{u}(t)+\ddot{u}_g(t)| \end{aligned}\right\} \tag{3-122}$$

由式（3-121）和式（3-122）可得

$$S_a=\omega_n^2S_d \tag{3-123}$$

当阻尼比给定时，结构对任一地震的最大相对位移反应和最大绝对加速度反应仅由 ω_n 决定，即

$$S_d=S_d(\omega_n),\quad S_a=S_a(\omega_n)$$

如果改变结构的自振频率 ω_n 就可以得到不同的 S_d 和 S_a，最后可以得到以结构自振频率 ω_n 为自变量的函数 $S_d(\omega_n)$ 和 $S_a(\omega_n)$，称 $S_d(\omega_n)$ 为（相对）位移反应谱，$S_a(\omega_n)$ 为（绝对）加速度反应谱。

工程中一般习惯采用结构的自振周期 $T_n=2\pi/\omega_n$ 代替圆频率 ω_n，因而工程中使用的反应谱一般以自振周期为自变量，即

$$S_d=S_d(T_n),\quad S_a=S_a(T_n)$$

图 3-36 给出了 EL Centro 地震波的位移、速度和加速度反应谱曲线，图 3-37 给出反应谱曲线的计算及物理意义。

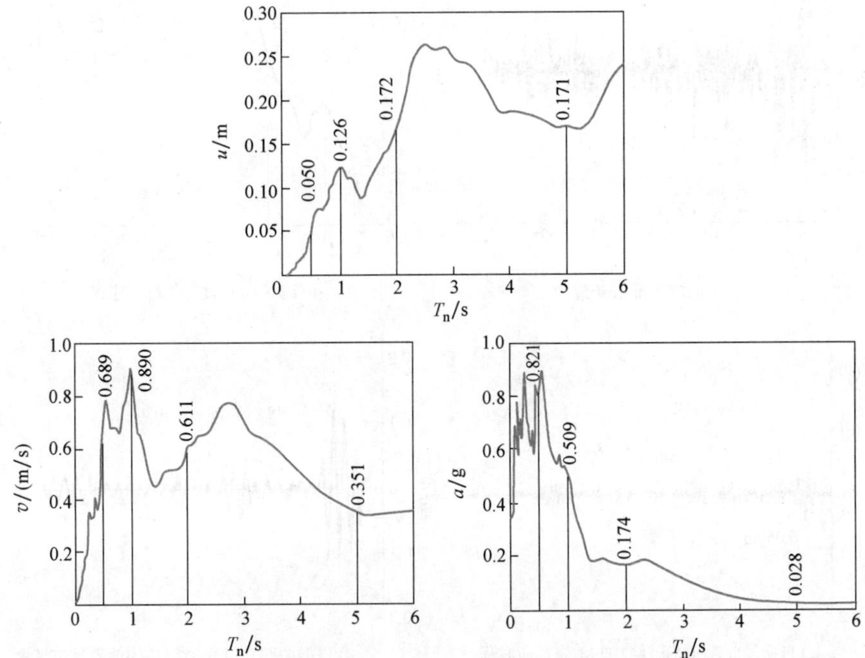

图 3-36　EL Centro 地震波的位移、速度和加速度反应谱曲线（阻尼比 $\zeta=5\%$）

反应谱的意义：给出了在一地震动作用下，不同周期结构地震反应的最大值。反应谱的计算要完成一系列具有不同自振周期的结构动力反应分析，如图 3-37 所示。一般给出的地震反应谱是绝对加速度反应谱 $S_a(T_n)$，利用式（3-123）即可得到位移反应谱 $S_d(T_n)=S_a(T_n)/\omega_n^2$，注意到 $\omega_n^2=k/m$，则 $S_d(T_n)$ 和 $S_a(T_n)$ 的关系可表达成

$$kS_d=mS_a=F \tag{3-124}$$

可见，当获得加速度反应谱 S_a 后，用 mS_a 计算等效的最大地震力，然后按静力方法可计算结构地震反应的最大值，对多自由度体系可以采用同样的方法完成地震作用下结构最大位移的计算。

在地震工程研究中，习惯采用以地面运动加速度峰值 $\ddot{u}_{g0}$ 为单位的反应谱 $\beta(T_n)$，称为地震动力系数，也称地震动反应谱放大系数，即

$$\beta=\beta(T_n)=\frac{S_a(T_n)}{\ddot{u}_{g0}} \tag{3-125}$$

在建筑抗震设计规范中，给出以重力加速度 g 为单位的反应谱 $\alpha(T_n)$ 称为地震影响系数

$$\alpha=\alpha(T_n)=\frac{S_a(T_n)}{g} \tag{3-126}$$

反应谱法是结构地震反应分析中的一个重要方法，利用建筑抗震规范给出的平均反应谱可以得到一个工程场地结构地震反应的最大值，简单而且方便。但以上介绍的反应谱法仅限于线弹性问题分析，为此人们发展了非线性的反应谱，但通常是属于较为粗略的估计。

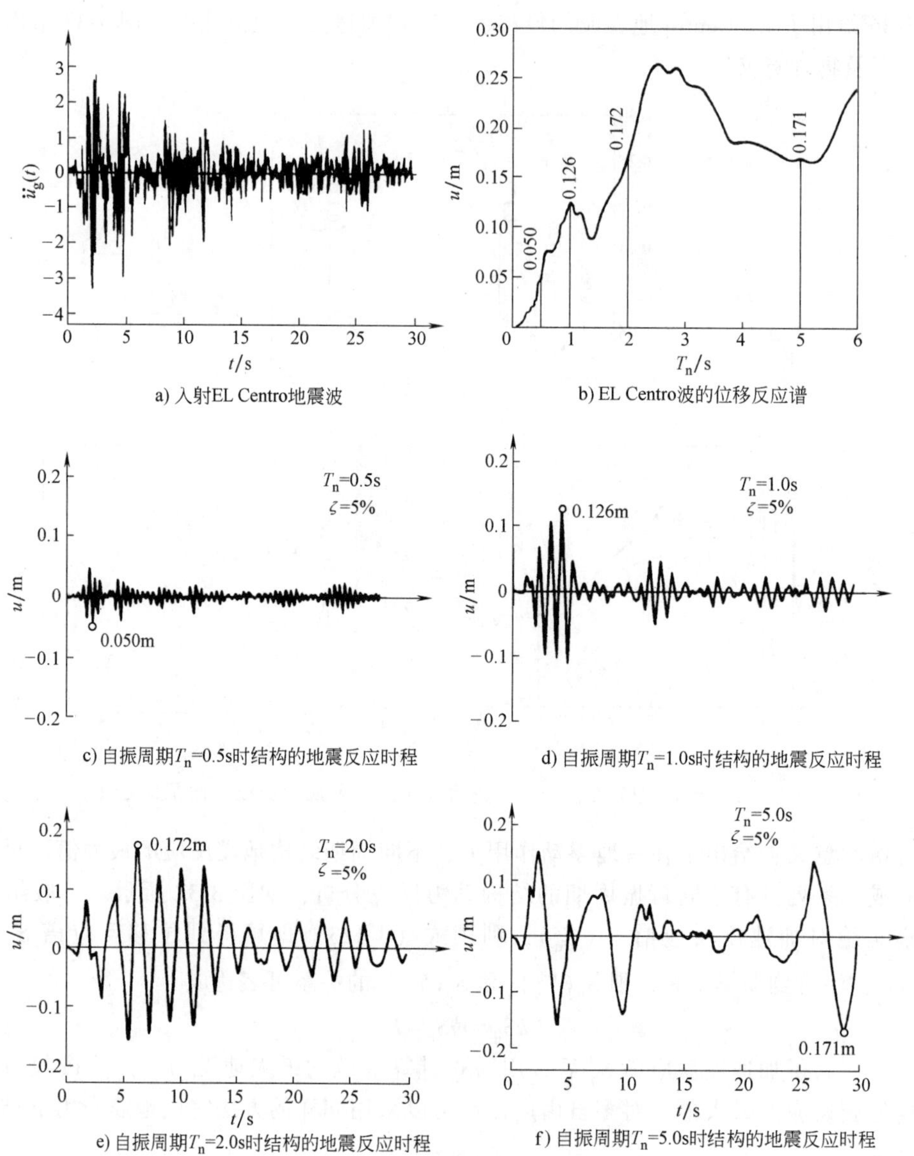

a) 入射EL Centro地震波　b) EL Centro波的位移反应谱

c) 自振周期T_n=0.5s时结构的地震反应时程　d) 自振周期T_n=1.0s时结构的地震反应时程

e) 自振周期T_n=2.0s时结构的地震反应时程　f) 自振周期T_n=5.0s时结构的地震反应时程

图 3-37　反应谱曲线的计算及物理意义

习　题

3-1　单自由度建筑物的重量为 900kN，在位移为 3.1cm 时（$t=0$）突然释放，使建筑产生自由振动。如果往复振动的最大位移为 2.2cm（$t=0.64$s）。试求：建筑物的刚度 k、阻尼比 ζ 及阻尼系数 c。

3-2　单自由度体系的质量为 $m=875$t，刚度为 $k=3500$kN/m，不考虑阻尼。如果初始位移 $u(0)=4.6$cm，而 $t=1.2$s 时的位移仍为 4.6cm。试求：

1）$t=2.4$s 时的位移。

2）自由振动的振幅 u_0。

3-3　重量为 1120N 的机器固定在由四个弹簧和四个阻尼器组成的支撑系统上。在机器重量作用下弹簧压缩了 2.0cm，阻尼器设计为在自由振动两个循环后使竖向振幅减为初始振幅的 1/8，确定系统的无阻尼自由振动频率、阻尼比及有阻尼自由振动频率，并总结阻尼对自振频率的影响。

3-4　一质量为 m_1 的块体用刚度为 k 的弹簧支撑处于平衡状态，如图 3-38 所示。另一质量为 m_2 的块体由高度 h 自由落下到块体 m_1 上并与之完全黏接，确定由此引起的运动 $u(t)$，$u(t)$ 由 m_1-k 体系的静平衡位置起算。

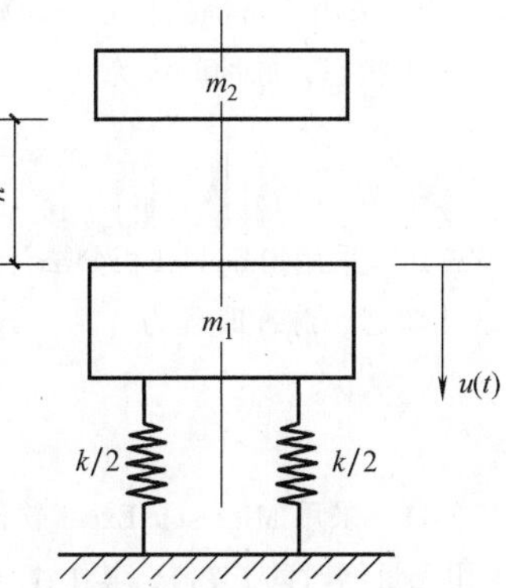

图 3-38　习题 3-4 图

3-5　单自由度结构受正弦力激振，发生共振时，结构的位移振幅为 5.0cm，当激振力的频率变为共振频率的 1/10 时，位移振幅为 0.5cm。试求结构的阻尼比 ζ。

3-6　一隔振系统安装在实验室内以减轻来自相邻工厂地面振动对试验的干扰，如图 3-39 所示。如果隔振块质量为 908kg，地面振动频率为 25Hz，如果要隔振块的振动降为地面振动的 1/10，确定隔振系统弹簧的刚度（忽略阻尼）。

3-7　质量为 545kg 的空调机固定于两平行简支钢梁的中部，如图 3-40 所示。梁的跨度为 2.4m，每根梁截面的惯性矩为 $4.16\times10^{-6}\text{m}^4$，空调机转速为 300r/min，产生 0.267kN 的不平衡力。假设体系阻尼比为 1%，并忽略钢梁的自重，求空调机的竖向位移振幅和加速度振幅。（钢材的弹性模量为 $2.06\times10^8\text{kN/m}^2$）

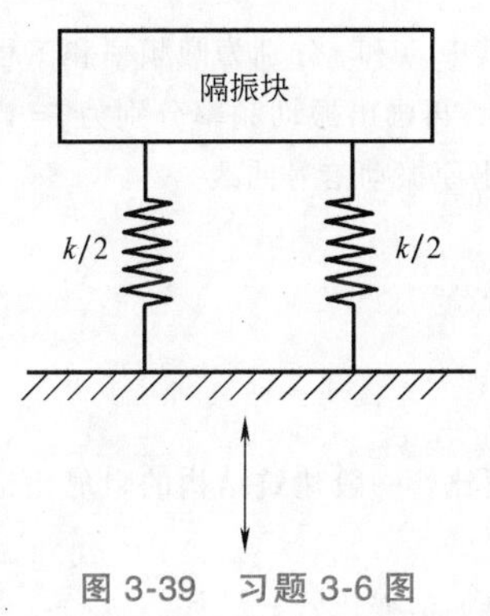

图 3-39　习题 3-6 图

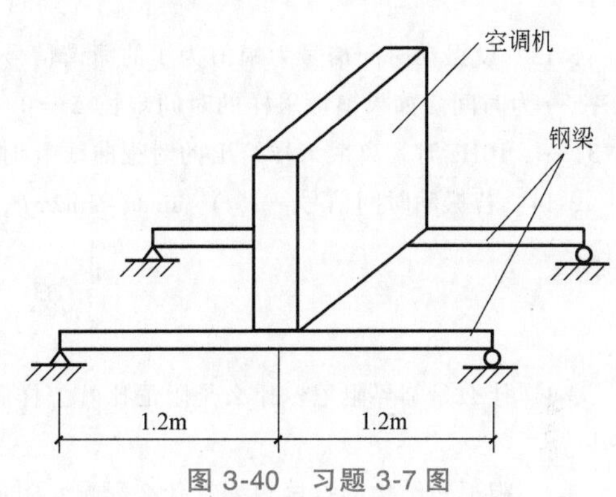

图 3-40　习题 3-7 图

3-8　如图 3-41a 所示一框架结构，为了确定框架结构的水平刚度 k 和阻尼系数 c，对结构进行简谐振动加载试验。当试验频率为 $\omega=10\text{rad/s}$ 时，结构发生共振，得到图 3-41b 所示的力-位移关系（滞回）曲线，根据这些数据：

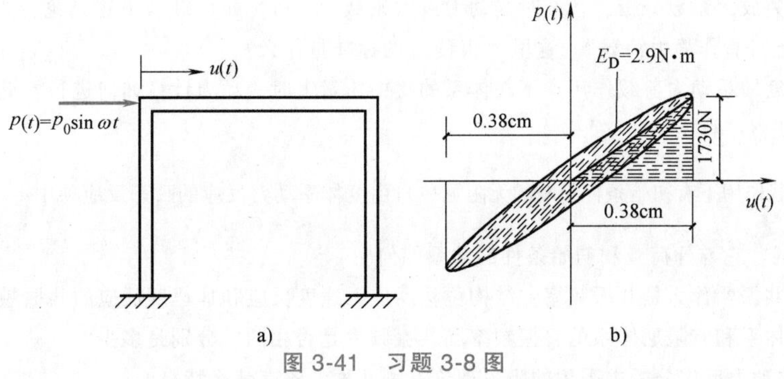

图 3-41　习题 3-8 图

1）确定刚度 k。

2）假定为黏性阻尼，试确定等效黏性阻尼比 ζ 和阻尼系数 c。

3）假定为滞变阻尼，试确定等效滞变阻尼参数 η。

3-9　采用 Duhamel 积分法计算无阻尼单自由度结构在半周正弦脉冲作用下的位移时程，初始时刻结构处于静止状态，脉冲时程为

$$p(t)=\begin{cases}p_0\sin\omega t & (0\leqslant t\leqslant \pi/\omega)\\ 0 & (t>\pi/\omega)\end{cases}$$

3-10　采用 Duhamel 积分法计算无阻尼单自由度结构在矩形脉冲作用下的位移时程，初始时刻结构处于静止状态，脉冲时程为

$$p(t)=\begin{cases}p_0 & (0\leqslant t\leqslant T_d)\\ 0 & (t>T_d)\end{cases}$$

3-11　采用 Microsoft Excel 软件绘出题 3-10 当 T_d/T_n = 0.1、0.5、1.0、1.5 和 2.0 时结构的位移时程（采用无量纲时间 t/T_d），其中 T_n 是结构自振周期。

3-12　采用 FFT 方法计算单自由度结构在矩形脉冲作用下的反应，并画出荷载的 Fourier 谱。结构自振周期 T_n 为 1s，阻尼比为 0.05。分别取持续时间 T_P 为 6.4s，25.6s，时间步长 Δt=0.1s（即离散点数取 N=64，256），初始时刻结构处于静止状态，脉冲时程为

$$p(t)=\begin{cases}0 & (0\text{s}\leqslant t<1\text{s})\\ 1 & (1\text{s}\leqslant t<2\text{s})\\ 0 & (t\geqslant 2\text{s})\end{cases}$$

3-13　设振动时间信号为幅值为 1 的简谐信号：$u(t)=\cos\omega t=\cos 2\pi ft$，其中 ω 和 f 分别为圆频率和工程频率，t 为时间。如果离散采样的时间步长 Δt=0.1s，首先计算 Nyquist 频率，再画出振动频率分别为 f=1，2，3，…，10Hz 时，离散采样给出的时程曲线（时间轴取：0~3s），同时标出原振动信号曲线。

3-14　若振动时间信号：$u(t)=\sin\omega t=\sin 2\pi ft$，重新完成习题 3-13。

思　考　题

3-1　什么是临界阻尼？什么是阻尼比？怎样测量结构振动过程中的阻尼比？一般建筑结构的阻尼比是多少？

3-2　阻尼对结构的自振频率有什么影响？阻尼变大时，结构自振周期将如何变化？

3-3　为什么说自振周期是结构的固有特性？它与结构哪些固有量有关？

3-4　什么是动力放大系数？动力放大系数的大小与哪些因素有关？单自由度体系位移的动力放大系数与内力的动力放大系数是否一样？

3-5　根据动力放大系数分析，什么时候动力放大系数 $R_d\to 1$？如何理解下述结论：“随时间变化很慢的动力荷载实际上可看作静力荷载”。这里“很慢”的标准是什么？

3-6　单自由度体系动力荷载作用点不在体系的集中质量上时，动力计算如何进行？此时，体系中的动力放大系数是否仍然一样？

3-7　简谐荷载作用下有初始条件影响的无阻尼单自由度体系动力反应的瞬态反应项中$\dfrac{p_0}{k}\dfrac{\omega/\omega_n}{1-(\omega/\omega_n)^2}\sin\omega_n t$一项是如何产生的，它与外荷载和初始条件的关系如何？

3-8　什么是共振？什么是共振频率？结构位移反应、速度反应和加速度反应的共振频率是否相同？

3-9　无阻尼体系和有阻尼体系的自振频率和共振频率是否相同？分别是多少？

3-10　在结构动力反应分析中采用的阻尼理论有哪几种？各有什么特点？

3-11　加速度计和位移计的设计原理是什么？如何设计速度计？

3-12　用拟静力试验（往复加载的静力试验）测量结构构件阻尼比的原理是什么？如何实现？

3-13　测量结构阻尼比的方法有几种？每一种方法的优点和缺点各是什么？

3-14　简谐荷载作用下，在结构的一个振动循环中，外力、阻尼力、弹性恢复力和惯性力做功及其关系如何？

3-15　结构中阻尼的来源以摩擦型阻尼为主，为什么实际结构动力反应分析中采用的结构阻尼是滞变阻尼而不采用经典的库仑摩擦阻尼？仅仅是出于计算上的方便吗？

3-16　滞变阻尼（复阻尼）的三种形式在复数域是完全等价的，但在一个振动循环内的耗能却不相同，其原因是什么？

3-17　第一种和第三种形式的滞变阻尼在实数域的定义不尽相同，但在复数域则完全等价，若分别采用这两种形式的滞变阻尼进行结构动力反应分析，是否预示着采用实数域分析和复数域分析会获得矛盾的结果？

3-18　滞变阻尼体系的自振频率、共振频率、临界阻尼和阻尼比各为多少？

3-19　根据定义，结构的阻尼比 ζ 与临界阻尼 c_{cr} 的关系为

$$\zeta=\frac{c}{c_{cr}}=\frac{c}{2m\omega_n}=\frac{c}{2\sqrt{mk}}$$

即结构的阻尼比 ζ 与结构的质量 m 相关。结构的阻尼比 ζ 也可以采用拟静力试验方法获得，此时阻尼比采用以下公式计算：

$$\zeta=\frac{E_D}{2\pi k u_0^2}$$

可见，在采用拟静力试验时阻尼比 ζ 与结构的质量 m 无关，如何解释这一矛盾现象？

3-20　在 Duhamel 积分中时间变量 τ 和 t 有什么区别？怎样用 Duhamel 积分求解任意动力荷载作用下的动力位移问题？简谐荷载下的动位移是否可以用 Duhamel 积分求解？

3-21　如何证明采用 Fourier 变换法得到的动力方程的解是一个满足零初始条件的解。

3-22　什么是单位脉冲？什么是 $\delta(t)$ 函数？什么是单位脉冲反应函数 $h(t)$？什么是复频反应函数 $H(\mathrm{i}\omega)$？

3-23　如何证明单位脉冲反应函数 $h(t)$ 和复频反应函数 $H(\mathrm{i}\omega)$ 互为 Fourier 变换对？

3-24　采用连续 Fourier 变换和离散 Fourier 变换研究非周期荷载作用下体系动力反应问题时的最主要差别是什么？在采用离散 Fourier 变换分析时都应注意哪些问题？

3-25　对比基于 Fourier 级数和离散 Fourier 变换得到的结构动力反应的解式，分析两者之间的异同。

3-26　在离散 Fourier 变换中，从 Fourier 谱离散化给出的离散频率点看，最大频率点为 $f_N=1/\Delta t$，但理论上给出的上限频率却仅为 $f_{Nyquist}=1/2\Delta t$，为什么？

3-27　什么是 Nyquist 频率？为什么称 Nyquist 频率为折叠频率？它有什么作用？为保证离散数值分析的精度，最大有效频率应如何取值？

3-28　在采用离散 Fourier 变换方法进行结构动力反应问题分析时，将导致“周期化”，什么是非周期问题的“周期化”？如何避免“周期化”对结构动力反应的影响？

3-29　什么是数值信号处理问题中的分辨率？如何提高分辨率？分辨率对结构阻尼比的计算有什么影响？

3-30　什么是反应谱，它与哪些物理量有关？什么是地震影响系数，它与反应谱有什么关系？什么是动力系数，它与反应谱和地震影响系数有什么关系，与动力放大系数有什么区别？

第 4 章

4

多自由度体系

单自由度体系是高度简化的力学模型，实际工程结构复杂多变，仅采用单自由度模型进行结构动力反应分析，不但可能导致产生较大的计算误差，而且也会无法反映实际结构的某些动力特性。为此，需要采用更多的自由度对工程结构离散化，即采用多自由度体系对工程问题进行动力分析。下面将从无阻尼的两个自由度体系的自由振动问题入手讨论，包括动力特性的讨论和动力反应的计算方法等，这可以帮助我们深刻理解多自由度体系振动问题的一些基本性质和概念。从单自由度到两自由度，不仅是数量上的改变，还会产生一系列概念和方法上的不同。然后，着重讨论多自由度体系振动问题的动力特性和振型叠加法。

4.1 两自由度体系的振动分析

两个自由度的体系是最简单的多自由度体系，对两自由度体系进行分析，除可以初步建立多自由度体系的基本概念外，一个突出的优点是可以给出动力特性的解析表达式，包括自振频率和振型等，可以用来讨论一些特殊情况时的解。

4.1.1 无阻尼自由振动

图 4-1a 所示为一个二层剪切型框架结构体系，假定体系的质量主要集中于楼板与屋盖上。设结构体系承受水平方向的力 p_1、p_2 作用时，屋盖和楼板仅产生水平方向平移而不发生转动（假定屋盖和楼板的刚度为无限大），于是该结构就可以简化为图 4-1b 所示的计算简图（k_1 和 k_2 为层间刚度）。则体系的状态可完全用质点 m_1、m_2 离静止位置的位移 u_1、u_2 来表示。也就是说，在这种情况下该体系是两个质点的两自由度体系。

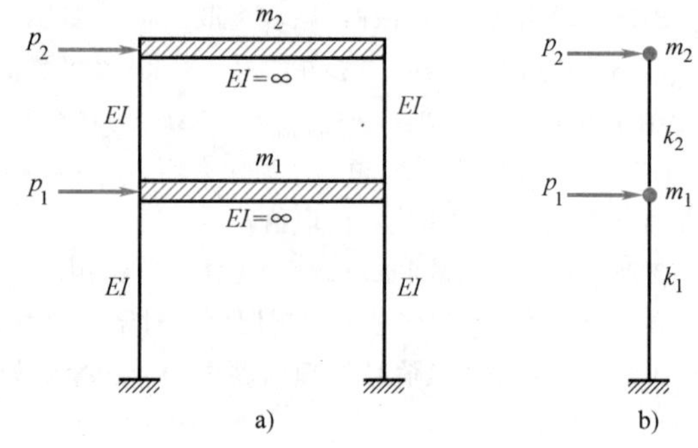

图 4-1　二层剪切型框架结构模型

1. 运动方程式及解

用动力平衡法列运动方程，质点 m_1 所受外力为 p_1，弹性恢复力 $f_{S1}=k_2(u_2-u_1)-k_1u_1$，惯性力为 $-m_1\ddot{u}_1$；质点 m_2 所受外力为 p_2，弹性恢复力 $f_{S2}=-k_2(u_2-u_1)$，惯性力为 $-m_2\ddot{u}_2$。列平衡方程有

$$\left.\begin{aligned}p_1+k_2(u_2-u_1)-k_1u_1-m_1\ddot{u}_1=0\\p_2-k_2(u_2-u_1)-m_2\ddot{u}_2=0\end{aligned}\right\}\tag{4-1}$$

整理后得

$$\left.\begin{aligned}m_1\ddot{u}_1+(k_1+k_2)u_1-k_2u_2=p_1\\m_2\ddot{u}_2-k_2u_1+k_2u_2=p_2\end{aligned}\right\}\tag{4-2}$$

写成矩阵形式，有

$$\begin{bmatrix}m_1&0\\0&m_2\end{bmatrix}\begin{Bmatrix}\ddot{u}_1\\\ddot{u}_2\end{Bmatrix}+\begin{bmatrix}k_1+k_2&-k_2\\-k_2&k_2\end{bmatrix}\begin{Bmatrix}u_1\\u_2\end{Bmatrix}=\begin{Bmatrix}p_1\\p_2\end{Bmatrix}\tag{4-3}$$

设齐次方程式（4-3）（自由振动方程）有如下形式的简谐解：

$$\left.\begin{aligned}u_1=\phi_1\sin(\omega t+\theta)\\u_2=\phi_2\sin(\omega t+\theta)\end{aligned}\right\}(\omega\text{ 为圆频率},\theta\text{ 为相位角})\tag{4-4}$$

对式（4-4）微分两次有

$$\left.\begin{aligned}\ddot{u}_1=-\phi_1\omega^2\sin(\omega t+\theta)\\\ddot{u}_2=-\phi_2\omega^2\sin(\omega t+\theta)\end{aligned}\right\}\tag{4-5}$$

将式（4-4）、式（4-5）代入齐次方程式（4-3）中有

$$\left.\begin{aligned}-m_1\omega^2\phi_1+(k_1+k_2)\phi_1-k_2\phi_2=0\\-m_2\omega^2\phi_2-k_2\phi_1+k_2\phi_2=0\end{aligned}\right\}\tag{4-6}$$

这是关于两个质点 m_1、m_2 的振幅 ϕ_1、ϕ_2 的齐次方程组。显然 $\phi_1=\phi_2=0$ 是满足方程（4-6）的解，但它表示体系处于静止状态的情形，从讨论振动的角度来讲，这个解是无意义的。式（4-6）有非零解的充要条件是其系数行列式为零，即

$$\begin{vmatrix}(k_1+k_2)-\omega^2m_1&-k_2\\-k_2&k_2-\omega^2m_2\end{vmatrix}=0\tag{4-7}$$

将上面的行列式展开，便得到关于 ω^2 的二次方程式

$$m_1m_2\omega^4-[m_2(k_1+k_2)+m_1k_2]\omega^2+[(k_1+k_2)k_2-k_2^2]=0\tag{4-8}$$

式（4-8）的解为

$$\begin{aligned}\omega^2&=\frac{m_2(k_1+k_2)+m_1k_2\pm\sqrt{[m_2(k_1+k_2)+m_1k_2]^2-4m_1m_2[(k_1+k_2)k_2-k_2^2]}}{2m_1m_2}\\&=\frac{1}{2}\left[\frac{k_1+k_2}{m_1}+\frac{k_2}{m_2}\pm\sqrt{\left(\frac{k_1+k_2}{m_1}+\frac{k_2}{m_2}\right)^2-4\frac{k_1k_2}{m_1m_2}}\right]\end{aligned}\tag{4-9}$$

考察式（4-9）可知：$\omega^2>0$。对于自振圆频率 ω，负值没有意义，所以对于两个自由度体系，只有两个自振圆频率，记为 ω_1、ω_2，并设 $\omega_1<\omega_2$，即有

$$\omega_1=\left\{\frac{1}{2}\left[\frac{k_1+k_2}{m_1}+\frac{k_2}{m_2}-\sqrt{\left(\frac{k_1+k_2}{m_1}+\frac{k_2}{m_2}\right)^2-4\frac{k_1k_2}{m_1m_2}}\right]\right\}^{1/2}\tag{4-10}$$

$$\omega_2=\left\{\frac{1}{2}\left[\frac{k_1+k_2}{m_1}+\frac{k_2}{m_2}+\sqrt{\left(\frac{k_1+k_2}{m_1}+\frac{k_2}{m_2}\right)^2-4\frac{k_1k_2}{m_1m_2}}\right]\right\}^{1/2}\tag{4-11}$$

称 ω_1 为一阶圆频率、最低圆频率或**基本圆频率**（基频）；称 ω_2 为二阶圆频率。式（4-7）和式（4-8）均称为**频率方程**。

ω_1、ω_2 与引起振动的原因无关，而仅取决于体系的质量分布和刚度分布，是体系的固有属性，所以常称 ω_1、ω_2 是体系的固有圆频率或特征圆频率。与 ω_1、ω_2 相对应的频率 $f_1 = \omega_1/2\pi$，$f_2=\omega_2/2\pi$ 分别称为一阶固有频率和二阶固有频率。

由式（4-10）和式（4-11）可以得到一些特殊情况下结构的自振频率。

当 $m_1=0$，k_1、k_2 和 m_2 不为零时，由式（4-10）和式（4-11）可以得到

$$\omega_1=\sqrt{\frac{k_1k_2}{m_2(k_1+k_2)}},\quad \omega_2=\infty$$

当 $m_2=0$，其余参数不为零，同理可得

$$\omega_1=\sqrt{\frac{k_1}{m_1}},\quad \omega_2=\infty$$

当 $k_1=0$，其余参数不为零，同理可得

$$\omega_1=0,\quad \omega_2=\sqrt{\frac{k_2(m_1+m_2)}{m_1m_2}}$$

当 $k_2=0$，其余参数不为零，同理可得

$$\omega_1=0,\quad \omega_2=\sqrt{\frac{k_1}{m_1}}。$$

2. 振型

一旦自振频率 ω 值确定，就可以求出 ϕ_1、ϕ_2 之间的关系，由式（4-6）第一式可得（由第二式也可解得同样的结果）

$$\frac{\phi_1}{\phi_2}=\frac{k_2}{k_1+k_2-m_1\omega^2} \tag{4-12}$$

由于式（4-6）均为齐次方程，不能求出 ϕ_1、ϕ_2 本身值的大小，但可求出式（4-12）所示的比值。当体系以某一频率 ω 振动时，式（4-12）表明，ϕ_1、ϕ_2 的比值恒为常数，也即体系的变形形式保持不变。此种情况下的振动形式称为振型。

例 4-1　设 $m_1=m_2=1000\text{kg}$，$k_1=1500\text{N/m}$，$k_2=1000\text{N/m}$，试计算该体系的自振圆频率和振型。

解：将 m_1、m_2、k_1、k_2 代入式（4-10）和式（4-11）中有

$$\omega_1=0.707\text{s}^{-1},\quad \omega_2=1.732\text{s}^{-1}$$

将 ω_1 代入式（4-12）可得

$$\phi_{11}/\phi_{21}=\frac{1000}{1500+1000-1000\times\frac{1}{2}}=\frac{1}{2}$$

再将 ω_2 代入（4-12）得

$$\phi_{12}/\phi_{22}=\frac{1000}{1500+1000-1000\times 3}=-\frac{2}{1}$$

结构的两阶振型如图 4-2 所示。

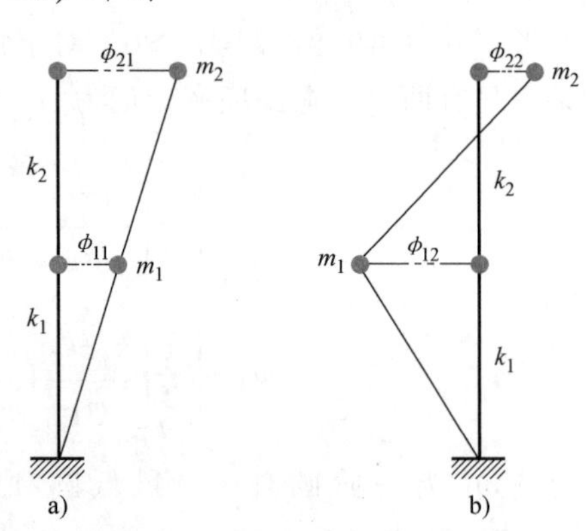

图 4-2　二层剪切型框架结构振型

与一阶频率对应的振型称为一阶振型；与二阶

频率对应的振型称为二阶振型。

$\phi_{11}/\phi_{21}=\dfrac{1}{2}>0$，表明一阶振型的两质点总在同相位。

$\phi_{12}/\phi_{22}=-\dfrac{2}{1}<0$，表明二阶振型的两质点总在反相位。

由以上分析也可知，体系的振型也与发生振动的初始条件无关，而仅与体系本身的刚度、质量分布有关，故又称为固有振型。

习惯上又可以将振型的相对比例写成向量的形式，例如对例 4-1 有

$$\{\phi\}_1=\begin{Bmatrix}1\\2\end{Bmatrix},\{\phi\}_2=\begin{Bmatrix}-2\\1\end{Bmatrix}$$

称 $\{\phi\}_1$ 为对应 ω_1 的固有振型，$\{\phi\}_2$ 为对应于 ω_2 的固有振型。

由于振型是体系按某一频率所做的简谐振动，那么由前面所学简谐自由振动的特性可知：位移和惯性力将同时达到幅值，于是第一振型就可视为由惯性力幅值 $\omega_1^2m_1\phi_{11}$ 和 $\omega_1^2m_2\phi_{21}$ 所产生的静位移（见图 4-3a）。第二振型就可视为由惯性力幅值 $\omega_2^2m_1\phi_{12}$ 和 $\omega_2^2m_2\phi_{22}$ 所产生的静位移（见图 4-3b）。

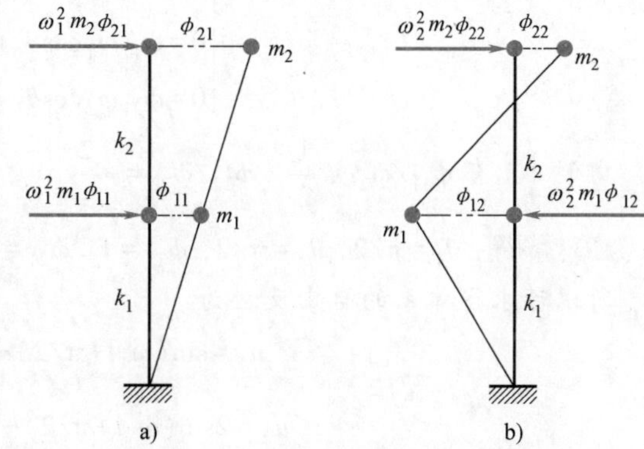

图 4-3　结构振型和各质点的最大惯性力

对于上述两种平衡状态应用功的互等定理：

$$\omega_1^2m_1\phi_{11}\cdot\phi_{12}+\omega_1^2m_2\phi_{21}\cdot\phi_{22}=\omega_2^2m_1\phi_{12}\cdot\phi_{11}+\omega_2^2m_2\phi_{22}\cdot\phi_{21}\tag{4-13}$$

整理后有

$$(\omega_1^2-\omega_2^2)(m_1\phi_{11}\phi_{12}+m_2\phi_{21}\phi_{22})=0\tag{4-14}$$

由于 $\omega_1\neq\omega_2$，所以

$$m_1\phi_{11}\phi_{12}+m_2\phi_{21}\phi_{22}=0\tag{4-15}$$

或

$$\sum_{i=1}^{2}m_i\phi_{il}\phi_{ik}=0\quad(l\neq k)\tag{4-16}$$

上式表明两个振型之间存在正交关系，写成矩阵形式为

$$\{\phi_{11}\quad\phi_{21}\}\begin{bmatrix}m_1&0\\0&m_2\end{bmatrix}\begin{Bmatrix}\phi_{12}\\\phi_{22}\end{Bmatrix}=0\tag{4-17}$$

3. 运动方程的一般解

在一般情况下，体系的自由振动常会有两个自振频率 ω_1、ω_2 的成分，即体系的自由振动是两种简谐振动的叠加，所以式（4-4）表示的解应分为两部分之和，即

$$\left.\begin{aligned}u_1=\phi_{11}\sin(\omega_1 t+\theta_1)+\phi_{12}\sin(\omega_2 t+\theta_2)\\u_2=\phi_{21}\sin(\omega_1 t+\theta_1)+\phi_{22}\sin(\omega_2 t+\theta_2)\end{aligned}\right\}\tag{4-18}$$

当体系仅以基频 ω_1 振动时，$\phi_{12}=\phi_{22}=0$；当体系仅以频率 ω_2 振动时，$\phi_{11}=\phi_{21}=0$。但在一般情况下，体系的振动会同时存在两种频率分量，所以 ϕ_{11}、ϕ_{21}、ϕ_{12}、ϕ_{22} 都不等于零。但是只要给出 m_1、m_2 的初速度和初位移就不难确定式（4-18）中的四个独立常数（当然还要用到 ϕ_1/ϕ_2 的比值）。

例 4-2　对于例 4-1 中的模型，当给定初始条件 $u_1=0$，$u_2=2.5$，$\dot{u}_1=\dot{u}_2=0$ 时，求体系的自由反应。

解：利用式（4-18）可得

$$\begin{cases}0=\phi_{11}\sin\theta_1+\phi_{12}\sin\theta_2\\2.5=\phi_{21}\sin\theta_1+\phi_{22}\sin\theta_2\\0=\phi_{11}\omega_1\cos\theta_1+\phi_{12}\omega_2\cos\theta_2\\0=\phi_{21}\omega_1\cos\theta_1+\phi_{22}\omega_2\cos\theta_2\end{cases}$$

由例 4-1 有 $\phi_{11}/\phi_{21}=\dfrac{1}{2}$，$\phi_{12}/\phi_{22}=-\dfrac{2}{1}$

可以解得：$\theta_1=\pi/2$，$\theta_2=\pi/2$，$\phi_{11}=1$，$\phi_{21}=2$，$\phi_{12}=-1$，$\phi_{22}=1/2$

所以可求得体系的自由反应为

$$u_1=\sin(\omega_1 t+\pi/2)-\sin(\omega_2 t+\pi/2)$$

$$u_2=2\sin(\omega_1 t+\pi/2)+\frac{1}{2}\sin(\omega_2 t+\pi/2)$$

进一步化简有

$$u_1=\cos\omega_1 t-\cos\omega_2 t$$

$$u_2=2\cos\omega_1 t+\frac{1}{2}\cos\omega_2 t$$

4.1.2　坐标的耦联

1. 耦联与非耦联

前面给出的两质点的运动方程（4-3），由于选择的坐标 u_1、u_2 使得运动方程组是耦联的，即必须求解两个联立方程才能得到 u_1、u_2，像这样的运动方程就称为坐标耦联。当在一个微分方程中出现两个以上的加速度项时，称为动力或质量（加速度）耦联；当在一个微分方程中出现两个以上的位移项时，称为静力耦联；同样也有阻尼耦联。

某个体系中是否存在耦联取决于表示运动坐标的选择方法，而与体系本身的特性无关。对运动方程进行处理，将耦联的方程转化为非耦联方程，即采用坐标变换，用不同的广义坐标系表示同一个物理系统，称为解耦。

前面已经讲过，为了表示多质点系的运动状态，可以选用的独立坐标系（广义坐标）有多种，根据选择的不同，体系可以是静力耦联，也可以是完全无耦联的。当然，选择广义坐标的原则是耦联的数目越少越好，这时微分方程组就越简单。

严格的耦联和解耦处理方法不应改变系统的物理性质，即仅改变系统的描述形式，而系统的力学性质（包括静、动力特性）均不发生变化。

2. 正则坐标

将 u_1、u_2 表示成振型向量的线性组合为

$$\{u_1 \quad u_2\}^{\mathrm{T}}=q_1\{\phi\}_1+q_2\{\phi\}_2 \tag{4-19}$$

q_1、q_2 就是一种广义坐标，当 q_1、q_2 确定后，u_1、u_2 就完全确定了。

将前面求得的通解式（4-18）代入式（4-19）有

$$\begin{Bmatrix}\phi_{11}\\ \phi_{21}\end{Bmatrix}\sin(\omega_1 t+\theta_1)+\begin{Bmatrix}\phi_{12}\\ \phi_{22}\end{Bmatrix}\sin(\omega_2 t+\theta_2)=q_1\{\phi\}_1+q_2\{\phi\}_2 \tag{4-20}$$

可解得

$$\left.\begin{aligned}q_1=\sin(\omega_1 t+\theta_1)\\ q_2=\sin(\omega_2 t+\theta_2)\end{aligned}\right\} \tag{4-21}$$

可以看出 q_1、q_2 满足

$$\left.\begin{aligned}\ddot{q}_1+\omega_1^2 q_1=0\\ \ddot{q}_2+\omega_2^2 q_2=0\end{aligned}\right\} \tag{4-22}$$

在上式中，坐标 q_1、q_2 分别由彼此独立的微分方程式表示，相互之间没有耦联，像这样既无动力耦联又无静力耦联的坐标就称为**正则坐标**。

式（4-19）表示为正则坐标与实位移坐标的一种坐标变换关系。

4.2 多自由度体系的无阻尼自由振动

4.2.1 频率方程

无阻尼多自由度体系自由振动运动方程

$$[M]\{\ddot{u}\}+[K]\{u\}=\{0\} \tag{4-23}$$

与单自由度和两自由度振动相类似，假定多自由度体系的自由振动是简谐振动，可写成

$$\{u(t)\}=\{\phi\}\sin(\omega t+\theta) \tag{4-24}$$

式中，$\{\phi\}$ 表示**体系振动的形状**（它不随时间 t 而变化），θ 是**相位角**，对式（4-24）求二次导数，得到自由振动的加速度

$$\{\ddot{u}(t)\}=-\omega^2\{\phi\}\sin(\omega t+\theta)=-\omega^2\{u(t)\} \tag{4-25}$$

将式（4-25）和式（4-24）代入式（4-23）后，有

$$-\omega^2[M]\{\phi\}\sin(\omega t+\theta)+[K]\{\phi\}\sin(\omega t+\theta)=\{0\} \tag{4-26}$$

由于 $\sin(\omega t+\theta)$ 不恒为零，可以消去，故由式（4-26）可得

$$([K]-\omega^2[M])\{\phi\}=\{0\} \tag{4-27}$$

式（4-27）有非零解的条件是

$$|[K]-\omega^2[M]|=0 \tag{4-28}$$

这就是结构动力学中的广义特征值求解问题，方程式（4-28）叫作体系的**频率方程**，它

的核心就是求解满足式（4-28）的特征值 ω^2 和相应的非零解 $\{\phi\}$。很显然，由式（4-28）求出的 ω^2 和 $\{\phi\}$ 的值，只取决于结构体系本身的刚度矩阵 $[K]$ 和质量矩阵 $[M]$，它们是结构体系所固有的，因此，ω 被称为固有频率，相应的 $\{\phi\}$ 被称为振型模态。由于展开一个具有 N 个自由度体系的行列式可得到一个频率参数 ω^2 的 N 次代数方程，因而一般可得到 ω^2 的 N 个根，即体系一般存在 N 个频率（ω_1，ω_1，…，ω_N），相应的也存在 N 个振型（$\{\phi\}_1$，$\{\phi\}_1$，…，$\{\phi\}_N$）。

定理：在方程式 $([K]-\omega^2[M])\{\phi\}=\{0\}$ 中，若 $[K]$、$[M]$ 是对称矩阵，而 $[K]$ 又是正定的，则特征值和特征向量全是实数；若 $[M]$ 也是正定的，则特征值全都为正。

由上面的定理可知，一旦 $[K]$、$[M]$ 正定、对称，就可以由频率方程式（4-28）确定 N 个正实数的固有圆频率和相应的实振型。当频率方程不存在重根时，将求得的圆频率按大小排序

$$\omega_1<\omega_2<\cdots<\omega_N \tag{4-29}$$

这样的序号就称为固有频率的振型阶数（模态阶数），相应固有圆频率的阶数对应的固有振型（自振振型）为

$$\{\phi\}_j=\{\phi_{1j} \quad \phi_{2j} \quad \cdots \quad \phi_{Nj}\}^{\mathrm{T}} \quad (j=1,2,\cdots,N) \tag{4-30}$$

其中，ϕ_{ij} 中第一个下标 i 表示自由度数，第二个下标 j 表示振型阶数。

将振型从1阶到 N 阶写成

$$[\phi]=\begin{bmatrix} \phi_{11} & \phi_{12} & \cdots & \phi_{1N} \\ \phi_{21} & \phi_{22} & \cdots & \phi_{2N} \\ \vdots & \vdots & & \vdots \\ \phi_{N1} & \phi_{N2} & \cdots & \phi_{NN} \end{bmatrix} \tag{4-31}$$

式（4-31）称为体系的振型矩阵或模态矩阵，将自振频率写为

$$[\omega^2]=\begin{bmatrix} \omega_1^2 & & & \\ & \omega_2^2 & & \\ & & \ddots & \\ & & & \omega_N^2 \end{bmatrix} \tag{4-32}$$

式（4-32）称为谱矩阵。

习惯上将最低自振频率称为基频，相应的振型称为基本振型；次低频率称为二阶频率，相应的振型称为二阶振型；依次类推。此外，如果求出了满足式（4-28）的自振圆频率 ω 和振型 $\{\phi\}$，则可由它们的线性组合表示式（4-23）的通解，然后再由初始条件可确定结构体系的自由振动解。

例 4-3　图4-4所示三层框架结构，集中于各楼层的质量和层间刚度示于图中，设给出的量值满足统一单位，试建立体系的运动方程，并计算体系的自振频率和振型。

解：建立质量矩阵、刚度矩阵

$$[M]=\begin{bmatrix} 2.0 & 0 & 0 \\ 0 & 1.5 & 0 \\ 0 & 0 & 1.0 \end{bmatrix}$$

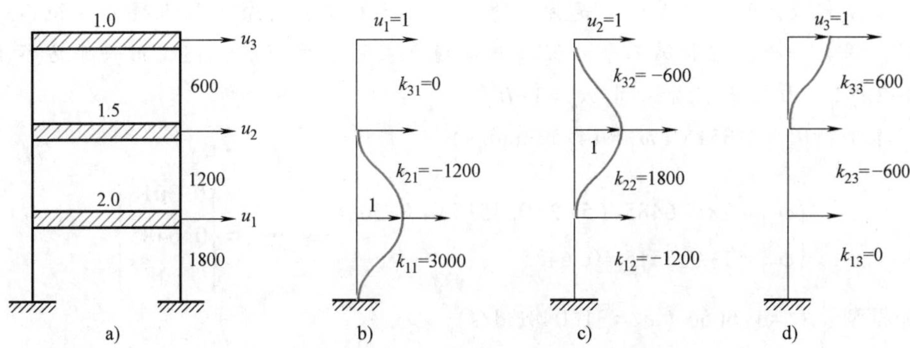

图 4-4 例 4-3 结构模型及各刚度元素

$$[K]=\begin{bmatrix}k_{11} & k_{12} & k_{13}\\ k_{21} & k_{22} & k_{23}\\ k_{31} & k_{32} & k_{33}\end{bmatrix}=\begin{bmatrix}3000 & -1200 & 0\\ -1200 & 1800 & -600\\ 0 & -600 & 600\end{bmatrix}$$

运动方程的特征方程

$$([K]-\omega^2[M])\{\phi\}=\begin{bmatrix}3000-2\omega^2 & -1200 & 0\\ -1200 & 1800-1.5\omega^2 & -600\\ 0 & -600 & 600-\omega^2\end{bmatrix}\{\phi\}$$

$$=600\begin{bmatrix}5-2B & -2 & 0\\ -2 & 3-1.5B & -1\\ 0 & -1 & 1-B\end{bmatrix}\{\phi\}=\begin{Bmatrix}0\\0\\0\end{Bmatrix}$$

其中，$B=\omega^2/600$。

频率方程可通过令上式的系数行列式为零得到，即

$$B^3-5.5B^2+7.5B-2=0$$

可以得到频率方程的三个根：

$$B_1=0.3515,\quad B_2=1.6066,\quad B_3=3.5420$$

由此可得三个自振频率：

$$\begin{Bmatrix}\omega_1^2\\ \omega_2^2\\ \omega_3^2\end{Bmatrix}=\begin{Bmatrix}210.88\\ 963.96\\ 2125.20\end{Bmatrix}\Rightarrow\begin{Bmatrix}\omega_1\\ \omega_2\\ \omega_3\end{Bmatrix}=\begin{Bmatrix}14.522\\ 31.048\\ 46.100\end{Bmatrix}\text{rad/s}$$

根据运动方程的特征方程求振型，设 $\phi_{3n}=1$，则

$$\{\phi\}_n=\begin{Bmatrix}\phi_{1n}\\ \phi_{2n}\\ \phi_{3n}\end{Bmatrix}=\begin{Bmatrix}\phi_{1n}\\ \phi_{2n}\\ 1\end{Bmatrix}$$

将其代入特征方程可得振型方程

$$600\begin{bmatrix}5-2B_n & -2 & 0\\ -2 & 3-1.5B_n & -1\\ 0 & -1 & 1-B_n\end{bmatrix}\begin{Bmatrix}\phi_{1n}\\ \phi_{2n}\\ 1\end{Bmatrix}=\begin{Bmatrix}0\\0\\0\end{Bmatrix}$$

以上三个代数方程中仅有两个是独立的，可以采用任意两个方程求得 ϕ_{1n} 和 ϕ_{2n}。通过观察发现，用第一个方程和第三个方程求解将避免求联立方程组，则由第一个方程有 $\phi_{1n}=2\phi_{2n}/(5-2B_n)$，由第三个方程有 $\phi_{2n}=1-B_n$。

一阶振型：$B_1=0.3515$（$\omega_1=14.522\text{rad/s}$）

$$\begin{cases}\phi_{11}=2\times0.6485/(5-2\times0.3515)=0.3018\\ \phi_{21}=1-0.3515=0.6485\end{cases}\Rightarrow\{\phi\}_1=\begin{Bmatrix}0.3018\\0.6485\\1\end{Bmatrix}$$

二阶振型：$B_2=1.6066$（$\omega_2=31.048\text{rad/s}$）

$$\begin{cases}\phi_{12}=2\times(-0.6066)/(5-2\times1.6066)=-0.6790\\ \phi_{22}=1-1.6066=-0.6066\end{cases}\Rightarrow\{\phi\}_2=\begin{Bmatrix}-0.6790\\-0.6066\\1\end{Bmatrix}$$

三阶振型：$B_3=3.5420$（$\omega_3=46.1\text{rad/s}$）

$$\begin{cases}\phi_{13}=2\times(-2.5420)/(5-2\times3.5420)=2.4395\\ \phi_{23}=1-3.5420=-2.5420\end{cases}\Rightarrow\{\phi\}_3=\begin{Bmatrix}2.4395\\-2.5420\\1\end{Bmatrix}$$

从图 4-5 的振型图可知，对于层间模型，其振型特点为：一阶振型不变符号，二阶振型变一次符号，三阶振型变二次符号。可以证明，对层间模型，自振频率为 ω_j 的第 j 振型向量的各元素有（j-1）次变号，即振型曲线有（j-1）个“节点”。

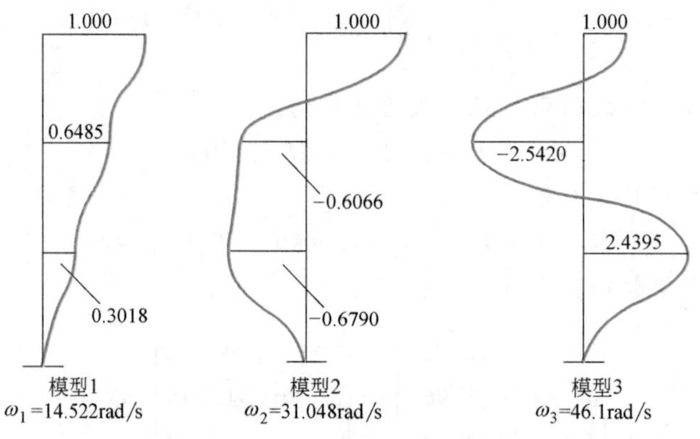

图 4-5 例 4-3 结构振型

以上给出的振型的求解公式是解耦的，不用求联立方程组，这只有当结构是层间模型时，即特征方程的系数矩阵是三对角阵时才可以实现。一般情况下，当特征方程的系数矩阵不为三对角阵时，必须解联立方程组才可获得结构的振型。

例 4-4 确定图 4-6 给出的由两个梁单元构成的结构的自振频率和自振周期，梁的弯曲刚度均为 EI。忽略轴向变形，采用集中质量法，将梁的质量集中到梁端，此时梁成为无质量梁。

解：模型的自由度选为水平梁右端的水平位移和竖向位移，如图 4-6 所示。质量矩阵为

$$[M]=\begin{bmatrix}3m & 0\\0 & m\end{bmatrix}$$

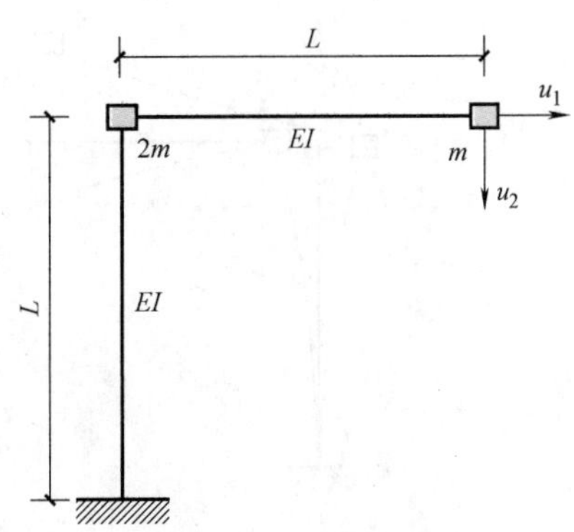

图 4-6　例 4-4 结构模型

用结构力学中的分析方法可得柔度矩阵为

$$[\delta]=\frac{L^3}{6EI}\begin{bmatrix}2 & 3\\3 & 8\end{bmatrix}$$

则刚度矩阵为

$$[K]=\frac{6EI}{7L^3}\begin{bmatrix}8 & -3\\-3 & 2\end{bmatrix}$$

运动方程的特征方程为

$$([K]-\omega^2[M])\{\phi\}=\begin{bmatrix}\dfrac{48EI}{7L^3}-3m\omega^2 & -\dfrac{18EI}{7L^3}\\-\dfrac{18EI}{7L^3} & \dfrac{12EI}{7L^3}-m\omega^2\end{bmatrix}\begin{Bmatrix}\phi_1\\\phi_2\end{Bmatrix}$$

$$=\frac{6EI}{7L^3}\begin{bmatrix}8-3\dfrac{7mL^3}{6EI}\omega^2 & -3\\-3 & 2-\dfrac{7mL^3}{6EI}\omega^2\end{bmatrix}\begin{Bmatrix}\phi_1\\\phi_2\end{Bmatrix}=\begin{Bmatrix}0\\0\end{Bmatrix}$$

令

$$\lambda=\frac{7mL^3}{6EI}\omega^2$$

则特征方程可以表示为

$$\begin{bmatrix}8-3\lambda & -3\\-3 & 2-3\lambda\end{bmatrix}\begin{Bmatrix}\phi_1\\\phi_2\end{Bmatrix}=\begin{Bmatrix}0\\0\end{Bmatrix}$$

频率方程

$$(8-3\lambda)(2-\lambda)-9=0$$
$$3\lambda^2-14\lambda+7=0$$

频率方程的两个根为

$$\lambda_1=0.5695,\quad \lambda_2=4.0972$$

将以上两根代入 $\omega=\sqrt{\dfrac{6\lambda}{7}}\cdot\sqrt{\dfrac{EI}{mL^3}}$ 得

$$\omega_1=0.6987\sqrt{\frac{EI}{mL^3}},\quad \omega_2=1.874\sqrt{\frac{EI}{mL^3}}$$

将 ω_1 和 ω_2 分别代入特征方程，并令 $\phi_1=1$，得到

$$\{\phi\}_1=\begin{Bmatrix}1\\2.097\end{Bmatrix},\quad \{\phi\}_2=\begin{Bmatrix}1\\-1.431\end{Bmatrix}$$

图 4-7 给出了本例结构的振型图。

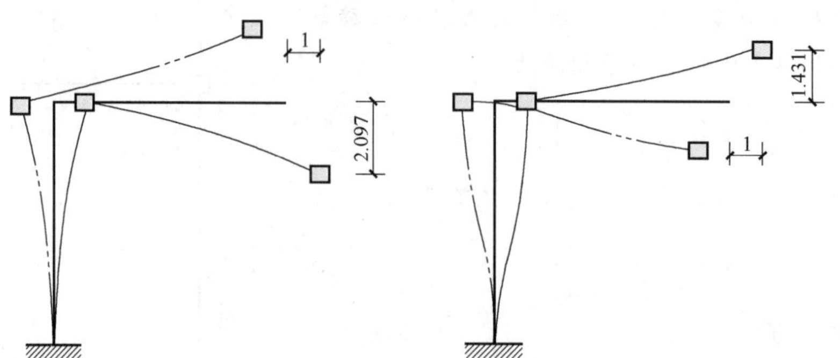

图 4-7　例 4-4 结构振型

求解结构体系的自振频率和振型也称为结构的模态分析。前面两个例题中采用的求多自由度体系自振频率和振型的方法，是一种严格的理论分析方法，当体系自由度较低时是可行的。对工程问题，可能涉及成百上千，甚至几万个自由度，此时采用矩阵行列式方法是很难开展结构的模态分析的。目前借助于计算机，已发展了多种行之有效的矩阵迭代算法。

在多自由度体系自由振动分析中发现，与单自由度结构体系相比，两者之间相同的是都存在自振频率，但多自由度体系有多个自振频率，N 个自由度的体系一般存在 N 个自振频率，新的内容是出现了振型的概念。所谓振型就是结构按某一阶自振频率振动时，结构各自由度变化的比例关系。多自由度体系的振型和频率一样，都是结构的重要特性。

先分析自振频率。当结构按某一自振频率振动时，与单自由度结构相同，结构体系的惯性力和弹性恢复力在振动的任意时刻相平衡。如果有外力作用，且外力的频率等于结构自振频率，无阻尼时，结构反应会变得无穷大；有阻尼时，由于仅靠阻尼力平衡外力，且阻尼力一般很小，结构的振动幅值会比不按自振频率振动时的结果大得多。例如，对一个地震动输入，当结构的自振频率接近地震动卓越频率时，结构动力反应大，而避开此卓越频率时，结构动力反应小。

再分析结构的振型。结构的振型是结构振动反应中最容易发生的变形形态，而一阶振型又是所有振型中最易于出现的。因而人们对振型的形态进行研究，确定其变化规律，用简单的、最接近振型的形状函数来描述动力反应时的振动形态，如基于 Rayleigh 法等对结构进行简化分析。

从上面对两自由度和多自由度振动问题的分析可以看到，自振频率和自振振型是从时间和空间两个不同的角度来刻画结构体系的运动。前者描述振动反应的时域特性，即振动循环的快慢；后者描述振动的空间特征，即振动的空间模式。对线性体系而言，时间域的反应过程可以通过不同频率的简谐运动的叠加来合成，而运动的空间模式同样可以由不同的振型叠加来组合，这表明多自由度线性体系的振动反应可以通过对各个振型运动的叠加来合成。振型的重要作用是提供了一种结构动力反应分析方法的基础，即提供了振型叠加（分解）法的基础。以振型为一种坐标基，进行坐标变换，可将多自由度体系问题分解成一系列单自由度问题，使分析大为简化。我们在学习 Fourier 级数时知道，因为 Fourier 级数具有正交性和完备性，任意连续有界的函数都可以展开成 Fourier 级数的叠加。同理，多自由度的线性体系振动的空间模式可以由不同的振型来叠加组合，这主要是由于振型所具有的特性——正交性所致。下面就从一般意义上讨论多自由度线性体系振型的正交特性，在此基础上，讨论多自由度线性体系的振型叠加法。

4.2.2 振型分析

一般情况下，式（4-27）的特征值求解问题十分复杂，对于稳定的结构体系，可得到对称、正定的质量矩阵和刚度矩阵。有时，质量矩阵可能是半正定的，为了简化计算，可以通过静力凝聚的方法将其转化为正定阵。

1. 静力凝聚问题

正如前面所讲，有时为了简化计算，可以忽略某些惯性效应不是很大的方向的动力效应，造成结构体系静、动力自由度数目不相等，也即从运动方程的角度导致质量阵成为半正定矩阵。

$$\begin{bmatrix}[M_a] & [0]\\ [0] & [0]\end{bmatrix}\begin{Bmatrix}\{\ddot{u}_a\}\\ \{\ddot{u}_b\}\end{Bmatrix}+\begin{bmatrix}[K_{aa}] & [K_{ab}]\\ [K_{ba}] & [K_{bb}]\end{bmatrix}\begin{Bmatrix}\{u_a\}\\ \{u_b\}\end{Bmatrix}=\begin{Bmatrix}\{p_a\}\\ \{p_b\}\end{Bmatrix} \tag{4-33}$$

式中，$[M_a]$ 为对称正定阵；下标 a 表示有惯性效应的那部分自由度；下标 b 表示惯性效应被忽略的那部分自由度。

展开式（4-33）有

$$[M_a]\{\ddot{u}_a\}+[K_{aa}]\{u_a\}+[K_{ab}]\{u_b\}=\{p_a\} \tag{4-34}$$

$$[K_{ba}]\{u_a\}+[K_{bb}]\{u_b\}=\{p_b\} \tag{4-35}$$

由式（4-35）可得

$$\{u_b\}=-[K_{bb}]^{-1}[K_{ba}]\{u_a\}+[K_{bb}]^{-1}\{p_b\} \tag{4-36}$$

将式（4-36）代入式（4-34）有

$$[M_a]\{\ddot{u}_a\}+([K_{aa}]-[K_{ab}][K_{bb}]^{-1}[K_{ba}])\{u_a\}+[K_{ab}][K_{bb}]^{-1}\{p_b\}=\{p_a\} \tag{4-37}$$

进一步写为

$$[M_a]\{\ddot{u}_a\}+[\overline{K}]\{u_a\}=\{\overline{p}_a\} \tag{4-38}$$

$$\begin{aligned}\{\overline{p}_a\}&=\{p_a\}-[K_{ab}][K_{bb}]^{-1}\{p_b\}\\ [\overline{K}]&=[K_{aa}]-[K_{ab}][K_{bb}]^{-1}[K_{ba}]\\ &=[K_{aa}]-[K_{ba}]^{T}[K_{bb}]^{-1}[K_{ba}]\end{aligned} \tag{4-39}$$

$[\overline{K}]$ 就是经过减缩后的刚度矩阵，这种减少体系自由度的方法称为静力凝聚法。观察式（4-38）和式（4-39），此时，$[M_a]$、$[\overline{K}]$ 保持正定、对称。

2. 振型的标准化

由于特征方程的齐次性（线性方程组是线性相关的），振型向量是不定的，要从式（4-27）中获得振型元素的绝对求解值是不可能的，只能求得振型的比值而不能确定振幅，这从上面的算例中可以看到。只有人为给定向量中的某一值，如令 $\phi_{1n}=1$，才能确定其余的值。实际求解时就是令振型向量中的某一分量取定值后才能求解。虽然令不同的分量等于不同的值，得到的振型在量值上会不一样，但其比例关系是不变的。实际上所谓振型就是结构不同点（自由度）变化时的比例关系。为此在结构动力分析中，有时需要按某一标准将振型归一化（或称标准化），给出标准振型或归一化振型。标准化的方法通常有三种：

1）特定坐标的归一化方法，指定振型向量中的某一坐标值为 1，其他元素值按比例确定。

2）最大位移值的归一化方法，将振型向量中各元素除以最大值。

3）正交归一化。令$\{\overline{\phi}\}_n=\{\phi\}_n/\sqrt{M_n}$，$M_n=\{\phi\}_n^{\mathrm{T}}[M]\{\phi\}_n$，$n=1,2,\cdots N$。

以后讲到振型正交性时发现按方法 3）定义的振型满足关于质量矩阵［M］的**内积**为 1 的条件。

下面以方法 1）为例做详细介绍。假定所有振型向量的第一个元素是单位幅值，即

$$\{\phi_{1j}\quad \phi_{2j}\quad \cdots\quad \phi_{Nj}\}^{\mathrm{T}}=\{1\quad \phi_{2j}\quad \cdots\quad \phi_{Nj}\}^{\mathrm{T}} \tag{4-40}$$

将其代入式（4-27）得

$$([K]-\omega_j^2[M])\{\phi\}_j=\{0\} \tag{4-41}$$

写成

$$\begin{bmatrix} e_{11} & e_{12} & \cdots & e_{1N} \\ e_{21} & e_{22} & \cdots & e_{2N} \\ \vdots & \vdots & \ddots & \vdots \\ e_{N1} & e_{N2} & \cdots & e_{NN} \end{bmatrix}\begin{Bmatrix} 1 \\ \phi_{2j} \\ \vdots \\ \phi_{Nj} \end{Bmatrix}=\begin{Bmatrix} 0 \\ 0 \\ \vdots \\ 0 \end{Bmatrix} \tag{4-42}$$

进一步记为

$$\begin{bmatrix} e_{11} & \{E_{1j}\}^{\mathrm{T}} \\ \{E_{01}\} & [E_{0j}] \end{bmatrix}\begin{Bmatrix} 1 \\ \{\phi_{0j}\} \end{Bmatrix}=\begin{Bmatrix} 0 \\ \{0\} \end{Bmatrix} \tag{4-43}$$

展开有

$$e_{11}+\{E_{1j}\}^{\mathrm{T}}\{\phi_{0j}\}=0 \tag{4-44}$$

$$\{E_{01}\}+[E_{0j}]\{\phi_{0j}\}=\{0\} \tag{4-45}$$

由此可得

$$\{\phi_{0j}\}=-[E_{0j}]^{-1}\{E_{01}\} \tag{4-46}$$

记 $\{\widetilde{\phi}\}_j=\begin{Bmatrix} 1 \\ \{\phi_{0j}\} \end{Bmatrix}$，则归一化振型矩阵可为

$$[\widetilde{\phi}]=[\{\widetilde{\phi}\}_1\quad \{\widetilde{\phi}\}_2\quad \cdots\quad \{\widetilde{\phi}\}_N] \tag{4-47}$$

3. 位移的振型分解

由于各振型向量是**线性独立**的，因此，自由振动的通解可表示为

$$\{u\}=q_1\{\phi\}_1+q_2\{\phi\}_2+\cdots+q_N\{\phi\}_N=[\phi]\{q\} \tag{4-48}$$

称 $\{u\}=[\phi]\{q\}$ 为坐标变换式。其中 q_1，q_2，…，q_N 为广义坐标，$\{q\}=\{q_1\quad q_2\quad \cdots\quad q_N\}^{\mathrm{T}}$。参照两自由度体系的分析推导，可知它们是正则坐标，因而振型矩阵是正则矩阵。

4. 振型的正交性

所谓**振型的正交性**，是指在多自由度体系及无限自由度体系中，任意两个不同频率的振型之间存在下述关系

$$\{\phi\}_m^{\mathrm{T}}[M]\{\phi\}_n=0\qquad (m\neq n) \tag{4-49}$$

$$\{\phi\}_m^{\mathrm{T}}[K]\{\phi\}_n=0\qquad (m\neq n) \tag{4-50}$$

式（4-49）表示**振型关于质量阵的带权正交性**，称为第一正交关系；式（4-50）表示**振**

型关于刚度阵的带权正交性，称为第二正交关系。正交性在结构动力分析中是非常有用的，它可以用 **Betti 定律证明**，前面在两个自由度体系的自由振动分析时已经介绍过这种方法，下面从另一角度来证明。

设 ω_m 是第 m 阶频率，其相应的振型为 $\{\phi\}_m$，ω_n 是第 n 阶频率，相应的振型为 $\{\phi\}_n$，它们分别满足如下关系式

$$([K]-\omega_m^2[M])\{\phi\}_m=\{0\} \tag{4-51}$$

$$([K]-\omega_n^2[M])\{\phi\}_n=\{0\} \tag{4-52}$$

现以 $\{\phi\}_n^{\mathrm{T}}$，$\{\phi\}_m^{\mathrm{T}}$ 分别左乘式（4-51）和式（4-52）有

$$\{\phi\}_n^{\mathrm{T}}([K]-\omega_m^2[M])\{\phi\}_m=0 \tag{4-53}$$

$$\{\phi\}_m^{\mathrm{T}}([K]-\omega_n^2[M])\{\phi\}_n=0 \tag{4-54}$$

注意式（4-53）和式（4-54）右端是零，故其左端也是一个数。其转置不变。对式（4-53）转置后有

$$\{\phi\}_m^{\mathrm{T}}([K]^{\mathrm{T}}-\omega_m^2[M]^{\mathrm{T}})\{\phi\}_n=0 \tag{4-55}$$

又因为 $[K]^{\mathrm{T}}=[K]$，$[M]^{\mathrm{T}}=[M]$，所以

$$\{\phi\}_m^{\mathrm{T}}([K]-\omega_m^2[M])\{\phi\}_n=0 \tag{4-56}$$

由式（4-54）减去式（4-56）有

$$(\omega_n^2-\omega_m^2)\{\phi\}_m^{\mathrm{T}}[M]\{\phi\}_n=0 \tag{4-57}$$

由于 $\omega_n\neq\omega_m$，所以必有

$$\{\phi\}_m^{\mathrm{T}}[M]\{\phi\}_n=0 \tag{4-58}$$

将式（4-58）代入式（4-54）中有

$$\{\phi\}_m^{\mathrm{T}}[K]\{\phi\}_n=0 \tag{4-59}$$

注意正交性的条件是 $[M]$、$[K]$ 矩阵是对称、正定的实矩阵。

下面检验一下例 4-3 给出的振型的正交性。在例 4-3 中，结构的质量阵和刚度阵分别为

$$[M]=\begin{bmatrix}2.0 & 0 & 0\\ 0 & 1.5 & 0\\ 0 & 0 & 1.0\end{bmatrix}$$

$$[K]=600\begin{bmatrix}5 & -2 & 0\\ -2 & 3 & -1\\ 0 & -1 & 1\end{bmatrix}$$

而振型为

$$\{\phi\}_1=\begin{Bmatrix}0.3018\\ 0.6485\\ 1\end{Bmatrix}\qquad \{\phi\}_2=\begin{Bmatrix}-0.6790\\ -0.6066\\ 1\end{Bmatrix}\qquad \{\phi\}_3=\begin{Bmatrix}2.4395\\ -2.5420\\ 1\end{Bmatrix}$$

关于质量阵的正交性，有

$$\{\phi\}_1^{\mathrm{T}}[M]\{\phi\}_2=\{0.3018\quad 0.6485\quad 1\}\begin{bmatrix}2&0&0\\0&1.5&0\\0&0&1\end{bmatrix}\begin{Bmatrix}-0.6790\\-0.6066\\1\end{Bmatrix}$$

$$=\{0.6036\quad 0.9728\quad 1\}\begin{Bmatrix}-0.6790\\-0.6066\\1\end{Bmatrix}=0.000055$$

关于刚度阵的正交性，有

$$\{\phi\}_1^{\mathrm{T}}[K]\{\phi\}_2=600\times\{0.3018\quad 0.6485\quad 1\}\begin{bmatrix}5&-2&0\\-2&3&-1\\0&-1&1\end{bmatrix}\begin{Bmatrix}-0.6790\\-0.6066\\1\end{Bmatrix}$$

$$=\{0.2120\quad 0.3419\quad 0.3015\}\begin{Bmatrix}-0.6790\\-0.6066\\1\end{Bmatrix}\times600=-0.00498\times600$$

可见振型 $\{\phi\}_1$ 和 $\{\phi\}_2$ 满足关于质量阵 $[M]$ 和刚度阵 $[K]$ 的正交条件，例中两振型关于 $[M]$ 和 $[K]$ 的内积不严格等于零，是由于数值计算的近似性引起的。

同理可以检验其他振型之间的正交性，例如

$$\{\phi\}_1^{\mathrm{T}}[M]\{\phi\}_3=0$$

$$\{\phi\}_2^{\mathrm{T}}[M]\{\phi\}_3=0$$

$$\{\phi\}_1^{\mathrm{T}}[K]\{\phi\}_3=0$$

$$\{\phi\}_2^{\mathrm{T}}[K]\{\phi\}_3=0$$

如用例4-4的结果更为简单。例4-4中结构的质量阵和刚度阵分别为

$$[M]=\begin{bmatrix}3m&0\\0&3m\end{bmatrix}=m\begin{bmatrix}3&0\\0&1\end{bmatrix}$$

$$[K]=\frac{6EI}{7L^3}\begin{bmatrix}8&-3\\-3&2\end{bmatrix}$$

而振型为

$$\{\phi\}_1=\begin{Bmatrix}1\\2.097\end{Bmatrix}\qquad\{\phi\}_2=\begin{Bmatrix}1\\-1.431\end{Bmatrix}$$

关于质量阵的正交性，有

$$\{\phi\}_1^{\mathrm{T}}[M]\{\phi\}_2=\{1\quad 2.097\}\begin{bmatrix}3&0\\0&1\end{bmatrix}\begin{Bmatrix}1\\-1.431\end{Bmatrix}m$$

$$=\{3\quad 2.097\}\begin{Bmatrix}1\\-1.431\end{Bmatrix}m=(3-3.000807)m\approx0$$

误差来自数值运算的舍入误差，是在小数点后第四位，而给出的有效数值是小数点后第三位。

关于刚度阵的正交性，有

$$\{\phi\}_1^{\mathrm{T}}[K]\{\phi\}_2=\{1\quad 2.097\}\begin{bmatrix}8 & -3\\ -3 & 2\end{bmatrix}\begin{Bmatrix}1\\ -1.431\end{Bmatrix}\left(\frac{6EI}{7L^3}\right)$$

$$=\{1.709\quad 1.194\}\begin{Bmatrix}1\\ -1.431\end{Bmatrix}\left(\frac{6EI}{7L^3}\right)$$

$$=(1.7090-1.7086)\frac{6EI}{7L^3}\approx 0$$

当进行结构振型和自振频率求解时，检验计算结果是否正确的方法之一是检验振型是否满足正交性。

如果把振型和自振频率满足的方程

$$[K]\{\phi\}_n=\omega_n^2[M]\{\phi\}_n \tag{4-60}$$

两边同时前乘 $\{\phi\}_n^{\mathrm{T}}$，则有

$$K_n=\omega_n^2 M_n \tag{4-61}$$

其中

$$K_n=\{\phi\}_n^{\mathrm{T}}[K]\{\phi\}_n,\quad M_n=\{\phi\}_n^{\mathrm{T}}[M]\{\phi\}_n$$

可以得到表达式

$$\omega_n=\sqrt{\frac{K_n}{M_n}} \tag{4-62}$$

这与单自由度体系自振频率的计算公式一样。有时称 M_n 和 K_n 为振型质量和振型刚度。

在振型的归一化方法中，有时要求归一化以后的振型满足

$$\{\bar{\phi}\}_n^{\mathrm{T}}[M]\{\bar{\phi}\}_n=1 \tag{4-63}$$

其中上标“—”代表是归一化以后的振型。

如果求得的振型 $\{\phi\}_n$ 不满足以上归一化条件，则可令

$$\{\phi\}_n=\alpha\{\bar{\phi}\}_n \tag{4-64}$$

式中，$\{\bar{\phi}\}_n$ 为归一化振型，α 为一待定常数。可以写成上式的原因是同一振型的不同表达仅相差一常数。由振型质量公式得

$$\{\phi\}_n^{\mathrm{T}}[M]\{\phi\}_n=M_n \tag{4-65}$$

而

$$\{\phi\}_n^{\mathrm{T}}[M]\{\phi\}_n=\alpha\{\bar{\phi}\}_n^{\mathrm{T}}[M]\{\bar{\phi}\}_n\alpha=\alpha^2 \tag{4-66}$$

得到

$$\alpha=\sqrt{M_n} \tag{4-67}$$

则归一化以后的振型为

$$\{\bar{\phi}\}_n=\frac{1}{\alpha}\{\phi\}_n=\{\phi\}_n/\sqrt{M_n} \tag{4-68}$$

这就是前面介绍的三种振型归一化方法中的第三种方法。

4.3　多自由度体系动力反应的振型叠加法

4.3.1　正则坐标变换

如前所述，只要坐标选择合适，就可能得到一组非耦联的多自由度体系的运动方程，这样的坐标为正则坐标。另外，振型矩阵起着将正则坐标转换成空间几何坐标的作用，它是一种坐标映射，这种映射又称为正则坐标映射（或变换）。令

$$\{u\}=[\phi]\{q\} \tag{4-69}$$

由于各振型向量是线性独立的，故 $[\phi]$ 的逆矩阵存在。

$$\{q\}=[\phi]^{-1}\{u\} \tag{4-70}$$

上述方法就是 N 维状态空间中的坐标变换法，把物理空间中的 N 个位移（分）量变换到 N 个广义坐标 $q_n(t)$ 的空间中，而振型 $\{\phi\}_n(n=1, 2, \cdots, N)$ 是坐标变换的坐标基。可以证明，对于保守系统（无能量交换），N 个独立的振型是完备的，即任何结构振动位移的形态都可以用其 N 个振型线性表示。式（4-69）表示位移可以用振型展开。

广义坐标 $q_n(t)$（$n=1, 2, \cdots, N$）也称为正规坐标，或振型坐标。当 $\{u\}$ 为位移时，$q_n(t)$ 也称为振型位移，而 $\dot{q}_n(t)$ 和 $\ddot{q}_n(t)$ 则为振型速度和振型加速度。

对于任意一个位移向量 $\{u\}$，当用振型来展开时，可以利用振型的正交性来获得振型坐标的值。例如，对位移 $\{u\}$ 的振型展开式两边同时左乘 $\{\phi\}_n^{\mathrm{T}}[M]$，得到

$$\{\phi\}_n^{\mathrm{T}}[M]\{u\}=\{\phi\}_n^{\mathrm{T}}[M]\{\phi\}_1 q_1+\{\phi\}_n^{\mathrm{T}}[M]\{\phi\}_2 q_2+\cdots+\{\phi\}_n^{\mathrm{T}}[M]\{\phi\}_N q_N \tag{4-71}$$

根据振型的正交性，上式右端的 N 项公式中，只有第 n 项不等于零，则

$$\{\phi\}_n^{\mathrm{T}}[M]\{u\}=\{\phi\}_n^{\mathrm{T}}[M]\{\phi\}_n q_n \tag{4-72}$$

则

$$q_n=\frac{\{\phi\}_n^{\mathrm{T}}[M]\{u\}}{\{\phi\}_n^{\mathrm{T}}[M]\{\phi\}_n}=\frac{\{\phi\}_n^{\mathrm{T}}[M]\{u\}}{M_n} \tag{4-73}$$

将 n 从1取到 N，则可得到 N 个振型坐标 $q_n(t)$（$n=1, 2, \cdots, N$）的值。

利用以上公式就可以得到相应于各振型的振型坐标 q_n。

例如，对于例4-3

$$[M]=\begin{bmatrix}2.0 & 0 & 0\\ 0 & 1.5 & 0\\ 0 & 0 & 1.0\end{bmatrix},\quad \{\phi\}_1=\begin{Bmatrix}0.3018\\ 0.6485\\ 1\end{Bmatrix}$$

$$\{\phi\}_2=\begin{Bmatrix}-0.6790\\ -0.6066\\ 1\end{Bmatrix},\quad \{\phi\}_3=\begin{Bmatrix}2.4395\\ -2.5420\\ 1\end{Bmatrix}$$

若将位移向量 $\{u\}=\{1\quad 1\quad 1\}^{\mathrm{T}}$ 用振型展开，则振型坐标为

$$q_1=\frac{\{0.3018\quad 0.6485\quad 1\}\begin{bmatrix}2.0&0&0\\0&1.5&0\\0&0&1.0\end{bmatrix}\begin{Bmatrix}1\\1\\1\end{Bmatrix}}{\{0.3018\quad 0.6485\quad 1\}\begin{bmatrix}2.0&0&0\\0&1.5&0\\0&0&1.0\end{bmatrix}\begin{Bmatrix}0.3018\\0.6485\\1\end{Bmatrix}}=\frac{2.5764}{1.8130}=1.4211$$

$$q_2=\frac{\{-0.6790\quad -0.6066\quad 1\}\begin{bmatrix}2.0&0&0\\0&1.5&0\\0&0&1.0\end{bmatrix}\begin{Bmatrix}1\\1\\1\end{Bmatrix}}{\{-0.6790\quad -0.6066\quad 1\}\begin{bmatrix}2.0&0&0\\0&1.5&0\\0&0&1.0\end{bmatrix}\begin{Bmatrix}-0.6790\\-0.6066\\1\end{Bmatrix}}=\frac{-1.2679}{2.4740}=-0.5125$$

$$q_3=\frac{\{2.4395\quad -2.5420\quad 1\}\begin{bmatrix}2.0&0&0\\0&1.5&0\\0&0&1.0\end{bmatrix}\begin{Bmatrix}1\\1\\1\end{Bmatrix}}{\{2.4395\quad -2.5420\quad 1\}\begin{bmatrix}2.0&0&0\\0&1.5&0\\0&0&1.0\end{bmatrix}\begin{Bmatrix}2.4395\\-2.5420\\1\end{Bmatrix}}=\frac{2.0660}{22.5950}=0.0914$$

验证：

$$\sum_{n=1}^{3}\{\phi\}_n q_n=\begin{Bmatrix}0.3018\\0.6485\\1\end{Bmatrix}\times 1.4211+\begin{Bmatrix}-0.6790\\-0.6066\\1\end{Bmatrix}\times(-0.5125)+\begin{Bmatrix}2.4395\\-2.5420\\1\end{Bmatrix}\times 0.0914$$

$$=\begin{Bmatrix}0.9998\\1.0001\\1.0000\end{Bmatrix}$$

从以上分析看到，结构任一位移反应（状态）都可以用振型展开。这样，求解多自由度体系的位移反应问题，可以转化为求振型坐标问题。从上面求振型坐标的公式可以发现，利用振型的正交性，可使求振型坐标问题解耦，计算公式各自独立，即可以将耦联的 N 个自由度问题化为 N 个独立的单自由度问题进行求解。

4.3.2　无阻尼体系动力反应的振型叠加法

无阻尼多自由度体系的强迫振动方程为

$$[M]\{\ddot{u}\}+[K]\{u\}=\{p\} \tag{4-74}$$

首先将位移 $\{u\}$ 按振型展开，也即做正则坐标变换

$$\{u\}=[\phi]\{q\}$$

将上式代入式（4-74）有

$$[M][\phi]\{\ddot{q}\}+[K][\phi]\{q\}=\{p\} \tag{4-75}$$

左乘 $[\phi]^{\mathrm{T}}$，变为

$$[\phi]^{\mathrm{T}}[M][\phi]\{\ddot{q}\}+[\phi]^{\mathrm{T}}[K][\phi]\{q\}=[\phi]^{\mathrm{T}}\{p\} \tag{4-76}$$

展开式（4-76），再由振型的正交性有：$[\phi]^{\mathrm{T}}[M][\phi]$ 和 $[\phi]^{\mathrm{T}}[K][\phi]$ 是对角阵，其对角线元素为

$$\{\phi\}_n^{\mathrm{T}}[M]\{\phi\}_n=M_n$$

$$\{\phi\}_n^{\mathrm{T}}[K]\{\phi\}_n=K_n$$

再记

$$p_n=\{\phi\}_n^{\mathrm{T}}\{p\} \tag{4-77}$$

M_n、K_n、p_n 分别称为振型质量、振型刚度和振型荷载，于是有

$$M_n\ddot{q}_n+K_nq_n=p_n\quad(n=1,2,\cdots,N) \tag{4-78}$$

这是第 n 阶振型的单自由度方程，求得各时刻的 $q_n(t)$ 后，就可由式（4-69）求得体系的空间坐标值。

振型坐标表示的运动方程式（4-78）两边同除 M_n 得

$$\ddot{q}_n(t)+\omega_n^2q_n(t)=\frac{1}{M_n}p_n(t)\quad(n=1,2,\cdots,N) \tag{4-79}$$

这是 N 个非耦联的单自由度体系的强迫振动方程，可以用单自由度受任意荷载时的分析方法求解，如用 Duhamel 积分、Fourier 变换等。若用 Duhamel 积分，可得

$$q_n(t)=\frac{1}{M_n\omega_n}\int_0^t p_n(\tau)\sin[\omega_n(t-\tau)]\mathrm{d}\tau,\ (n=1,2,\cdots,N) \tag{4-80}$$

求得 $q_n(t)$ 后，利用式

$$\{u(t)\}=\sum_{n=1}^{N}\{\phi\}_nq_n(t) \tag{4-81}$$

将 N 个振型反应叠加，可以得到多自由度体系在任一时刻的位移 $\{u(t)\}$。如果外力是简谐荷载或其他周期性荷载，则可以用前面讲的有关公式得到解（如利用动力放大系数 R_{d} 等）。

以上分析方法叫作振型叠加法，有时也称为振型分解法。用 Duhamel 积分得到的解是满足零初始条件时的特解，当有非零初始条件时，需计算初始条件引起的通解，即体系的自由振动。此时可以把初始条件也用振型展开，即直接利用公式 $\{u(t)\}=\sum_{n=1}^{N}\{\phi\}_nq_n(t)$ 得到用振型坐标表示的初始位移条件

$$\{u(0)\}=\sum_{n=1}^{N}\{\phi\}_nq_n(0) \tag{4-82}$$

和初始速度条件

$$\{\dot{u}(0)\}=\sum_{n=1}^{N}\{\phi\}_n\dot{q}_n(0) \tag{4-83}$$

将以上两式左乘 $\{\phi\}_n^{\mathrm{T}}[M]$（$n=1$，2，…，$N$）并利用振型的正交性，有

$$\left.\begin{aligned}q_n(0)&=\frac{\{\phi\}_n^{\mathrm{T}}[M]\{u(0)\}}{M_n}\\ \dot{q}_n(0)&=\frac{\{\phi\}_n^{\mathrm{T}}[M]\{\dot{u}(0)\}}{M_n}\end{aligned}\right\} \tag{4-84}$$

得到以振型坐标表示的初始条件后，可直接根据单自由度体系自由振动的解式，得到由初始条件引起的各广义坐标的自由振动 $q_n^0(t)$：

$$q_n^0(t)=q_n(0)\cos\omega_n t+\frac{\dot{q}_n(0)}{\omega_n}\sin\omega_n(t) \tag{4-85}$$

由初始条件引起的体系的自由振动 $\{u^0(t)\}$ 为

$$\{u^0(t)\}=\sum_{n=1}^{N}\{\phi\}_n q_n^0(t) \tag{4-86}$$

将强迫振动引起的振动和初始条件引起的振动叠加，就得到结构反应完整的解，即

$$\{u^t(t)\}=\{u^0(t)\}+\{u(t)\}=\sum_{n=1}^{N}\{\phi\}_n[q_n^0(t)+q_n(t)] \tag{4-87}$$

4.3.3　有阻尼体系动力反应的振型叠加法

有阻尼多自由度体系强迫振动的运动方程为

$$[M]\{\ddot{u}\}+[C]\{\dot{u}\}+[K]\{u\}=\{p\} \tag{4-88}$$

设 $[\phi]$ 为式（4-88）无阻尼自由振动方程的振型矩阵。仍做下列坐标变换

$$\{u\}=[\phi]\{q\}$$

将上式代入式（4-88）

$$[M][\phi]\{\ddot{q}\}+[C][\phi]\{\dot{q}\}+[K][\phi]\{q\}=\{p\} \tag{4-89}$$

左乘 $[\phi]^{\mathrm{T}}$ 有

$$[\phi]^{\mathrm{T}}[M][\phi]\{\ddot{q}\}+[\phi]^{\mathrm{T}}[C][\phi]\{\dot{q}\}+[\phi]^{\mathrm{T}}[K][\phi]\{q\}=[\phi]^{\mathrm{T}}\{p\} \tag{4-90}$$

由前面所学可知，$[\phi]^{\mathrm{T}}[M][\phi]$，$[\phi]^{\mathrm{T}}[K][\phi]$为对角矩阵。但是与阻尼 $[C]$ 有关的$[\phi]^{\mathrm{T}}[C][\phi]$一般来讲不能保证是对角阵。因此，式（4-90）虽无质量和刚度耦联，却依然存在阻尼（速度）耦联，不能对全部坐标实行解耦，这意味着当体系存在阻尼时，按式（4-70）定义的新坐标通常不是正则坐标。

但为了分析方便，往往可以忽略式（4-90）中的速度耦联项，而把 $[\phi]^{\mathrm{T}}[C][\phi]$ 近似地看作是对角阵

$$[\phi]^{\mathrm{T}}[C][\phi]=\begin{bmatrix} C_1 & & & 0 \\ & C_2 & & \\ & & \ddots & \\ 0 & & & C_n \end{bmatrix} \tag{4-91}$$

这种关于阻尼的假定称为解耦假定。

1. 经典阻尼

满足振型正交条件的阻尼称为经典阻尼，即振型关于阻尼阵满足

$$\{\phi\}_m^{\mathrm{T}}[C]\{\phi\}_n=0\quad(m\neq n)$$

式（4-91）中的主对角元素为

$$C_n=\{\phi\}_n^{\mathrm{T}}[C]\{\phi\}_n\qquad(n=1,2,\cdots N) \tag{4-92}$$

于是有

$$M_n\ddot{q}_n+C_n\dot{q}_n+K_nq_n=p_n \qquad (n=1,2,\cdots,N) \tag{4-93}$$

式中，C_n 为正则阻尼系数。

令 ζ_n 为相应于第 n 阶振型的阻尼比，则有

$$C_n=2\zeta_n\omega_nM_n \tag{4-94}$$

于是

$$\ddot{q}_n+2\zeta_n\omega_n\dot{q}_n+\omega_n^2q_n=\frac{1}{M_n}p_n \qquad (n=1,2,\cdots,N) \tag{4-95}$$

为获得具有正交性的阻尼阵，可以采用 Rayleigh 阻尼

$$[C]=a_0[M]+a_1[K] \tag{4-96}$$

式中，a_0、a_1 为由试验测定的任意两阶振型阻尼比确定的经验系数。

式（4-95）为有阻尼单自由度体系在外荷载作用下的标准运动方程，可以采用在单自由度动力反应分析中的有关方法进行计算，如可以采用 Duhamel 积分法求解，即

$$q_n(t)=\int_0^t p_n(\tau)h_n(t-\tau)\mathrm{d}\tau=\frac{1}{M_n\omega_{\mathrm{D}n}}\int_0^t p_n(\tau)\mathrm{e}^{-\zeta_n\omega_n(t-\tau)}\sin\omega_{\mathrm{D}n}(t-\tau)\mathrm{d}\tau \tag{4-97}$$

$$\omega_{\mathrm{D}n}=\omega_n\sqrt{1-\zeta_n^2} \tag{4-98}$$

而单位脉冲反应函数

$$h_n(t-\tau)=\frac{1}{M_n\omega_{\mathrm{D}n}}e^{-\zeta_n\omega_n(t-\tau)}\sin\omega_{\mathrm{D}n}(t-\tau) \tag{4-99}$$

若考虑非零初始条件 $\{u(0)\}$ 和 $\{\dot{u}(0)\}$，则由式（4-84）可确定 $q_n(0)$ 和 $\dot{q}_n(0)$

$$q_n(0)=\frac{\{\phi\}_n^{\mathrm{T}}[M]\{u(0)\}}{M_n}, \qquad \dot{q}_n(0)=\frac{\{\phi\}_n^{\mathrm{T}}[M]\{\dot{u}(0)\}}{M_n}$$

由非零初始条件引起的自由振动解为（以振型坐标表示）

$$q_n^0(t)=e^{-\zeta_n\omega_nt}\left[q_n(0)\cos\omega_{\mathrm{D}n}t+\frac{\dot{q}_n(0)+\zeta_n\omega_nq_n(0)}{\omega_{\mathrm{D}n}}\sin\omega_{\mathrm{D}n}t\right] \tag{4-100}$$

问题的全解为

$$\{u(t)\}=\sum_{n=1}^{N}\{\phi\}_n[q_n^0(t)+q_n(t)] \tag{4-101}$$

如果采用频域分析方法，当振型阻尼比 $\zeta_n<1$ 时，特解（直接由外荷载引起的反应）可表示为

$$q_n(t)=\frac{1}{2\pi}\int_{-\infty}^{\infty}H_n(\mathrm{i}\omega)P_n(\omega)e^{\mathrm{i}\omega t}\mathrm{d}\omega \tag{4-102}$$

其中

$$P_n(\omega)=\int_{-\infty}^{\infty}p_n(t)e^{-\mathrm{i}\omega t}\mathrm{d}t \tag{4-103}$$

为振型荷载的 Fourier 谱

$$H_n(\mathrm{i}\omega)=\frac{1}{K_n}\frac{1}{[1-(\omega/\omega_n)^2]+\mathrm{i}[2\zeta_n(\omega/\omega_n)]} \tag{4-104}$$

为复频反应函数，而 $K_n=\omega_n^2M_n$ 为振型刚度。

如果存在非零初始条件，则采用与上面类似的方法可以得到由初始条件引起的各广义坐标表示的自由振动，再利用振型叠加公式，可以得到位移的时域解。

如果外荷载向量 $\{p(t)\}$ 为简谐荷载，例如，$\{p(t)\}=\{p_0\}\sin\omega t$，其中 $\{p_0\}$ 为常向量，即简谐外力的幅值向量。则可以采用单自由度体系在简谐荷载作用下的动力反应分析方法进行求解。振型坐标运动方程为

$$\ddot{q}_n(t)+2\zeta_n\omega_n\dot{q}_n(t)+\omega_n^2 q_n(t)=\frac{p_{0n}}{M_n}\sin\omega t \tag{4-105}$$

$$p_{0n}=\{\phi\}_n^{\mathrm{T}}\{p_0\} \tag{4-106}$$

则振型反应为

$$q_n=u_{0n}\sin(\omega t-\theta_n) \tag{4-107}$$

其中

$$u_{0n}=\frac{p_{0n}}{K_n}R_{\mathrm{d}n} \tag{4-108}$$

$$R_{\mathrm{d}n}=\frac{1}{\sqrt{[1-(\omega/\omega_n)^2]^2+[2\zeta_n(\omega/\omega_n)]^2}} \tag{4-109}$$

$$\theta_n=\arctan\frac{2\zeta_n(\omega/\omega_n)}{1-(\omega/\omega_n)^2} \tag{4-110}$$

$R_{\mathrm{d}n}$ 为相应于第 n 阶自振频率的动力放大系数，称为**振型反应的动力放大系数**。

从以上分析可以看出，对于满足阻尼正交条件的结构体系，当采用振型叠加法分析时，多自由度体系的动力反应问题即转化为一系列单自由度体系的动力反应问题，并可以考虑初始条件的影响。此时在单自由度体系分析中采用的各种分析方法都可以用于计算分析多自由度体系的动力反应问题，使问题的分析得到极大简化，计算效率也会得到较大提高，因为求解 N 个独立的方程比求解一个 N 阶联立的方程组要简便得多。

对于自由度很多的结构，如具有上万个自由度的大型结构体系，计算全部的特征值（自振频率）和特征向量（振型）是不需要或者说是不可能的，因为需花费的计算时间太多，即便是求解几万个独立运动方程所需的时间也相当多，因为每个方程的解都对应一个时间函数。计算中发现，对于多自由度体系的动力反应问题，高阶振型反应对结构总体反应的影响极小，而低阶振型反应的影响较大。在振型叠加法分析中，实际上并不需要采用所有的振型进行计算，因为高阶振型的影响极小，仅取前有限项振型即可以取得精度良好的计算结果。例如，对于具有 4 万个自由度的超高层结构的地震反应，仅取前 30 阶振型就可以达到所需的精度。抗震规范规定，一般情况下，仅保证在一个振动方向上有前三阶振型就可以。因此振型叠加法大大加快了计算速度，但对于一些大型的特殊结构，如悬索桥，可能需要使用上百个振型才可以取得令人满意的计算结果。

虽然振型叠加法有计算速度快、节省时间等突出的优点，但也存在局限性。主要局限是由于采用了叠加原理，因而原则上仅适用于分析线弹性问题，限制了使用范围；第二个局限是由于要求阻尼正交，对实际工程中存在的大量不满足阻尼正交条件的问题，迫使采用额外的处理方法，近似处理方法包括采用正交阻尼代替非正交阻尼，或采用复模态方法，但复模态分析将使问题的维数扩大一倍。

针对这两个问题近期已取得一些新的进展：

1）关于线性限制：目前已把振型叠加方法推广用于处理非线性问题，如SAP2000。但计算中要采用比线弹性问题更多的振型。

2）关于非正交阻尼限制：除对阻尼进行近似处理（正交化）或复模态方法外，还发展了迭代算法。

2. 非经典阻尼

不满足振型正交条件的阻尼称为非经典阻尼。当结构的振型不满足关于阻尼阵正交条件时，用振型叠加法，或说采用振型坐标变换后得到的方程是一组耦合的运动方程，而不是前面所介绍的满足阻尼正交条件时得到的非耦合的一系列单自由度的运动方程。这时若直接采用以振型坐标表示的运动方程求解，即采用振型叠加法求解时必须考虑耦合项的影响。但若仅采用前有限阶振型展开，可以把 N 个多自由度问题化为用更少振型坐标表示的小规模多自由度问题。

采用前 L 阶振型展开

$$\{u\} = \sum_{n=1}^{L} \{\phi\}_n q_n(t) \tag{4-111}$$

其中 $L<N$，比如，当 $N=40000$ 时，可取 $L=30\sim100$。

用 $\{\phi\}_n^{\mathrm{T}}(n=1, 2, \cdots, L)$ 左乘用振型坐标展开后的运动方程，得

$$\sum_{m=1}^{L} \{\phi\}_n^{\mathrm{T}}([M]\{\phi\}_m \ddot{q}_m(t) + [C]\{\phi\}_m \dot{q}_m(t) + [K]\{\phi\}_m q_m(t)) = \{\phi\}_n^{\mathrm{T}}\{p(t)\} \tag{4-112}$$

化简后得

$$M_n \ddot{q}_n(t) + \sum_{m=1}^{L} \{\phi\}_n^{\mathrm{T}}[C]\{\phi\}_m \dot{q}_n(t) + K_n q_n(t) = p_n(t) \qquad n = 1,2,\cdots,L$$

表示成矩阵的形式：

$$\begin{bmatrix} M_{11} & 0 & \cdots & 0 \\ 0 & M_{22} & \cdots & 0 \\ \vdots & \vdots & & \vdots \\ 0 & 0 & \cdots & M_{LL} \end{bmatrix} \begin{Bmatrix} \ddot{q}_1 \\ \ddot{q}_2 \\ \vdots \\ \ddot{q}_L \end{Bmatrix} + \begin{bmatrix} C_{11} & C_{12} & \cdots & C_{1L} \\ C_{21} & C_{22} & \cdots & C_{2L} \\ \vdots & \vdots & & \vdots \\ C_{L1} & C_{L2} & \cdots & C_{LL} \end{bmatrix} \begin{Bmatrix} \dot{q}_1 \\ \dot{q}_2 \\ \vdots \\ \dot{q}_L \end{Bmatrix} +$$

$$\begin{bmatrix} K_{11} & 0 & \cdots & 0 \\ 0 & K_{22} & \cdots & 0 \\ \vdots & \vdots & & \vdots \\ 0 & 0 & \cdots & K_{LL} \end{bmatrix} \begin{Bmatrix} q_1 \\ q_2 \\ \vdots \\ q_L \end{Bmatrix} = \begin{Bmatrix} p_1(t) \\ p_2(t) \\ \vdots \\ p_L(t) \end{Bmatrix} \tag{4-113}$$

其中

$$M_{nn} = \{\phi\}_n^{\mathrm{T}}[M]\{\phi\}_n = M_n,\ C_{mn} = \{\phi\}_m^{\mathrm{T}}[C]\{\phi\}_n$$

$$K_{nn} = \{\phi\}_n^{\mathrm{T}}[K]\{\phi\}_n = K_n,\ p_n(t) = \{\phi\}_n^{\mathrm{T}}\{p(t)\}$$

式（4-113）虽然仍是一个耦联的方程组，但是一个低阶方程组，因此可以使计算量大为降低。

Duhamel 积分已经不再适合对式（4-113）的求解，可以采用频域分析方法（Fourier 变换）或时域的逐步积分法求解。

在采用时域逐步积分法时也可以采用迭代算法避免求解联立方程组，此时把阻尼力项移到方程的右端，当作已知的外荷载，则可以得到解耦的方程（形式上解耦的）

$$M_n \ddot{q}_n(t) + K_n q_n(t) = p_n(t) - \sum_{m=1}^{L} C_{mn} \dot{q}_m \quad (n = 1, 2, \cdots, L) \tag{4-114}$$

对上式采用时域逐步积分法计算，在求解的每一步中采用迭代法，可以得到满足所给定精度要求的解，从而避免了求解联立方程组。

另外一种求解阻尼不满足正交条件的方法是采用复模态分析法，这里的模态分析等同于振型分析，在英语中是同一个词。

复模态分析是将运动方程改写成状态方程。首先介绍一下状态变量。状态变量是用来描述体系状态的一组变量，对于一般的线性动力系统，其任一时刻的状态可用该时刻的位移和速度来表示，则位移和速度就构成该体系的状态变量。开始时刻的值称为初态，即体系的初始条件。

阻尼体系自由振动方程为

$$[M]\{\ddot{u}\} + [C]\{\dot{u}\} + [K]\{u\} = \{0\} \tag{4-115}$$

而状态变量为

$$\{y\} = \begin{Bmatrix} \{u\} \\ \{\dot{u}\} \end{Bmatrix} \tag{4-116}$$

状态变量对时间的导数

$$\{\dot{y}\} = \begin{Bmatrix} \{\dot{u}\} \\ \{\ddot{u}\} \end{Bmatrix} \tag{4-117}$$

再补充恒等式

$$[M]\{\dot{u}\} - [M]\{\dot{u}\} = \{0\} \tag{4-118}$$

阻尼体系自由振动方程化为状态方程

$$[\overline{M}]\{\dot{y}\} + [\overline{K}]\{y\} = \{0\} \tag{4-119}$$

其中

$$[\overline{M}] = \begin{bmatrix} [C] & [M] \\ [M] & [0] \end{bmatrix} \qquad [\overline{K}] = \begin{bmatrix} [K] & [0] \\ [0] & -[M] \end{bmatrix}$$

状态方程（4-119）与无阻尼体系自由振动方程的形式完全一样。对状态方程（4-119）可以同样分析其特征值和特征向量，即自振频率和振型，而其振型也满足关于 $[\overline{M}]$ 和 $[\overline{K}]$ 的正交性，可以用振型叠加法求解以状态方程表示的有阻尼强迫振动问题，并得到解耦的独立方程。

复模态分析的特点：

1）$[\overline{M}]$ 和 $[\overline{K}]$ 是 $2N$ 阶矩阵，因而特征值分析时，需要花费更多的时间。

2）自振频率和振型（模态）都是复数。

3）采用复模态的阵型叠加法进行结构动力反应分析要花费的时间更多。

4.4 结构中的阻尼和阻尼矩阵的构造

阻尼不但对结构的动力反应有重要的影响，对计算方法也产生影响。因而结构动力学中阻尼是一个重要的研究课题，目前已经发展了很多阻尼理论和构造结构阻尼矩阵的方法。但试图通过从结构的尺度、结构构件尺寸、结构材料阻尼的性质出发，像构造结构刚度矩阵或质量矩阵那样直接构造阻尼矩阵是不现实的（虽然也有人给出从材料阻尼系数开始计算阻尼矩阵的公式）。对连续介质尚可以考虑，但对处理建筑结构则问题较大，这是由于对于结构而言，除材料本身外，构件间摩擦也是阻尼的重要来源，对此很难用理论方法确定。结构的阻尼一般都是通过实测得到的，通过统计分析得到不同类型结构的阻尼值。由实测得到的阻尼值一般都是以振型阻尼比的形式给出的，如采用前面讲的半功率点法进行分析确定。

振型阻尼比（Modal damping ratios）为对应于第 n 阶振型反应的阻尼比，记为 ζ_n。从模拟精度来讲，一般情况下，用振型阻尼比来描述结构线弹性反应中的阻尼性质是足够的。

下面先通过一个实际例子介绍一下结构的阻尼，从中可以发现结构阻尼比的大小并不是固定值，而是与结构振动的幅值有关；然后介绍阻尼矩阵的构造，主要是 Rayleigh 阻尼；最后介绍非经典阻尼的构造。

4.4.1 阻尼实测的例子

在 Chopra 的《结构动力学》一书中给出了一个典型的结构阻尼测量的实例——加州理工学院 Millikan 图书馆阻尼比的测量。该图书馆为九层钢筋混凝土结构，建于 1966—1967 年，结构尺寸为 21m×23m×44m（高）。建筑进行了起振机简谐振动试验（采用半功率点法）。经历了 Lytle Creek 地震（1970.12），$M=5.4$，震中距为 64km；旧金山地震（1971.9），$M=6.4$，震中距为 30km。

在建筑中都得到了实际地震记录（屋顶和基底）。由起振机振动试验和两次实际地震得到的结构的阻尼比列于表 4-1 中。

表 4-1 Millikan Library 的自振周期和振型阻尼比

方向	震源	加速度峰值/g	一阶振型		二阶振型	
			T_1/s	ζ_1(%)	T_2/s	ζ_2(%)
南北向	起振机	0.005~0.02	0.51~0.53	1.2~1.8	没测	没测
	Lytle Creek 地震	0.05	0.52	2.9	0.12	1.0
	旧金山地震	0.312	0.62	6.4	0.13	4.7
东西向	起振机	0.003~0.017	0.66~0.68	0.7~1.5	数据不可靠	数据不可靠
	Lytle Creek 地震	0.035	0.71	2.2	0.18	3.6
	旧金山地震	0.348	0.98	7.0	0.2	5.9

从以上实测结果可以发现：

结构的自振周期和振型阻尼比随振幅的不同而变化，随着振动强度的增大，自振周期变长，振型阻尼比变大。但自振周期的变化小于振型阻尼比的变化。

微振时，阻尼比较小，为 1%~2%；微、小振（震）时，阻尼比达 3%；小、中振

(震) 时，阻尼比可达 5%~7%。

一般当我们做结构的动力反应分析时，除在机器基础等设计时涉及微振外，大部分都涉及小、中振（震）分析，因此一般取钢筋混凝土阻尼比为 5%。

从以上结果也看到，不同振型阻尼比是有差别的。

以上仅是一个具体的例子，其中也存在一定误差，但在用实际地震记录推算结构阻尼比方面，仍不失为一个很典型的、具有普遍意义的例子。

上面仅给出了一个定性的分析，下面给出一个定量化的结果。表 4-2 给出一般情况下工程中钢筋混凝土结构和木结构阻尼比的推荐值。

表 4-2　阻尼比推荐值

应力水平	结构类型和构造	阻尼比 ζ(%)
工作应力不超过 1/2 屈服点	预应力混凝土结构 质量好的钢筋混凝土结构 (仅有微裂缝)	2~3
	有一定裂纹的钢筋混凝土	3~5
	钉或螺栓连接的木结构	5~7
接近屈服点	预应力钢筋混凝土(无全部损失预应力)	5~7
	预应力钢筋混凝土(预应力已损失)	7~10
	钢筋混凝土	7~10
	螺栓连接的木结构 钉连接的木结构	10~15 15~20

注：表中取值限于线弹性范围。

4.4.2　Rayleigh 阻尼

Rayleigh 阻尼形式简单、构造方便，因而在结构动力分析中得到了广泛应用。

Rayleigh 阻尼假设结构的阻尼矩阵是质量矩阵和刚度矩阵的组合，即

$$[C]=a_0[M]+a_1[K] \tag{4-120}$$

式中，a_0 和 a_1 是两个比例系数，分别具有 s^{-1} 和 s 的量纲。

在前一节内容中已讲，结构的振型是关于质量矩阵和刚度矩阵正交的，很容易想到，质量矩阵和刚度矩阵的线性组合必定满足正交条件，因此 Rayleigh 阻尼是一种正交阻尼。满足振型正交条件的阻尼也称为经典阻尼。式（4-120）中，a_0 和 a_1 是两个待定常数，可以用实际测量得到的结构阻尼比来确定（实测可直接给出结构的振型阻尼比），或通过给定的两个振型阻尼比的值来确定，为此要把式（4-120）化成由阻尼比表示的形式。

将式（4-120）分别左乘振型的转置 $\{\phi\}_n^{\mathrm{T}}$ 和右乘振型 $\{\phi\}_n$ 得

$$C_n=a_0M_n+a_1K_n \tag{4-121}$$

式中，C_n、M_n、K_n 分别是第 n 阶振型的阻尼系数、振型质量和振型刚度，其表达式为

$$C_n=\{\phi\}_n^{\mathrm{T}}[C]\{\phi\}_n$$
$$M_n=\{\phi\}_n^{\mathrm{T}}[M]\{\phi\}_n$$
$$K_n=\{\phi\}_n^{\mathrm{T}}[K]\{\phi\}_n$$

如果假设结构体系的阻尼满足正交条件，并采用振型叠加法求解，则不必构造整体阻尼矩阵，而直接采用振型阻尼比 ζ_n 即可，因为实际结构阻尼测量中都是直接给出阻尼比。构造整体阻尼矩阵的目的是用于时域逐步积分分析，这时满足正交条件的假设，或称采用 Rayleigh 阻尼的目的，一是矩阵构造方便；二是用正交条件来确定系数 a_0、a_1。

将公式

$$C_n = 2\zeta_n\omega_n M_n;\quad \omega_n^2 = K_n/M_n$$

代入式（4-121）得

$$\zeta_n = \frac{a_0}{2\omega_n} + \frac{a_1\omega_n}{2} \tag{4-122}$$

如果给定任意两个振型阻尼比 ζ（自振频率是已知的）分别代入上式，即得到关于系数 a_0 和 a_1 的两个线性代数方程组，可以解得 a_0 和 a_1，则 Rayleigh 阻尼也就确定了，假设第 i 阶和第 j 阶振型阻尼比 ζ_i 和 ζ_j 给定，可写出计算 a_0 和 a_1 的矩阵形式

$$\frac{1}{2}\begin{bmatrix} \dfrac{1}{\omega_i} & \omega_i \\ \dfrac{1}{\omega_j} & \omega_j \end{bmatrix}\begin{Bmatrix} a_0 \\ a_1 \end{Bmatrix} = \begin{Bmatrix} \zeta_i \\ \zeta_j \end{Bmatrix} \tag{4-123}$$

对式（4-123）给出的二元一次方程组，可以直接给出其解析表达式

$$\begin{Bmatrix} a_0 \\ a_1 \end{Bmatrix} = \frac{2\omega_i\omega_j}{\omega_j^2-\omega_i^2}\begin{bmatrix} \omega_j & -\omega_i \\ -\dfrac{1}{\omega_j} & \dfrac{1}{\omega_i} \end{bmatrix}\begin{Bmatrix} \zeta_i \\ \zeta_j \end{Bmatrix} \tag{4-124}$$

当振型阻尼比 $\zeta_i=\zeta_j=\zeta$ 时，式（4-124）简化为

$$\begin{Bmatrix} a_0 \\ a_1 \end{Bmatrix} = \frac{2\zeta}{\omega_i+\omega_j}\begin{Bmatrix} \omega_i\omega_j \\ 1 \end{Bmatrix} \tag{4-125}$$

采用以上公式，经过简单的运算就可以得到进行结构动力反应计算所需的阻尼矩阵。为保证构造的阻尼矩阵合理、可靠，在确定 Rayleigh 阻尼的常数 a_0 和 a_1 时，必须遵循一定的原则，否则构造的阻尼矩阵可能导致计算结果的严重失真。为此，下面分析 Rayleigh 阻尼的特点。

将 Rayleigh 阻尼分成两项，一项与质量（矩阵）成正比，一项与刚度（矩阵）成正比，即

$$[C] = [C_M] + [C_K] \tag{4-126}$$

式中，$[C_M] = a_0[M]$；$[C_K] = a_1[K]$。

相应地，阻尼比也分成两项，与质量成正比项 ζ_M 和与刚度成正比项 ζ_K，即

$$\zeta_n = \zeta_M + \zeta_K \tag{4-127}$$

式中，$\zeta_M = \dfrac{a_0}{2\omega_n}$；$\zeta_K = \dfrac{a_1\omega_n}{2}$。

当常数 a_0 和 a_1 确定后，ζ_M 和 ζ_K 仅与 ω_n 有关，图 4-8 给出了阻尼比随频率 ω_n 的变化规律曲线。

由图 4-8a 可见，振型阻尼比中与质量成正比的部分，当频率趋于零时，变得无穷大，

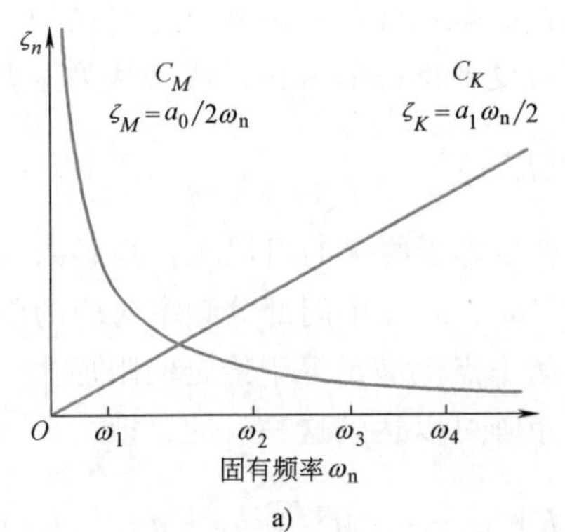

a)

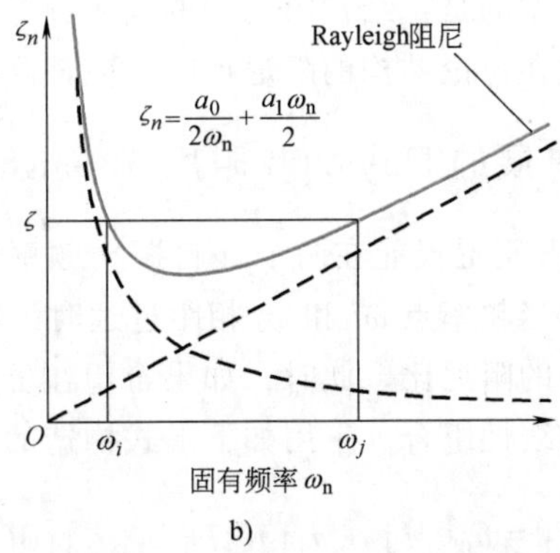

b)

图 4-8　振型阻尼比与自振频率关系

随着频率的增加而迅速变小；与刚度成正比的部分，则随频率的增加而线性增大。

将式（4-124）代入式（4-122）可以得到阻尼比 ζ_n 与频率点 ω_i 和 ω_j 与自振频率 ω_n 的关系

$$\zeta_n=\frac{1}{\left(\dfrac{\omega_j}{\omega_i}-\dfrac{\omega_i}{\omega_j}\right)}\left[\left(\frac{\omega_j}{\omega_n}-\frac{\omega_n}{\omega_j}\right)\zeta_i+\left(\frac{\omega_n}{\omega_i}-\frac{\omega_i}{\omega_n}\right)\zeta_j\right]$$

可见，Rayleigh 阻尼比 ζ_n 在两个自振频率 ω_i 和 ω_j（用于确定 Rayleigh 阻尼常数的振型阻尼比对应的自振频率）点处等于给定的阻尼比 ζ_i 和 ζ_j。如果确定阻尼常数 a_0 和 a_1 所用的阻尼比 ζ_i 和 ζ_j 相等（这是工程中常采用的，一般取各振型阻尼比均相同），则当振动频率 ω_n 在［ω_i，ω_j］区间之内时，阻尼比将小于或等于给定阻尼比，而当频率在这一区间之外时，其阻尼比均大于给定阻尼比，而且距离越远，阻尼比越大。

因此，确定 Rayleigh 阻尼的原则是：选择的两个用于确定常数 a_0 和 a_1 的频率点 ω_i 和 ω_j，一般应覆盖结构分析中感兴趣的频段，通常取 $\omega_i=\omega_1$。

感兴趣频率（频段）的确定要根据作用于结构上的外荷载的频率成分和结构的动力特性综合考虑。一般情况下，感兴趣的频段应包含或覆盖对结构动力反应有重要影响的频率（频段）。

在频段［ω_i，ω_j］内，阻尼比略小于给定的阻尼比 ζ（在 i，j 点有 $\zeta=\zeta_i=\zeta_j$）。这样，在该频段内由于计算的阻尼略小于实际阻尼，结构的振型反应将略大于实际的反应，计算结果对工程设计而言是安全的。如果 ω_i 和 ω_j 选择得好，则可以保证这种增大程度较小。

在频段［ω_i，ω_j］以外，阻尼比将迅速增大，这些频率成分的振动反应会被抑制，其计算值将远远小于实际值，但这一部分通常是不需要考虑的，可以忽略。但是，如果在［ω_i，ω_j］频段以外存在对结构设计有重要影响的频率分量，则可能导致严重的不安全。

因此，随意找两个自振频率及相应阻尼比来确定 a_0 和 a_1 的方法是不对的，有可能导致严重的误判。例如，简单地采用前两阶自振频率 ω_1 和 ω_2 及阻尼比 ζ_1 和 ζ_2 来确定常数 a_0 和 a_1 的方法应予纠正。因为当取 $\omega_i=\omega_1$ 和 $\omega_j=\omega_2$ 时，结构除第 1 阶和第 2 阶振型反应的阻尼比等于给定的阻尼比外，其余各阶振型反应的阻尼比均大于给定的阻尼比（阶数越高，振型阻尼比越大），采用 Rayleigh 阻尼计算的结构总体反应必定小于真实的反应。

需要注意的是：结构阻尼比的大小，除与结构的阻尼性质有关外，还与结构变形的形态相关，因此在讨论结构的阻尼比时，应该隐含了对变形形态的考虑，或默认为振型反应。

4.4.3 扩展的 Rayleigh 阻尼（Caughey 阻尼）

Rayleigh 阻尼仅能在两个（自振）频率点上满足等于给定的阻尼比，当感兴趣的频率段过宽时，即当频率点 ω_i 和 ω_j 相距过远时，频段［ω_i，ω_j］中间部分频率对应的阻尼比可能远小于给定的阻尼比。此时，如果希望在更多的频率点上满足等于给定的阻尼比，则必须构造更多项的线性组合。采用如下形式构造的阻尼矩阵可以达到这一目的，即

$$[C]=a_0[M]+a_1[K]+a_2[K][M]^{-1}[K]+\cdots=[M]\sum_{l=0}^{L-1}a_l([M]^{-1}[K])^l \tag{4-128}$$

其中共有 L 个常数 a_0，a_1，…，a_{L-1} 需要确定。

将式（4-128）左乘 $\{\phi\}_n^{\mathrm{T}}$，右乘 $\{\phi\}_n$，并利用振型方程

$$[M]^{-1}[K]\{\phi\}_n=\omega_n^2\{\phi\}_n$$

可以得到

$$\zeta_n=\frac{1}{2}\sum_{l=0}^{L-1}a_l\omega_n^{2l-1} \tag{4-129}$$

将 L 个已确定的振型阻尼比 ζ 和自振频率 ω 分别代入上式，则得到 L 个关于系数 a_0，a_1，…，a_{L-1} 的代数方程组。由此代数方程组可以解得扩展的 Rayleigh 阻尼（矩阵）的 L 个待定常数，这样就确定了扩展的 Rayleigh 阻尼。这一阻尼特点是，在 L 个给定的频率点上，阻尼比精确等于给定的阻尼比。若 $L=N$，则所有的振型阻尼比都将满足。图 4-9 所示曲线为扩展的 Rayleigh 阻尼比与自振频率的关系。

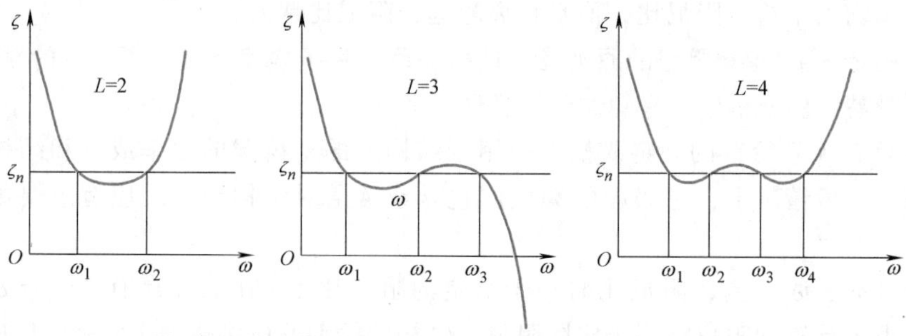

图 4-9 扩展的 Rayleigh 阻尼比和频率点个数 L 的关系

4.4.4 利用振型阻尼矩阵直接叠加

将振型阻尼，$\{\phi\}_n^{\mathrm{T}}[C]\{\phi\}_n=C_n$，$n=1,2,\cdots,N$，写成矩阵的形式，有

$$[\phi]^{\mathrm{T}}[C][\phi]=[C_n] \tag{4-130}$$

式中，［C］是待构造的阻尼矩阵；［ϕ］和［C_n］是已知的（因为 $C_n=2\zeta_n\omega_nM_n$）。由式（4-130）可以直接得到结构的阻尼矩阵

$$[C]=([\phi]^{\mathrm{T}})^{-1}[C_n][\phi]^{-1} \tag{4-131}$$

式（4-131）中涉及 $[\phi]^{\mathrm{T}}$ 和［ϕ］的逆矩阵，计算工作量很大，可以用振型质量矩阵的对角性质得到 $[\phi]^{\mathrm{T}}$ 和［ϕ］的逆矩阵。

振型质量矩阵公式

$$[\phi]^{\mathrm{T}}[M][\phi]=[M_n] \tag{4-132}$$

式中，$[M_n]$ 为对角阵，对角线元素 $M_n=\{\phi\}_n^{\mathrm{T}}[M]\{\phi\}_n$ $(n=1, 2, \cdots, N)$。

对式（4-132）左乘 $[M_n]^{-1}$，右乘 $[\phi]^{-1}$ 得

$$[M_n]^{-1}[\phi]^{\mathrm{T}}[M]=[\phi]^{-1} \tag{4-133}$$

对式（4-132）左乘 $([\phi]^{\mathrm{T}})^{-1}$，右乘 $[M_n]^{-1}$ 得

$$[M][\phi][M_n]^{-1}=([\phi]^{\mathrm{T}})^{-1} \tag{4-134}$$

因为 $[M_n]$ 为对角阵，其逆矩阵很容易求得，因此将式（4-133）和式（4-134）代入式（4-131）得

$$[C]=([M][\phi][M_n]^{-1})[C_n]([M_n]^{-1}[\phi]^{\mathrm{T}}[M]) \tag{4-135}$$

展开得

$$[C]=[M]\left(\sum_{n=1}^{N}\frac{2\zeta_n\omega_n}{M_n}\{\phi\}_n\{\phi\}_n^{\mathrm{T}}\right)[M] \tag{4-136}$$

可见上式用到了结构体系的全部 N 个振型阻尼比，实际上这对大型结构分析是不必要的，而且如果忽略某一阶振型，则相当于认为这一振型的阻尼比等于零。

4.4.5　非经典阻尼矩阵的构造

如果结构的两部分或更多部分的阻尼存在明显的差异，经典阻尼的假设便不再成立。例如，当需要考虑土-结构动力相互作用时，土的阻尼（比）与结构阻尼（比）明显不同，前者可达 15%（中震、中等变形），而后者为 3%～5%，像核电站、大型结构的地震反应问题都要求考虑土-结构动力相互作用。再如结构本身的不同部分构成的材料不同，像部分钢结构、部分混凝土结构，明显的例子是悬索桥结构，悬索和桥面是钢结构，而桥塔是钢筋混凝土结构（如青马大桥），钢结构的阻尼比为 1%，而混凝土的阻尼比为 3%～5%，这时采用前面构造经典阻尼矩阵的方法，如采用 Rayleigh 阻尼去构造结构的阻尼矩阵，则结构各部分的阻尼（比）均相同。若采用一个折中阻尼，则计算的结果将高估钢筋混凝土桥塔的反应，而低估了钢结构的悬索和桥面的反应，导致较大的计算误差。另一个例子是耗能减震结构中，在结构的某些部位要设置高阻尼的耗能构件或阻尼器，其阻尼将大大高于结构的其他部分，从而导致结构阻尼矩阵成为非经典阻尼矩阵。

当结构体系的阻尼为非经典阻尼时，不能像经典阻尼那样对整个结构体系建立阻尼矩阵。这时可以先将结构分为几个子结构，每个子结构中阻尼（特性）是相同的，这样各子结构部分的阻尼是经典的，可以对每一个子结构采用前面介绍的处理经典阻尼的方法，建立其子结构的阻尼矩阵，最后把几个子结构的阻尼矩阵集成得到结构总体阻尼矩阵。

如对核电站，其结构-土动力相互作用模型如图 4-10 所示。

对于结构部分其阻尼比相同，而土体部分也相同，对各自部分可以采用前面介绍的对经典阻尼的处理方法分别构造其阻尼矩阵。如采用 Rayleigh 阻尼，构造的结构和土的阻尼矩阵分别为

$$[C]=a_0[M]+a_1[K]$$

$$[C_f]=a_{0f}[M_f]+a_{1f}[K_f]$$

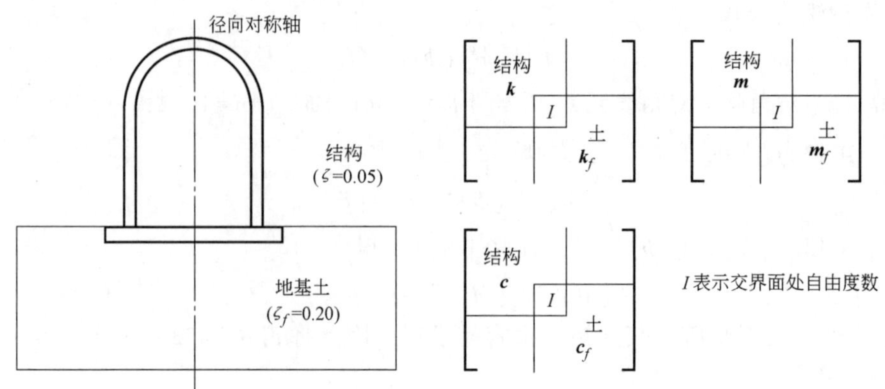

图 4-10 结构-土动力相互作用模型及子结构矩阵的组装

对整个土-结构体系，根据前面所讲确定两频率的原则，定出 ω_i 和 ω_j。对结构部分取 $\zeta_i=\zeta_j=\zeta=0.05$，可以定出 a_0 和 a_1；对土体部分，取 $\zeta_{if}=\zeta_{jf}=\zeta_f=0.20$ 可以定出 a_{0f} 和 a_{1f}，代入计算 $[C]$ 和 $[C_f]$ 的公式，就可分别求出结构部分和土体部分的子结构阻尼矩阵，然后集成得到整个体系的阻尼矩阵。

以上介绍的非经典阻尼矩阵的构造方法也可以用于处理阻尼分布更为复杂的结构，甚至是结构的每一个构件（单元）的阻尼比均不同的情况，此时可以采用与以上相似的处理方法，形成单元的 Rayleigh 阻尼矩阵，再组装得到结构的总体阻尼阵。

结论：

1）构造结构阻尼矩阵的目的是在时域逐步积分法或其他分析方法（如频域法）中使用。

2）构造经典阻尼矩阵的方法，不是刻意地去构造一种满足正交条件的阻尼矩阵，而是利用经典阻尼的特点来建立构造阻尼矩阵的公式（或方法）。

3）如果已知结构各构件的单元阻尼矩阵，则可以直接生成阻尼矩阵。

4）如果采用振型叠加法分析经典阻尼体系，则不用生成结构的总体阻尼矩阵。

4.5 静力修正方法

实际工程结构的自由度数一般都很大，在采用振型叠加法求解时，不能把所有的振型都予以考虑，而仅能采用有限的低阶振型，忽略高阶振型的影响。虽然通过选择合适的振型数目，可保证足够的计算精度，但也会产生一定的误差。为进一步减小由于忽略高阶振型影响而引起的误差，可以采用静力修正法。所谓静力修正法是指在采用振型叠加法进行求解时，考虑所有高阶振型的影响，但高阶振型相应的振型坐标反应的求解并不通过直接求解动力方程来获得，而是采用简化的静力分析方法。

采用振型叠加法，振型叠加的公式和振型坐标满足的运动方程为

$$\{u(t)\}=\sum_{n=1}^{N}\{\phi\}_n q_n$$

$$M_n\ddot{q}_n+C_n\dot{q}_n+K_n q_n=p_n(t)$$

注意到，高阶振型坐标 q_n 对应的自振频率 $\omega_n=\sqrt{K_n/M_n}$ 也较大，即对应的是一个等效的比较“刚”的单自由度结构，这时结构中惯性力和阻尼力的影响相对较小，可以忽略，这可以从单自由度结构动力放大系数特性的分析中很清楚的理解。这样对阶数足够高的振型，其振型坐标 q_n 可以通过静力法求解。

为采用静力修正法，将振型叠加法求和计算公式分成两部分

$$\{u(t)\}=\sum_{n=1}^{N_d}\{\phi\}_n q_n+\sum_{n=N_d+1}^{N}\{\phi\}_n q_n \tag{4-137}$$

其中前 N_d 项相应于低阶振型项，可认为是一般振型叠加法中实际采用的前 N_d 项，动力影响明显，而 $N_d+1\sim N$ 项为高阶振型项，其振型的反应可以通过静力法计算，即

$$q_n=p_n(t)/K_n,\qquad n=N_d+1,\cdots,N \tag{4-138}$$

式中

$$p_n(t)=\{\phi\}_n^{\mathrm{T}}\{p(t)\},\quad K_n=\{\phi\}_n^{\mathrm{T}}[K]\{\phi\}_n$$

将上式代入振型叠加法公式，得到采用静力修正法后结构位移反应的计算公式为

$$\{u(t)\}=\sum_{n=1}^{N_d}\{\phi\}_n q_n+\sum_{n=N_d+1}^{N}\{\phi\}_n p_n(t)/K_n \tag{4-139}$$

直接采用上式进行求解的缺点是，需要计算结构所有的 N 阶振型，而这对自由度较大的结构体系将导致花费大量的计算时间，对大型结构甚至是不可能的。因此对 $N_d+1\sim N$ 项的计算还需要采用一定的技巧，如果对等效静力反应 $\{u\}_s$，满足

$$[K]\{u\}_s=\{p(t)\} \tag{4-140}$$

采用振型分解法

$$\{u\}_s=\sum_{n=1}^{N}\{\phi\}_n q_{sn} \tag{4-141}$$

求解，则可得振型反应

$$K_n q_{sn}=p_n(t) \tag{4-142}$$

则等效静力解为

$$\{u\}_s=\sum_{n=1}^{N}\{\phi\}_n p_n(t)/K_n \tag{4-143}$$

而直接采用整体平衡方程也可以得到等效静力解

$$\{u\}_s=[K]^{-1}\{p(t)\} \tag{4-144}$$

式中，$[K]^{-1}$ 为总体刚度矩阵的逆矩阵，因此可以得到

$$\sum_{n=1}^{N}\{\phi\}_n p_n(t)/K_n=[K]^{-1}\{p(t)\} \tag{4-145}$$

根据上式可以把 $N_d+1\sim N$ 项的求和用前 N_d 项表示如下：

$$\sum_{n=N_d+1}^{N}\{\phi\}_n p_n(t)/K_n=[K]^{-1}\{p(t)\}-\sum_{n=1}^{N_d}\{\phi\}_n p_n(t)/K_n \tag{4-146}$$

这样就可以得到实际计算中采用的静力修正方法计算公式

$$\{u(t)\}=\sum_{n=1}^{N_d}\{\phi\}_n q_n(t)+[K]^{-1}\{p(t)\}-\sum_{n=1}^{N_d}\{\phi\}_n p_n(t)/K_n \tag{4-147}$$

将 $p_n(t)=\{\phi\}_n^{\mathrm{T}}\{p(t)\}$ 代入上式得

$$\{u(t)\}=\sum_{n=1}^{N_{\mathrm{d}}}\{\phi\}_n q_n(t)+\left([K]^{-1}-\sum_{n=1}^{N_{\mathrm{d}}}\frac{\{\phi\}_n\{\phi\}_n^{\mathrm{T}}}{K_n}\right)\{p(t)\} \tag{4-148}$$

式（4-148）右端中的第一项是采用前 N_{d} 阶振型进行分析的振型叠加法计算公式，而后一项为反映 $N_{\mathrm{d}}+1\sim N$ 项高阶振型影响的静力修正项，它等于一个常量矩阵与外荷载向量的积。同时可以看到，在静力方法中仅需计算前 N_{d} 阶振型，与一般振型叠加法对振型数目的要求相同。

当外荷载向量 $\{p(t)\}$ 按一定分布形式成比例变化时，即满足

$$\{p(t)\}=\{S\}p(t) \tag{4-149}$$

式中，$\{S\}$ 为常数向量，表示外荷载的分布形式；$p(t)$ 为标量函数，表示外荷载随时间的变化，则相应的计算公式可表示为

$$M_n\ddot{q}_n+C_n\dot{q}_n+K_nq_n=(\{\phi\}_n^{\mathrm{T}}\{S\})p(t) \tag{4-150}$$

$$\{u(t)\}=\sum_{n=1}^{N_{\mathrm{d}}}\{\phi\}_n q_n(t)+\left([K]^{-1}-\sum_{n=1}^{N_{\mathrm{d}}}\frac{\{\phi\}_n\{\phi\}_n^{\mathrm{T}}}{K_n}\right)\{S\}p(t) \tag{4-151}$$

此时静力修正项的计算变得非常简便。

当必须采用很多高阶振型以反映特别的外荷载分布形式 $\{S\}$，而仅有 n 个低阶振型坐标 $q_n(t)$ 对荷载 $p(t)$ 的动力反应有明显的放大（动力放大系数明显大于 1）时，静力修正法将具有明显的效果和较高的计算效率。此时采用很少几阶振型给出的动力反应再叠加上静力修正项后给出的分析结果将十分接近采用很多振型的通常振型叠加法所给出的结果。

如果时间函数 $p(t)$ 是一个离散函数的数值信号，如数字地震记录。静力修正方法避免了采用数值时域逐步积分方法求解高阶振型反应，可以显著节省计算时间，这是由于采用数值方法计算高阶振型方程的数值解时，时间步长必须取得非常小才能得到满足稳定性和精度要求的结果。

4.6 振型加速度法

在采用振型叠加法分析结构动力反应问题时，为了避免忽略高阶振型带来的误差，加快收敛速度，除静力修正法外，也曾发展了称为振型加速度法的叠加方法。振型加速度法的应用比静力修正法要早几十年。

振型加速度法将振型位移 $q_n(t)$ 用振型加速度和速度表示为

$$q_n(t)=\frac{p_n(t)}{K_n}-\frac{1}{\omega_n^2}\ddot{q}_n(t)-\frac{2\zeta_n}{\omega_n}\dot{q}_n(t) \tag{4-152}$$

式中，$\omega_n^2=K_n/M_n$。上式由振型位移控制方程直接得到。将 $q_n(t)$ 代入振型叠加公式可以得到结构的位移反应

$$\{u(t)\}=\sum_{n=1}^{N}\{\phi\}_n q_n(t)=\sum_{n=1}^{N}\{\phi\}_n\frac{p_n(t)}{K_n}-\sum_{n=1}^{N}\{\phi\}_n\left[\frac{1}{\omega_n^2}\ddot{q}_n(t)+\frac{2\zeta_n}{\omega_n}\dot{q}_n(t)\right] \tag{4-153}$$

对于上式中的第一项，在静力修正法中已经证明

$$\sum_{n=1}^{N}\{\phi\}_n\frac{p_n(t)}{K_n}=\sum_{n=1}^{N}\frac{\{\phi\}_n\{\phi\}_n^{\mathrm{T}}}{K_n}\{p(t)\}=[K]^{-1}\{p(t)\} \tag{4-154}$$

将式（4-154）代入式（4-153），并将式（4-153）右端第二项求和号的 N 改为 N_{d}，则得到振型加速度法的计算公式

$$\{u(t)\}=\sum_{n=1}^{N}\{\phi\}_n q_n(t)=[K]^{-1}\{p(t)\}-\sum_{n=1}^{N_{\mathrm{d}}}\{\phi\}_n\left[\frac{1}{\omega_n^2}\ddot{q}_n(t)+\frac{2\zeta_n}{\omega_n}\dot{q}_n(t)\right] \tag{4-155}$$

之所以称为振型加速度法是因为在振型叠加法公式中用到的是振型加速度 $\ddot{q}_n(t)$ ［包括振型速度 $\dot{q}_n(t)$］，由此也称经典的振型叠加法为**振型位移法**。

振型加速度法中，与振型位移法相同，也仅需计算前 N_{d} 阶振型。实际计算表明，振型加速度法比振型位移法有更快的收敛性，通常采用较少的振型就可以得到与采用很多振型的振型位移法同样精确的分析结果。一般认为在求和公式中，包含了 $1/\omega_n^2$ 和 $1/\omega_n$ 系数项，而相应于高阶振型，其系数可变得更小，因此加速了收敛的速度，使忽略高阶振型引起的误差变得更小。

通过比较静力修正法和振型加速度法的计算公式可以发现，振型加速度法中也包含了等效静力反应的计算，下面把这两种方法比较一下，静力修正法的计算公式可以改写成如下形式

$$\begin{aligned}\{u(t)\}&=[K]^{-1}\{p(t)\}+\sum_{n=1}^{N_{\mathrm{d}}}\left[\{\phi\}_n q_n(t)-\frac{\{\phi\}_n p_n(t)}{K_n}\right]\\&=[K]^{-1}\{p(t)\}+\sum_{n=1}^{N_{\mathrm{d}}}\{\phi\}_n\left[q_n(t)-\frac{p_n(t)}{K_n}\right]\end{aligned} \tag{4-156}$$

而由振型反应方程可得

$$q_n(t)-\frac{p_n(t)}{K_n}=-\frac{1}{\omega_n^2}\ddot{q}_n(t)-\frac{2\zeta_n}{\omega_n}\dot{q}_n(t) \tag{4-157}$$

代入式（4-156）得

$$\{u(t)\}=[K]^{-1}\{p(t)\}-\sum_{n=1}^{N_{\mathrm{d}}}\{\phi\}_n\left[\frac{1}{\omega_n^2}\ddot{q}_n(t)+\frac{2\zeta_n}{\omega_n}\dot{q}_n(t)\right] \tag{4-158}$$

式（4-158）即为振型加速度法的计算公式。可见实际上振型加速度法与静力修正法是相同的，但静力修正法可以更合理地解释加快收敛的原因。而振型加速法的解释有时说服力并不强，因为对于高阶振型而言，振型加速度 $\ddot{q}_n(t)$ 可能是比振型位移 $q_n(t)$ 更大的值。例如，对于脉冲荷载作用，如果结构的阻尼较小，则可以得到近似的关系式 $\ddot{q}_n(t)\approx-\omega_n^2 q_n(t)$，此时，仅从包含了 $1/\omega_n^2$ 或 $1/\omega_n$ 系数项的角度来解释加快收敛，显然是不充分的，但如果参照静力修正法的推导过程，则可以容易理解振型加速度法比振型位移法收敛快的原因。因为在振型加速度法的推导中，公式的第一项 $[K]^{-1}\{p(t)\}$ 是考虑了所有振型的结果，这才是加速收敛的根本原因。

静力修正法和振型加速度法除数值计算引起的误差外，给出的结果应是相同的，实际应用中采用哪一种方法取决于哪一种方法更容易实现。比较而言，静力修正法更方便一些，因

为在它的计算中仅涉及相对简单的振型位移计算，而振型加速度法中则要涉及振型加速度和速度，但对计算机而言，这种差异导致的工作量又是可以忽略的。

习 题

4-1 试证明在选取图 4-11 中所示几种广义坐标的情况下结构的耦联性。

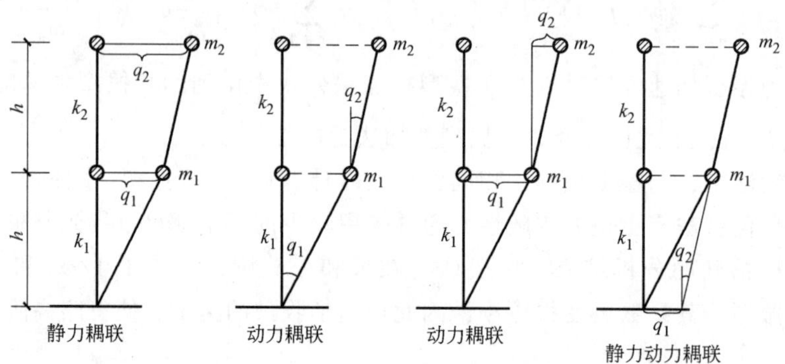

图 4-11 习题 4-1 图

4-2 如图 4-12 所示，一总质量为 m 的刚性梁两端由弹簧支撑，梁的质量均匀分布、两弹簧的刚度分别为 k 和 $2k$。定义的两个自由度 u_1 和 u_2 示于图中，建立结构体系的运动方程，并计算结构的振型和自振频率。

4-3 图 4-13 所示为一框架结构，各楼层单位长度的质量为 $\overline{m}$(t/m)，柱截面的抗弯刚度均为 EI(kN/m^2×m^4)，其余参数示于图中。假设楼板为刚性，计算结构的自振频率和振型；如果初始时刻各楼层的位移为 0，初始速度均为 1m/s，用振型将初始速度向量 $\{\dot{u}(0)\}^{\mathrm{T}}=\{1 \quad 1 \quad 1\}^{\mathrm{T}}$ 展开。

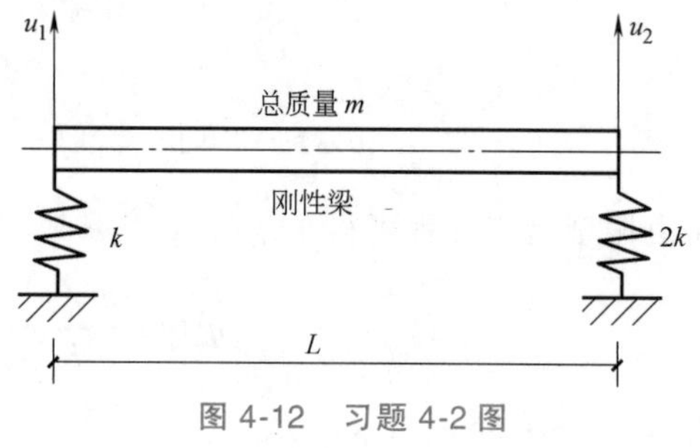

图 4-12 习题 4-2 图

4-4 图 4-14 所示的二层结构，柱截面抗弯刚度均为 EI，采用集中质量法近似，将结构的质量集中于刚性梁的中部，分别为 m_1 和 m_2，建立结构在外荷载 $p_1(t)$ 和 $p_2(t)$ 作用下的强迫运动方程。

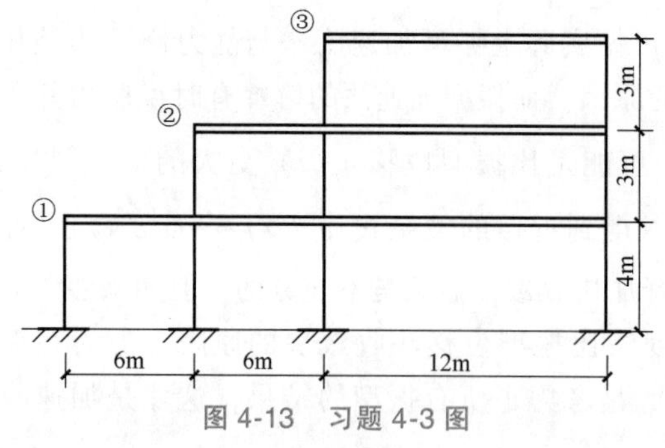

图 4-13 习题 4-3 图

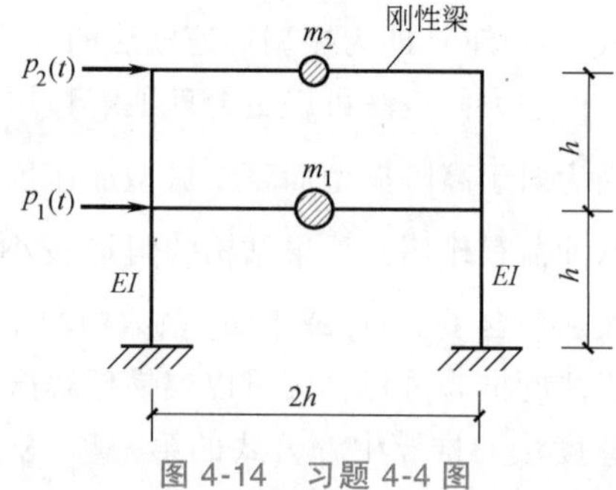

图 4-14 习题 4-4 图

4-5 对题 4-4 给出的二层结构，设 $m_1=m_2=m$。

(1) 确定结构的自振频率和振型（用 m，EI 和 h 表示）。

（2）验证振型的正交性。

（3）按正交标准化（归一化）方法将振型标准化。

（4）比较未标准化和标准化的振型质量和振型刚度，并用两种振型质量和振型刚度计算结构的自振频率。

4-6　如果题 4-4 中二层结构的初始速度为 0 而初始位移如图 4-15b 所示，突然释放使结构自由振动，忽略结构的阻尼，确定结构的运动。

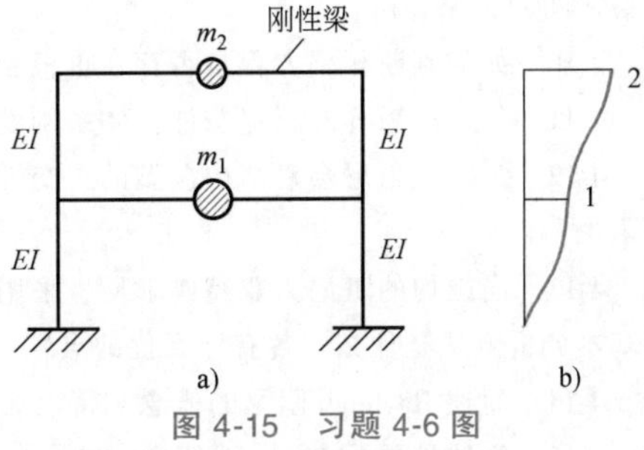

图 4-15　习题 4-6 图

4-7　图 4-16 所示三层剪切型结构，各楼层集中质量和层间刚度示于图中，忽略柱的质量。

（1）采用 MATLAB 计算结构的自振频率和振型。

（2）采用 Rayleigh 阻尼，用结构的前两阶振型阻尼比确定结构的阻尼矩阵（设 $\zeta_1=\zeta_2=5\%$）。

4-8　图 4-17 所示为由一根柱和两根梁构件组成的结构，柱的下端固接于地面，梁和柱截面抗弯刚度均为 EI，长度为 L。采用集中质量法近似，将各构件的质量分别集中于相应构件的两端，分别为 m、$3m$ 和 m，忽略构件的轴向变形，建立结构的刚度矩阵和质量矩阵，如果地面发生一水平向单位加速度脉冲的作用，即 $\ddot{u}_g=\delta(t)$。求结构的动力反应。

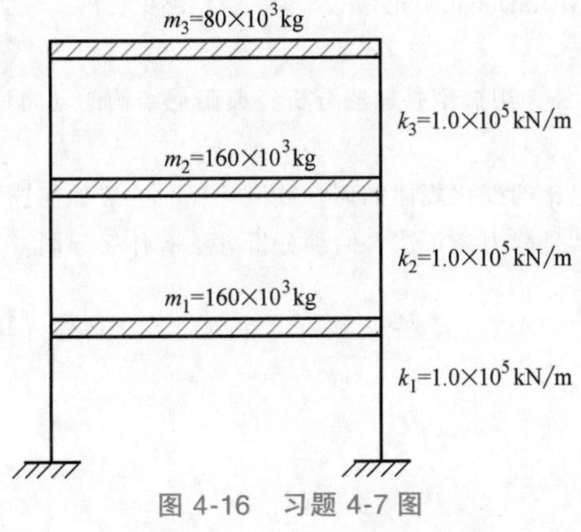

图 4-16　习题 4-7 图

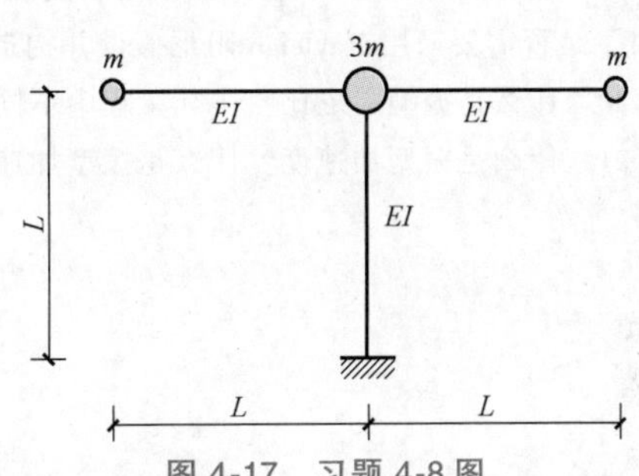

图 4-17　习题 4-8 图

思 考 题

4-1　什么是多自由度体系的振型？用振型对结构的位移进行展开，即采用振型叠加法进行结构动力反应分析有什么优点？

4-2　什么是振型的正交性？振型关于刚度矩阵正交的物理意义是什么？振型关于质量矩阵正交的物理意义是什么？

4-3　如何证明振型的完备性？如何证明结构振型之间是线性无关的？

4-4　什么是振型质量 M_n 和振型刚度 K_n？它们与自振频率 ω_n 有什么关系？对应于结构某阶振型，振型质量 M_n 和振型刚度 K_n 是否为固定常数？

4-5　对于单自由度体系，通过自由振动分析可以获得结构的无阻尼自振频率 ω_n 和有阻尼自振频率 ω_D，对于多自由度有阻尼体系，如何获得结构的自振频率和振型？

4-6　振型叠加法用到了叠加原理，什么情况下能用这个方法？什么情况下不能用？

4-7　在多自由度体系振型阻尼比的现场动力测量时，可以采用自由振动试验法，此时需要使结构按不同振型做自由衰减振动，如何使多自由度体系只按某个特定的振型振动？

4-8　N个自由度的体系有多少发生共振的可能性？为什么？

4-9　当多自由度体系的频率方程存在重根时，体系自振频率个数、振型个数与自由度数关系如何？各振型之间的关系如何？

4-10　如何判断频率方程是否存在重根及其为几重根？

4-11　什么是矩阵的正定条件？体系刚度矩阵和质量矩阵的正定条件是否能保证频率方程不出现重根？

4-12　为什么阻尼会对结构振型的正交性产生影响？什么时候阻尼称为经典阻尼？什么时候称为非经典阻尼？

4-13　当结构的阻尼为非经典阻尼，采用振型叠加法计算结构动力反应时，避免求解联立方程组的两种基本分析方法是什么？各有什么优缺点？

4-14　简述 Rayleigh 阻尼的概念和特点。确定 Rayleigh 阻尼公式中两参数的原则是什么？

4-15　简述扩展的 Rayleigh 阻尼（Caughey 阻尼）的概念。构造扩展 Rayleigh 阻尼的目的是什么？用多个自振频率和振型阻尼比确定扩展 Rayleigh 阻尼的常数时，在自振频率个数的选取上应注意的基本原则是什么？

4-16　为什么高阶振型项对结构动力反应的影响小？

4-17　当结构不同部分的阻尼比存在明显差异时，如何较高精度地实现结构地震反应的振型分解反应谱分析？

4-18　构造结构阻尼矩阵的目的是什么？为什么要采用 Rayleigh 阻尼假设？当结构由阻尼相差较大的几部分构成时，结构体系的阻尼矩阵如何建立？

4-19　Rayleigh 阻尼是一种经典阻尼，满足振型正交条件，用振型叠加法分析经典阻尼结构的动力反应问题时，是否需要采用 Rayleigh 阻尼假设并构造阻尼矩阵？

4-20　什么是振型阻尼比？实际工程中不同阶振型阻尼比的变化规律如何？数值计算时一般如何选取？

4-21　什么是振型加速度？什么是振型加速度法？什么是静力修正法？两种分析方法有什么异同？

第 5 章 动力反应数值分析方法

5.1 数值算法中的基本问题

第 3 章介绍了两种在任意荷载作用下结构动力反应分析方法：时域分析方法——Duhamel 积分法和频域分析方法——Fourier 变换方法。当外荷载 $p(t)$ 为解析函数时，采用这两种方法一般可以得到体系动力反应的解析解，当荷载变化复杂时通常无法得到解析解，但通过数值计算可以得到动力反应的数值解。这两种分析方法的特点是均基于叠加原理，要求结构体系是线弹性的，当外荷载较大时，结构反应可能进入弹塑性，或结构位移较大时，结构可能进入几何非线性，这时叠加原理将不再适用。此时可以采用**时域逐步积分法**（Step-by-step methods）求解运动微分方程。目前已发展了一系列结构动力反应分析的时域直接数值计算方法，一般称为时域逐步积分法，如分段解析法、中心差分法、平均加速度法、线性加速度法、Newmark-β 法、Wilson-θ 法、Houbolt 法及广义 α 法。

基于叠加原理的时域和频域分析方法（Duhamel 积分法，Fourier 变换法），假设结构在全部反应过程中都是线性的，即结构的应力-应变或力（弯矩）-位移（转角）关系曲线是一条直线；而时域逐步积分法只假设结构本构关系在一个微小的时间步距内是线性的，相当于用分段直线来逼近实际的曲线。时域逐步积分法是结构动力问题中一个得到广泛研究的课题，并在结构动力反应计算中得到广泛应用。

时域逐步积分法研究的是离散时间点上的值，如位移 $u_i=u(t_i)$，速度 $\dot{u}_i=\dot{u}(t_i)$，$i=0$，1，2，…，而这种离散化正符合计算机存储的特点。一般情况下采用等步长离散，$t_i=i\Delta t$，Δt 为时间离散步长。与运动变量的离散化相对应，体系的运动微分方程也不一定要求在全部时间上都满足，而仅要求在离散时间点上满足。

一种逐步积分法的优劣，主要由以下四个方面判断：

1）**收敛性**。当离散时间步长 $\Delta t\to 0$ 时，数值解是否收敛于精确解。

2）**计算精度**。截断误差与时间步长 Δt 的关系，若误差 $\varepsilon\propto 0(\Delta t^N)$，则称方法具有 N 阶精度。

3）**稳定性**。随计算时间步数 i 的增大，数值解是否变得无穷大（远离精确解）。

4）**计算效率**。所花费计算时间的多少。

一个好的数值分析方法必须是收敛的、有足够的精度（如二阶精度，满足工程要求）、良好的稳定性及较高的计算效率。在逐步积分法的发展过程中，也的确发展了一些高精度的数值分析方法，但由于过于耗费计算时间，因而得不到实际的应用和推广。

按是否需要联立求解耦联方程组，逐步积分法又可分为两大类：

(1) 隐式方法　逐步积分计算公式是耦联的方程组，需联立求解。隐式方法的计算工作量大，增加的工作量至少与自由度的二次方成正比，如 Newmark-β 法、Wilson-θ 法。

(2) 显式方法　逐步积分计算公式是解耦的方程组，无须联立求解。显式方法的计算工作量小，增加的工作量与自由度成线性关系，如中心差分方法。

下面首先介绍分段解析算法，然后介绍几种时域逐步积分法，包括中心差分法、平均加速度法、线性加速度法、Newmark-β 法和 Wilson-θ 法。其中重点介绍中心差分法和 Newmark-β 法，这是两种最常用的时域逐步积分法。最后针对结构非线性反应问题，结合中心差分法和 Newmark-β 法的计算公式，介绍结构非线性反应分析的迭代方法。实际上平均加速度法可以作为 Newmark-β 法的一个特例，而线性加速度法可以包含在 Wilson-θ 法之中。

时域逐步积分法既可以用于单自由度体系，也可以用于多自由度体系的动力反应分析。为表述简洁起见，本章主要以单自由度体系为对象，推导不同时域逐步积分法的计算公式和非线性反应分析方法，但也给出了多自由度体系的相应计算格式。

5.2　分段解析法

在分段解析法中，对外荷载 $p(t)$ 进行离散化处理，相当于对连续函数的采样。在采样点之间的荷载值采用线性内插取值，分段解析法对外荷载的离散化过程如图 5-1 所示，图中离散时间点的荷载为

$$p_i=p(t_i)\quad (i=0,1,2,\cdots,\infty) \tag{5-1}$$

分段解析法的误差仅来自对外荷载的假设，假设在 $t_i\leqslant t\leqslant t_{i+1}$ 时段内

$$p(\tau)=p_i+\alpha_i\tau \tag{5-2}$$

$$\alpha_i=(p_{i+1}-p_i)/\Delta t_i \tag{5-3}$$

其中，局部时间坐标 τ 示于图 5-1 中。如果实际荷载 $p(t)$ 采用了数值采样，即为离散的数值记录，则以上定义的荷载可以认为是“精确”的。

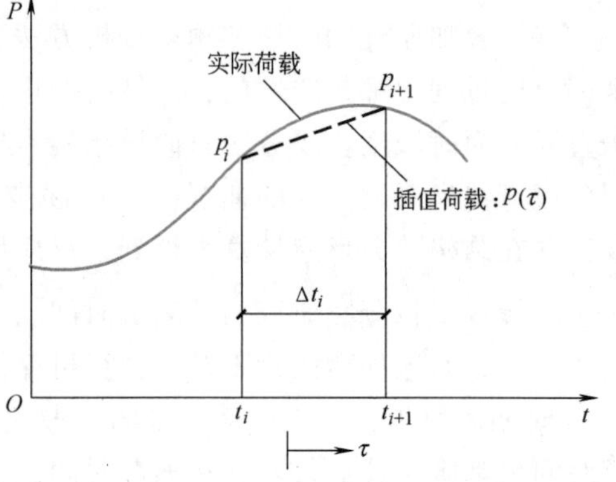

图 5-1　分段解析法对外荷载的离散

在时间段 $[t_i,\ t_{i+1}]$ 内，假设结构是线性的，单自由度体系的运动方程为

$$m\ddot{u}(\tau)+c\dot{u}(\tau)+ku(\tau)=p(\tau)=p_i+\alpha_i\tau \tag{5-4}$$

初值条件为

$$u(\tau)\big|_{\tau=0}=u_i,\quad \dot{u}(\tau)\big|_{\tau=0}=\dot{u}_i \tag{5-5}$$

采用与第 3 章类似的解法，可求得运动方程的特解和通解。

运动方程式 (5-4) 的特解为

$$u_{\mathrm{p}}(\tau)=\frac{1}{k}(p_i+\alpha_i\tau)-\frac{\alpha_i}{k^2}c$$

通解为

$$u_{\mathrm{c}}(\tau)=\mathrm{e}^{-\zeta\omega_{\mathrm{n}}\tau}(A\cos\omega_{\mathrm{D}}\tau+B\sin\omega_{\mathrm{D}}\tau)$$

将全解

$$u(\tau)=u_p(\tau)+u_c(\tau)$$

代入初值条件式（5-5）以确定系数 A、B，最后得

$$\begin{aligned}u(\tau)&=A_0+A_1\tau+A_2\mathrm{e}^{-\zeta\omega_n\tau}\cos\omega_D\tau+A_3\mathrm{e}^{-\zeta\omega_n\tau}\sin\omega_D\tau\\ \dot{u}(\tau)&=A_1+(\omega_DA_3-\zeta\omega_nA_2)\mathrm{e}^{-\zeta\omega_n\tau}\cos\omega_D\tau-(\omega_DA_2+\zeta\omega_nA_3)\mathrm{e}^{-\zeta\omega_n\tau}\sin\omega_D\tau\end{aligned}\tag{5-6}$$

其中

$$A_0=\frac{p_i}{k}-\frac{2\zeta\alpha_i}{k\omega_n},\quad A_1=\frac{\alpha_i}{k},\quad A_2=u_i-A_0,\quad A_3=\frac{1}{\omega_D}(\dot{u}_i+\zeta\omega_nA_2-A_1)$$

当 $\tau=\Delta t_i$ 时，由式（5-6）得到

$$\left.\begin{aligned}u_{i+1}&=Au_i+B\dot{u}_i+Cp_i+Dp_{i+1}\\ \dot{u}_{i+1}&=A'u_i+B'\dot{u}_i+C'p_i+D'p_{i+1}\end{aligned}\right\}\tag{5-7}$$

而系数 $A\sim D$，$A'\sim D'$ 分别为

$$A=\mathrm{e}^{-\zeta\omega_n\Delta t}\left(\frac{\zeta}{\sqrt{1-\zeta^2}}\sin\omega_D\Delta t+\cos\omega_D\Delta t\right)$$

$$B=\mathrm{e}^{-\zeta\omega_n\Delta t}\left(\frac{1}{\omega_D}\sin\omega_D\Delta t\right)$$

$$C=\frac{1}{k}\left\{\frac{2\zeta}{\omega_n\Delta t}+\mathrm{e}^{-\zeta\omega_n\Delta t}\left[\left(\frac{1-2\zeta^2}{\omega_D\Delta t}-\frac{\zeta}{\sqrt{1-\zeta^2}}\right)\sin\omega_D\Delta t-\left(1+\frac{2\zeta}{\omega_n\Delta t}\right)\cos\omega_D\Delta t\right]\right\}$$

$$D=\frac{1}{k}\left[1-\frac{2\zeta}{\omega_n\Delta t}+\mathrm{e}^{-\zeta\omega_n\Delta t}\left(\frac{2\zeta^2-1}{\omega_D\Delta t}\sin\omega_D\Delta t+\frac{2\zeta}{\omega_n\Delta t}\cos\omega_D\Delta t\right)\right]$$

$$A'=-\mathrm{e}^{-\zeta\omega_n\Delta t}\left(\frac{\omega_n}{\sqrt{1-\zeta^2}}\sin\omega_D\Delta t\right)$$

$$B'=\mathrm{e}^{-\zeta\omega_n\Delta t}\left(\cos\omega_D\Delta t-\frac{\zeta}{\sqrt{1-\zeta^2}}\sin\omega_D\Delta t\right)$$

$$C'=\frac{1}{k}\left\{-\frac{1}{\Delta t}+\mathrm{e}^{-\zeta\omega_n\Delta t}\left[\left(\frac{\omega_n}{\sqrt{1-\zeta^2}}+\frac{\zeta}{\Delta t\sqrt{1-\zeta^2}}\right)\sin\omega_D\Delta t+\frac{1}{\Delta t}\cos\omega_D\Delta t\right]\right\}$$

$$D'=\frac{1}{k\Delta t}\left[1-\mathrm{e}^{-\zeta\omega_n\Delta t}\left(\frac{\zeta}{\sqrt{1-\zeta^2}}\sin\omega_D\Delta t+\cos\omega_D\Delta t\right)\right]$$

其中，$\omega_D=\omega_n\sqrt{1-\zeta^2}$，$\omega_n=\sqrt{k/m}$。

由上述公式可知，系数 $A\sim D'$是结构刚度 k、质量 m、阻尼比 ζ 和时间步长 $\Delta t_i=\Delta t$ 的函数。式（5-7）给出了根据 t_i 时刻运动及外荷载计算 t_{i+1} 时刻运动的递推公式。如果结构是线性的，并采用等时间步长，则系数 $A\sim D'$均为常数，分段解析法的计算效率将非常高，而且是精确解［在荷载 $p(t)$ 离散采样的定义下］；但如果在计算的不同时间段采用了不相等的时间步长，则系数 $A\sim D'$对应于不同的时间步长均为变量，计算效率会大为降低。

分段解析法一般适用于单自由度体系动力反应分析。对于多自由度体系，有时可以采用等效方法，在满足一定近似的条件下将多自由度体系化为单自由度问题进行分析，这时也可

以采用分段解析法完成体系的动力反应分析。

分段解析法仅对外荷载进行了离散化处理，但对运动方程是严格满足的，体系的运动在连续时间轴上均满足运动微分方程。而一般的时域逐步积分法进一步放松要求，不仅对外荷载进行离散化处理，对体系的运动也进行离散化，相应地，运动方程不要求在全部的时间轴上满足，而仅在离散的时间点上满足，这相当于对体系的运动放松了约束。

5.3　中心差分法

中心差分方法采用有限差分代替位移对时间的求导（速度和加速度）。如果采用等时间步长，$\Delta t_i=\Delta t$，则速度和加速度的中心差分近似为

$$\dot{u}_i=\frac{u_{i+1}-u_{i-1}}{2\Delta t} \tag{5-8}$$

$$\ddot{u}_i=\frac{u_{i+1}-2u_i+u_{i-1}}{\Delta t^2} \tag{5-9}$$

而离散时间点的运动为

$$u_i=u(t_i),\quad \dot{u}_i=\dot{u}(t_i),\quad \ddot{u}_i=\ddot{u}(t_i)\quad i=0,1,2,\cdots$$

体系的运动方程为

$$m\ddot{u}(t)+c\dot{u}(t)+ku(t)=p(t) \tag{5-10}$$

将速度和加速度的差分近似公式（5-8）和式（5-9）代入由式（5-10）给出的在 t_i 时刻的运动方程，可以得到

$$m\frac{u_{i+1}-2u_i+u_{i-1}}{\Delta t^2}+c\frac{u_{i+1}-u_{i-1}}{2\Delta t}+ku_i=p_i \tag{5-11}$$

在式（5-11）中，假设 u_i 和 u_{i-1} 是已知的，即 t_i 及 t_i 以前时刻的运动为已知，则可以把已知项移到方程的右边，整理得

$$\left(\frac{m}{\Delta t^2}+\frac{c}{2\Delta t}\right)u_{i+1}=p_i-\left(k-\frac{2m}{\Delta t^2}\right)u_i-\left(\frac{m}{\Delta t^2}-\frac{c}{2\Delta t}\right)u_{i-1} \tag{5-12}$$

由式（5-12）就可以根据 t_i 及 t_i 以前时刻的运动，求得 t_{i+1} 时刻的运动，如果需要，利用式（5-8）和式（5-9）可以求得体系的速度和加速度值。式（5-12）即结构动力反应分析的中心差分法逐步计算公式。

对于多自由度体系，中心差分法逐步计算公式为

$$\left(\frac{1}{\Delta t^2}[M]+\frac{1}{2\Delta t}[C]\right)\{u\}_{i+1}=\{p\}_i-\left([K]-\frac{2}{\Delta t^2}[M]\right)\{u\}_i-\left(\frac{1}{\Delta t^2}[M]-\frac{1}{2\Delta t}[C]\right)\{u\}_{i-1} \tag{5-13}$$

式中，$[M]$、$[C]$、$[K]$ 分别为体系的质量矩阵、阻尼矩阵和刚度矩阵；$\{u\}_i$ 和 $\{p\}_i$ 分别为 t_i 时刻体系的位移和外荷载向量 $\{u\}_i=\{u(t_i)\}$，$\{p\}_i=\{p(t_i)\}$。

时域逐步积分方法分为**单步法**和**多步法**（两步法及两步以上方法），单步法在计算某一时刻的运动时，仅需已知前一时刻的运动，两步法则需要前两个时刻的运动。从式（5-12）可以看到，中心差分法在计算 t_{i+1} 时刻的运动 u_{i+1} 时，需要已知 t_i 和 t_{i-1} 两个时刻的运动 u_i

和 u_{i-1}，因此，中心差分法属于两步法。用两步法计算时存在**起步问题**，因为仅根据已知的初始位移和速度，并不能自动进行运算，必须给出两个相邻时刻的位移值，方可开始逐步计算。对于地震作用下结构的反应问题和一般的零初始条件下的动力问题，可以采用式（5-12）直接进行逐步计算，因为总可以假设初始的两个时间点（一般取 $i=0$，-1）的位移等于零（即 $u_0=u_{-1}=0$）。但是，当对应于非零初始条件或零时刻外荷载很大的情况，需要进行一定的分析，得到两个起步时刻（$i=0$，-1）的位移值，这就是逐步积分的起步问题。下面介绍一种中心差分逐步计算方法的起步处理方法。

假设给定的初始条件为

$$\left.\begin{aligned}u_0&=u(0)\\ \dot{u}_0&=\dot{u}(0)\end{aligned}\right\} \tag{5-14}$$

下面根据初始条件式（5-14）确定 u_{-1}。在零时刻速度和加速度的中心差公式为

$$\begin{aligned}\dot{u}_0&=\frac{u_1-u_{-1}}{2\Delta t}\\ \ddot{u}_0&=\frac{u_1-2u_0+u_{-1}}{\Delta t^2}\end{aligned} \tag{5-15}$$

由式（5-15）消去 u_1 得

$$u_{-1}=u_0-\Delta t\dot{u}_0+\frac{\Delta t^2}{2}\ddot{u}_0 \tag{5-16}$$

而零时刻的加速度值 $\ddot{u}_0$ 可用 $t=0$ 时的运动方程

$$m\ddot{u}_0+c\dot{u}_0+ku_0=p_0$$

确定，即

$$\ddot{u}_0=\frac{1}{m}(p_0-c\dot{u}_0-ku_0) \tag{5-17}$$

这样就可以根据初始条件 u_0、$\dot{u}_0$ 和初始荷载 p_0，由式（5-16）和式（5-17）定出 u_{-1} 应取的值。

下面给出采用中心差分法分析时的具体计算步骤：

1）基本数据准备和初始条件计算。

$$\ddot{u}_0=\frac{1}{m}(p_0-c\dot{u}_0-ku_0)$$

$$u_{-1}=u_0-\Delta t\dot{u}_0+\frac{\Delta t^2}{2}\ddot{u}_0$$

2）计算等效刚度和中心差分计算公式（5-12）中的系数。

$$\hat{k}=\frac{m}{\Delta t^2}+\frac{c}{2\Delta t}$$

$$a=k-\frac{2m}{\Delta t^2}$$

$$b=\frac{m}{\Delta t^2}-\frac{c}{2\Delta t}$$

3）根据 t_i 及 t_i 以前时刻的运动，计算 t_{i+1} 时刻的运动。

$$\hat{p}_i = p_i - au_i - bu_{i-1}$$

$$u_{i+1} = \hat{p}_i / \hat{k}$$

如果需要，可计算

$$\dot{u}_i = \frac{u_{i+1} - u_{i-1}}{2\Delta t}$$

$$\ddot{u}_i = \frac{u_{i+1} - 2u_i + u_{i-1}}{\Delta t^2}$$

4）下一步计算中用 $i+1$ 代替 i，对于线弹性体系，重复计算步骤3），对于非线弹性体系，重复计算步骤2）和3）。

以上给出的中心差分逐步计算公式具有二阶精度，即误差 $\varepsilon \propto 0\ (\Delta t^2)$；并且是有条件稳定的，稳定条件为

$$\Delta t \leqslant \frac{T_n}{\pi} \tag{5-18}$$

式中，T_n 为结构的自振周期，对于多自由度体系则为结构的最小自振周期。

稳定性的含义是：当离散时间步长 Δt 满足稳定性条件时，数值计算得到的运动 u 为有限值；当不满足稳定性条件时，随着计算时间步数的增加，逐步计算给出的运动趋向发散，即当 $t \to \infty$，$u \to \infty$。图5-2为数值计算稳定性示意图，图中虚线为满足稳定性条件时的结果，实线为当时间步长不满足稳定性条件时的数值计算结果。图5-2所示的不满足稳定性条件时的运动曲线是数值计算中失稳运动形态中的一种；另外一种结构在不满足稳定性条件的失稳运动形态是结构运动的数值解呈现多次周期性的振动，在每个振动周期内，结构的运动都被放大，结构动力反应数值解逐渐增大并最终发生失稳。

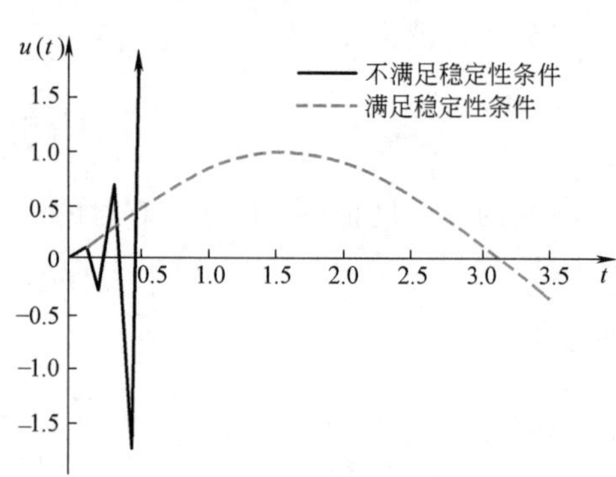

图5-2 数值计算稳定性

下面简单介绍一下中心差分法稳定性条件的推导。为简单起见，设体系无阻尼 $c=0$，由于算法的稳定性与外荷载无关，令外荷载 $p=0$，则中心差分法的递推公式（5-12）可以写成如下形式：

$$u_{i+1} = (2 - \Omega^2)\,u_i - u_{i-1} \tag{5-19}$$

其中

$$\Omega = \Delta t \omega_n = \Delta t \frac{2\pi}{T_n} \tag{5-20}$$

令离散方程式（5-19）的解为

$$u_i = \lambda^i \tag{5-21}$$

λ 为待定常数，将式（5-21）代入运动方程（5-19）得

$$\lambda^2 + (\Omega^2 - 2)\lambda + 1 = 0 \tag{5-22}$$

求解式（5-22）可以得到

$$\lambda=\frac{1}{2}\left[2-\Omega^2\pm\sqrt{\Omega^2(\Omega^2-4)}\right] \tag{5-23}$$

从式（5-21）可直观看出，为在时域逐步计算过程中保证 $i\to\infty$（$t\to\infty$）时，u_i 有界，要求 $|\lambda|\leqslant 1$。分析式（5-23）可以发现，仅当 $\Omega^2\leqslant 4$ 时，$|\lambda|=1$，其余情况均有 $|\lambda|>1$，即稳定性条件要求

$$\Omega\leqslant 2 \tag{5-24}$$

将式（5-20）代入式（5-24）得

$$\Delta t\leqslant\frac{2}{\omega_{\mathrm{n}}}=\frac{T_{\mathrm{n}}}{\pi}$$

上式即中心差分逐步计算方法的稳定性条件式（5-18）。采用同样的分析步骤，也可以得到有阻尼体系逐步计算的稳定性条件，对于中心差分方法，有阻尼体系和无阻尼体系的稳定性条件是相同的。

一般情况下，逐步积分法的稳定性可以通过对逐步积分公式中传递矩阵特征值的分析获得。将逐步积分格式写成如下形式：

$$\begin{Bmatrix} u_{i+1} \\ \dot{u}_{i+1} \end{Bmatrix}=[A]\begin{Bmatrix} u_i \\ \dot{u}_i \end{Bmatrix}+[B]p_i \tag{5-25}$$

则稳定性条件为

$$\rho([A])\leqslant 1 \tag{5-26}$$

其中 ρ 为传递矩阵［A］的谱半径，即传递矩阵特征值的模的最大值。

采用谱半径（特征值方法）分析时域逐步积分方程稳定性的证明：

任意时域逐步积分方程可以用传递矩阵表示为

$$\{y_{n+1}\}=[A]\{y_n\}+\sum_{i(n)}[B_i]\{p_i\}$$

因数值算法的稳定条件与外荷载无关，因此稳定性的证明仅需采用如下计算公式来证明

$$\{y_{n+1}\}=[A]\{y_n\}$$

上式可以改写为

$$\{y_{n+1}\}=[A]\{y_n\}=[A]^{n+1}\{y_0\} \tag{a}$$

式中，$\{y_n\}$ 为 $t=n\Delta t$ 时刻的状态向量，［A］为传递矩阵。

记传递矩阵［A］的特征值和特征向量分别为 λ_i，$\{x\}_i$，　$i=1，2，\cdots，m$，m 为传递矩阵［A］的阶数。

任一初始状态向量可以用传递矩阵［A］的特征向量的组合来展开

$$\{y_0\}=\sum_{i=1}^{m}a_i\{x\}_i \tag{b}$$

式中，a_i 为展开系数。

将式（b）代入式（a），递推方程可以表示为

$$\{y_{n+1}\}=[A]^{n+1}\{y_0\}=[A]^{n+1}\sum_{i=1}^{m}a_i\{x\}_i=\sum_{i=1}^{m}a_i[A]^{n+1}\{x\}_i \tag{c}$$

根据矩阵特征值和特征向量的性质，由式（c）可以得到

$$\begin{aligned}\{y_{n+1}\} &= [A]^{n+1}\{y_0\} = \sum_{i=1}^{m} a_i[A]^{n+1}\{x\}_i = \sum_{i=1}^{m} a_i\lambda_i^{n+1}\{x\}_i \\ &\leqslant \sum_{i=1}^{m} |a_i||\lambda_i|^{n+1}|\{x\}_i| \leqslant \sum_{i=1}^{m} |a_i|(\rho([A]))^{n+1}|\{x\}_i| \\ &= (\rho([A]))^{n+1}\sum_{i=1}^{m}|a_i||\{x\}_i| \end{aligned} \tag{d}$$

式中，$\rho([A])$ 为传递矩阵 $[A]$ 的谱半径。

若 $\rho([A])\leqslant 1$，即式（5-26）成立，则将式（5-26）代入式（d）得到

$$\{y_{n+1}\} \leqslant \sum_{i=1}^{m}|a_i||\{x\}_i|$$

对于任意的 n，$\{y_{n+1}\}$ 有界，即递推格式是稳定的，因此，$\rho([A])\leqslant 1$，即式（5-26）是稳定性的充分条件。

必要条件也可以采用类似的方法证明。

若递推格式是稳定的，则对任意初始状态向量 $\{y_0\}$ 均有

$$\{y_{n+1}\} = [A]\{y_n\} = [A]^{n+1}\{y_0\}$$

对任意的 n，有界。

不妨取，$\{y_0\}=\{x\}_\rho$，其中 $\{x\}_\rho$ 为绝对值最大的特征值 λ_ρ 对应的特征向量，则有

$$\{y_{n+1}\} = [A]^{n+1}\{y_0\} = [A]^{n+1}\{x\}_\rho = (\lambda_\rho)^{n+1}\{x\}_\rho$$

可见，随着 $n\to\infty$，若想保证 $\{y_{n+1}\}$ 有界，即计算结果是稳定的，要求 $|\lambda_\rho|\leqslant 1$，即要求 $\rho([A])\leqslant 1$。因此 $\rho([A])\leqslant 1$，即式（5-26）为稳定性的必要条件。

以上证明方法在证明过程中利用了传递矩阵 $[A]$ 的特征值和特征向量及其性质，因此这一稳定性条件成立的前提是传递矩阵 $[A]$ 的特征值和特征向量（λ_i，$\{x\}_i$ $i=1$，2，…，m）存在，并且保证特征向量在 m 维状态空间中为一组**完备向量**（充分性条件证明时用到）。

分析中心差分法计算公式（5-13）可以发现，对于多自由度体系，当体系的阻尼矩阵和质量矩阵为对角阵时，多自由度体系的中心差分计算公式成为解耦的方法，即显式计算方法，在每一步计算中不需要求解联立方程组，计算效率很高；如果体系的阻尼矩阵或质量矩阵为非对角阵时，计算方法成为隐式方法。由于显式方法可以获得更高的计算效率，因此受到重视。目前对显式的中心差分逐步计算方法的研究取得了进展，已发展了几种有阻尼体系动力反应分析的显式差分计算格式，相关研究可以在近几年的文献中找到，但普遍存在的问题是稳定条件比中心差分法的稳定条件 $\Delta t\leqslant T_n/\pi$ 更严格。

虽然中心差分逐步计算方法是有条件稳定的，但由于其具有计算效率高的优点，在很多情况下得到广泛的应用。

5.4 平均加速度法

从 5.2 节和 5.3 节的分段解析法和中心差分法给出的公式可以看出，时域逐步积分方法

就是根据某一时刻及其以前时刻的运动，推算出下一时刻的运动的递推计算公式，即假设体系在 t_i 和 t_i 以前的运动已知，求解 t_{i+1} 时刻的运动。

平均加速度法属于时域逐步积分法的一种，该方法同样将时间离散化，假设在 t_i 和 t_{i+1} 时刻，即 Δt 时间段内体系的加速度为 t_i 和 t_{i+1} 时间段内的平均值，是一个常数，通过积分的方法得到 t_{i+1} 时刻的运动公式。下面具体推导平均加速度法的计算公式。

离散时间点 t_i 和 t_{i+1} 时刻的加速度分别为 $\ddot{u}_i$ 和 $\ddot{u}_{i+1}$，如图 5-3 所示，平均加速度法假设在 t_i 和 t_{i+1} 之间体系的加速度为常数 a，等于 t_i 和 t_{i+1} 时刻加速度的平均值，即

$$a=(\ddot{u}_{i+1}+\ddot{u}_i)/2 \tag{5-27}$$

通过在 $t_i \sim t_{i+1}$ 时间段内进行积分，可以得到 $t=t_{i+1}$ 时刻体系的速度和位移

$$\dot{u}_{i+1}=a\Delta t+\dot{u}_i \tag{5-28}$$

$$u_{i+1}=\frac{1}{2}a(\Delta t)^2+\Delta t\dot{u}_i+u_i \tag{5-29}$$

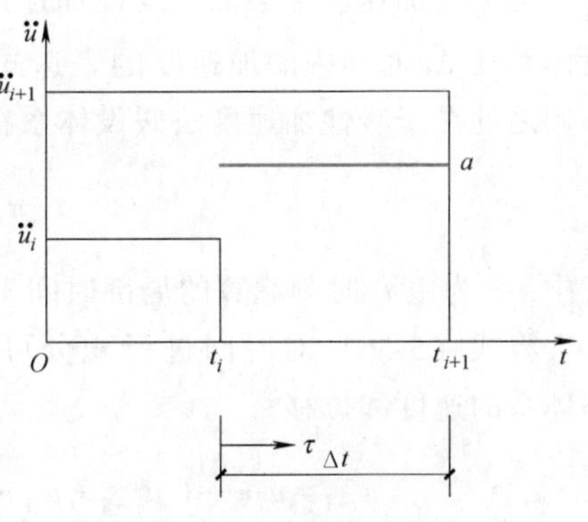

图 5-3　平均加速度法的加速度变化规律

将式（5-27）分别代入式（5-28）和式（5-29）中，得到

$$\dot{u}_{i+1}=\frac{\Delta t}{2}(\ddot{u}_{i+1}+\ddot{u}_i)+\dot{u}_i \tag{5-30}$$

$$u_{i+1}=\frac{(\Delta t)^2}{4}(\ddot{u}_{i+1}+\ddot{u}_i)+\Delta t\dot{u}_i+u_i \tag{5-31}$$

体系的运动还需要满足 t_{i+1} 时刻的运动控制方程：

$$m\ddot{u}_{i+1}+c\dot{u}_{i+1}+ku_{i+1}=p_{i+1} \tag{5-32}$$

式（5-30）~式（5-32）共同构成了平均加速度法的基本计算公式。

根据式（5-31）可以解出 t_{i+1} 时刻的加速度

$$\ddot{u}_{i+1}=\frac{4}{(\Delta t)^2}(u_{i+1}-u_i-\Delta t\dot{u}_i)-\ddot{u}_i \tag{5-33}$$

将式（5-33）代入式（5-30）可以得到 t_{i+1} 时刻的速度

$$\dot{u}_{i+1}=\frac{2}{\Delta t}(u_{i+1}-u_i)-\dot{u}_i \tag{5-34}$$

将式（5-33）和式（5-34）代入运动方程式（5-32），可以得到 t_{i+1} 时刻的位移计算公式

$$\hat{k}u_{i+1}=\hat{p}_{i+1} \tag{5-35}$$

其中

$$\hat{k}=k+\frac{4}{(\Delta t)^2}m+\frac{2}{\Delta t}c$$

$$\hat{p}_{i+1}=p_{i+1}+\left(\frac{4}{(\Delta t)^2}u_i+\frac{4}{\Delta t}\dot{u}_i+\ddot{u}_i\right)m+\left(\frac{2}{\Delta t}u_i+\dot{u}_i\right)c$$

由式（5-35）可根据 t_i 时刻的位移、速度和加速度以及 t_{i+1} 时刻的外荷载求得 t_{i+1} 时刻的位移 u_{i+1}，然后将 u_{i+1} 代入到式（5-34）和式（5-33）中可求得 t_{i+1} 时刻的速度和加速

度，重复进行以上步骤，即可以得到所有离散时间点上的位移、速度和加速度。

平均加速度法计算体系每一时刻的运动仅需已知上一时刻的运动，是单步法，不需要额外处理计算的“起步”问题，属于自起步方法。

平均加速度法有时也称为平均常加速度法，属于常加速度法。常加速度法也称为 Euler-Gauss 方法，它假设加速度在 t_i 和 t_{i+1} 时段内为常数。

5.5　线性加速度法

与平均加速度法类似，线性加速度法同样是根据体系在 t_i 时刻的位移和速度，通过假设体系在 Δt 时间内的加速度的表达式推导体系在 t_{i+1} 时刻的位移、速度和加速度的方法，不同之处在于线性加速度法假设体系在 t_i 和 t_{i+1} 时间段内加速度随时间线性变化，即

$$\ddot{u}(\tau)=\ddot{u}_i+\frac{\tau}{\Delta t}(\ddot{u}_{i+1}-\ddot{u}_i) \tag{5-36}$$

式中，τ 为由 t_i 时刻起算的局部时间坐标，如图 5-4 所示。

将式（5-36）对时间进行积分可以得到 t_{i+1} 时刻体系的速度和位移

$$\dot{u}_{i+1}=\dot{u}_i+\frac{\Delta t}{2}(\ddot{u}_{i+1}+\ddot{u}_i) \tag{5-37}$$

$$u_{i+1}=u_i+\dot{u}_i\Delta t+(\Delta t)^2\left(\frac{1}{6}\ddot{u}_{i+1}+\frac{1}{3}\ddot{u}_i\right) \tag{5-38}$$

再加上 t_{i+1} 时刻的运动方程

$$m\ddot{u}_{i+1}+c\dot{u}_{i+1}+ku_{i+1}=p_{i+1} \tag{5-39}$$

式（5-37）~式（5-39）共同构成了线性加速度法的基本计算公式。

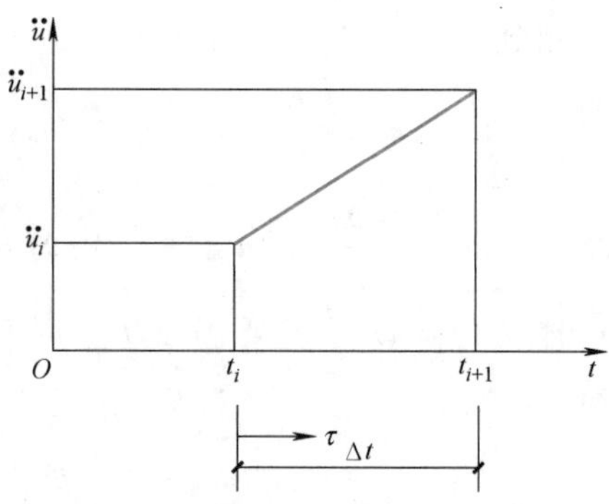

图 5-4　线性加速度法加速度变化规律

根据式（5-37）和式（5-38）可以解出由 t_{i+1} 时刻体系的位移 u_{i+1} 表示的 t_{i+1} 时刻的速度和加速度

$$\ddot{u}_{i+1}=\frac{6}{(\Delta t)^2}u_{i+1}-\frac{6}{(\Delta t)^2}u_i-\frac{6}{\Delta t}\dot{u}_i-2\ddot{u}_i \tag{5-40}$$

$$\dot{u}_{i+1}=\frac{3}{\Delta t}u_{i+1}-\frac{3}{\Delta t}u_i-2\dot{u}_i-\frac{\Delta t}{2}\ddot{u}_i \tag{5-41}$$

将式（5-40）和式（5-41）代入式（5-39），可以得到 t_{i+1} 时刻体系的位移 u_{i+1} 的计算公式。

$$\hat{k}u_{i+1}=\hat{p}_{i+1} \tag{5-42}$$

其中

$$\hat{k}=k+\frac{6}{(\Delta t)^2}m+\frac{3}{\Delta t}c$$

$$\hat{p}_{i+1}=p_{i+1}+\left(\frac{6}{(\Delta t)^2}u_i+\frac{6}{\Delta t}\dot{u}_i+2\ddot{u}_i\right)m+\left(\frac{3}{\Delta t}u_i+2\dot{u}_i+\frac{\Delta t}{2}\ddot{u}_i\right)c$$

由式（5-42）可以根据 t_i 时刻体系的位移、速度和加速度及 t_{i+1} 时刻的外荷载求得 t_{i+1} 时刻

的位移 u_{i+1}，将结果代入式（5-40）和式（5-41）可得到 t_{i+1} 时刻的加速度和速度。循环上述计算过程，就可以得到所有离散时间点上的位移、速度和加速度。

与平均加速度法类似，线性加速度法同样是一种自起步方法。

5.6　Newmark-β 法

Newmark-β 法同样将时间离散化，运动方程仅要求在离散的时间点上满足。假设在 t_i 时刻的运动 u_i、$\dot{u}_i$、$\ddot{u}_i$ 均已求得，然后计算 t_{i+1} 时刻的运动。与中心差分法不同的是，它不是用差分对 t_i 时刻的运动方程展开，得到外推计算 u_{i+1} 的公式，而是通过对 $t_i \sim t_{i+1}$ 时段内加速度变化规律的假设，以 t_i 时刻的运动量为初始值，通过积分方法得到计算 t_{i+1} 时刻的运动公式。与平均加速度法和线性加速度法不同的是，它用不同的加速度假设条件给出速度和位移的计算公式。

离散时间点 t_i 和 t_{i+1} 时刻的加速度值为 $\ddot{u}_i$ 和 $\ddot{u}_{i+1}$，Newmark-β 法假设在 t_i 和 t_{i+1} 之间的加速度值是介于 $\ddot{u}_i$ 和 $\ddot{u}_{i+1}$ 之间的某一常量，记为 a，如图 5-5 所示。

根据 Newmark-β 法的基本假设，有

$$a=(1-\gamma)\ddot{u}_i+\gamma\ddot{u}_{i+1}\quad(0\leqslant\gamma\leqslant1)\tag{5-43}$$

为得到稳定和高精度的算法，a 也用另一控制参数 β 表示，即

$$a=(1-2\beta)\ddot{u}_i+2\beta\ddot{u}_{i+1}\quad(0\leqslant\beta\leqslant1/2)\tag{5-44}$$

通过在 t_i 到 t_{i+1} 时间段上对加速度 a 积分，可得 t_{i+1} 时刻的速度和位移

$$\dot{u}_{i+1}=\dot{u}_i+\Delta ta\tag{5-45}$$

$$u_{i+1}=u_i+\Delta t\dot{u}_i+\frac{1}{2}(\Delta t)^2a\tag{5-46}$$

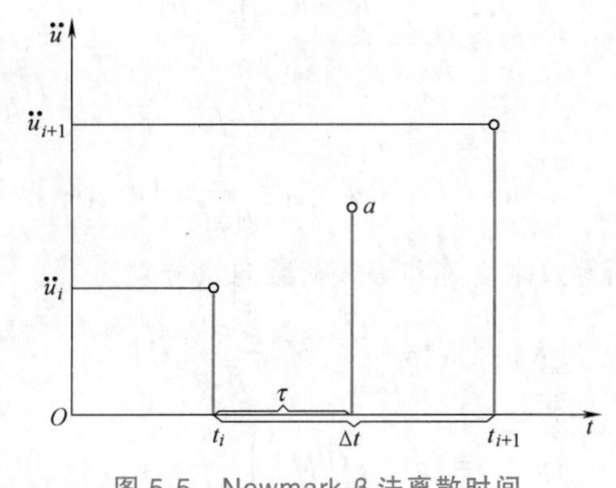

图 5-5　Newmark-β 法离散时间点及加速度假设

分别将式（5-43）代入式（5-45）和将式（5-44）代入式（5-46）得

$$\left.\begin{aligned}\dot{u}_{i+1}&=\dot{u}_i+(1-\gamma)\Delta t\ddot{u}_i+\gamma\Delta t\ddot{u}_{i+1}\\u_{i+1}&=u_i+\Delta t\dot{u}_i+\left(\frac{1}{2}-\beta\right)(\Delta t)^2\ddot{u}_i+\beta(\Delta t)^2\ddot{u}_{i+1}\end{aligned}\right.\tag{5-47}$$

式（5-47）是 Newmark-β 法的两个基本递推公式，由式（5-47）可解得 t_{i+1} 时刻的加速度和速度的计算公式

$$\left.\begin{aligned}\ddot{u}_{i+1}&=\frac{1}{\beta(\Delta t)^2}(u_{i+1}-u_i)-\frac{1}{\beta\Delta t}\dot{u}_i-\left(\frac{1}{2\beta}-1\right)\ddot{u}_i\\\dot{u}_{i+1}&=\frac{\gamma}{\beta\Delta t}(u_{i+1}-u_i)+\left(1-\frac{\gamma}{\beta}\right)\dot{u}_i+\left(1-\frac{\gamma}{2\beta}\right)\Delta t\ddot{u}_i\end{aligned}\right\}\tag{5-48}$$

由式（5-48）给出的运动满足 t_{i+1} 时刻的运动控制方程

$$m\ddot{u}_{i+1}+c\dot{u}_{i+1}+ku_{i+1}=p_{i+1}\tag{5-49}$$

将式（5-48）代入式（5-49）得 t_{i+1} 时刻位移 u_{i+1} 的计算公式

$$\hat{k}u_{i+1}=\hat{p}_{i+1} \tag{5-50}$$

其中

$$\hat{k}=k+\frac{1}{\beta\Delta t^2}m+\frac{\gamma}{\beta\Delta t}c$$

$$\hat{p}_{i+1}=p_{i+1}+\left[\frac{1}{\beta\Delta t^2}u_i+\frac{1}{\beta\Delta t}\dot{u}_i+\left(\frac{1}{2\beta}-1\right)\ddot{u}_i\right]m+\left[\frac{\gamma}{\beta\Delta t}u_i+\left(\frac{\gamma}{\beta}-1\right)\dot{u}_i+\frac{\Delta t}{2}\left(\frac{\gamma}{\beta}-2\right)\ddot{u}_i\right]c$$

可见 $\hat{p}_{i+1}$ 是由 t_i 时刻的位移、速度、加速度和 t_{i+1} 时刻的外荷载决定的，是已知的和预先已求得的，则用式（5-50）可求得 t_{i+1} 时刻的位移 u_{i+1}，再利用式（5-48）可求得 t_{i+1} 时刻的速度 $\dot{u}_{i+1}$ 和加速度 $\ddot{u}_{i+1}$，循环以上步骤，得到所有离散时间点上的位移、速度和加速度。

对于多自由度体系，Newmark-β 法的逐步积分公式为

$$\left.\begin{aligned}&[\hat{K}]\{u\}_{i+1}=\{\hat{p}\}_{i+1}\\&\{\dot{u}\}_{i+1}=\frac{\gamma}{\beta\Delta t}(\{u\}_{i+1}-\{u\}_i)+\left(1-\frac{\gamma}{\beta}\right)\{\dot{u}\}_i+\Delta t\left(1-\frac{\gamma}{2\beta}\right)\{\ddot{u}\}_i\\&\{\ddot{u}\}_{i+1}=\frac{1}{\beta\Delta t^2}(\{u\}_{i+1}-\{u\}_i)-\frac{1}{\beta\Delta t}\{\dot{u}\}_i-\left(\frac{1}{2\beta}-1\right)\{\ddot{u}\}_i\end{aligned}\right\} \tag{5-51}$$

而等效刚度阵和等效荷载向量分别为

$$[\hat{K}]=[K]+\frac{1}{\beta\Delta t^2}[M]+\frac{\gamma}{\beta\Delta t}[C]$$

$$\begin{aligned}\{\hat{p}\}_{i+1}=\{p\}_{i+1}+[M]&\left[\frac{1}{\beta\Delta t^2}\{u\}_i+\frac{1}{\beta\Delta t}\{\dot{u}\}_i+\left(\frac{1}{2\beta}-1\right)\{\ddot{u}\}_i\right]+\\&[C]\left[\frac{\gamma}{\beta\Delta t}\{u\}_i+\left(\frac{\gamma}{\beta}-1\right)\{\dot{u}\}_i+\frac{\Delta t}{2}\left(\frac{\gamma}{\beta}-2\right)\{\ddot{u}\}_i\right]\end{aligned}$$

Newmark-β 法的求解过程如下：

1）基本数据准备和初始条件计算：

① 选择时间步长 Δt，参数 β 和 γ，并计算积分常数

$$a_0=\frac{1}{\beta\Delta t^2},\ a_1=\frac{\gamma}{\beta\Delta t},\ a_2=\frac{1}{\beta\Delta t},\ a_3=\frac{1}{2\beta}-1,$$

$$a_4=\frac{\gamma}{\beta}-1,\ a_5=\frac{\Delta t}{2}\left(\frac{\gamma}{\beta}-2\right),\ a_6=\Delta t(1-\gamma),\ a_7=\gamma\Delta t。$$

② 确定运动的初始值 $\{u\}_0$、$\{\dot{u}\}_0$ 和 $\{\ddot{u}\}_0$。

2）形成刚度矩阵 $[K]$，质量矩阵 $[M]$ 和阻尼矩阵 $[C]$。

3）形成等效刚度矩阵 $[\hat{K}]$，即

$$[\hat{K}]=[K]+a_0[M]+a_1[C]$$

4）计算 t_{i+1} 时刻的等效载荷

$$\{\hat{p}\}_{i+1}=\{p\}_{i+1}+[M]\left(a_0\{u\}_i+a_2\{\dot{u}\}_i+a_3\{\ddot{u}\}_i\right)+[C]\left(a_1\{u\}_i+a_4\{\dot{u}\}_i+a_5\{\ddot{u}\}_i\right)$$

5）求解 t_{i+1} 时刻的位移，即

$$[\hat{K}]\{u\}_{i+1}=\{\hat{p}\}_{i+1}$$

6）计算 t_{i+1} 时刻的加速度和速度，即

$$\{\ddot{u}\}_{i+1}=a_0(\{u\}_{i+1}-\{u\}_i)-a_2\{\dot{u}\}_i-a_3\{\ddot{u}\}_i$$

$$\{\dot{u}\}_{i+1}=\{\dot{u}\}_i+a_6\{\ddot{u}\}_i+a_7\{\ddot{u}\}_{i+1}$$

重复第 4）~6）计算步骤，可以得到线弹性体系在任一时刻的动力反应，对于非线性问题，则应重复步骤 2）~6）完成计算。

在 Newmark-β 法中，控制参数 β 和 γ 的取值影响着算法的精度和稳定性，可以证明，只有当 γ 取 1/2 时，这个方法才具有二阶精度，因此一般均取 $\gamma=1/2$，$0\leqslant\beta\leqslant1/4$。

Newmark-β 法的稳定性条件为

$$\Delta t\leqslant\frac{1}{\pi\sqrt{2}}\frac{1}{\sqrt{\gamma-2\beta}}T_{\mathrm{n}} \tag{5-52}$$

当 $\gamma=1/2$, $\beta=1/4$ 时，稳定性条件为 $\Delta t\leqslant\infty$，即算法成为无条件稳定的。实际上也有取 $\gamma-2\beta=0$ 的参数组合以形成无条件稳定算法，如当 $\beta=1/6$ 时，对加速度的假设等价于线性加速度法，此时为保证方法为无条件稳定的，取 $\gamma=1/3$。

Newmark-β 法为单步法，即体系每一时刻运动的计算仅与上一时刻的运动有关，不需要额外处理计算的“起步”问题，属于自起步方法。

在时域逐步积分计算方法研究中，发展了一批计算方法，如平均常加速度方法、线性加速度方法等。Newmark-β 法中控制参数 β 取不同的值，可以得到相应的计算方法。表 5-1 给出了参数 β 取不同值时 Newmark-β 法所对应的逐步积分法，分别为平均加速度法、线性加速度法和中心差分法。图 5-6 给出平均加速度法和线性加速度法在 t_i 到 t_{i+1} 时间段内假设的加速度变化规律。

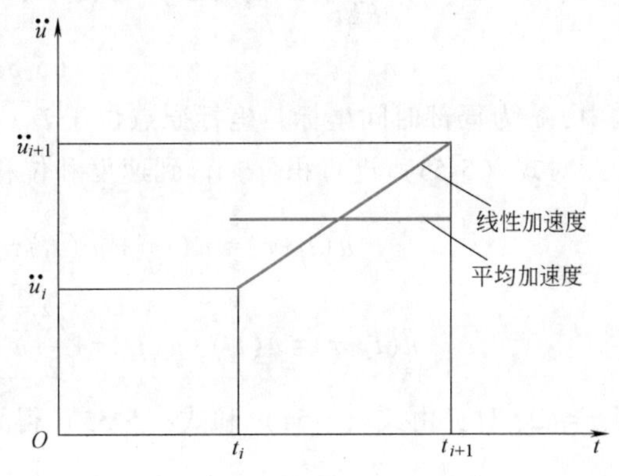

图 5-6　线性加速度法和平均加速度法的加速度变化规律

表 5-1　参数取不同值时 Newmark-β 法所对应的逐步积分法

参数取值	对应的逐步积分法	稳定性条件
$\gamma=\frac{1}{2},\beta=\frac{1}{4}$	平均加速度法	无条件稳定
$\gamma=\frac{1}{2},\beta=\frac{1}{6}$	线性加速度法	$\Delta t\leqslant\frac{\sqrt{3}}{\pi}T_{\mathrm{n}}=0.551T_{\mathrm{n}}$
$\gamma=\frac{1}{2},\beta=0$	中心差分法	$\Delta t\leqslant\frac{1}{\pi}T_{\mathrm{n}}$

5.7　Wilson-θ 法

Wilson-θ 法是在线性加速度法的基础上发展的一种数值积分方法。图 5-7 所示为 Wilson-θ 法的基本思路和实现方法，这一方法假设加速度在时间段 $[t, t+\theta\Delta t]$ 内线性变化，首先采用线性加速度法计算体系在 $t_i+\theta\Delta t$ 时刻的运动，其中参数 $\theta \geqslant 1$，然后采用内插计算公式得到体系在 $t_i+\Delta t$ 时刻的运动。由于内插计算有助于提高算法的稳定性，因此当 θ 足够大时，将给出稳定性良好的积分方法，可以证明当 $\theta \geqslant (1+\sqrt{3})/2$，即当 $\theta \geqslant 1.37$ 时，Wilson-θ 法是无条件稳定的。

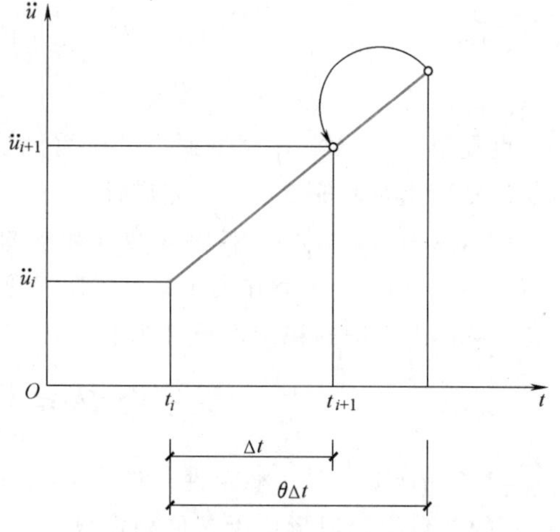

图 5-7　Wilson-θ 法原理

下面推导 Wilson-θ 法的逐步积分公式。根据线性加速度假设，加速度 a 在区间 $[t, t+\theta\Delta t]$ 上可表示为

$$a(\tau)=\ddot{u}(t_i)+\frac{\tau}{\theta\Delta t}[\ddot{u}(t_i+\theta\Delta t)-\ddot{u}(t_i)] \tag{5-53}$$

式中，τ 为局部时间坐标，坐标原点位于 t_i。

对式（5-53）进行积分，得到速度和位移为

$$\dot{u}(t_i+\tau)=\dot{u}(t_i)+\ddot{u}(t_i)\tau+\frac{\tau^2}{2\theta\Delta t}[\ddot{u}(t_i+\theta\Delta t)-\ddot{u}(t_i)] \tag{5-54}$$

$$u(t_i+\tau)=u(t_i)+\dot{u}(t_i)\tau+\frac{\tau^2}{2}\ddot{u}(t_i)+\frac{\tau^3}{6\theta\Delta t}[\ddot{u}(t_i+\theta\Delta t)-\ddot{u}(t_i)] \tag{5-55}$$

当 $\tau=\theta\Delta t$ 时，由式（5-54）和式（5-55）得到

$$\dot{u}(t_i+\theta\Delta t)=\dot{u}(t_i)+\theta\Delta t\,\ddot{u}(t_i)+\frac{\theta\Delta t}{2}[\ddot{u}(t_i+\theta\Delta t)-\ddot{u}(t_i)] \tag{5-56}$$

$$u(t_i+\theta\Delta t)=u(t_i)+\theta\Delta t\,\dot{u}(t_i)+\frac{(\theta\Delta t)^2}{6}[\ddot{u}(t_i+\theta\Delta t)+2\ddot{u}(t_i)] \tag{5-57}$$

由式（5-56）和式（5-57）可解得用 $u(t_i+\theta\Delta t)$ 表示的 $\ddot{u}(t_i+\theta\Delta t)$ 和 $\dot{u}(t_i+\theta\Delta t)$，即

$$\ddot{u}(t_i+\theta\Delta t)=\frac{6}{(\theta\Delta t)^2}[u(t_i+\theta\Delta t)-u(t_i)]-\frac{6}{\theta\Delta t}\dot{u}(t_i)-2\ddot{u}(t_i) \tag{5-58}$$

$$\dot{u}(t_i+\theta\Delta t)=\frac{3}{\theta\Delta t}[u(t_i+\theta\Delta t)-u(t_i)]-2\dot{u}(t_i)-\frac{\theta\Delta t}{2}\ddot{u}(t_i) \tag{5-59}$$

在 $t_i+\theta\Delta t$ 时刻，体系的运动应满足运动方程

$$m\ddot{u}(t_i+\theta\Delta t)+c\dot{u}(t_i+\theta\Delta t)+ku(t_i+\theta\Delta t)=p(t_i+\theta\Delta t) \tag{5-60}$$

式中，外荷载向量 $p(t_i+\theta\Delta t)$ 可用线性外推获得

$$p(t_i+\theta\Delta t)=p(t_i)+\theta[p(t_i+\Delta t)-p(t_i)] \tag{5-61}$$

将式（5-58）、式（5-59）和式（5-61）代入式（5-60），得到计算 $u(t_i+\theta\Delta t)$ 的方程

$$\hat{k}u(t_i+\theta\Delta t)=\hat{p}(t_i+\theta\Delta t) \tag{5-62}$$

其中

$$\hat{k}=k+\frac{6}{(\theta\Delta t)^2}m+\frac{3}{\theta\Delta t}c$$

$$\hat{p}(t_i+\theta\Delta t)=p(t_i)+\theta[p(t_{i+1})-p(t_i)]+\left[\frac{6}{(\theta\Delta t)^2}u(t_i)+\frac{6}{\theta\Delta t}\dot{u}(t_i)+2\ddot{u}(t_i)\right]m+\left[\frac{3}{\theta\Delta t}u(t_i)+2\dot{u}(t_i)+\frac{\theta\Delta t}{2}\ddot{u}(t_i)\right]c$$

由式（5-62）得到 $u(t_i+\theta\Delta t)$ 代入式（5-58）求得 $\ddot{u}(t_i+\theta\Delta t)$，再将 $\ddot{u}(t_i+\theta\Delta t)$ 代入式（5-53），并取 $\tau=\Delta t$，得到

$$\ddot{u}(t_i+\Delta t)=\frac{6}{\theta^3\Delta t^2}[u(t_i+\theta\Delta t)-u(t_i)]-\frac{6}{\theta^2\Delta t}\dot{u}(t_i)+\left(1-\frac{3}{\theta}\right)\ddot{u}(t_i) \tag{5-63}$$

令式（5-54）和式（5-55）中的 $\theta=1$，并取 $\tau=\Delta t$，可得到 $t+\Delta t$ 时刻的速度和位移为

$$\dot{u}(t_{i+1})=\dot{u}(t_i)+\frac{\Delta t}{2}(\ddot{u}(t_{i+1})+\ddot{u}(t_i)) \tag{5-64}$$

$$u(t_{i+1})=u(t_i)+\Delta t\dot{u}(t_i)+\frac{\Delta t^2}{6}(\ddot{u}(t_{i+1})+2\ddot{u}(t_i)) \tag{5-65}$$

式（5-62）~式（5-65）构成了单自由度体系动力反应分析的 Wilson-θ 法计算公式。

对于多自由度体系，Wilson-θ 法的逐步积分公式为

$$\left.\begin{aligned}
&[\hat{K}]\{u(t_i+\theta\Delta t)\}=\{\hat{p}(t_i+\theta\Delta t)\}\\
&\{\ddot{u}\}_{i+1}=\frac{6}{\theta^3\Delta t^2}(\{u(t_i+\theta\Delta t)\}-\{u\}_i)-\frac{6}{\theta^2\Delta t}\{\dot{u}\}_i+\left(1-\frac{3}{\theta}\right)\{\ddot{u}\}_i\\
&\{\dot{u}\}_{i+1}=\{\dot{u}\}_i+\frac{\Delta t}{2}(\{\ddot{u}\}_{i+1}+\{\ddot{u}\}_i)\\
&\{u\}_{i+1}=\{u\}_i+\Delta t\{\dot{u}\}_i+\frac{\Delta t^2}{6}(\{\ddot{u}\}_{i+1}+2\{\ddot{u}\}_i)
\end{aligned}\right\} \tag{5-66}$$

其中等效刚度矩阵和等效荷载向量分别为

$$[\hat{K}]=[K]+\frac{6}{(\theta\Delta t)^2}[M]+\frac{3}{\theta\Delta t}[C]$$

$$\{\hat{p}(t_i+\theta\Delta t)\}=\{p\}_i+\theta(\{p\}_{i+1}-\{p\}_i)+[M]\left[\frac{6}{(\theta\Delta t)^2}\{u\}_i+\frac{6}{\theta\Delta t}\{\dot{u}\}_i+2\{\ddot{u}\}_i\right]+[C]\left(\frac{3}{\theta\Delta t}\{u\}_i+2\{\dot{u}\}_i+\frac{\theta\Delta t}{2}\{\ddot{u}\}_i\right)$$

当 $\theta=1$ 时，Wilson-θ 法退化为线性加速度法。在时域逐步积分法发展的早期，Wilson-θ 法曾得到广泛应用。粗略分析，Wilson-θ 法采用了线性加速度假设，比无条件稳定的 Newmark-β 法（平均加速度法）更精确，也是无条件稳定的，应是一种优秀的逐步积分法。但随着对数值算法特性研究的深入，发现 Wilson-θ 法存在一系列弊病，这可以从图 5-8 和图 5-9 给出的计算结果看到。

图 5-8 和图 5-9 给出了不同数值积分方法计算精度的比较及算法特性的分析结果。目前 Newmark-β 法，特别是 $\beta=1/4$ 格式得到广泛应用。此外，中心差分法虽然稳定性差一些，但因其简单、高效的特点也得到一系列的应用，对于一些特殊的问题，计算精度的要求有时与稳定性条件的要求相近。

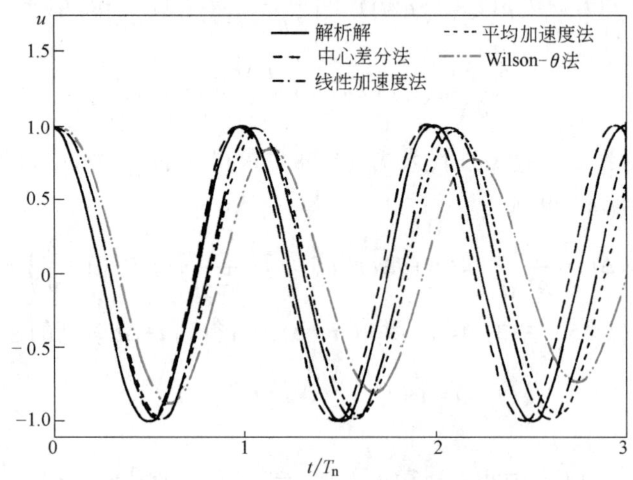

图 5-8　不同方法的计算精度（单自由度体系无阻尼自由振动，$\Delta t/T_n=0.1$）

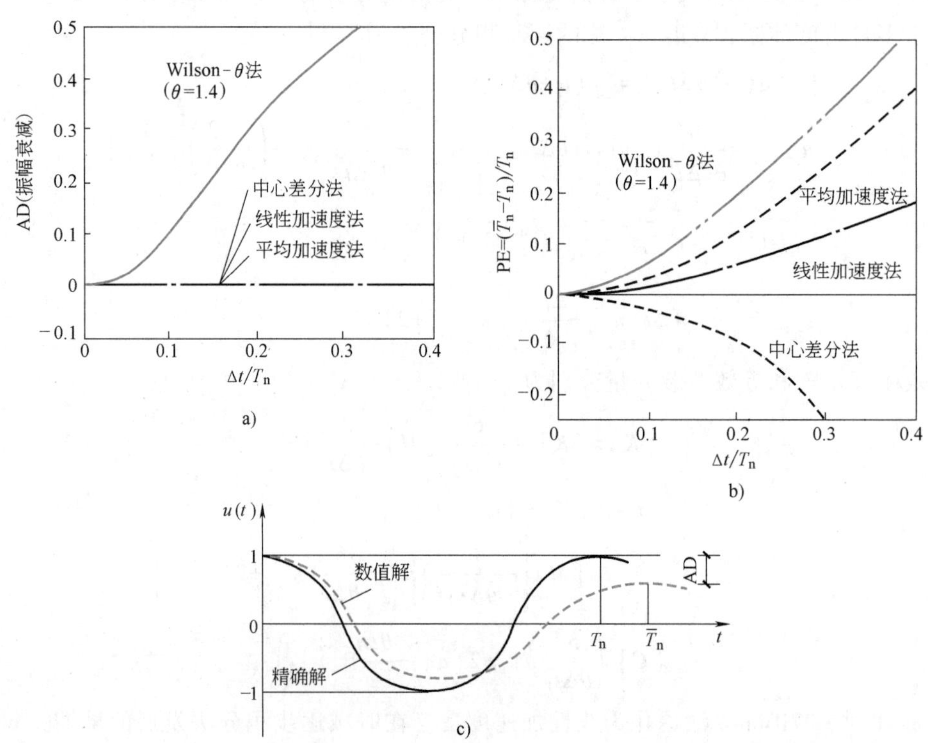

图 5-9　不同方法的振幅衰减（Amplitude decay）和周期延长 PE（Period elongation）

5.8　结构非线性反应计算

在强荷载（如强地震）作用下，结构可能发生较大的变形，构件将出现弹塑性变形，结构反应进入弹塑性，主要表现是结构的弹性恢复力（此时也称为抗力）与结构的位移或变形不再保持为线性关系，如图 5-10 所示，即

$$f_S \neq k_0 u$$

而是位移的函数

$$f_S = f_S(u)$$

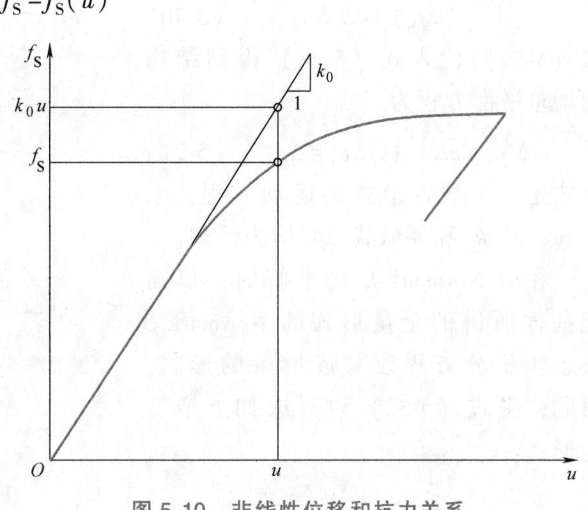

图 5-10　非线性位移和抗力关系

此时如果采用中心差分法求解非线性反应，其计算仍然很容易，仅需把 t_i 时刻运动方程中的 ku_i 用 $(f_S)_i$ 代替，而

$$(f_S)_i = f_S(u_i)$$

而 u_i 是已计算得到的 t_i 时刻的位移，所以 $(f_S)_i$ 也是已知的，则采用与 5.3 节完全相同的计算公式可以得到 t_{i+1} 时刻的位移 u_{i+1}。

可见如果采用中心差分法计算，计算公式的格式和计算软件均无须做较大的修改，仅需对计算抗力 $(f_S)_i$ 的有关项进行相应的改动，此时，中心差分计算公式为

$$\left[\frac{m}{(\Delta t)^2}+\frac{c}{2\Delta t}\right]u_{i+1}=p_i-(f_S)_i+\left[\frac{2m}{(\Delta t)^2}\right]u_i-\left[\frac{m}{(\Delta t)^2}-\frac{c}{2\Delta t}\right]u_{i-1} \tag{5-67}$$

在用中心差分逐步积分法计算时，由于结构一般是软化结构，即随变形的增加而变软，刚度 k 降低，但质量 m 不变，则结构的自振周期 $T_n(=2\pi/\sqrt{k/m})$ 变长，计算的稳定性变好。

若采用 Newmark-β 法进行结构非线性动力计算，则采用**增量平衡方程**较合适。所谓“增量”是与以前的“全量”相比而言，可以分别给出 t_i 时刻运动方程，即

$$m\ddot{u}_i+c\dot{u}_i+(f_S)_i=p_i$$

和 t_{i+1} 时刻运动方程

$$m\ddot{u}_{i+1}+c\dot{u}_{i+1}+(f_S)_{i+1}=p_{i+1}$$

由 t_{i+1} 时刻减去 t_i 时刻的运动方程得运动的增量平衡方程，即

$$m\Delta\ddot{u}_i+c\Delta\dot{u}_i+(\Delta f_S)_i=\Delta p_i \tag{5-68}$$

式中

$$\Delta u_i=u_{i+1}-u_i;\Delta\dot{u}_i=\dot{u}_{i+1}-\dot{u}_i;\Delta\ddot{u}_i=\ddot{u}_{i+1}-\ddot{u}_i$$

$$(\Delta f_S)_i=(f_S)_{i+1}-(f_S)_i$$

$$\Delta p_i = p_{i+1} - p_i$$

虽然结构反应进入非线性，但只要时间步长 Δt 足够小，可以认为在 $[t_i,\ t_{i+1}]$ 区间内结构的本构关系是线性的，则

$$(\Delta f_{\mathrm{S}})_i = k_i^{\mathrm{s}} \Delta u_i \tag{5-69}$$

式中，k_i^{s} 为 i 和 $i+1$ 点之间的割线刚度，如图 5-11 所示。

但由于 u_{i+1} 未知，因此 k_i^{s} 不能预先准确估计，这时可以采用 i 点的切线刚度 k_i 代替 k_i^{s}

$$(\Delta f_{\mathrm{S}})_i \approx k_i \Delta u_i \tag{5-70}$$

式（5-70）代入式（5-68）得到结构的增量平衡方程为

$$m\Delta \ddot{u}_i + c\Delta \dot{u}_i + k_i \Delta u_i = \Delta p_i \tag{5-71}$$

上式是一个线性形式的运动方程，系数 m、c、k_i 和外荷载 Δp_i 均为已知。

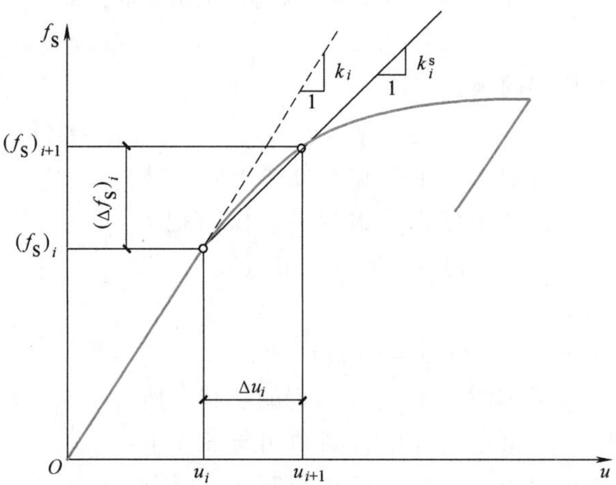

图 5-11　$[t_i,\ t_{i+1}]$ 区间内结构的本构关系

在用 Newmark-β 法求解时，仅需把前面所讲的全量形式的 Newmark-β 法逐步积分方程改写成增量的形式。为此，将式（5-32）改写成如下增量的形式：

$$\left.\begin{aligned} \Delta \ddot{u}_i &= \frac{1}{\beta(\Delta t)^2}\Delta u_i - \frac{1}{\beta \Delta t}\dot{u}_i - \frac{1}{2\beta}\ddot{u}_i \\ \Delta \dot{u}_i &= \frac{\gamma}{\beta \Delta t}\Delta u_i - \frac{\gamma}{\beta}\dot{u}_i + \left(1 - \frac{\gamma}{2\beta}\right)\ddot{u}_i \Delta t \end{aligned}\right\} \tag{5-72}$$

将式（5-72）代入式（5-71），得到计算 Δu_i 的方程为

$$\begin{aligned} &\hat{k}_i \Delta u_i = \Delta \hat{p}_i \\ &\hat{k}_i = k_i + \frac{1}{\beta(\Delta t)^2}m + \frac{\gamma}{\beta \Delta t}c \\ &\Delta \hat{p}_i = \Delta p_i + \left(\frac{1}{\beta \Delta t}\dot{u}_i + \frac{1}{2\beta}\ddot{u}_i\right)m + \left[\frac{\gamma}{\beta}\dot{u}_i + \frac{\Delta t}{2}\left(\frac{\gamma}{\beta} - 2\right)\ddot{u}_i\right]c \end{aligned} \tag{5-73}$$

用式（5-73）求得 Δu_i 后，则可以计算 t_{i+1} 时刻的总位移为

$$u_{i+1} = u_i + \Delta u_i \tag{5-74}$$

再利用 Newmark-β 法中的两个基本公式（5-48），可以得到

$$\left.\begin{aligned} \ddot{u}_{i+1} &= \frac{1}{\beta(\Delta t)^2}\Delta u_i - \frac{1}{\beta \Delta t}\dot{u}_i - \left(\frac{1}{2\beta} - 1\right)\ddot{u}_i \\ \dot{u}_{i+1} &= \frac{\gamma}{\beta \Delta t}\Delta u_i + \left(1 - \frac{\gamma}{\beta}\right)\dot{u}_i + \left(1 - \frac{\gamma}{2\beta}\right)\ddot{u}_i \Delta t \end{aligned}\right\} \tag{5-75}$$

这样，t_{i+1} 时刻的运动全部求得。

在用以上步骤计算时的主要误差，是由于计算抗力时采用了近似的计算公式 $(\Delta f_{\mathrm{S}})_i =$

$k_i^s\Delta u_i \approx k_i\Delta u_i$ 引起的，即用切线刚度代替割线刚度引起的，这是非线性分析的共性。注意到方程 $\hat{k}_i\Delta u_i = \Delta\hat{p}_i$ 从形式上看与静力问题的方程完全一样，可以用静力问题中的非线性分析方法进行迭代求解，如采用 Newton-Raphson 法或修正的 Newton-Raphson 法求解。这两种方法计算迭代过程如图 5-12 所示。Newton-Raphson 方法采用不断变化的切线刚度，在每一迭代步中，刚度是变化的，而修正的 Newton-Raphson 法，在不同迭代步中的刚度不变，因此，也常称 Newton-Raphson 法为变刚度迭代法，而修正的 Newton-Raphson 方法为常刚度迭代法。变刚度迭代法的优点是迭代的收敛速度比常刚度法快，缺点是在迭代过程中需要反复修正刚度矩阵；常刚度迭代法的优点是在每一时间步中的迭代过程中，无需对刚度阵进行反复的修正运算，缺点是收敛速度比变刚度迭代法慢，但可以在一定程度上避免由刚度退化过度而出现的刚度阵的病态问题。

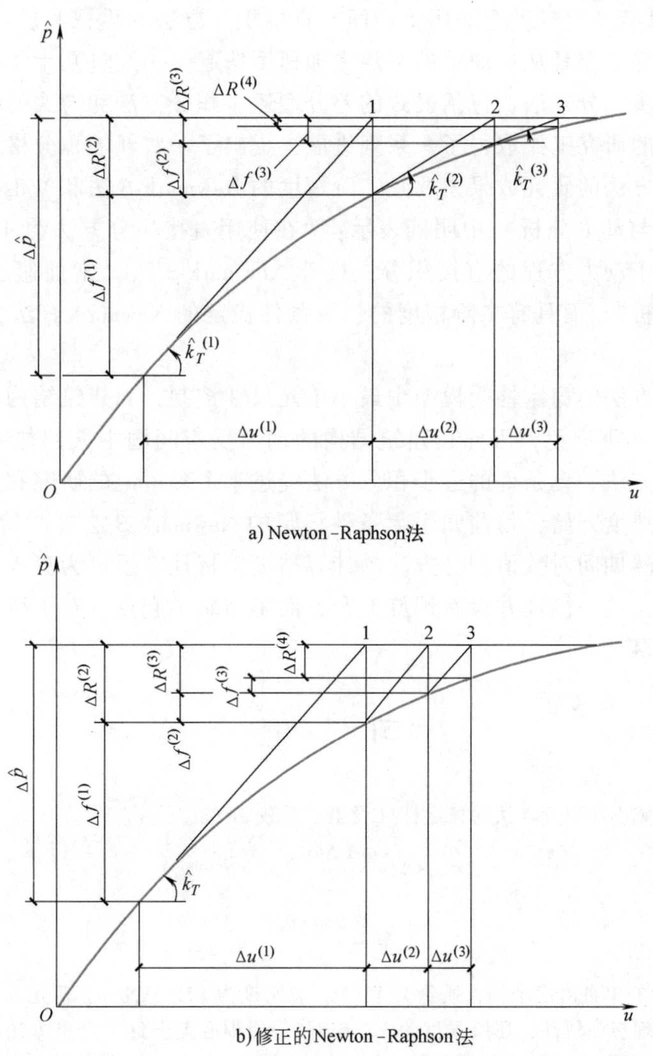

图 5-12　Newton-Raphson 法和修正的 Newton-Raphson 法的迭代过程

用以上迭代方法，求得 $\Delta u_i^{(1)}$，$\Delta u_i^{(2)}$，…以后，叠加得

$$\Delta u_i = \Delta u_i^{(1)} + \Delta u_i^{(2)} + \cdots \tag{5-76}$$

收敛条件为：当进行了 l 次迭代计算后，令

$$\Delta u = \sum_{j=1}^{l} \Delta u_i^{(j)} \tag{5-77}$$

如果

$$\frac{\Delta u_i^{(l)}}{\Delta u} < \varepsilon \tag{5-78}$$

则认为迭代收敛，达到要求的精度，停止迭代计算。ε 为一个给定的小量，如 0.001。一般情况下，经过有限次的迭代计算即可以收敛。

动力反应的时域逐步积分方法，从著名的 Euler-Gauss 常加速度方法开始，已经历了一个长时间的发展过程。直接积分方法的广泛使用是随着计算机的出现而开始的，大约 20 世纪 60 年代，至今已有半个多世纪的历史，而对直接积分方法的重视和广泛研究也至少有 50 年的历史。科学研究工作者从最简单的平均常加速度法起步，经过几十年的努力，提出或发展了一系列时域逐步积分方法，包括显式的差分型逐步积分方法和隐式的积分型逐步积分方法。显式积分方法的研究工作取得了一系列进展，提出了一些新的积分格式，而隐式的无条件稳定的时域积分方法的研究成果主要是二阶精度的 Newmark-β 法和 Wilson-θ 法。Wilson 在其专著《结构静力与动力分析》中明确表示："在使用直接积分方法约 40 年后，作者不再推荐 Wilson-θ 法用于动力方程的直接积分，推荐 Newmark-β 法（常加速度的）用于非线性结构体系的动力分析"。而具有二阶精度的、无条件稳定的 Newmark-β 法，实际上就是平均常加速度法。

由于显式积分方法的稳定性受模型中最小单元尺寸控制，而建筑结构模型中小尺寸的单元（构件）往往又不可避免，因此在建筑结构的动力反应问题中人们往往更倾向使用无条件稳定的逐步积分方法。无条件的逐步积分方法经过半个多世纪的研究和发展，完成了一次循环，从平均常加速度开始，目前归于无条件稳定的 Newmark-β 法（二阶精度的），即平均常加速度方法。虽然期间对数值积分方法的计算精度等特性有了更为深入的了解，但就一种算法的实用性而言，这一循环并没有螺旋上升，而是回到了起点，对于科研工作者，这多多少少是一件遗憾的事。

习　题

5-1　分析如下时域逐步积分算法的稳定性（设阻尼系数 $c=0$）。

$$u_{i+1} = u_i + \Delta t \dot{u}_i + \frac{(\Delta t)^2}{2m}(p_i - c\dot{u}_i - ku_i)$$

$$\dot{u}_{i+1} = \frac{2(u_{i+1} - u_i)}{\Delta t} - \dot{u}_i$$

5-2　图 5-13 所示的单自由度结构，质量为 17.5t，总刚度为 875.5kN/m，阻尼系数为 35kN · s/m，结构柱的力-位移关系为理想弹塑性，屈服强度为 26.7kN。采用中心差分逐步分析方法计算结构在给定脉冲荷载作用下的弹塑性反应。建议的时间步长为 $\Delta t = 0.1$s，首先检验稳定性条件，计算的总持时为 1.2s。初始时刻结构处于静止状态。

5-3　试用 5-1 题给出的算法重新计算 5-2 题 $[ku_i=(f_S)_i]$。

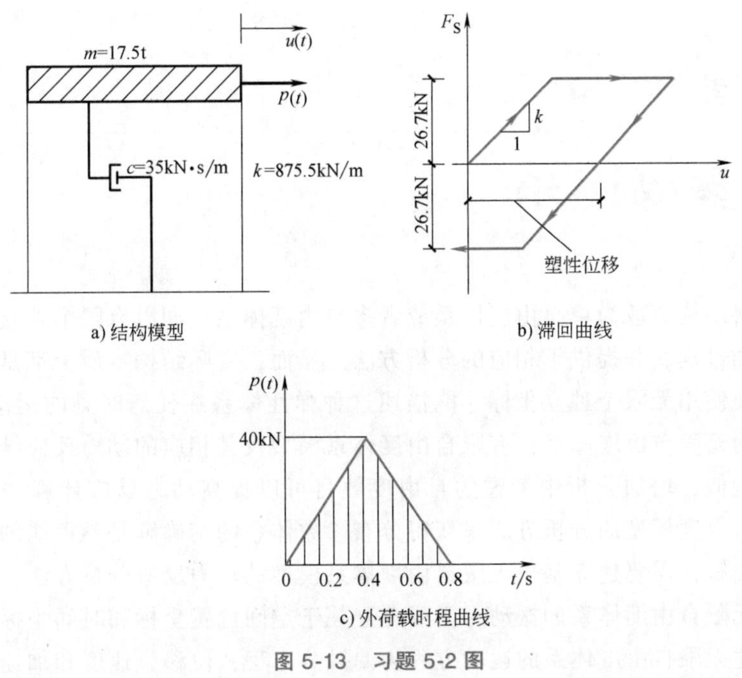

图 5-13　习题 5-2 图

思　考　题

5-1　如果在用 Duhamel 积分求解任意动力荷载作用下的反应问题时，先将时间 τ 等步距离散化，然后采用数值积分，可否用 Duhamel 积分求解非线性问题？

5-2　用中心差分逐步分析方法计算结构非线性动力反应问题时，在每一步的计算中能否像 Newmark-β 法那样实现对非平衡力的迭代修正计算？

5-3　结构阻尼的存在有助于减小结构的动力反应，阻尼是否有助于控制时域逐步积分法引起的结构振荡失稳，即提高动力问题数值算法的稳定性？

5-4　Wilson-θ 法将引起结构动力反应振幅的进一步衰减，称为算法阻尼，试讨论算法阻尼存在的利弊。

5-5　试述时域逐步积分法的计算精度和稳定性的概念及两者之间的关系。

5-6　建立一种时域逐步积分算法，要进行包括收敛性、计算精度、稳定性和计算效率四方面基本问题的分析，如何进行算法的收敛性和计算精度的分析？

5-7　显式算法不需要求解联立方程组，而隐式算法需要求解联立方程组。如何证明“所有的显式算法都是有条件稳定的，而隐式算法可以是有条件稳定或无条件稳定”这一论断？

5-8　结构阻尼常用于描述结构线弹性动力反应时的耗能效应，对于结构弹塑性反应问题，塑性反应将引起结构振动能量的耗散，称为塑性耗能。在结构弹塑性反应问题分析中是否还应继续考虑阻尼耗能？如果不考虑，是否会出现问题？如果要考虑，应如何考虑？

5-9　为什么可以用传递矩阵 $[A]$ 的谱半径来获得数值积分格式的稳定性条件？

5-10　稳定性条件是否仅与传递矩阵 $[A]$ 的谱半径有关，而与 $[A]$ 的其他条件无关？在用传递矩阵 $[A]$ 的谱半径判断稳定性条件时，是否存在先决条件？

5-11　传递矩阵的特征向量的性质对数值积分格式的性质（稳定性、计算精度、累积误差等）是否有影响或究竟还存在哪些影响？

5-12　进行结构非线性问题反应分析时，采用非线性体系增量运动方程的实质（目的）是什么？

第 6 章 分布参数体系

6

前面章节将结构离散为单自由度体系或者多自由度体系，即以有限个独立坐标描述结构动力反应的运动过程，并提供了相应的分析方法。然而，实际结构本质上都是具有分布质量的弹性体，需要使用无限个独立坐标才能描述这种弹性体系在任意时刻的运动状态。因而，实际结构都应为无限自由度体系，有限自由度体系模型及其相应的动力反应结果只是结构真实动力行为的近似，增加分析中考虑的自由度数目可以提高动力反应计算结果的精度。但是，要用有限自由度模型的分析方法来获得分布参数体系的精确解是不可能的，为获得分布参数体系的精确解，需要建立基于无限自由度体系模型的动力反应分析方法。

严格描述无限自由度体系的振动，需要建立关于空间位置坐标和时间坐标的位移连续函数，因此，描述无限自由度体系的运动方程为偏微分方程，位移、速度和加速度反应均为关于时空变量的连续函数。连续结构体系可按描绘它们动力反应所需的独立变量数来分类。例如，在研究薄板或薄壳结构的动力行为时，必须按照二维体系推导出两个位置变量的运动方程，属于二维问题。本章中，讨论将局限于一维结构，即仅讨论梁或杆的动力反应问题。这类结构的物理性质（质量、刚度、阻尼等）分布和动力反应（位移、速度、加速度等）可用单独一个空间坐标，即沿弹性轴线的位置来描述。于是，这种体系的偏微分方程只包含两个独立变量，即时间和沿轴线的距离。

6.1 体系运动微分方程

6.1.1 杆振动问题

1. 剪切直杆横向振动

首先考虑非均匀剪切直杆的横向振动情形。所谓剪切杆，指杆的横截面始终与杆的初始轴线保持垂直且在振动过程中仅做横向平动而无转动，同时横截面的形状和大小保持不变。如图 6-1a 所示，剪切杆各截面的位置可由空间坐标 x 确定，质量线密度和截面剪切刚度分别为 $m(x)$ 和 $GA(x)$，体系受到横向分布荷载 $p(x,t)$ 的作用。显然，对于这种弹性剪切变形杆模型，体系的运动状态由垂直于杆轴线的截面横向位移 $u(x,t)$ 即可完全描述。注意，这里的分布荷载 $p(x,t)$ 和位移 $u(x,t)$ 既是空间坐标 x 的函数，也是时间坐标 t 的函数。

考虑坐标 $x(0<x<L$; L 为杆长) 处的截面，取出微段 $\mathrm{d}x$，其受力状态示于图 6-1b，其中 $V(x,t)$ 为截面所受剪力。根据牛顿第二定律，有

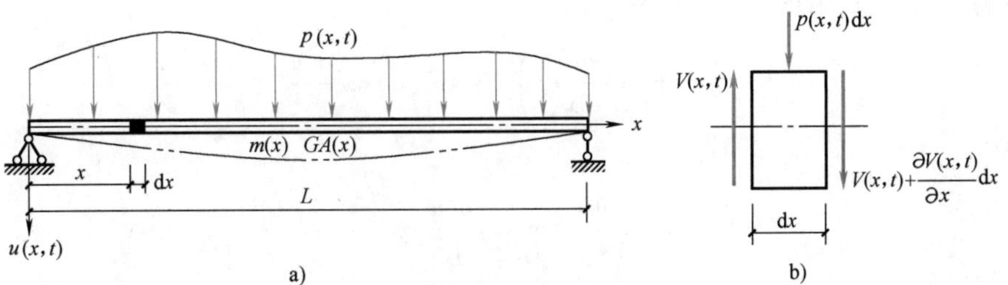

图 6-1　剪切杆的横向运动

$$p\mathrm{d}x+\left(V+\frac{\partial V}{\partial x}\mathrm{d}x\right)-V=m(x)\,\mathrm{d}x\,\frac{\partial^2 u}{\partial t^2} \tag{6-1}$$

整理可得

$$\frac{\partial V}{\partial x}=m(x)\frac{\partial^2 u}{\partial t^2}-p \tag{6-2}$$

对于弹性剪切杆，剪力 V 和剪应变 γ 的关系由胡克定律描述，即存在对应关系：

$$V=GA\gamma \tag{6-3}$$

而剪应变为

$$\gamma=\frac{\partial u}{\partial x} \tag{6-4}$$

将式（6-3）和式（6-4）代入式（6-2），可得

$$m(x)\frac{\partial^2 u}{\partial t^2}-\frac{\partial}{\partial x}\left[GA(x)\frac{\partial u}{\partial x}\right]=p(x,t) \tag{6-5}$$

若分析对象为均匀直杆，则单位长度质量 m 和剪切刚度 GA 均为常数。进一步，如果杆上无荷载作用，即 $p(x,t)\equiv 0$，方程（6-5）变为

$$\frac{\partial^2 u}{\partial t^2}=c^2\,\frac{\partial^2 u}{\partial x^2} \tag{6-6}$$

此即一维标准波动方程，其中 $c=\sqrt{GA/m}$，为杆中的剪切波波速。

2. 直杆轴向振动

考虑直杆的轴向振动情形。假定直杆的各截面只沿杆轴方向平动，在轴向运动过程中杆的横截面仍然为平面。同剪切杆横向振动模型一样，轴向振动的直杆的运动状态完全由截面的轴向位移 $u(x,t)$ 描述。直杆轴向振动模型如图 6-2a 所示，杆长为 L，沿杆轴线方向质量线密度和轴向刚度分别为 $m(x)$ 和 $EA(x)$。在 x 处取微段 $\mathrm{d}x$，其受到轴力 $N(x,t)$ 和轴向分布荷载 $p(x,t)$ 的作用，如图 6-2b 所示。

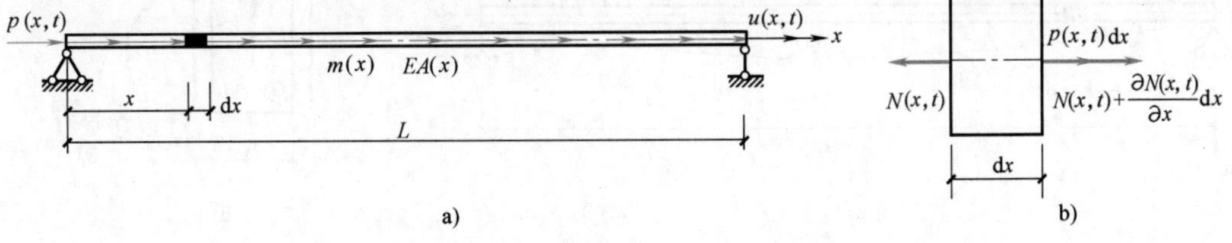

图 6-2　直杆的轴向振动

针对微段 dx，利用牛顿第二定律，有

$$p\mathrm{d}x+\left(N+\frac{\partial N}{\partial x}\mathrm{d}x\right)-N=m(x)\,\mathrm{d}x\,\frac{\partial^2 u}{\partial t^2} \tag{6-7}$$

整理可得

$$\frac{\partial N}{\partial x}=m(x)\frac{\partial^2 u}{\partial t^2}-p \tag{6-8}$$

注意到轴力与轴向变形存在如下关系：

$$N=\sigma A=\varepsilon EA=\frac{\partial u}{\partial x}EA \tag{6-9}$$

式中，$\sigma(x,t)$、$\varepsilon(x,t)$ 分别为轴向应力和轴向应变，$\varepsilon(x,t)=\dfrac{\partial u(x,t)}{\partial x}$。

将式（6-9）代入方程（6-8），可得

$$m(x)\frac{\partial^2 u}{\partial t^2}-\frac{\partial}{\partial x}\left[EA(x)\frac{\partial u}{\partial x}\right]=p(x,t) \tag{6-10}$$

同样，若 $m(x)\equiv m$、$EA(x)\equiv EA$ 和 $p(x,t)\equiv 0$，方程（6-10）也演变为一维标准波动方程（6-6），只是波速变为 $c=\sqrt{EA/m}$，为杆中的压缩波波速。

6.1.2 Euler-Bernoulli 梁振动问题：仅承受竖向分布荷载

设如图 6-3 所示的非均匀弯曲梁，沿梁长度 x 方向变化的抗弯刚度为 $EI(x)$，单位长度的质量为 $m(x)$，作用在梁上的竖向分布荷载 $p(x,t)$ 及梁的横向位移 $u(x,t)$ 均为随坐标 x 和时间 t 连续变化的函数。

首先分析梁弯曲振动的基本情况。假定梁的运动为平面弯曲，并假设变形后梁的横截面仍保持为平面，且垂直于变形后的梁轴线，即符合弯曲变形的平截面假定。对于细长梁，这种假定是合理的。

取梁上任一截面 x 处的微段 dx 为隔离体。该微段上除作用在两个截面上的弯矩 M、剪力 V 和分布外荷载 $p(x,t)$ 外，根据 D'Alembert 原理，还有假设的惯性力 $f_{\mathrm{I}}(x)\,\mathrm{d}x$，其中 $f_{\mathrm{I}}(x)$ 为分布惯性力，其大小等于分布质量 $m(x)$ 与运动加速度 $\ddot{u}(x,t)$ 的乘积，即

$$f_{\mathrm{I}}(x,t)=m(x)\frac{\partial^2 u(x,t)}{\partial t^2} \tag{6-11}$$

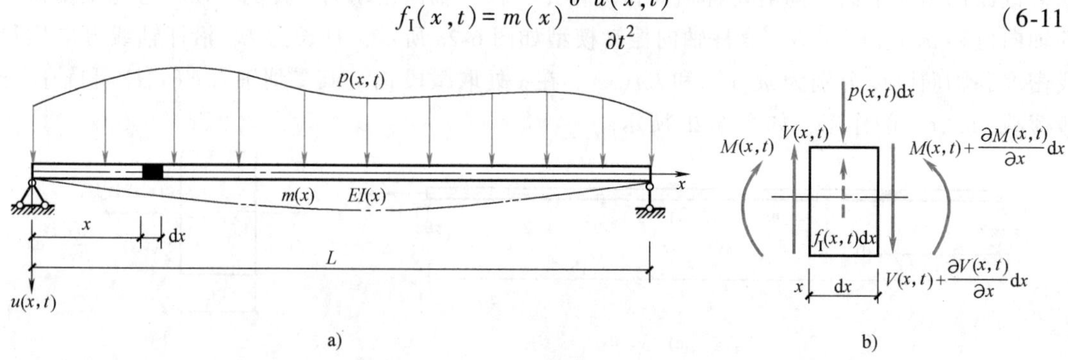

图 6-3 弯曲梁的横向运动

如图 6-3b 所示，该微梁段在运动过程中处于动平衡状态。由竖向力平衡条件，得到第一个平衡方程：

$$\left(V+\frac{\partial V}{\partial x}\mathrm{d}x\right)-V+\left[p-m(x)\frac{\partial^2 u}{\partial t^2}\right]\mathrm{d}x=0 \tag{6-12}$$

整理得

$$\frac{\partial V}{\partial x}=-p+m(x)\frac{\partial^2 u}{\partial t^2} \tag{6-13}$$

由力矩平衡条件，对微段右截面和 x 轴的交点取矩，得到第二个平衡方程：

$$M+V\mathrm{d}x-\frac{1}{2}\left[p-m(x)\frac{\partial^2 u}{\partial t^2}\right](\mathrm{d}x)^2-\left(M+\frac{\partial M}{\partial x}\mathrm{d}x\right)=0 \tag{6-14}$$

略去式中的高阶微量，整理得

$$\frac{\partial M}{\partial x}=V \tag{6-15}$$

将式（6-15）代入式（6-13），得

$$\frac{\partial^2 M}{\partial x^2}=-p+m(x)\frac{\partial^2 u}{\partial t^2} \tag{6-16}$$

根据梁的初等变形理论，梁的弯矩与曲率的关系式为

$$M=-EI(x)\frac{\partial^2 u}{\partial x^2} \tag{6-17}$$

将式（6-17）代入式（6-16），可以得到

$$m(x)\frac{\partial^2 u}{\partial t^2}+\frac{\partial^2}{\partial x^2}\left[EI(x)\frac{\partial^2 u}{\partial x^2}\right]=p(x,t) \tag{6-18}$$

这样就得到了仅考虑弯曲情况的变截面梁的运动偏微分方程。对于等截面梁，式（6-18）可以简化成为

$$m\frac{\partial^2 u}{\partial t^2}+EI\frac{\partial^4 u}{\partial x^4}=p(x,t) \tag{6-19}$$

在式（6-18）、式（6-19）的推导过程中，没有考虑梁在运动过程中剪切变形和转动惯量的影响。对于梁的挠度远小于其长度的情况，即梁的弯曲半径与梁高相比大很多时，弯曲变形是主要的，剪切变形和转动惯量的影响很小，可以忽略不计，此时上面两个公式具有足够的精度。仅考虑弯曲变形的梁称为欧拉梁（Euler Beam），其分析理论称为欧拉·伯努利理论（Euler-Bernoulli Theory）。

另外提醒注意，本节中推导梁的运动方程时应用了达朗伯原理（D'Alembert's Principle），而不是像前一节推导杆的运动方程时直接应用牛顿第二定律。这两种建立方程的方式是等价的，注意“惯性力”并不真实存在，只是虚拟出来的一种“力”，故在图 6-3b 中以虚线表示。在体系中施加虚拟的惯性力后，即可将体系视为静力问题，为建立方程带来了某种程度的方便。但如果直接应用牛顿第二定律，同样可以得到与方程（6-18）完全一样的结果。

6.1.3　Euler-Bernoulli 梁振动问题：轴向力影响

如果梁除了承受竖向荷载外，还承受轴向力的作用，那么，因为轴向力和横向位移互相影响，力矩平衡表达式中将会产生附加项，微段的力矩平衡条件就会发生变化。考虑图 6-4 所示的梁，为简化起见，假定梁端作用有不随时间变化的轴向力 N。

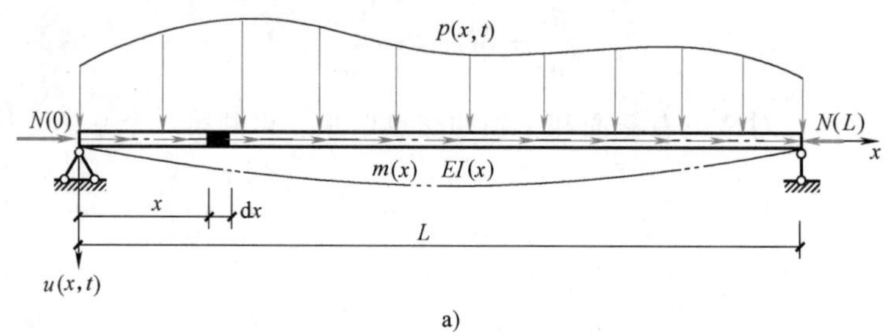

a)

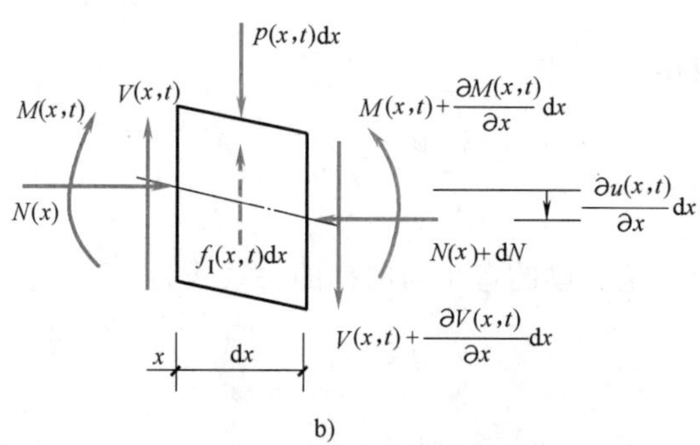

b)

图 6-4　承受轴向力和横向荷载的梁

从图 6-4b 中可以看出轴向力对竖向力的平衡表达式没有影响，因为它的方向不随梁的弯曲而变化，所以方程（6-13）仍然适用。但是，因为轴向力的作用点随梁的弯曲而改变，所以力矩平衡方程将变成为

$$M+V\mathrm{d}x+N\frac{\partial u}{\partial x}\mathrm{d}x-\frac{1}{2}\left[p-m(x)\frac{\partial^2 u}{\partial t^2}\right](\mathrm{d}x)^2-\left(M+\frac{\partial M}{\partial x}\mathrm{d}x\right)=0 \tag{6-20}$$

略去式中的高阶微量，整理得

$$V=-N\frac{\partial u}{\partial x}+\frac{\partial M}{\partial x} \tag{6-21}$$

将式（6-21）代入式（6-13），得

$$\frac{\partial^2 M}{\partial x^2}=-p+m(x)\frac{\partial^2 u}{\partial t^2}+N\frac{\partial^2 u}{\partial x^2} \tag{6-22}$$

利用梁弯矩与曲率的关系式（6-17），得到考虑轴向力影响的运动方程为

$$m(x)\frac{\partial^2 u}{\partial t^2}+\frac{\partial^2}{\partial x^2}\left[EI(x)\frac{\partial^2 u}{\partial x^2}\right]+N\frac{\partial^2 u}{\partial x^2}=p(x,t) \tag{6-23}$$

显然，轴向力和曲率的乘积形成了作用在梁上的附加横向荷载，轴向力的影响实质上相当于改变了梁的横向刚度分布。

6.1.4 Euler-Bernoulli 梁振动问题：阻尼影响

下面讨论建立梁的运动方程时如何考虑结构在动力反应过程中的能量损耗。如图 6-5 所示，梁在振动过程中，受到两种阻尼的作用：一种是外界介质（如水、空气、土等）对梁体运动的阻抗，称为外阻尼；另一种是由于结构截面上的纤维反复变形，沿截面高度产生的分布阻尼应力，称为内阻尼。

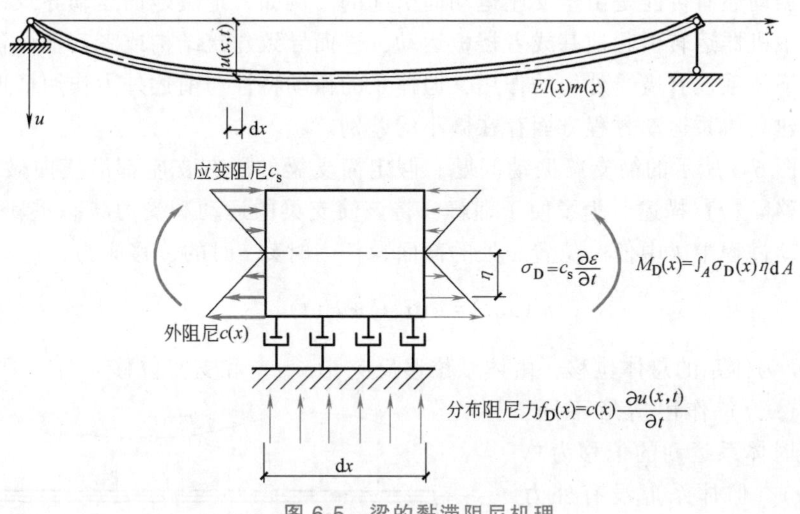

图 6-5　梁的黏滞阻尼机理

这两种阻尼都是黏性阻尼，前者是梁竖向振动速度的函数，后者与梁材料的应变速度成比例。因此，可以方便地在运动方程中分别考虑以上两种形式的黏滞阻尼的影响。

外阻尼产生的阻尼力与梁体的振动速度成正比，对于图 6-5 所示的微段隔离体，有

$$f_D(x,t)\,dx=c(x)\,dx\,\frac{\partial u(x,t)}{\partial t} \tag{6-24}$$

根据隔离体竖向力的平衡关系，梁的运动方程（6-18）变成

$$\frac{\partial^2}{\partial x^2}\left[EI(x)\frac{\partial^2 u}{\partial x^2}\right]+m(x)\frac{\partial^2 u}{\partial t^2}+c(x)\frac{\partial u}{\partial t}=p(x,t) \tag{6-25}$$

内阻尼产生的阻尼应力与材料的应变速度有关，即

$$\sigma_D(x,t)=c_s\,\frac{\partial\varepsilon(x,\eta,t)}{\partial t} \tag{6-26}$$

式中，$\sigma_D(x,t)$ 为应变阻尼应力；c_s 为应变阻尼系数，$\varepsilon(x,\eta,t)$ 为梁截面上距中性轴任意点处的应变。假设该应力沿梁截面高度方向呈线性分布，则这些阻尼应力产生阻尼弯矩，即

$$\begin{aligned}M_D(x,t)&=\int_A\sigma_D(x)\eta\,dA=\int_A c_s\eta\,\frac{\partial\varepsilon(x,\eta,t)}{\partial t}dA\\&=\int_A c_s\eta\,\frac{\partial}{\partial t}\left[\eta\,\frac{\partial^2 u(x,t)}{\partial x^2}\right]dA=-\,c_sI(x)\,\frac{\partial^3 u(x,t)}{\partial x^2\partial t}\end{aligned} \tag{6-27}$$

式中，η 为横截面上任一点到中性轴的距离；A 为横截面的面积。

这时，图 6-5 所示的微段隔离体上的截面弯矩等于弯曲变形弯矩与应变阻尼弯矩之和，

因此，考虑内外阻尼的分布参数梁的运动方程可直接写出，即

$$m(x)\frac{\partial^2 u}{\partial t^2}+c(x)\frac{\partial u}{\partial t}+\frac{\partial^2}{\partial x^2}\left[c_s I(x)\frac{\partial^3 u}{\partial x^2 \partial t}+EI(x)\frac{\partial^2 u}{\partial x^2}\right]=p(x,t) \tag{6-28}$$

6.1.5 Euler-Bernoulli 梁振动问题：支座运动激励情况

前面所研究的都是体系受到外界动力荷载 $p(x,t)$ 作用时产生振动的情况。在实际工程中，体系发生振动还有可能是由于支座运动而引起的。例如，地震地面运动导致结构产生振动，工业建筑中机器运转引起地基或者楼板运动，进而导致建筑结构或者其他设备产生振动等。这种情形下体系没有遭受外力的作用，但体系的振动特性与前述外力作用情形是完全一致的，只是在建立体系运动方程方面存在微小的差别。

仍然考虑图 6-3 所示的简支梁振动问题。假定简支梁的所有支座都沿横向做同步运动，运动过程以位移 $u_g(t)$ 描述。为了便于理解，将该简支梁的运动和受力状态重新绘于图 6-6 中。显然，振动过程中梁中任一位置 x 处的截面在任一时刻 t 时的位移应为

$$u^t(x,t)=u(x,t)+u_g(t) \tag{6-29}$$

式中，$u^t(x,t)$ 为体系的总体位移，由体系位移反应 $u(x,t)$ 和支座位移 $u_g(t)$ 两部分构成。

同外力 $p(x,t)$ 作用情形不同，支座运动情形时体系运动的位移为总体位移 $u^t(x,t)$，但体系上没有外力作用，故可将式（6-13）应改写为

$$\frac{\partial V}{\partial x}=m(x)\frac{\partial^2 u^t}{\partial t^2}=m(x)\frac{\partial^2 u}{\partial t^2}+m(x)\frac{d^2 u_g}{dt^2} \tag{6-30}$$

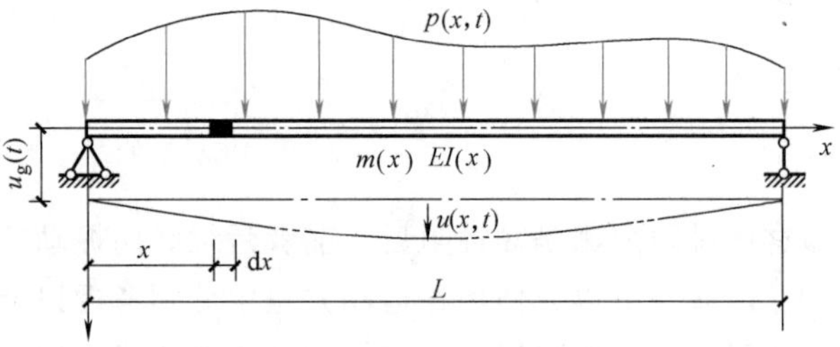

图 6-6 支座运动的简支梁

将式（6-15）和式（6-17）代入式（6-30），得

$$m(x)\frac{\partial^2 u}{\partial t^2}+\frac{\partial^2}{\partial x^2}\left[EI(x)\frac{\partial^2 u}{\partial x^2}\right]=-m(x)\ddot{u}_g(t) \tag{6-31}$$

式中，$\ddot{u}_g(t)$ 为支座运动加速度时程。

比较方程（6-31）与方程（6-18），可以发现只有右端项有所不同。显然，只要在梁上虚拟分布动力

$$p_{eff}(x,t)=-m(x)\ddot{u}_g(t) \tag{6-32}$$

则两者完全相同。也就是说，支座运动激励下体系的反应与外荷载 $p_{eff}(x,t)$ 作用下体系反应等效，如图 6-7 所示。但是也应注意到，两种情形下引起体系振动的机制并不相同。

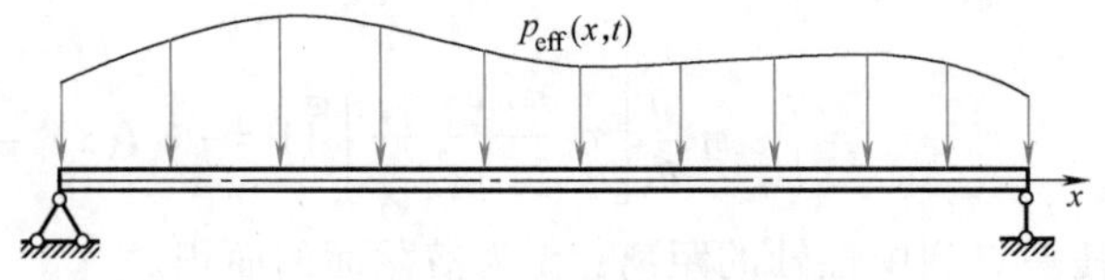

图 6-7 等效的动力荷载

6.1.6　Timoshenko 梁振动问题

对于高跨比很大的梁，梁在运动过程中剪切变形和转动惯量的影响不可忽视，必须加以考虑。

如图 6-8 所示，梁在振动过程中产生横向弯曲变形时，其横截面不仅沿梁的横向做平移，并且同时发生转动。如果没有剪切变形，振动过程中梁的横截面将始终与其轴线保持垂直，则仅存在梁弯曲变形产生的截面转角。此即 Euler-Bernoulli 梁模型所描述的情形，若以 θ 表示该截面转角，它应等于梁轴线的斜率。若考虑剪切变形，并假设平截面假定仍成立，且用 γ 表示剪切角，根据图 6-8，梁的轴线转角 $\partial u/\partial x$ 可以分解为截面转角 θ 和剪切角 γ 两部分，即有

$$\frac{\partial u}{\partial x}=\theta+\gamma \tag{6-33}$$

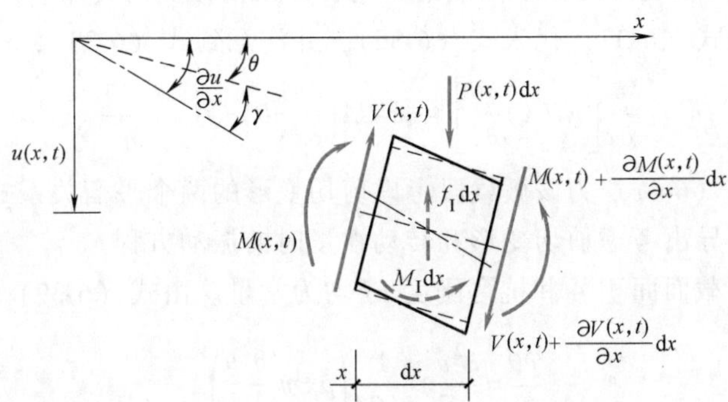

图 6-8　考虑剪切变形和转动惯量影响的梁微段受力状态

考虑到在梁振动过程中微段 dx 随时间 t 做往复转动，微段上的分布质量将形成相应的惯性转动力矩 $M_{\mathrm{I}}(x,t)$，由牛顿第二定律，有

$$M_{\mathrm{I}}(x,t)=J(x)\frac{\partial^2\theta(x,t)}{\partial t^2} \tag{6-34}$$

式中，$J(x)$ 为截面转动惯量。

再考察微段的力平衡条件，根据小变形假定，由横向力平衡条件得到的方程与式（6-13）完全相同。再对微段右截面与 x 轴的交点取矩，由力矩平衡条件可导出第二个平衡方程为

$$M+V\mathrm{d}x-J(x)\frac{\partial^2\theta}{\partial t^2}\mathrm{d}x-\frac{1}{2}\left[p-m(x)\frac{\partial^2 u}{\partial t^2}\right](\mathrm{d}x)^2-\left(M+\frac{\partial M}{\partial x}\mathrm{d}x\right)=0 \tag{6-35}$$

略去式（6-35）中的高阶微量，整理可得

$$\frac{\partial M}{\partial x}=V-J(x)\frac{\partial^2\theta}{\partial t^2} \tag{6-36}$$

剪力 V 与剪切角 γ 之间的关系式为

$$V=k'GA\gamma \tag{6-37}$$

式中，k'为由截面形状决定的常数，称为截面的有效剪切系数；A 为横截面的面积；G 为剪

切模量。

将式（6-37）代入式（6-13），得

$$\frac{\partial}{\partial x}(k'GA\gamma)=-p+m(x)\frac{\partial^2 u}{\partial t^2} \tag{6-38}$$

利用式（6-33），方程（6-38）改写为

$$\frac{\partial}{\partial x}\left[k'GA\left(\frac{\partial u}{\partial x}-\theta\right)\right]=-p+m(x)\frac{\partial^2 u}{\partial t^2} \tag{6-39}$$

根据梁的弯曲理论，弯矩 M 与曲率 θ 之间的关系为

$$M=-EI(x)\frac{\partial \theta}{\partial x} \tag{6-40}$$

式中，θ 表示不考虑剪切变形时振动曲线的转角，即梁横截面的转角。

将式（6-40）和式（6-37）代入式（6-36），并注意到式（6-33），可得

$$\frac{\partial}{\partial x}\left[EI(x)\frac{\partial \theta}{\partial x}\right]=-k'GA\left(\frac{\partial u}{\partial x}-\theta\right)+J(x)\frac{\partial^2 \theta}{\partial t^2} \tag{6-41}$$

式（6-39）和式（6-41）为该微梁段考虑剪切变形的两个平衡关系式。为简化起见，下面以等截面梁为例，导出考虑剪切变形和转动惯量时的振动方程。

对于等截面梁，截面面积 A 和抗弯刚度 EI 均为常量。由式（6-39）可得

$$\frac{\partial \theta}{\partial x}=\frac{\partial^2 u}{\partial x^2}+\frac{1}{k'GA}\left(p-m\frac{\partial^2 u}{\partial t^2}\right) \tag{6-42}$$

将方程（6-41）的两边对 x 求导，得

$$EI\frac{\partial^3 \theta}{\partial x^3}=-k'GA\left(\frac{\partial^2 u}{\partial x^2}-\frac{\partial \theta}{\partial x}\right)+J\frac{\partial^3 \theta}{\partial x\partial t^2} \tag{6-43}$$

将式（6-39）代入式（6-43），得

$$EI\frac{\partial^3 \theta}{\partial x^3}=p-m\frac{\partial^2 u}{\partial t^2}+J\frac{\partial^3 \theta}{\partial x\partial t^2} \tag{6-44}$$

最后，将式（6-42）代入式（6-44），整理得到

$$\left[m\frac{\partial^2 u}{\partial t^2}+EI\frac{\partial^4 u}{\partial x^4}-p\right]-J\frac{\partial^4 u}{\partial x^2\partial t^2}+\frac{EI}{k'GA}\frac{\partial^2}{\partial x^2}\left(p-m\frac{\partial^2 u}{\partial t^2}\right)-\frac{J}{k'GA}\frac{\partial^2}{\partial t^2}\left(p-m\frac{\partial^2 u}{\partial t^2}\right)=0 \tag{6-45}$$

式（6-45）就是考虑了转动惯量和剪切变形时梁的横向弯曲运动的偏微分方程。式中的第一项为不考虑转动惯量和剪切变形的基本情况，第二项考虑转动惯量的影响，第三项考虑剪切变形的影响，第四项考虑转动惯量和剪切变形的耦合影响。按式（6-45）考虑转动惯量和剪切变形时所建立的梁称为 Timoshenko 梁。

6.2　梁的自由振动分析

6.2.1　梁的自振频率和振型

首先分析 Euler-Bernoulli 梁，即不考虑转动惯量和剪切变形影响时梁的横向自由振动问题。这时，梁的振动由对应于方程（6-19）的齐次方程控制，即

$$m(x)\frac{\partial^2 u}{\partial t^2}+\frac{\partial^2}{\partial x^2}\left[EI(x)\frac{\partial^2 u}{\partial x^2}\right]=0 \tag{6-46}$$

用分离变量法求解，假定解的形式为

$$u(x,t)=\phi(x)q(t) \tag{6-47}$$

式中，$\phi(x)$ 表示振动的形状，它不随时间而变化；$q(t)$ 表示随时间变化的振幅。

将式（6-47）代入方程（6-46），得到

$$m(x)\phi(x)\ddot{q}(t)+q(t)[EI(x)\phi''(x)]''=0 \tag{6-48}$$

式（6-48）中用“·”表示对时间 t 的导数，用“′”表示对空间位置 x 的导数。

方程（6-48）的两边分别除以 $m(x)\phi(x)q(t)$，可得

$$-\frac{\ddot{q}(t)}{q(t)}=\frac{[EI(x)\phi''(x)]''}{m(x)\phi(x)} \tag{6-49}$$

注意到方程（6-49）的左边仅为 t 的函数，右边仅为 x 的函数，如果要对所有的 t 和 x 都成立，左右两边必须都同等于一个常数。设该常数为 ω^2，则偏微分方程（6-49）分解为两个独立的常微分方程，即

$$\ddot{q}(t)+\omega^2 q(t)=0 \tag{6-50}$$

$$[EI(x)\phi''(x)]''-\omega^2 m(x)\phi(x)=0 \tag{6-51}$$

如果研究对象为匀直梁，则体系特性参数 $m(x)$、$EI(x)$ 均为常数，故方程（6-51）变为

$$\phi''''(x)-a^4\phi(x)=0 \tag{6-52}$$

其中

$$a^4=\frac{\omega^2 m}{EI} \tag{6-53}$$

方程（6-52）为四阶常微分方程，设其解的形式为

$$\phi(x)=C\mathrm{e}^{sx} \tag{6-54}$$

将式（6-54）代入方程（6-52），得

$$(s^4-a^4)C\mathrm{e}^{sx}=0 \tag{6-55}$$

注意到对于任意 x，都有 $C\mathrm{e}^{sx}\neq 0$，故可解得 $s=\pm a$，$\pm\mathrm{i}a$。将其代入式（6-54），得到方程（6-52）的通解为

$$\phi(x)=C_1\mathrm{e}^{\mathrm{i}ax}+C_2\mathrm{e}^{-\mathrm{i}ax}+C_3\mathrm{e}^{ax}+C_4\mathrm{e}^{-ax} \tag{6-56}$$

将上式中的指数函数用三角函数和双曲函数替换，得到

$$\phi(x)=A\sin ax+B\cos ax+C\sinh ax+D\cosh ax \tag{6-57}$$

式中的四个常数 A、B、C、D 决定梁振动的形状和振幅，它们可以利用梁端的边界条件确定。每根梁的两端可分别给出位移、斜率、弯矩或剪力四个边界条件中的两个。有了这些条件，就可以由式（6-57）得到包含四个未知数的齐次代数方程组。根据线性代数理论，这四个常数是线性相关的，由系数行列式为零得到关于 a（关于 ω）的方程，称为**频率方程**，用它可以计算频率参数 a。在确定 a 以后，则可以利用齐次方程组确定 A、B、C 和 D 的关系，最后得到振型 $\phi(x)$。其计算步骤与多自由度体系求振型和频率的步骤基本相同。

下面介绍如何根据边界条件确定几种常见梁的自振频率和振型。

例 6-1 简支梁。如图 6-9 所示，等截面简支梁两端铰接，其边界条件可表示为：

在 $x=0$ 处，位移和弯矩为零，即

$$\phi(0)=0;M(0)=EI\phi''(0)=0 \tag{a}$$

在 $x=L$ 处，位移和弯矩为零，即

$$\phi(L)=0;M(L)=EI\phi''(L)=0 \tag{b}$$

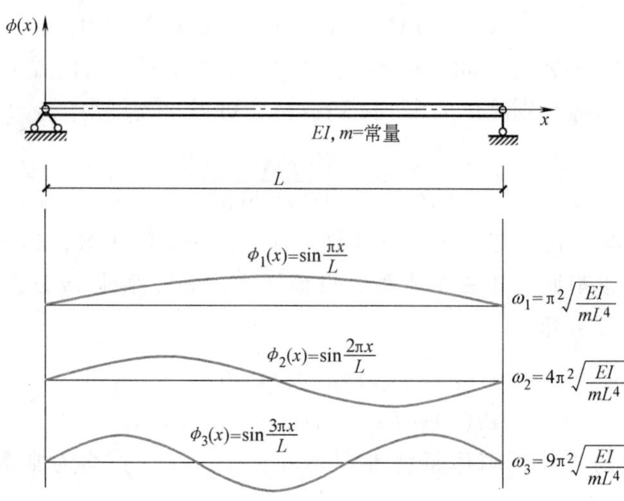

图 6-9 简支梁及其振型

将边界条件（a）代入方程（6-57），得到

$$B+D=0 \tag{c}$$

$$a^2(-B+D)=0 \tag{d}$$

注意 $a\neq0$，联立式（c）和（d），得到 $B=D=0$。

利用后两个边界条件（b），有

$$A\sin aL+C\sinh aL=0 \tag{e}$$

$$a^2(-A\sin aL+C\sinh aL)=0 \tag{f}$$

因为 A、C 不能同时为零，否则梁将处于静止状态，因此这个联立方程组系数行列式的值必等于零，即

$$\begin{vmatrix} \sin aL & \sinh aL \\ -\sin aL & \sinh aL \end{vmatrix}=0 \tag{g}$$

展开得

$$\sin aL \sinh aL = 0 \tag{h}$$

因为 $\sinh aL \neq 0$，否则将导致 $\omega = 0$，所以必有

$$\sin aL = 0 \tag{i}$$

这就是匀直简支梁的频率方程。

根据三角函数关系，可解得

$$a_n L = n\pi \quad (n = 1, 2, 3, \cdots) \tag{j}$$

因此，频率可以由式（6-53）获得，即

$$\omega_n = n^2 \pi^2 \sqrt{\frac{EI}{mL^4}} \quad (n = 1, 2, 3, \cdots) \tag{6-58}$$

将 $\sin aL = 0$ 代入式（e），容易得出 $C = 0$。

综上，由式（6-57）得到简支梁的振型函数

$$\phi_n(x) = A_n \sin \frac{n\pi x}{L} \quad (n = 1, 2, 3, \cdots) \tag{6-59}$$

其中 A_n 为非零常数。图 6-9 给出了 $A_n = 1$ 时简支梁的前三阶频率和振型。

例 6-2　悬臂梁。如图 6-10 所示，等截面悬臂梁一端固支另一端自由，其边界条件可表示为：

在 $x = 0$ 处，位移和转角为零

$$\phi(0) = 0; \phi'(0) = 0 \tag{a}$$

在 $x = L$ 处，弯矩和剪力为零

$$\phi''(L) = 0; \phi'''(L) = 0 \tag{b}$$

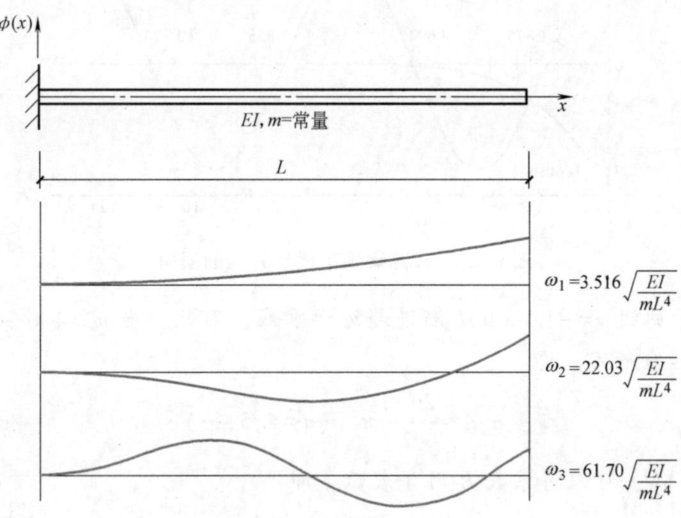

图 6-10　悬臂梁及其振型

将边界条件式（a）代入方程（6-57），得

$$B + D = 0 \tag{c}$$

$$a(A + C) = 0 \tag{d}$$

利用后两个边界条件（b），有

$$a^2(-A\sin aL-B\cos aL+C\sinh aL+D\cosh aL)=0 \tag{e}$$

$$a^3(-A\cos aL+B\sin aL+C\cosh aL+D\sinh aL)=0 \tag{f}$$

由式（c）、式（d）可得 $D=-B$，$C=-A$，将它们代入式（e）和式（f），有

$$(\sin aL+\sinh aL)A+(\cos aL+\cosh aL)B=0 \tag{g}$$

$$(\cos aL+\cosh aL)A+(-\sin aL+\sinh aL)B=0 \tag{h}$$

使 A、B 不能同时为零的条件是这个联立方程组系数行列式的值等于零，即

$$\begin{vmatrix} \sin aL+\sinh aL & \cos aL+\cosh aL \\ \cos aL+\cosh aL & -\sin aL+\sinh aL \end{vmatrix}=0 \tag{i}$$

展开得

$$\sinh^2 aL-\sin^2 aL-\cos^2 aL-\cosh^2 aL-2\cos aL\cosh aL=0 \tag{j}$$

整理得

$$1+\cos aL\cosh aL=0 \tag{6-60}$$

这就是悬臂梁的频率方程，解这个方程可以得到悬臂梁的自振频率。这个**超越方程**可以用试算法，也可以用下面的图解法求解：将式（6-60）分成 $y=\cos aL$ 和 $y=-1/\cosh aL$ 两个参数方程，分别在同一个坐标系中画出曲线，两个曲线的交点即原方程的解。

从图6-11可以看出，前三个解为 $aL=1.875$、4.694、7.855，相应的前三阶自振频率为

$$\omega_1=1.875^2\sqrt{\frac{EI}{mL^4}};\omega_2=4.694^2\sqrt{\frac{EI}{mL^4}};\omega_3=7.855^2\sqrt{\frac{EI}{mL^4}} \tag{k}$$

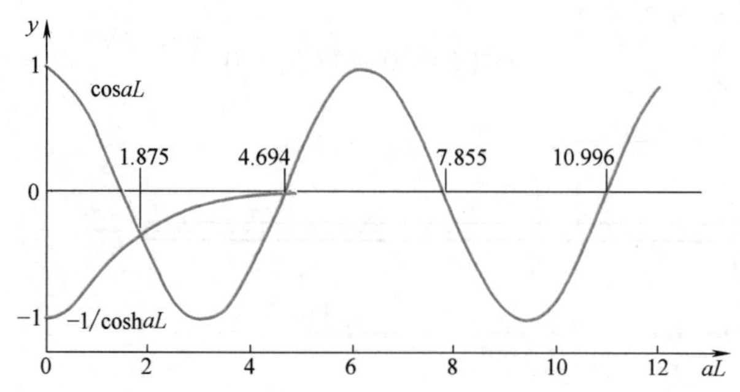

图6-11　悬臂梁频率超越方程的图解

实际上，由于曲线 $y=-1/\cosh aL$ 渐进趋近于零线，因此，当 $n\geqslant 4$ 时，方程（6-60）的解可近似由 $\cos aL=0$ 确定，即

$$a_n L\approx\frac{2n-1}{2}\pi \quad (n=4,5,\cdots) \tag{l}$$

由式（g）或式（h），可以将系数 B 用 A 表示，即

$$B=-\frac{\sin aL+\sinh aL}{\cos aL+\cosh aL}A \tag{m}$$

利用这个关系及前面得到的关系式 $B=-D$，$A=-C$，由式（6-57）即可得到悬臂梁的振型函数

$$\phi_n(x)=A[\sin a_n x-\sinh a_n x+\widetilde{B}_n(\cosh a_n x-\cos a_n x)] \tag{6-61}$$

而

$$\widetilde{B}_n=\frac{\sin a_nL+\sinh a_nL}{\cos a_nL+\cosh a_nL} \tag{n}$$

解频率方程（6-60）得到 a_nL 值后，按上式求出 $\widetilde{B}_n$，并代入振型函数（6-61），即可得到对应的振型。图 6-10 给出了悬臂梁的前三阶频率和振型。

由此可以看出，具有分布参数的梁，无论是怎样的边界支承条件，其自振频率和振型都有无穷多个。

从图 6-9 和图 6-10 可以看到，无论是哪种梁，各振型函数的曲线（第一阶振型除外）均与轴线相交，这些点在对相应振型的振动时是静止不动的，称为**结点**。振型结点的数目等于振型序号 n 减 1，相邻振型的各个结点的位置不会重合而是互相交错排列。对于具有足够约束不发生刚体位移的结构体系，上述结点的个数和排列的规律总是适用的。

6.2.2　振型的正交性

在多自由度体系中已经讨论过的振型的正交性对于具有分布参数特性的梁同样存在。下面以梁的弯曲振动为例进行证明。

如图 6-12 所示的简支梁，截面刚度 $EI(x)$ 和质量 $m(x)$ 均沿梁的长度变化。图 6-12 中分别给出了第 n 阶和第 m 阶振型的形状及各自的惯性力。

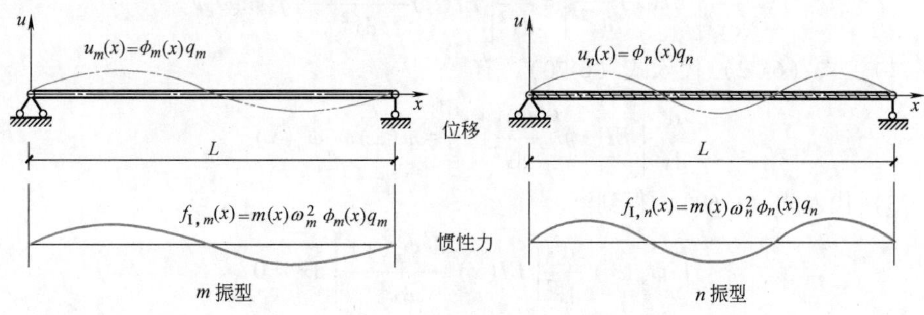

图 6-12　振型正交性的证明

根据**功的互等定理**，第 n 阶振型的惯性力在第 m 阶振型位移上所做的功等于第 m 阶振型的惯性力在第 n 阶振型位移上所做的功。根据图 6-12，这个互等定理的数学表达式为

$$\int_0^L u_m(x,t)f_{\mathrm{I},n}(x,t)\,\mathrm{d}x=\int_0^L u_n(x,t)f_{\mathrm{I},m}(x,t)\,\mathrm{d}x \tag{6-62}$$

当梁以某个振型振动时，其各点的位移可以表示为

$$u_n(x,t)=\phi_n(x)q_n\sin\omega_n t \tag{6-63}$$

$$u_m(x,t)=\phi_m(x)q_m\sin\omega_m t \tag{6-64}$$

由该振型引起的相应的分布惯性力为

$$f_{\mathrm{I},n}(x,t)=-m(x)\frac{\partial^2 u_n(x,t)}{\partial t^2}=m(x)\omega_n^2\phi_n(x)q_n\sin\omega_n t \tag{6-65}$$

$$f_{\mathrm{I},m}(x,t)=-m(x)\frac{\partial^2 u_m(x,t)}{\partial t^2}=m(x)\omega_m^2\phi_m(x)q_m\sin\omega_m t \tag{6-66}$$

将以上四个表达式的幅值代入功的互等定理方程（6-62），得

$$\int_0^L \phi_m(x) q_m m(x) \omega_n^2 \phi_n(x) q_n \mathrm{d}x = \int_0^L \phi_n(x) q_n m(x) \omega_m^2 \phi_m(x) q_m \mathrm{d}x \tag{6-67}$$

即

$$(\omega_n^2 - \omega_m^2) \int_0^L m(x) \phi_n(x) \phi_m(x) \mathrm{d}x = 0 \tag{6-68}$$

对于一般工程结构，$\omega_n^2 \neq \omega_m^2$，因此必有

$$\int_0^L m(x) \phi_n(x) \phi_m(x) \mathrm{d}x = 0 \tag{6-69}$$

这就是分布参数简支梁**关于分布质量的正交**条件。

如果用分布刚度作为加权函数，可以得到分布参数体系关于振型的第二个正交条件。对于变截面的梁，自由运动方程为

$$m(x)\frac{\partial^2 u}{\partial t^2}+\frac{\partial^2}{\partial x^2}\left[EI(x)\frac{\partial^2 u}{\partial x^2}\right]=0 \tag{6-70}$$

根据式（6-63）表示的第 n 阶振型的振动位移，方程（6-70）中的第一项变成为

$$m(x)\frac{\partial^2 u}{\partial t^2}=-m(x)\omega_n^2\phi_n(x) q_n \sin\omega_n t \tag{6-71}$$

方程（6-70）中的第二项变为

$$\frac{\partial^2}{\partial x^2}\left[EI(x)\frac{\partial^2 u}{\partial x^2}\right]=\frac{\mathrm{d}^2}{\mathrm{d}x^2}\left[EI(x)\frac{\mathrm{d}^2\phi_n(x)}{\mathrm{d}x^2}\right] q_n \sin\omega_n t \tag{6-72}$$

将式（6-71）、式（6-72）代入式（6-70），有

$$\frac{\mathrm{d}^2}{\mathrm{d}x^2}\left[EI(x)\frac{\mathrm{d}^2\phi_n(x)}{\mathrm{d}x^2}\right]=m(x)\omega_n^2\phi_n(x) \tag{6-73}$$

将式（6-73）代入式（6-69），得到

$$\int_0^L \phi_m(x)\,\frac{\mathrm{d}^2}{\mathrm{d}x^2}\left[EI(x)\,\frac{\mathrm{d}^2\phi_n(x)}{\mathrm{d}x^2}\right]\mathrm{d}x = 0 \tag{6-74}$$

这就是分布参数简支梁**关于分布刚度的正交**条件。

对式（6-74）进行两次分步积分，得

$$\phi_m V_n \big|_0^L - \phi'_m M_n \big|_0^L + \int_0^L EI(x) \phi''_m(x) \phi''_n(x) \mathrm{d}x = 0 \tag{6-75}$$

式中，第一项表示第 n 阶振型的边界剪力在第 m 阶振型位移上所做的功；第二项表示第 n 阶振型的边界弯矩在第 m 阶振型相应转角上所做的功。式（6-75）即一般边界条件下分布刚度作为加权系数的正交条件。

对于简支梁，边界处的位移和弯矩都等于零，所以式（6-75）中的第一项和第二项都等于零，仅剩下第三项，即

$$\int_0^L EI(x) \phi''_m(x) \phi''_n(x) \mathrm{d}x = 0 \tag{6-76}$$

对于悬臂梁，固支边界处的位移和转角都等于零，自由边界处的弯矩和剪力都等于零，所以式（6-75）中的第一项和第二项都等于零，仅剩下第三项，即关于分布刚度的正交条件与简支梁相同。然而对于端部具有弹性支承或端部有集中质量的梁，式（6-75）中的前两项

对梁产生弯矩和剪力将会有一定的贡献。

6.2.3　轴向力对梁自振特性的影响

承受轴向力的梁的自由运动方程为

$$m(x)\frac{\partial^2 u(x,t)}{\partial t^2}+\frac{\partial^2}{\partial x^2}\left[EI(x)\frac{\partial^2 u(x,t)}{\partial x^2}\right]+N\frac{\partial^2 u(x,t)}{\partial x^2}=0 \tag{6-77}$$

按前面的方法分离变量，得到

$$EI\frac{\phi''''(x)}{\phi(x)}+N\frac{\phi''(x)}{\phi(x)}=-m\frac{\ddot{q}(t)}{q(t)} \tag{6-78}$$

将方程（6-78）展开为两个独立的常微分方程，即

$$\ddot{q}(t)+\omega^2 q(t)=0 \tag{6-79}$$

$$EI\phi''''(x)+N\phi''(x)-m\omega^2\phi(x)=0 \tag{6-80}$$

方程（6-79）与无轴向力作用的时间变量方程（6-50）相同，说明轴向力作用时体系的自由振动仍为简谐振动。

引入符号

$$a^4=\frac{\omega^2 m}{EI};\quad g=\frac{N}{EI} \tag{6-81}$$

可方程（6-80）写成

$$\phi''''(x)+g\phi''(x)-a^4\phi(x)=0 \tag{6-82}$$

方程（6-82）仍为四阶常微分方程，设解的形式为 $\phi(x)=Ce^{sx}$，并将其代入方程（6-82），得

$$(s^4+gs^2-a^4)Ce^{sx}=0 \tag{6-83}$$

解得

$$s_{1,2}=\pm \mathrm{i}\delta;\quad s_{3,4}=\pm\varepsilon \tag{6-84}$$

其中

$$\delta=\sqrt{\left(a^4+\frac{g^2}{4}\right)^{\frac{1}{2}}+\frac{g}{2}};\quad \varepsilon=\sqrt{\left(a^4+\frac{g^2}{4}\right)^{\frac{1}{2}}-\frac{g}{2}} \tag{6-85}$$

代入 $\phi(x)=Ce^{sx}$，得到方程（6-82）的通解

$$\phi(x)=C_1\mathrm{e}^{\mathrm{i}\delta x}+C_2\mathrm{e}^{-\mathrm{i}\delta x}+C_3\mathrm{e}^{\varepsilon x}+C_4\mathrm{e}^{-\varepsilon x} \tag{6-86}$$

将上式中的指数函数用三角函数和双曲函数替换，得到

$$\phi(x)=A\sin\delta x+B\cos\delta x+C\sinh\varepsilon x+D\cosh\varepsilon x \tag{6-87}$$

式中的四个常数 $A\sim D$ 决定梁振动的形状，利用梁的边界条件确定后，即可求出轴向力作用下梁的频率和振型。

下面仅以简支梁为例，用以说明轴向力对梁自振特性的影响。根据简支梁两端铰接的边界条件：

1）在 $x=0$ 处，有 $\phi(0)=0$，$M(0)=EI\phi''(0)=0$，即

$$B+D=0 \tag{a}$$

$$-\delta^2 B+\varepsilon^2 D=0 \tag{b}$$

由式（a）和式（b）得 $(\delta^2+\varepsilon^2)B=0$ 和 $(\delta^2+\varepsilon^2)D=0$，因为 $\delta^2+\varepsilon^2\neq0$，所以必有 $B=D=0$。

2）在 $x=L$ 处，有 $\phi(L)=0$，$M(L)=EI\phi''(L)=0$，即

$$A\sin\delta L+C\sinh\varepsilon L=0 \tag{c}$$

$$-A\delta^2\sin\delta L+C\varepsilon^2\sinh\varepsilon L=0 \tag{d}$$

因为 A、C 不能同时为零，所以这个联立方程组系数行列式的值必须等于零，即

$$\begin{vmatrix} \sin\delta L & \sinh\varepsilon L \\ -\delta^2\sin\delta L & \varepsilon^2\sinh\varepsilon L \end{vmatrix}=0 \tag{e}$$

展开得

$$(\delta^2+\varepsilon^2)\sin\delta L\sinh\varepsilon L=0 \tag{f}$$

因为 $(\delta^2+\varepsilon^2)\sinh\varepsilon L\neq0$，所以必有

$$\sin\delta L=0 \tag{g}$$

这就是考虑轴向力的简支梁的频率方程。

根据三角函数关系，可解得

$$\delta_n L=n\pi \quad (n=1,2,3,\cdots) \tag{h}$$

因此，将上面的解代入式（6-85），并通过式（6-81）的各参数之间的关系，得到考虑轴向力时简支梁的自振频率为

$$\omega_n=n^2\pi^2\sqrt{1-\frac{NL^2}{n^2\pi^2EI}}\sqrt{\frac{EI}{mL^4}} \quad (n=1,2,3,\cdots) \tag{6-88}$$

将 $\sin\delta L=0$ 代入式（c），容易得出 $C=0$。

综上，由式（6-87）得到简支梁的振型函数

$$\phi_n(x)=A_n\sin\frac{n\pi x}{L} \quad (n=1,2,3,\cdots) \tag{6-89}$$

式中，A_n 为任意非零常数。这个振型函数与式（6-59）相同，可见轴向力并不影响简支梁的振型。

从式（6-88）容易看出，轴向力为正时，梁承受压力，自振频率有所减小，相当于降低了梁的刚度，且压力越大，频率降低得越多。当压力增加到 $N=\pi^2EI/L^2$ 时，达到简支梁的稳定临界荷载，梁的一阶自振频率等于零，结构发生失稳；轴向力为负时，梁承受拉力，自振频率有所增大，相当于提高了梁的刚度。一般当轴向力远小于临界荷载时，对梁自振频率的影响很小，可以忽略不计。

6.2.4 剪切变形和转动惯性对梁自振特性的影响

在6.1节中，已经建立了考虑剪切变形和转动惯量的梁的运动方程（6-45）。令式中的外荷载项 $p(x,t)=0$，即得到相应的自由振动方程

$$m\frac{\partial^2u}{\partial t^2}+EI\frac{\partial^4u}{\partial x^4}-J\frac{\partial^4u}{\partial x^2\partial t^2}+\frac{m}{k'GA}\left(J\frac{\partial^4u}{\partial t^4}-EI\frac{\partial^4u}{\partial x^2\partial t^2}\right)=0 \tag{6-90}$$

为简化分析，假设位移按 $u(x,t)=\phi(x)\sin\omega t$ 随时间简谐变化，并代入式（6-90），得

$$\left[EI\phi''''-\omega^2m\phi+J\omega^2\phi''+\frac{m\omega^2}{k'GA}(J\omega^2\phi+EI\phi'')\right]\sin\omega t=0 \tag{6-91}$$

因为 $\sin\omega t$ 不恒等于零，所以式（6-91）可写成

$$EI\phi''''-\omega^2 m\phi+J\omega^2\phi''+\frac{m\omega^2}{k'GA}(J\omega^2\phi+EI\phi'')=0 \tag{6-92}$$

令 $a^4=\frac{\omega^2 m}{EI}$，并注意到 $J=mr^2$，r 为回转半径，式（6-92）可改写为

$$\phi''''-a^4\phi+a^4r^2\phi''+\frac{m\omega^2}{k'GA}(a^4r^2\phi+\phi'')=0 \tag{6-93}$$

这是一个非常复杂的微分方程，对于其他边界条件的结构，求解比较困难。这里仅以容易求解的简支梁为例，说明剪切变形和转动惯量对梁自振特性的影响。

仍用前面得到的振型函数表达式

$$\phi(x)=A_n\sin\frac{n\pi x}{L}\quad(n=1,2,3,\cdots) \tag{6-94}$$

将式（6-94）代入式（6-93），各项同除以 $A_n\sin\frac{n\pi x}{L}$，得

$$\left(\frac{n\pi}{L}\right)^4-a^4-a^4r^2\left(\frac{n\pi}{L}\right)^2+\frac{m\omega^2}{k'GA}\left[a^4r^2-\left(\frac{n\pi}{L}\right)^2\right]=0 \tag{6-95}$$

注意到 $a^4=\frac{\omega^2 m}{EI}$ 和 $I=r^2A$，由式（6-95）整理得

$$\left(\frac{n\pi}{L}\right)^4-a^4-a^4r^2\left(\frac{n\pi}{L}\right)^2\left(1+\frac{E}{k'G}\right)+a^4r^2\left(a^4r^2\ \frac{E}{k'G}\right)=0 \tag{6-96}$$

如果仅考虑式（6-96）中的前两项，即忽略剪切变形和转动惯性的影响，有

$$\left(\frac{n\pi}{L}\right)^4-a^4=0 \tag{6-97}$$

则可以得到

$$\omega_n=n^2\pi^2\sqrt{\frac{EI}{mL^4}}\quad(n=1,2,3,\cdots) \tag{6-98}$$

正是基本情况简支梁的频率解。

方程（6-96）中的第三项反映了转动惯量和剪切变形的影响，它们分别由该项括号中的 1 和 $E/k'G$ 代表。转动惯量和剪切变形对梁振动特性的影响因材料和截面特性的不同而有所差异。对于典型材料的矩形截面梁，$E/k'G\approx 3$，即剪切变形的影响约为转动惯量影响的 3 倍。如果在基本情况中计入第三项的影响，方程（6-96）的解为

$$a^4=\left(\frac{n\pi}{L}\right)^4\left[1+\left(\frac{n\pi r}{L}\right)^2\left(1+\frac{E}{k'G}\right)\right]^{-1} \tag{6-99}$$

式（6-99）方括号中的内容即考虑转动惯量和剪切变形影响后对结果的修正。可以看出，振型阶数越高，或者长细比 L/r 越小，修正值就越大。当 nr/L 很小时，利用级数 $(1+x)^{-1}=1-x+x^2-x^3+\cdots$ 将方括号展开并取第一项，有

$$\left[1+\left(\frac{n\pi r}{L}\right)^2\left(1+\frac{E}{k'G}\right)\right]^{-1}\approx 1-\left(\frac{n\pi r}{L}\right)^2\left(1+\frac{E}{k'G}\right) \tag{6-100}$$

这时，式（6-99）可以近似地写成

$$a^4 \approx \left(\frac{n\pi}{L}\right)^4 \left[1-\left(\frac{n\pi r}{L}\right)^2 \left(1+\frac{E}{k'G}\right)\right] \tag{6-101}$$

则频率解为

$$\omega_n \approx n^2\pi^2 \sqrt{\frac{EI}{mL^4}} \left[1-\frac{1}{2}\left(\frac{n\pi r}{L}\right)^2 \left(1+\frac{E}{k'G}\right)\right] \quad (n=1,2,3,\cdots) \tag{6-102}$$

式（6-102）利用了级数 $\sqrt{1+x}=1+\frac{1}{2}x-\cdots \approx 1+\frac{1}{2}x$ 的关系。

再考察方程（6-96）中的第四项。实际情况中，当 $nr/L \ll 1$ 时，第四项的影响是非常次要的。下面比较这一项与转动惯量和剪切变形主要修正项（第三项）的相对大小。注意到 nr/L 很小时，$a^4 \approx (n\pi/L)^4$，所以第四项可以改写为

$$a^4r^2\left(a^4r^2\frac{E}{k'G}\right) \approx a^4r^2\left(\frac{n\pi}{L}\right)^2\left[\left(\frac{n\pi r}{L}\right)^2\frac{E}{k'G}\right] \ll a^4r^2\left(\frac{n\pi}{L}\right)^2\left(1+\frac{E}{k'G}\right) \tag{6-103}$$

显然它与（6-96）中的第三项相比是很小的。

例 6-3 为了说明剪切变形和转动惯量对自振频率的影响，考虑简支梁的跨度为 300cm，矩形截面宽 15cm，高 60cm，假定材料的 $E/k'G=3$。

截面的回转半径 $r \approx \sqrt{\frac{I}{A}}=\sqrt{\frac{15\times60^3}{12\times15\times60}}\text{cm}=10\sqrt{3}\text{ cm}=17.32\text{cm}$，梁的高跨比 $\frac{h}{L}=\frac{60}{300}=\frac{1}{5}$，长细比 $\frac{L}{r}=\frac{300}{10\sqrt{3}}=10\sqrt{3}=17.32$。这时，方程（6-102）中的修正项为

$$1-\frac{1}{2}\left(\frac{n\pi r}{L}\right)^2\left(1+\frac{E}{k'G}\right)=1-\frac{1}{2}n^2\pi^2\left(\frac{17.32}{300}\right)^2(1+3)=1-\frac{n^2\pi^2}{150}$$

当 $n=1$、2、3 时，由剪切变形和转动惯量引起的自振频率的修正系数分别为 0.934、0.734、0.408，随着振型阶数的增大，修正量会迅速增大。

方程（6-102）方括号中的第二项称为频率降低率，它表示由于剪切变形和转动惯量的影响，梁的自振频率降低的程度。图 6-13 给出了例 6-3 所示的梁在不同高跨比（改变梁跨度，保持截面不变）情况下前三阶自振频率的降低率。这个例子说明，对于高跨比很大的深梁，剪切变形和转动惯量对自振频率的影响是很大的，且高跨比越大，振型越高，影响越大。

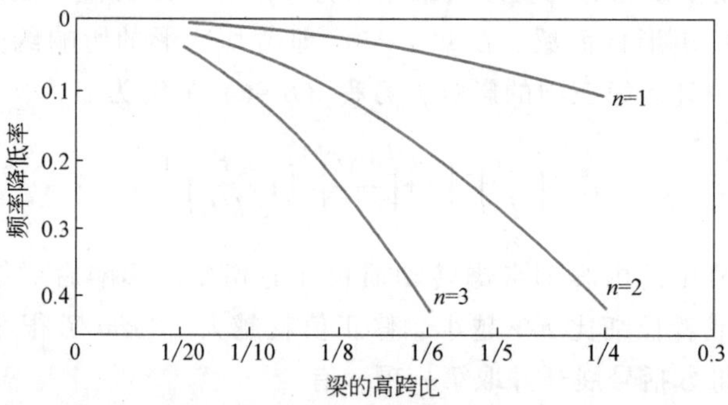

图 6-13 剪切变形和转动惯量对梁自振频率的影响

对于实际工程中的一般中小跨度简支梁，由于使用的建造材料不同，梁的高跨比也不同。例如，钢筋混凝土梁为 1/8 ~ 1/6，预应力混凝土梁为 1/13 ~ 1/11，钢板梁为 1/13 ~ 1/10。由于梁的回转半径不同，剪切变形和转动惯量对其自振频率会有一定的影响，在工程中应当予以注意。

6.3　梁的动力反应分析

结构的振型和频率确定之后，就可以按照与离散体系完全相同的方法，采用振型叠加法分析分布参数体系的动力反应，即把振型反应分量的幅值作为广义坐标以确定结构反应。由于分布参数体系有无限多个振型，理论上就要用无限多个这样的广义坐标。但是，在实际工程分析中，只需要考虑对动力反应影响较大的那些振型分量，就可以得到具有相当精度的结果。因此，对于分布参数体系而言，采用振型叠加法求解结构的动力反应，可以将具有无限自由度的分布参数体系转换为以广义坐标表示的离散体系，并且只用有限个振型坐标来描述体系的振动反应。

6.3.1　广义坐标

振型叠加法的基本运算就是把几何位移坐标变换为用振型幅值表示的广义坐标或正规坐标。对于梁这样的一维连续体，这个变换的表达式为

$$u(x,t)=\sum_{n=1}^{\infty}\phi_n(x)q_n(t) \tag{6-104}$$

式中，$u(x,t)$ 是体系的几何位移坐标；$q_n(t)$ 是第 n 阶振型的广义坐标，也称振型坐标；$\phi_n(x)$ 是第 n 阶振型。

式（6-104）的物理意义是：结构上任何约束条件所允许的位移都能用此结构的具有相应幅值的各振型叠加得到。如图 6-14 所示，悬臂梁的任意位移可以用一组振型分量的和来表示。

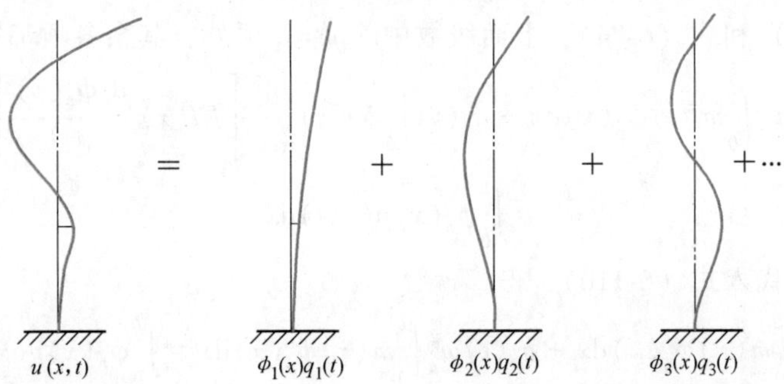

图 6-14　广义坐标表示的悬臂梁的任意位移

上一节已经证明，分布参数结构的振型具有正交性。因此，包含在任意给定形状（图 6-14 最左边的曲线）中的振型分量可以用正交条件计算得到。为了确定第 n 阶振型对任意位移 $u(x,t)$ 的贡献，把式（6-104）两边乘上 $m(x)\phi_n(x)$ 并进行积分，得

$$\int_0^L m(x)\phi_n(x)u(x,t)\,\mathrm{d}x = \sum_{m=1}^{\infty} q_m(t)\int_0^L m(x)\phi_n(x)\phi_m(x)\,\mathrm{d}x \tag{6-105}$$

根据正交条件，当 $m \neq n$ 时，$\int_0^L m(x)\phi_m(x)\phi_n(x)\,\mathrm{d}x = 0$，所以右边的无穷级数只剩下了 $m=n$ 的一项。由此可以直接解得第 n 阶振型的振幅表达式

$$q_n(t) = \frac{\int_0^L m(x)\phi_n(x)u(x,t)\,\mathrm{d}x}{\int_0^L m(x)\phi_n^2(x)\,\mathrm{d}x} \tag{6-106}$$

它和离散参数的表达式是一样的。

6.3.2　振型叠加法

1. 无阻尼体系

下面首先通过简支梁的弯曲振动，说明用振型叠加法求解无阻尼分布参数体系动力反应的原理和做法。

在 6.1.2 节，已经求得了分布参数梁的运动方程为

$$m(x)\frac{\partial^2 u(x,t)}{\partial t^2}+\frac{\partial^2}{\partial x^2}\left[EI(x)\frac{\partial^2 u(x,t)}{\partial x^2}\right]=p(x,t) \tag{6-107}$$

将式（6-104）代入式（6-107），得

$$\sum_{n=1}^{\infty} m(x)\phi_n(x)\ddot{q}_n(t) + \sum_{n=1}^{\infty}\frac{\mathrm{d}^2}{\mathrm{d}x^2}\left[EI(x)\frac{\mathrm{d}^2\phi_n(x)}{\mathrm{d}x^2}\right]q_n(t) = p(x,t) \tag{6-108}$$

将方程（6-108）的每一项乘以 $\phi_m(x)$，并积分，得

$$\sum_{n=1}^{\infty}\ddot{q}_n(t)\int_0^L m(x)\phi_m(x)\phi_n(x)\,\mathrm{d}x + \sum_{n=1}^{\infty} q_n(t)\int_0^L \phi_m(x)\frac{\mathrm{d}^2}{\mathrm{d}x^2}\left[EI(x)\frac{\mathrm{d}^2\phi_n(x)}{\mathrm{d}x^2}\right]\mathrm{d}x$$
$$= \int_0^L \phi_m(x)p(x,t)\,\mathrm{d}x \tag{6-109}$$

由正交条件（6-69）和式（6-74），上面级数中除 $m=n$ 项外，其余各项都等于零，于是

$$\ddot{q}_n(t)\int_0^L m(x)\phi_n^2(x)\,\mathrm{d}x + q_n(t)\int_0^L \phi_n(x)\frac{\mathrm{d}^2}{\mathrm{d}x^2}\left[EI(x)\frac{\mathrm{d}^2\phi_n(x)}{\mathrm{d}x^2}\right]\mathrm{d}x$$
$$= \int_0^L \phi_n(x)p(x,t)\,\mathrm{d}x \tag{6-110}$$

将式（6-73）代入式（6-110），得

$$\ddot{q}_n(t)\int_0^L m(x)\phi_n^2(x)\,\mathrm{d}x + q_n(t)\omega_n^2\int_0^L m(x)\phi_n^2(x)\,\mathrm{d}x = \int_0^L \phi_n(x)p(x,t)\,\mathrm{d}x \tag{6-111}$$

记

$$M_n = \int_0^L m(x)\phi_n^2(x)\,\mathrm{d}x \tag{6-112}$$

$$p_n(t) = \int_0^L \phi_n(x)p(x,t)\,\mathrm{d}x \tag{6-113}$$

M_n、$p_n(t)$ 分别表示第 n 阶振型质量和对应第 n 阶振型力，则式（6-111）可简化为

$$M_n \ddot{q}_n(t)+\omega_n^2 M_n q_n(t)=p_n(t) \tag{6-114}$$

2. 有阻尼体系

对于分布参数的有阻尼体系，其运动方程为

$$m(x)\frac{\partial^2 u(x,t)}{\partial t^2}+c(x)\frac{\partial u(x,t)}{\partial t}+\frac{\partial^2}{\partial x^2}\left[c_s I(x)\frac{\partial^3 u(x,t)}{\partial x^2 \partial t}+EI(x)\frac{\partial^2 u(x,t)}{\partial x^2}\right]=p(x,t) \tag{6-115}$$

将式（6-104）代入上式

$$\sum_{n=1}^{\infty} m(x)\phi_n(x)\ddot{q}_n(t)+\sum_{n=1}^{\infty} c(x)\phi_n(x)\dot{q}_n(t)+\sum_{n=1}^{\infty}\frac{\mathrm{d}^2}{\mathrm{d}x^2}\left[c_s I(x)\frac{\mathrm{d}^2\phi_n(x)}{\mathrm{d}x^2}\right]\dot{q}_n(t)+\sum_{n=1}^{\infty}\frac{\mathrm{d}^2}{\mathrm{d}x^2}\left[EI(x)\frac{\mathrm{d}^2\phi_n(x)}{\mathrm{d}x^2}\right]q_n(t)=p(x,t) \tag{6-116}$$

将方程（6-116）的每一项乘上 $\phi_m(x)$，积分并利用式（6-112）和式（6-113），得

$$M_n\ddot{q}_n(t)+\sum_{n=1}^{\infty}\dot{q}_n(t)\int_0^L \phi_m(x)\left\{c(x)\phi_n(x)+\frac{\mathrm{d}^2}{\mathrm{d}x^2}\left[c_s I(x)\frac{\mathrm{d}^2\phi_n(x)}{\mathrm{d}x^2}\right]\right\}\mathrm{d}x+\omega_n^2 M_n q_n(t)=p_n(t) \tag{6-117}$$

显然，在一般情况下，方程（6-117）中的阻尼项相互耦联，因此需要联立方程组求解。如果假定为经典阻尼，则运动方程中的阻尼项解耦，可直接将运动方程改写为

$$M_n\ddot{q}_n(t)+C_n\dot{q}_n(t)+\omega_n^2 M_n q_n(t)=p_n(t) \tag{6-118}$$

而振型阻尼系数 C_n 可以用振型阻尼比 ζ_n 表示为

$$C_n=2\zeta_n\omega_n M_n \tag{6-119}$$

则有阻尼振型运动方程为

$$\ddot{q}_n(t)+2\zeta_n\omega_n\dot{q}_n(t)+\omega_n^2 q_n(t)=\frac{1}{M_n}p_n(t) \tag{6-120}$$

在工程上，阻尼比 ζ 通常根据经验或实测值给定。例如，欧洲规范 EUROCODE 1（EN1991.2）建议桥梁动力分析时阻尼比 ζ 按表 6-1 采用。

表 6-1　阻尼比 ξ 的建议值

桥梁类型	桥梁跨度 L/m	
	$L<20$	$L\geqslant 20$
钢梁或结合梁	0.5+0.125(20−L)	0.5
预应力混凝土梁	1.0+0.07(20−L)	1.0
钢筋混凝土梁或衬填混凝土	1.5+0.07(20−L)	1.5

用式（6-112）和式（6-113）算出相应的振型质量和振型荷载后，即可对结构的每一个振型建立一个形如式（6-114）或式（6-120）的方程。它们都是独立的单自由度方程，通过振型坐标变换，就可以将偏微分运动方程转换成为 N 个独立的振型坐标方程。对于分布参数体系，可以建立无限多个这样的单自由度方程，每个方程含有一个振型坐标。因此，在计算动力反应时，可按照单自由度体系的解法，首先分别求解每一个振型（正规）坐标的反应 $q_n(t)$，然后按式（6-104）叠加即可得出用原始坐标表示的反应。

可见，体系的总反应等于各个振型贡献的叠加。与离散多自由度体系相同，对于大多数

类型的荷载，分布参数体系各个振型所起的作用一般是频率最低的振型贡献最大，高阶振型则趋向减小。因而在叠加过程中通常不需要包含所有的高阶振型，当动力反应达到精度要求时，即可舍弃级数的其余各高阶项，从而大大减少计算工作量。此外，对于复杂结构，其高阶振型的数学建模的可靠性相对较小，在动力反应分析时限定要考虑的振型数也是很必要的。

6.3.3 梁的强迫振动

任意支承条件的分布参数体系在任意动荷载作用下的动力反应可以用振型叠加法简单而有效地分析。振型叠加法的第一步是分析体系的自振频率 ω_n 和振型 $\phi_n(x)$，建立以振型坐标为变量的标准单自由度体系运动方程 $\ddot{q}_n(t)+2\zeta_n\omega_n\dot{q}_n(t)+\omega_n^2q_n(t)=\frac{1}{M_n}p_n(t)$。

从以上运动方程可以看出，求得体系的自振特性，即自振频率和振型后，建立这个方程的关键是确定振型质量 M_n 和振型力 p_n（t）。下面以等截面梁为例说明这两个广义参数的确定方法，以及采用振型叠加法求解分布参数体系在动力荷载作用下的动力反应的几个问题。

1. 振型质量

对于等截面梁，$m(x)=m$，所以任意支承条件的等截面梁的振型质量可根据式（6-112）计算，即

$$M_n=m\int_0^L\phi_n^2(x)\,\mathrm{d}x \tag{6-121}$$

等截面梁的振型质量要用到振型函数二次方的积分。在6.2节已经知道，不同支承条件的梁的振型函数不同。对简支梁，令式（6-59）中的常数 $A_n=1$，得到标准化的振型函数为

$$\phi(x)=\sin\frac{n\pi x}{L} \tag{6-122}$$

故

$$M_n=m\int_0^L\sin^2\frac{n\pi x}{L}\mathrm{d}x=\frac{mL}{2}\quad(n=1,2,3,\cdots) \tag{6-123}$$

而对于悬臂梁、两端固支梁和一端固支一端简支梁，其标准化的振型函数可统一表达为

$$\phi_n(x)=\sin a_nx-\sinh a_nx+\widetilde{B}_n(\cosh a_nx-\cos a_nx) \tag{6-124}$$

故

$$M_n=\int_0^Lm[\sin a_nx-\sinh a_nx+\widetilde{B}_n(\cosh a_nx-\cos a_nx)]^2\mathrm{d}x=mL\quad(n=1,2,3,\cdots) \tag{6-125}$$

可见，对于等截面简支梁，各阶振型的振型质量都等于梁总质量的一半；而对于悬臂梁、两端固支梁和一端固支一端简支梁，各阶振型的振型质量都等于梁的总质量。

2. 振型力

（1）分布荷载 任意分布荷载作用下，分布参数梁的振型力按式（6-126）计算：

$$p_n(t)=\int_0^L\phi_n(x)p(x,t)\,\mathrm{d}x \tag{6-126}$$

若分布荷载不沿梁的长度变化，即均匀满布的荷载 $p(x,t)=p(t)$，则有

$$p_n(t) = \int_0^L \phi_n(x)p(t)\mathrm{d}x = p(t)\int_0^L \phi_n(x)\mathrm{d}x \tag{6-127}$$

对于等截面简支梁，将其振型函数代入，得

$$p_n(t) = p(t)\int_0^L \sin\frac{n\pi x}{L}\mathrm{d}x = \frac{L}{n\pi}(1 - \cos n\pi)p(t) = \frac{2L}{n\pi}p(t) \quad (n = 1,3,5,\cdots) \tag{6-128}$$

而对于悬臂梁、两端固支梁和一端固支一端简支梁，其均布荷载振型力可统一表达为

$$p_n(t) = p(t)\int_0^L [\sin a_n x - \sinh a_n x + \widetilde{B}_n(\cosh a_n x - \cos a_n x)]\mathrm{d}x \quad (n = 1,2,3,\cdots) \tag{6-129}$$

该式的积分较为烦琐，表 6-2 给出了各种支承条件等截面梁的前 3 阶振型积分结果。

表 6-2 各种支承条件等截面梁的振型函数积分结果

梁的类型	振型		
	1 阶	2 阶	3 阶
简支梁	0.6366L	0	0.2122L
悬臂梁	0.7830L	0.4340L	0.2544L
两端固支梁	0.8308L	0	0.3640L
一端固支一端简支梁	0.8604L	0.0829L	0.3343L

由于不同类型梁的特征值 a_n 不同，其振型函数积分的结果也不同。从表 6-2 可以看出，对于等截面简支梁和两端固支梁，均布荷载只对奇数阶振型起作用，偶数阶振型的振型力为零。

(2) 集中荷载 承受集中荷载的等截面简支梁如图 6-15 所示，集中荷载距左端支座的距离为 s。

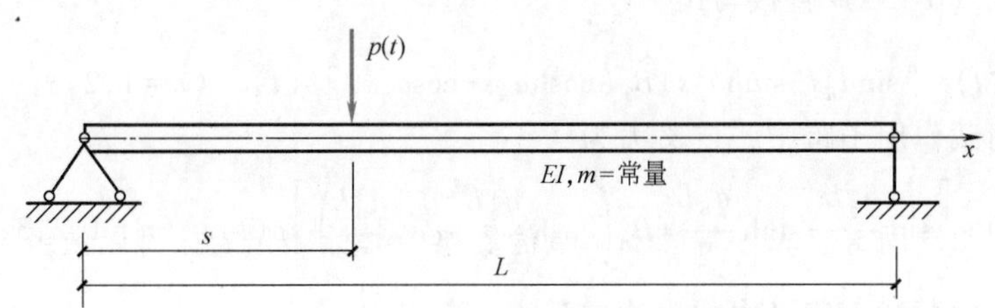

图 6-15 等截面简支梁在集中荷载作用下的动力分析

为便于计算集中荷载的广义力，将 $p(x,t)$ 表示为

$$p(x,t) = \delta(x-s)p(t) \tag{6-130}$$

式中，δ 为 Dirac 函数，Dirac 函数的两个特性为：

$$\delta(x-s) = \begin{cases} \infty, & x = s \\ 0, & x \neq s \end{cases} \tag{6-131}$$

$$\int_a^b \delta(x - s)f(x)\mathrm{d}x = f(s) \quad (a < s < b) \tag{6-132}$$

集中荷载作用下梁的振型力可按式 (6-133) 计算：

$$p_n(t) = \int_0^L \phi_n(x)\delta(x - s)p(x)\mathrm{d}x = \phi_n(s)p(t) \tag{6-133}$$

式中的第二步是根据 Dirac 函数的第二个特性直接写出的。可见，利用 Dirac 函数可以极大地简化计算。对于等截面简支梁，其振型力为

$$p_n(t)=\int_0^L \sin\frac{n\pi x}{L}\delta(x-s)p(t)\,\mathrm{d}x=\sin\frac{n\pi s}{L}p(t)\quad(n=1,2,3,\cdots)\tag{6-134}$$

下面简单讨论集中力 $p(s,t)$ 作用点 s 在不同位置时的简支梁振型荷载的特点。

若 $s=L/4$，即 $p(s,t)$ 在 1/4 跨时：

$$p_n(t)=\sin\frac{n\pi}{4}p(t)=k_n p(t)\tag{6-135}$$

可以看出，当 n 等于 4 的整倍数时，$k_n=0$，此时集中力 $p(s,t)$ 恰好作用在这些振型的结点上，振型力等于零，因而对相应振型的影响为零；当 $n=2$，6，10，…时，$k_n=\pm1$，此时集中力 $p(s,t)$ 恰好作用在这些振型的函数最大值上，因而对相应振型的影响最大。

若 $s=L/2$，即 $p(s,t)$ 位于跨中时：

$$p_n(t)=\sin\frac{n\pi}{2}p(t)=k_n p(t)\tag{6-136}$$

容易看出，当 n 等于 2 的整倍数时，$k_n=0$，此时集中力 $p(s,t)$ 恰好作用在这些振型的结点上，振型力等于零，因而对偶数阶振型的影响为零；当 $n=1$，3，5，7，…时，$k_n=\pm1$，此时集中力 $p(s,t)$ 恰好作用在这些振型的函数最大值上，因而对奇数阶振型的影响最大。

如果 s 是个变数，如 $s=vt$，这时

$$p_n(t)=\sin\frac{n\pi vt}{L}p(t)\tag{6-137}$$

式中，v 表示集中力在梁上移动的速度，即式（6-137）可以用来表示移动荷载的振型力。

而对于悬臂梁、两端固支梁和一端固支一端简支梁，其集中荷载振型力可由式（6-129）、式（6-133）直接写出

$$p_n(t)=[\sin a_n s-\sinh a_n s+\widetilde{B}_n(\cosh a_n s-\cos a_n s)]p(t)\quad(n=1,2,3,\cdots)\tag{6-138}$$

如果集中荷载作用于跨中，广义力为

$$p_n(t)=\left[\sin\frac{a_nL}{2}-\sinh\frac{a_nL}{2}+\widetilde{B}_n\left(\cosh\frac{a_nL}{2}-\cos\frac{a_nL}{2}\right)\right]p(t)\quad(n=1,2,3,\cdots)\tag{6-139}$$

对于移动集中荷载，广义力的表达式为

$$p_n(t)=[\sin a_n vt-\sinh a_n vt+\widetilde{B}_n(\cosh a_n vt-\cos a_n vt)]p(t)\quad(n=1,2,3,\cdots)\tag{6-140}$$

3. 振型坐标方程的求解

求得结构的各阶振型质量 M_n 和振型力 $p_n(t)$，并且确定各阶振型的阻尼比 ζ_n 后，即可建立体系的广义坐标方程

$$\ddot{q}_n(t)+2\zeta_n\omega_n\dot{q}_n(t)+\omega_n^2q_n(t)=\frac{1}{M_n}p_n(t)$$

任意荷载情况下，该强迫振动方程的解为

$$q_n(t)=\frac{1}{M_n\omega_{\mathrm{D}n}}\int_0^L p_n(\tau)\mathrm{e}^{-\zeta_n\omega_n(t-\tau)}\sin\omega_{\mathrm{D}n}(t-\tau)\,\mathrm{d}\tau\tag{6-141}$$

式中，$\omega_{\mathrm{D}n}=\omega_n\sqrt{1-\zeta_n^2}$ 为第 n 阶有阻尼自振频率。

将式（6-141）代入梁的振动位移表达式（6-104），则可得到分布参数梁的振动位移

$$u(x,t)=\sum_{n=1}^{\infty}\frac{1}{M_n\omega_{\mathrm{D}n}}\phi_n(x)\int_0^L p(\tau)\mathrm{e}^{-\zeta_n\omega_n(t-\tau)}\sin\omega_{\mathrm{D}n}(t-\tau)\mathrm{d}\tau \tag{6-142}$$

式中，$\phi_n(x)$ 表示振型函数，不同支承条件梁的振型函数可按 6.2 节的方法获得。

6.4　分布参数体系振动分析（动力直接刚度法）

前面几节讨论了具有分布参数的梁的振动分析方法，本节研究更普遍的情况，即由若干杆件组成的分布参数结构的振动分析。

6.4.1　分布参数体系的自振特性分析

6.2 节讨论的具有分布参数的梁的自振频率和振型的分析方法，可以直接推广到由若干杆件组成的结构。下面以一个刚架为例，说明分布参数结构的自振特性分析方法。

例 6-4　图 6-16 所示刚架由两根具有不同特性的等截面杆件构成，杆件①为固定支座，杆件②为铰支座。由于两段之间是不连续的，不能用一个单一的振型函数来表达。两个杆件分别有自己独立的振型函数，由式（6-57）确定为

$$\phi_1(x_1)=A_1\sin a_1x_1+B_1\cos a_1x_1+C_1\sinh a_1x_1+D_1\cosh a_1x_1 \tag{a}$$

$$\phi_2(x_2)=A_2\sin a_2x_2+B_2\cos a_2x_2+C_2\sinh a_2x_2+D_2\cosh a_2x_2 \tag{b}$$

对于两个振型函数，有 8 个待定系数，因此，必须通过 8 个边界条件来确定。

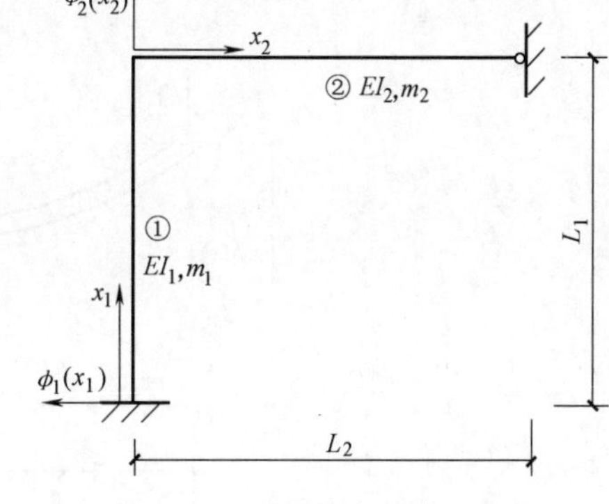

图 6-16　刚架的自振特性分析

根据杆件①的边界条件，在 $x_1=0$ 处，位移和转角为零，即

$$\phi_1(0)=0 \tag{c}$$

$$\phi_1'(0)=0 \tag{d}$$

不考虑杆件②的轴向变形，因此在 $x_1=L$ 处，位移为零，即

$$\phi_1(L)=0 \tag{e}$$

根据杆件②的边界条件，在 $x_2=L$ 处为铰接支承，位移和弯矩为零，即

$$\phi_2(L)=0 \tag{f}$$

$$M_2(L)=EI_2\phi_2''(L)=0 \tag{g}$$

不考虑杆件①的轴向变形，因此在 $x_2=0$ 处，位移为零，即

$$\phi_2(0)=0 \tag{h}$$

在 $x_1=L$ 和 $x_2=0$ 处，两根杆件的弯矩是平衡的，而转角是连续的，因此有

$$EI_1\phi_1''(L)=EI_2\phi_2''(0) \tag{i}$$

$$\phi_1'(L)=\phi_2'(0) \tag{j}$$

将两根梁的振型函数式（a）、式（b）分别代入这 8 个边界条件，可以得到由 8 个系数

组成的8个方程。令得到的8×8阶矩阵的行列式等于零，即可给出体系的频率方程，进而求得结构的自振频率，具体做法与单根梁相似。这里因参数太多，表达式过于复杂，不再详细列出，作为练习题留给读者自己推导。

从这个例子可以看出，用这种方法进行分布参数结构的振动分析时，必须计算体系每一杆段的4个常数，非常烦琐。实际分析时，往往采用更简单实用的方法——动力直接刚度法。

6.4.2 动力直接刚度法

本节介绍一种便捷的方法，**用动力直接刚度法**来进行分布参数结构体系的振动分析。首先建立梁段单元的动力刚度矩阵，然后按照与静力直接刚度法一样的过程，叠加各梁单元的贡献形成结构的总体刚度矩阵，就可按位移法进行分析，即解整个体系的刚度方程以求得给定荷载产生的位移。

1. 单元弯曲动力刚度矩阵

单元弯曲动力刚度矩阵定义为梁在弯曲变形时的动力刚度系数，即在单元梁端施加单位位移和转角所产生的杆端力和力矩。动力刚度系数与静力刚度矩阵中的刚度系数的差别在于表示节点力和位移的动力刚度系数是随时间按简谐变化的，且具有同样的相位。因此，动力刚度系数 k_{ij} 表示节点坐标 j 处产生频率为 ω 的单位幅值的简谐位移时，在节点坐标 i 处产生的相同频率的简谐力。

等截面弯曲梁单元的节点力和位移的关系如图6-17所示。假定该梁单元在梁段跨间不承受外荷载，即 $p(x,t)=0$ 时，则其运动方程由式（6-46）给出，即

$$EI\frac{\partial^4 u(x,t)}{\partial x^4}+m\frac{\partial^2 u(x,t)}{\partial t^2}=0 \tag{6-143}$$

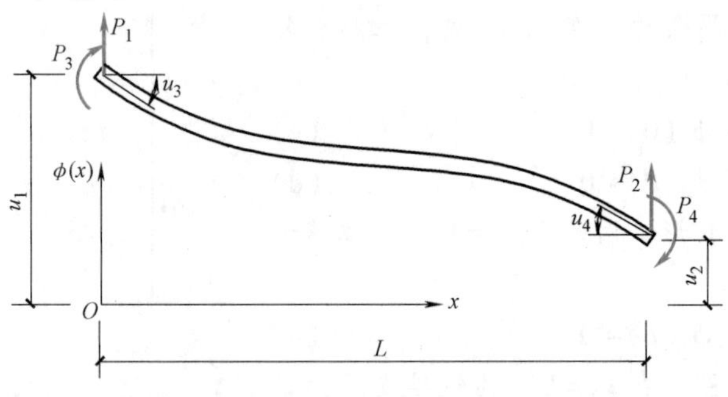

图6-17 弯曲梁单元的节点力和位移

对频率为 ω 的简谐梁端位移，方程（6-143）的特解为

$$u(x,t)=\phi(x)\sin\omega t \tag{6-144}$$

式中，$\phi(x)$ 表示振动的形状，它不随时间而变化；$\sin\omega t$ 为随时间变化的简谐函数。

将式（6-144）代入方程（6-143），可直接得到

$$\phi''''(x)-\bar{a}^4\phi(x)=0 \tag{6-145}$$

式中

$$\bar{a}^4=\frac{\omega^2 m}{EI} \quad 或 \quad \omega^2=\frac{\bar{a}^4 EI}{m} \tag{6-146}$$

方程（6-145）是参数 $\bar{a}$ 的函数，而 $\bar{a}$ 是边界位移强迫频率 ω 的函数，它与梁的自由振动形状函数方程式（6-52）具有相同的形式，不同之处是方程（6-52）中的 a 是自振频率 ω 的函数。因此，方程（6-145）的解与式（6-57）类似，可直接写为

$$\phi(x)=A_1\sin\bar{a}x+A_2\cos\bar{a}x+A_3\sinh\bar{a}x+A_4\cosh\bar{a}x \tag{6-147}$$

式中的 4 个常数 $A_1\sim A_4$ 决定梁单元振动的形状和振幅，它们可以利用梁端的边界条件确定。

如图 6-17 所示，利用梁段两端点的位移、斜率 4 个边界条件，可直接得到

$$\phi(0)=u_1;\phi(L)=u_2;\phi'(0)=u_3;\phi'(L)=u_4 \tag{6-148}$$

式中，u_1、u_2、u_3、u_4 分别为节点坐标处的简谐线位移和角位移的幅值。

利用梁段两端点的剪力、弯矩 4 个边界条件，可直接得到

$$\phi'''(0)=\frac{P_1}{EI};\ \phi'''(L)=-\frac{P_2}{EI};\ \phi''(0)=-\frac{P_3}{EI};\ \phi''(L)=\frac{P_4}{EI} \tag{6-149}$$

式中，P_1、P_2、P_3、P_4 分别为节点坐标处的简谐力和力矩。

将上面 8 个边界条件代入振型函数式（6-147），整理得到下面两个关系式

$$\begin{Bmatrix}u_1\\u_2\\u_3\\u_4\end{Bmatrix}=\begin{bmatrix}0&1&0&1\\s&c&S&C\\\bar{a}&0&\bar{a}&0\\\bar{a}c&-\bar{a}s&\bar{a}C&\bar{a}S\end{bmatrix}\begin{Bmatrix}A_1\\A_2\\A_3\\A_4\end{Bmatrix} \tag{6-150}$$

和

$$\begin{Bmatrix}P_1\\P_2\\P_3\\P_4\end{Bmatrix}=EI\begin{bmatrix}-\bar{a}^3&0&\bar{a}^3&0\\\bar{a}^3c&-\bar{a}^3s&-\bar{a}^3C&-\bar{a}^3S\\0&\bar{a}^2&0&-\bar{a}^2\\-\bar{a}^2s&-\bar{a}^2c&\bar{a}^2S&\bar{a}^2C\end{bmatrix}\begin{Bmatrix}A_1\\A_2\\A_3\\A_4\end{Bmatrix} \tag{6-151}$$

其中

$$s=\sin\bar{a}L;\ c=\cos\bar{a}L;\ S=\sinh\bar{a}L;\ C=\cosh\bar{a}L \tag{6-152}$$

由式（6-150）和式（6-151）中将 4 个常数 $A_1\sim A_4$ 消去，即可得到梁单元节点位移和节点力之间的关系，即

$$\begin{Bmatrix}P_1\\P_2\\P_3\\P_4\end{Bmatrix}=\frac{\bar{a}EI}{1-cC}\begin{bmatrix}\bar{a}^2(cS+sC)&&\text{对称}&\\-\bar{a}^2(s+S)&\bar{a}^2(cS+sC)&&\\\bar{a}sS&\bar{a}(c-C)&sC-cS&\\\bar{a}(C-c)&-\bar{a}sS&S-s&sC-cS\end{bmatrix}\begin{Bmatrix}u_1\\u_2\\u_3\\u_4\end{Bmatrix} \tag{6-153}$$

刚度矩阵的分母不能为零，因此必有

$$1-\cos\bar{a}L\cosh\bar{a}L\neq0 \tag{6-154}$$

梁单元的弯曲动力刚度矩阵为

$$K(\bar{a})=\frac{EI}{L}B\begin{bmatrix}\bar{a}^2(cS+sC)&&\text{对称}&\\-\bar{a}^2(s+S)&\bar{a}^2(cS+sC)&&\\\bar{a}sS&\bar{a}(c-C)&sC-cS&\\\bar{a}(C-c)&-\bar{a}sS&S-s&sC-cS\end{bmatrix} \tag{6-155}$$

可见梁单元的动力刚度系数是频率参数 $\bar{a}$ 的函数，其中

$$B=\frac{\bar{a}L}{1-cC} \tag{6-156}$$

2. 考虑刚性轴向位移的单元动力刚度矩阵

在通常的刚架分析中，杆件的轴向变形与弯曲产生的变形相比非常小，因而在确定结构位移时，杆件长度的变化可以忽略不计。但在许多结构体系中，由于杆件挠曲引起的节点位移，可能使某些杆件产生平行于其轴向的刚体位移分量。在结构振动过程中，这些杆件的刚体运动会产生惯性力，从而在其支撑杆件上引起附加力。因此，必须将由此引起的附加系数加入到结构体系的动力刚度矩阵中。

图 6-18 给出了这种情况下杆件节点位移和力的关系。

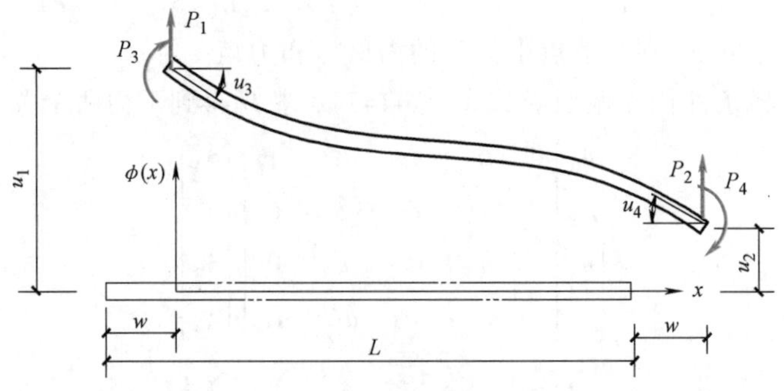

图 6-18　考虑轴向刚体运动的梁单元的节点力和位移

如果不计轴向力对于梁的抗弯刚度的影响，则梁的轴向位移对于横向位移和力的关系式也就没有影响。同样，横向位移对轴向力分量也无影响。在梁的刚度矩阵中要考虑轴向位移时，只需要加进表示互不耦合的轴向力和位移关系的一个附加项。因为不计梁的轴向变形，所以轴向力项就表示与梁的刚体轴向加速度相联系的惯性效应，即

$$P_{\mathrm{w}}=F_{\mathrm{I}}=-mL\omega^2 w \tag{6-157}$$

式中，mL 表示梁单元的质量；$-\omega^2 w$ 是其轴向加速度。把这一附加项加入梁的动力刚度矩阵中，导出式（6-155）的增广形式如下：

$$\begin{Bmatrix} P_1 \\ P_2 \\ P_3 \\ P_4 \\ P_{\mathrm{w}} \end{Bmatrix}=\frac{EI}{L}B\begin{bmatrix} \bar{a}^2(cS+sC) & & & & \text{对称} \\ -\bar{a}^2(s+S) & \bar{a}^2(cS+sC) & & & \\ \bar{a}sS & \bar{a}(c-C) & sC-cS & & \\ \bar{a}(C-c) & -\bar{a}sS & S-s & sC-cS & \\ 0 & 0 & 0 & 0 & -\lambda^4/(BL^2) \end{bmatrix}\begin{Bmatrix} u_1 \\ u_2 \\ u_3 \\ u_4 \\ w \end{Bmatrix} \tag{6-158}$$

式中，λ^4 可以由式（6-146）和式（6-157）导得，即

$$\lambda^4=(\bar{a}L)^4=\omega^2\frac{mL^4}{EI} \tag{6-159}$$

很显然，在静力情况下 $\lambda^4=0$。但在动力分析中，这一项将有重要的影响。

3. 动力直接刚度法

在导出梁的单元动力刚度矩阵之后，可以按照与静力直接刚度法同样的过程，组装结构

体系的总体刚度矩阵，建立整个体系的刚度方程，即

$$\{P\}=[K]\{u\} \tag{6-160}$$

式中的动力刚度系数是频率的函数，可根据荷载向量 $\{P\}$ 的频率直接算出，然后求解得到体系的节点位移响应。

下面通过两个例子说明动力直接刚度法的用法。

例 6-5　图 6-19 所示刚架由 a、b、c 三个等截面的杆件组成，三个杆件的支座均为固定约束，在节点 1 处作用着一个按简谐变化的外力偶。设荷载的频率为 $\omega^2=3.0^4EI/mL^4$，建立刚架的总体刚度矩阵并求解位移反应。

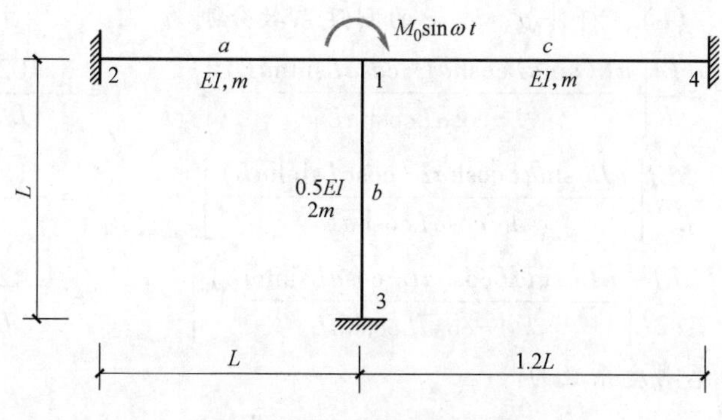

图 6-19　单自由度的刚架

由于不考虑杆件的轴向变形，所有的杆件都只有横向位移，这个刚架仅在节点 1 处有一个转动自由度。用动力直接刚度法，其总体动力刚度矩阵可以由各杆件的单元动力刚度矩阵组装而成，即

$$k_{11}=k_{11}^{(a)}+k_{11}^{(b)}+k_{11}^{(c)} \tag{6-161}$$

其中

$$k_{11}^{(a)}=\frac{EI}{L}\left[\frac{\bar{a}L(sC-cS)}{1-cC}\right]_{(a)} \tag{a}$$

$$k_{11}^{(b)}=\frac{0.5EI}{L}\left[\frac{\bar{a}L(sC-cS)}{1-cC}\right]_{(b)} \tag{b}$$

$$k_{11}^{(c)}=\frac{EI}{1.2L}\left[\frac{\bar{a}(1.2L)(sC-cS)}{1-cC}\right]_{(c)} \tag{c}$$

式中的下标 (a)、(b)、(c) 分别表示各式中的参数均为相应杆件 a、b、c 的频率参数 $\bar{a}L$ 的函数。由式 (6-146) 可得

$$\bar{a}L=\left[\frac{\omega^2mL^4}{EI}\right]^{\frac{1}{4}} \tag{d}$$

在这个例题中，已知作用荷载弯矩的频率为

$$\omega^2=\frac{3.0^4EI}{mL^4} \tag{e}$$

则杆件 a 的频率参数 $\bar{a}L^{(a)}$ 为

$$\bar{a}L^{(a)}=\left[\frac{3.0^4EI}{mL^4}\frac{mL^4}{EI}\right]^{\frac{1}{4}}=3.0 \tag{f}$$

杆件 b 的频率参数 $\bar{a}L^{(b)}$ 为

$$\bar{a}L^{(b)}=\left[\frac{3.0^4EI}{mL^4}\frac{2mL^4}{0.5EI}\right]^{\frac{1}{4}}=4.243 \tag{g}$$

杆件 c 的频率参数 $\bar{a}L^{(c)}$ 为

$$\bar{a}L^{(c)}=\left[\frac{3.0^4EI}{mL^4}\frac{m(1.2L)^4}{EI}\right]^{\frac{1}{4}}=3.6 \tag{h}$$

由式（a）、（b）、（c），杆件 a、b、c 的刚度系数分别为

$$k_{11}^{(a)}=\frac{EI}{L}\left[\frac{\bar{a}L(\sin\bar{a}L\cosh\bar{a}L-\cos\bar{a}L\sinh\bar{a}L)}{1-\cos\bar{a}L\cosh\bar{a}L}\right]_{(\bar{a}L=3.0)}=\frac{3.102EI}{L} \tag{i}$$

$$k_{11}^{(b)}=\frac{0.5EI}{L}\left[\frac{\bar{a}L(\sin\bar{a}L\cosh\bar{a}L-\cos\bar{a}L\sinh\bar{a}L)}{1-\cos\bar{a}L\cosh\bar{a}L}\right]_{(\bar{a}L=4.243)}=-\frac{1.935EI}{L} \tag{j}$$

$$k_{11}^{(c)}=\frac{EI}{1.2L}\left[\frac{\bar{a}L(\sin\bar{a}L\cosh\bar{a}L-\cos\bar{a}L\sinh\bar{a}L)}{1-\cos\bar{a}L\cosh\bar{a}L}\right]_{(\bar{a}L=3.6)}=\frac{1.428EI}{L} \tag{k}$$

由此得到刚架的总刚度系数为

$$k_{11}=(3.102-1.935+1.428)\frac{EI}{L}=2.595\frac{EI}{L} \tag{l}$$

因此，在荷载力矩 $M_{P_1}=M_0\sin\omega t$ 作用下产生的节点位移为

$$u_1=k_{11}^{-1}M_0\sin\omega t=\frac{M_0L}{2.595EI}\sin\omega t \tag{m}$$

值得注意的是，在给定的荷载频率 $\omega^2=3.0^4EI/mL^4$ 下，杆件 b 对刚架总体刚度的贡献是负值，即由于该杆件较柔，它倾向于使转角增加而不是减小。

图 6-20 清楚地表明了体系总体刚度与荷载频率之间的关系。可以看出，刚架各杆件的刚度系数都随荷载频率变化，当频率超过某些临界点时，一些刚度系数出现了负值，这些点代表具有各种特定支承条件的梁的自振频率。当荷载频率达到某一数值时，刚架体系的总体刚度系数成为零，对于无阻尼的体系，刚度为零说明与荷载发生共振，也就是说，这时的荷载频率就等于体系的自振频率。对于本例中的刚架，由图 6-20 可以看出，当荷载的频率 $\omega^2=3.101^4EI/mL^4$，即 $\bar{a}L^{(a)}=3.101$、$\bar{a}L^{(b)}=4.385$、$\bar{a}L^{(c)}=3.721$ 时，体系的总体刚度系数 k_{11} 等于零。因此，刚架自由振动的基频为

$$\omega=9.615\sqrt{\frac{EI}{mL^4}} \tag{n}$$

事实上，对于这样的结构体系，存在无限多个高阶频率，使节点的转动刚度为零，并对应于三根构件上不同位置的幅值零点。

上面是多个杆件组成的单自由度体系的情况。对于有 N 个自由度的结构体系，动力刚度矩阵将成为 $N\times N$ 阶的对称刚度方阵，而荷载和节点位移均成为 N 阶向量，可用类似的方法求解。

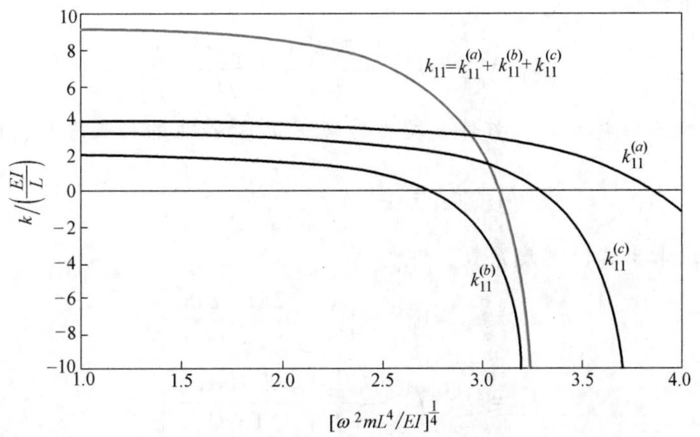

图 6-20　刚度系数随荷载频率的变化

例 6-6　图 6-21 所示为一个带有侧向位移的刚架，节点上分别作用着三个简谐荷载：弯矩 M_{P1}、M_{P2} 和轴向力 M_{P3}。为表达的简便，刚架的全部杆件具有相同的长度和截面特性。刚架有三个自由度，转角 u_1、u_2 和线位移 u_3。

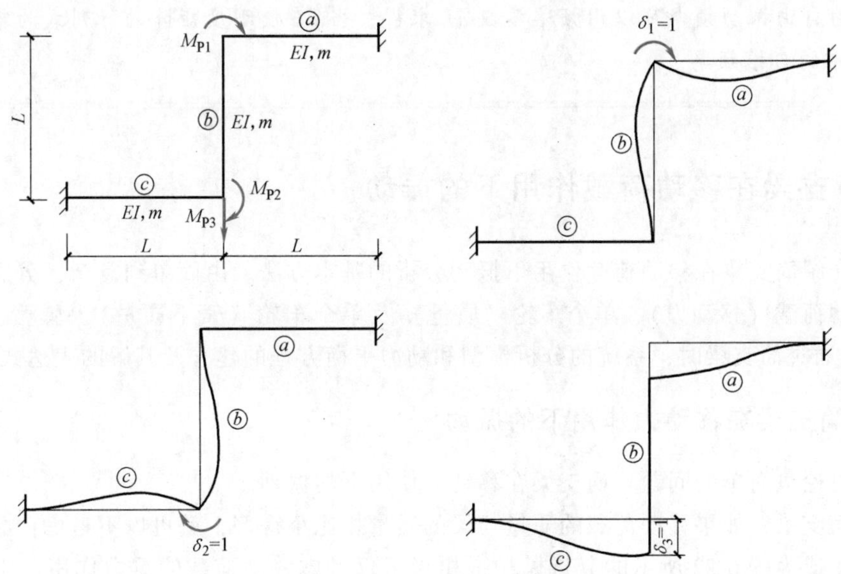

图 6-21　具有侧移的多自由度刚架

刚架的节点力与位移之间的关系为

$$\begin{Bmatrix} M_{P1} \\ M_{P2} \\ M_{P3} \end{Bmatrix} = \begin{bmatrix} k_{11} & k_{12} & k_{13} \\ k_{21} & k_{22} & k_{23} \\ k_{31} & k_{32} & k_{33} \end{bmatrix} \begin{Bmatrix} u_1 \\ u_2 \\ u_3 \end{Bmatrix} \tag{6-162}$$

刚度矩阵中，第 i 个自由度的刚度系数 k_{ij} 等于与该自由度相关的各杆件的相应刚度系数的叠加。例如，当 u_1 产生单位转角时，杆件 a、b 将发生转动，k_{11} 表示这两根杆件在 u_1

处产生的杆端弯矩之和，即

$$k_{11}=k_{11}^{(a)}+k_{11}^{(b)}=\frac{2EI}{L}\left[\frac{\overline{a}L(sC-cS)}{1-cC}\right] \tag{a}$$

而 k_{12} 表示 u_2 产生单位转角时，杆件 b 发生转动在 u_1 处产生的杆端弯矩，即

$$k_{12}=k_{21}=k_{12}^{(b)}=\frac{EI}{L}\left[\frac{\overline{a}L(S-s)}{1-cC}\right] \tag{b}$$

类似地，可以求出其他刚度系数，即

$$k_{13}=k_{31}=k_{13}^{(a)}+k_{13}^{(c)}=-\frac{2EI}{L}\left[\frac{\overline{a}sS}{1-cC}\right] \tag{c}$$

$$k_{22}=k_{22}^{(b)}+k_{22}^{(c)}=\frac{2EI}{L}\left[\frac{\overline{a}L(sC-cS)}{1-cC}\right] \tag{d}$$

$$k_{23}=k_{32}=k_{23}^{(a)}+k_{23}^{(c)}=\frac{2EI}{L}\left[\frac{\overline{a}sS}{1-cC}\right] \tag{e}$$

$$k_{33}=k_{33}^{(a)}+k_{33}^{(c)}+k_{\mathrm{w}}^{(b)}=\frac{EI}{L}\left[\frac{2\overline{a}^3(cS+sC)}{1-cC}-\lambda_{\mathrm{b}}^4\right] \tag{f}$$

与例 6-5 类似，对于节点荷载任意给定的频率 ω，可以求得这些刚度系数的数值，然后就可以解动力方程式（6-160），得到体系的简谐位移向量 $\{u\}$。

体系的自由振动频率可以用频率参数 $\overline{a}L$ 求得，当 $\overline{a}L$ 使刚度矩阵的行列式为零时，对应的 ω 即体系的自振频率。

6.5 简支梁在移动荷载作用下的振动

本节介绍简支梁在移动荷载作用下振动分析的基本方法。由简单到复杂，分别讨论不计质量的移动荷载（移动力）、单个车轮（质量）及单个车轮（簧下质量）+弹簧（阻尼器）+簧上质量通过简支梁时，系统的分析模型和动力平衡方程的建立及其解的表达式。

6.5.1 简支梁在移动力作用下的振动

首先讨论最简单的问题：简支梁在移动力作用下的振动。

对于简支梁，如果移动荷载的质量与梁的质量相比小得多，就可以不考虑荷载的质量惯性力而简化成为图 6-22 所示的分析模型，相当于仅考虑移动荷载的重力作用，用一个移动力 $p(t)$ 来表示。

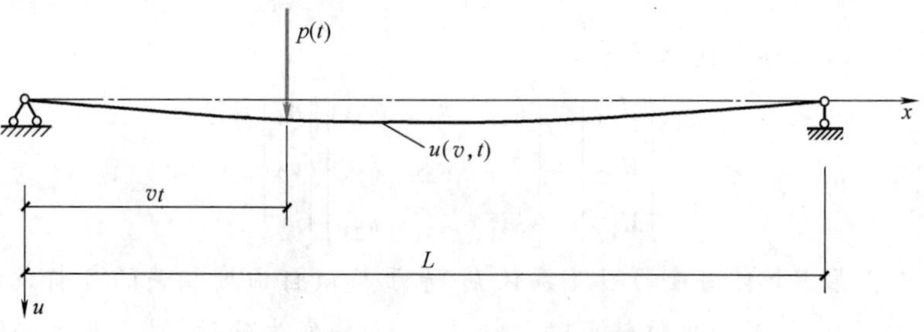

图 6-22 移动力 p 作用下的简支梁模型

当荷载 $p(t)$ 以匀速 v 在梁上通过时，假设梁的运动满足小变形理论并在弹性范围内，按照图 6-22 所示的坐标系，梁的强迫振动微分方程可表示为

$$m\frac{\partial^2 u(x,t)}{\partial t^2}+c\frac{\partial u(x,t)}{\partial t}+EI\frac{\partial^4 u(x,t)}{\partial x^4}=\delta(x-vt)p(t) \tag{6-163}$$

式中，δ 为 Dirac 函数，可见用 Dirac 函数表示移动荷载是非常方便的。

从 6.3 节已经知道，这个运动偏微分方程可按振型分解法求解，即将结构的几何坐标变换成振型坐标。对一维的连续体，这一变换的表达式为

$$u(x,t)=\sum_{i=1}^{\infty} q_i(t)\phi_i(x)$$

对于等截面的简支梁，振型函数可假定为三角函数，$\phi_n(x)=\sin n\pi x/L$。这时，集中荷载作用下梁的振型力可根据 Dirac 函数的第二个特性，按式（6-133）直接写出

$$p_n(t)=\int_0^L \phi_n(x)\delta(x-vt)p(t)\,\mathrm{d}x=\phi_n(vt)p(t)=\sin\frac{n\pi vt}{L}p(t) \tag{6-164}$$

得到移动力作用下简支梁第 n 阶广义动力平衡方程为

$$\ddot{q}_n(t)+2\zeta_n\omega_n\dot{q}_n(t)+\omega_n^2 q_n(t)=\frac{2}{mL}p(t)\sin\frac{n\pi vt}{L} \tag{6-165}$$

通过 Duhamel 积分，可以得到其通解为

$$q_n(t)=\frac{2}{mL\omega_{\mathrm{D}n}}\int_0^t p(\tau)\sin\frac{n\pi v\tau}{L}\mathrm{e}^{-\zeta_n\omega_n(t-\tau)}\sin\omega_{\mathrm{D}n}(t-\tau)\,\mathrm{d}\tau \tag{6-166}$$

将 $\phi_n(x)=\sin\frac{n\pi x}{L}$ 和式（6-166）代入梁的振动位移表达式（6-104），则可得到移动力作用下简支梁的振动位移为

$$u(x,t)=\frac{2}{mL}\sum_{n=1}^{\infty}\frac{1}{\omega_{\mathrm{D}n}}\sin\frac{n\pi x}{L}\int_0^t p(\tau)\sin\frac{n\pi v\tau}{L}\mathrm{e}^{-\zeta_n\omega_n(t-\tau)}\sin\omega_{\mathrm{D}n}(t-\tau)\,\mathrm{d}\tau \tag{6-167}$$

以上分析的是只有一个移动力的情况，所得到的结果不难推广到图 6-23 所示的以不同速度 v_j 移动的一组集中荷载 $p_j(t)$ 的情况，这时系统的运动方程的解为

$$u(x,t)=\frac{2}{mL}\sum_{n=1}^{\infty}\frac{1}{\omega_{\mathrm{D}n}}\sin\frac{n\pi x}{L}\sum_{j=1}^{N}\int_0^t p_j(\tau)\sin\frac{n\pi v_j\tau}{L}\mathrm{e}^{-\zeta_n\omega_n(t-\tau)}\sin\omega_{\mathrm{D}n}(t-\tau)\,\mathrm{d}\tau \tag{6-168}$$

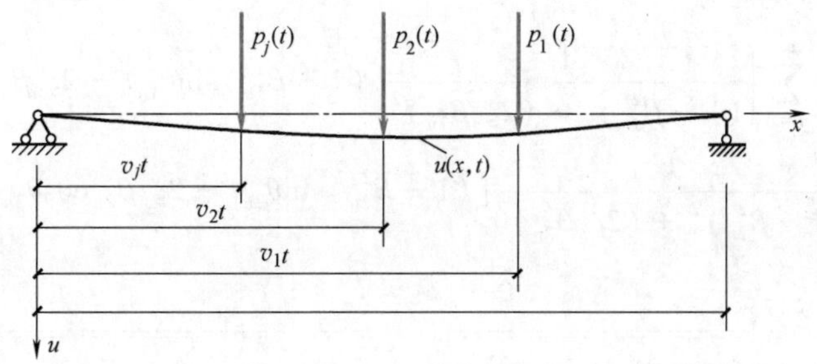

图 6-23　一组移动力 $p_j(t)$ 作用下的简支梁模型

在实际分析时，式（6-167）和式（6-168）的解可根据分析精度的需要取前几阶。如对简支梁跨中挠度，往往取一阶振型就可以得到令人满意的结果。

例 6-7 对图 6-22 所示的简支梁，当移动力是一个常量 $p(t)=p_0$，或者是简谐力 $p(t)=p_0\sin\overline{\omega}_p t$ 时，求体系的位移反应。

解：(1) 当移动力等于常量 p_0 时，p_0 作用下简支梁第 n 阶广义动力平衡方程为

$$\ddot{q}_n(t)+2\zeta_n\omega_n\dot{q}_n(t)+\omega_n^2 q_n(t)=\frac{2}{mL}p_0\sin\overline{\omega}_{vn}t \tag{6-169}$$

式中，$\overline{\omega}_{vn}=n\pi v/L$ 表示移动力第 n 阶振型的加载圆频率。上式与承受正弦荷载的单自由度体系是一样的，可以按照 3.3 节直接得到其稳态反应解

$$q_n(t)=\frac{2p_0}{mL}\frac{1}{(1-\beta_n^2)^2+(2\zeta_n\beta_n)^2}[(1-\beta_n^2)\sin\overline{\omega}_{vn}t-2\zeta_n\beta_n\cos\overline{\omega}_{vn}t] \tag{6-170}$$

式中，β_n 为第 n 阶加载频率与体系自振频率的比。

因此，梁的位移反应为

$$u(x,t)=\frac{2p_0}{mL}\sum_{n=1}^{\infty}\frac{1}{(1-\beta_n^2)^2+(2\zeta_n\beta_n)^2}[(1-\beta_n^2)\sin\overline{\omega}_{vn}t-2\zeta_n\beta_n\cos\overline{\omega}_{vn}t]\sin\frac{n\pi x}{L} \tag{6-171}$$

(2) 当移动力等于常量 $p_0\sin\overline{\omega}_P t$ 时，简支梁第 n 阶广义动力平衡方程为

$$\begin{aligned}\ddot{q}_n(t)+2\zeta_n\omega_n\dot{q}_n(t)+\omega_n^2 q_n(t)&=\frac{2}{mL}p_0\sin\overline{\omega}_P t\sin\overline{\omega}_{vn}t\\&=\frac{p_0}{mL}[\sin(\overline{\omega}_P+\overline{\omega}_{vn})t-\sin(\overline{\omega}_P-\overline{\omega}_{vn})t]\end{aligned} \tag{6-172}$$

式中，$\overline{\omega}_P$ 表示移动简谐力的圆频率。

上式与承受正弦荷载的单自由度体系是一样的，可以直接得到其稳态反应解，即

$$\begin{aligned}q(t)=\frac{p_0}{mL}\Bigg\{&\frac{1}{(1-\beta_{1n}^2)^2+(2\zeta_n\beta_{1n})^2}[(1-\beta_{1n}^2)\sin\theta_{1n}t-2\zeta_n\beta_{1n}\cos\theta_{1n}t]-\\&\frac{1}{(1-\beta_{2n}^2)^2+(2\zeta_n\beta_{2n})^2}[(1-\beta_{2n}^2)\sin\theta_{2n}t-2\zeta_n\beta_{2n}\cos\theta_{2n}t]\Bigg\}\end{aligned} \tag{6-173}$$

式中，$\theta_{1n}=\overline{\omega}_P+\overline{\omega}_{vn}$，$\theta_{2n}=\overline{\omega}_p-\overline{\omega}_{vn}$；$\beta_{1n}$、$\beta_{2n}$ 分别为 θ_{1n}、θ_{2n} 与体系自振频率的比。

因此，梁的位移反应为

$$\begin{aligned}u(x,t)=\frac{p_0}{mL}\sum_{n=1}^{\infty}\Bigg\{&\frac{1}{(1-\beta_{1n}^2)^2+(2\zeta_n\beta_{1n})^2}[(1-\beta_{1n}^2)\sin\theta_{1n}t-2\zeta_n\beta_{1n}\cos\theta_{1n}t]-\\&\frac{1}{(1-\beta_{2n}^2)^2+(2\zeta_n\beta_{2n})^2}[(1-\beta_{2n}^2)\sin\theta_{2n}t-2\zeta_n\beta_{2n}\cos\theta_{2n}t]\Bigg\}\sin\frac{n\pi x}{L}\end{aligned} \tag{6-174}$$

6.5.2 简支梁在移动质量作用下的振动

对于简支梁，如果移动荷载的质量与梁的质量相比不能忽略，就必须同时考虑荷载的重力作用及质量随梁一起振动时产生的惯性力。如图 6-24 所示的模型，考虑一个车轮通过桥

梁的情况，车轮质量为 M_1，假定其沿梁长移动而不脱离开梁体，则其位移与它所在位置的梁的挠度是一致的，可以表示成 $u(vt,\ t)$。

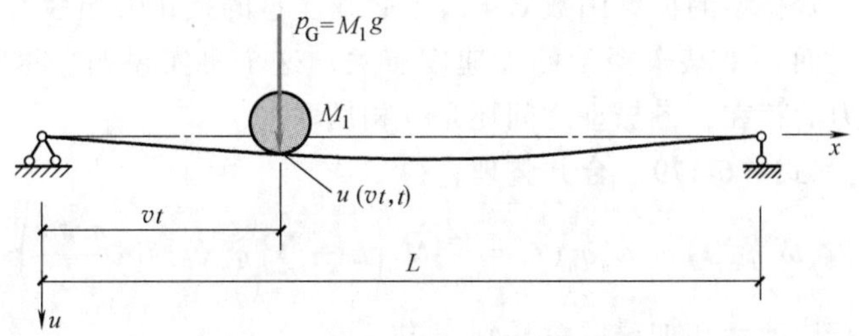

图 6-24　移动质量作用下的简支梁模型

按照与上一节同样的假定，质量 M_1 以匀速 v 在梁上通过，作用于梁的动力荷载为移动质量的重力 $p_G=M_1g$ 和质量的惯性力 $p_I=M_1\left.\dfrac{\mathrm{d}^2u(x,t)}{\mathrm{d}t^2}\right|_{x=vt}$ 的和，即

$$p(x,t)=\delta(x-vt)\left[M_1g-M_1\frac{\mathrm{d}^2u(x,t)}{\mathrm{d}t^2}\right] \tag{6-175}$$

注意 $\dfrac{\mathrm{d}^2u}{\mathrm{d}t^2}=\dfrac{\partial^2u(x,t)}{\partial t^2}+2\dfrac{\partial^2u(x,t)}{\partial x\partial t}v+\dfrac{\partial^2u(x,t)}{\partial x^2}v^2$，所以作用于梁的外荷载为

$$p(x,t)=\delta(x-vt)\left[M_1g-M_1\left(\frac{\partial^2u(x,t)}{\partial t^2}+2\frac{\partial^2u(x,t)}{\partial x\partial t}v+\frac{\partial^2u(x,t)}{\partial x^2}v^2\right)\right] \tag{6-176}$$

式中圆括号内各项的物理意义如下：

第一项表示车轮所在位置桥梁振动的竖向加速度；第二项表示由于荷载的移动，使梁的竖向速度产生变化而引起的竖向加速度；第三项表示由于桥梁振动过程中产生曲率，使荷载在竖曲线上移动而产生的离心加速度。显然，后两项与桥梁的刚度及荷载的移动速度有关，对于一般的铁路桥梁（活荷载作用下产生的变形曲率很小）和现行的行车速度，这两项可以忽略不计。

因此，考虑移动荷载质量的简支梁动力平衡方程为

$$m\frac{\partial^2u(x,t)}{\partial t^2}+c\frac{\partial u(x,t)}{\partial t}+EI\frac{\partial^4u(x,t)}{\partial x^4}=\delta(x-vt)M_1\left(g-\frac{\partial^2u(x,t)}{\partial t^2}\right) \tag{6-177}$$

按振型分解法求解时，将 $u(x,t)=\sum\limits_{m=1}^{\infty}q_m(t)\phi_m(x)$ 代入上式，梁荷载项可表示为

$$p_n(x,t)=\int_0^L\delta(x-vt)M_1\left[g-\sum_{m=1}^{\infty}\ddot{q}_m(t)\phi_m(x)\right]\phi_n(x)\,\mathrm{d}x \tag{6-178}$$

对于等截面的简支梁，同样设 $\phi_n(x)=\sin\dfrac{n\pi x}{L}$，而 $x=vt$，则振型力表示为

$$\begin{aligned}p_n(x,t)&=\int_0^L\delta(x-vt)M_1\left[g-\sum_{m=1}^{\infty}\ddot{q}_m(t)\sin\frac{m\pi x}{L}\right]\sin\frac{n\pi x}{L}\mathrm{d}x\\&=M_1g\sin\frac{n\pi vt}{L}-M_1\sum_{m=1}^{\infty}\ddot{q}_m(t)\sin\frac{m\pi vt}{L}\sin\frac{n\pi vt}{L}\end{aligned} \tag{6-179}$$

此式的最后一步未能利用振型的正交条件，这是因为实际荷载只在 $x=vt$ 处起作用，积分并不是沿整个梁长进行的。此式的物理意义是：第 n 阶振型力是作用于梁上的所有外力乘上外力所在位置处该阶振型的振型函数 $\phi_n(x)$。必须注意的是作为惯性力，它与质量所在位置的实际梁体加速度而不是某个振型的加速度有关。这个事实说明，尽管采用了振型分解法，但是由于惯性力的存在，各振型之间还是互相耦联的。

将式（6-177）和式（6-179）合并整理，得

$$\ddot{q}_n(t)+2\zeta_n\omega_n\dot{q}_n(t)+\omega_n^2q_n(t)=\frac{2}{mL}M_1\left(g-\sum_{m=1}^{\infty}\ddot{q}_m(t)\sin\frac{m\pi vt}{L}\right)\sin\frac{n\pi vt}{L} \tag{6-180}$$

进一步将等式右边的未知加速度量移到左边，得

$$\begin{aligned}&\ddot{q}_n(t)+\frac{2}{mL}M_1\sum_{m=1}^{\infty}\ddot{q}_m(t)\sin\frac{m\pi vt}{L}\sin\frac{n\pi vt}{L}+2\zeta_n\omega_n\dot{q}_n(t)+\omega_n^2q_n(t)\\&=\frac{2}{mL}M_1 g\sin\frac{n\pi vt}{L}\end{aligned} \tag{6-181}$$

由于 $n=1\sim\infty$，这个方程有无穷多个未知变量，而且是互相不独立的，似乎看不出这里采用振型分解法有什么好处。但从结构动力学的基本理论可知，结构的动力反应主要由其前面的若干个低阶振型起控制作用。对于一个复杂的结构，如果采用振型分解法，在计算中仅考虑少数一些振型就可以获得满意的精度。即使是具有数百个自由度的空间结构，取几十个振型计算就可以对其整体振动进行分析，从而大大减少了计算工作量。

对简支梁来说，如果位移级数中取 N 项，则整个简支梁的自由度将从无穷多个减少到 N 个，体系运动方程的 N 阶矩阵表达式为

$$[M]\{\ddot{q}\}+[C]\{\dot{q}\}+[K]\{q\}=\{F\} \tag{6-182}$$

式中，$\{q\}$ 为振型位移向量，$\{q\}=\{q_1\quad q_2\quad\cdots\quad q_N\}^{\mathrm{T}}$；$\{F\}$ 为振型力向量，$\{F\}=\{\rho_F\phi_1\quad\rho_F\phi_2\quad\cdots\quad\rho_F\phi_n\}^{\mathrm{T}}$；$[M]$ 为振型质量矩阵，即

$$[M]=\begin{bmatrix}1+\rho_M\Phi_{11} & \rho_M\Phi_{12} & \cdots & \rho_M\Phi_{1N}\\ \rho_M\Phi_{21} & 1+\rho_M\Phi_{22} & \cdots & \rho_M\Phi_{2N}\\ \vdots & \vdots & \vdots & \vdots\\ \rho_M\Phi_{N1} & \rho_M\Phi_{N2} & \cdots & 1+\rho_M\Phi_{NN}\end{bmatrix}$$

$[C]$ 为广义阻尼矩阵，$[K]$ 为广义刚度矩阵，两者均为对角矩阵，即

$$[C]=\begin{bmatrix}2\zeta_1\omega_1 & 0 & \cdots & 0\\ 0 & 2\zeta_2\omega_2 & \cdots & 0\\ \vdots & \vdots & \vdots & \vdots\\ 0 & 0 & \cdots & 2\zeta_N\omega_N\end{bmatrix};\ [K]=\begin{bmatrix}\omega_1^2 & 0 & \cdots & 0\\ 0 & \omega_2^2 & \cdots & 0\\ \vdots & \vdots & \vdots & \vdots\\ 0 & 0 & \cdots & \omega_N^2\end{bmatrix}$$

式中，$\rho_M=\dfrac{2M_1}{mL}$，$\rho_F=\dfrac{2M_1g}{mL}$，$\phi_n=\sin\dfrac{n\pi vt}{L}$ 为第 n 阶振型在 t 时刻 $x=vt$ 位置的函数值，而 $\Phi_{nm}=\phi_n\phi_m$。

可见，移动质量作用下的简支梁，在振型力作用下动力平衡方程组的质量矩阵为非对角的满阵，它将各个方程耦联在一起，形成新的联立方程组。对于这样的问题，采用振型分解法虽然不能使方程组解耦，但可以通过选择适当的阶数 N 而使原来的结构方程组降阶。

由于质量在梁上不断地运动，振型质量矩阵 [M] 中的系数 Φ_{nm} 在不断地变化，式（6-182）成为一个时变系数的二阶微分方程组。对于这样的时变系数微分方程组，一般只能采用逐步积分的数值法求解。

6.5.3　简支梁在移动车轮加簧上质量作用下的振动

现代铁路或公路的车辆都装有弹簧减振装置，这不但降低了移动车辆对桥梁的冲击作用，也改变了车辆自身的动力性能。本节推广到更加一般的情况，讨论简支梁在单个移动车轮（质量）、弹簧（包括阻尼器）、簧上质量作用下的振动分析模型。

如图 6-25 所示，简支梁上的移动荷载是由移动车轮的质量 M_1、簧上质量 M_2、弹簧 k_1 和阻尼器 c_1 组成的体系。设梁的动挠度为 $u(x,t)$，簧上质量 M_2 的动位移为 $Z(t)$，簧下质量 M_1 假定沿梁长移动而不脱离开梁体，则其位移与它所在位置的梁的挠度是一致的，可以表示成 $u(vt,t)$。

作用在簧上质量 M_2 的力有惯性力 $p_{12}=M_2\ddot{Z}(t)$、弹簧由于 M_2 和体系所在位置梁的相对位移而产生的弹性力 $p_S=k_1[u(x,t)-Z(t)]|_{x=vt}$ 及阻尼器由于 M_2 和体系所在位置梁的相对速度差而产生的阻尼力 $p_D=c_1\left[\dfrac{du(x,t)}{dt}-\dot{Z}(t)\right]\Bigg|_{x=vt}$。根据图 6-25 所示质量 M_2 上力的平衡，可以直接导出关于质量 M_2 的动力平衡方程，即

$$M_2\ddot{Z}(t)+k_1[Z(t)-u(x,t)|_{x=vt}]+c_1\left[\dot{Z}(t)-\frac{du(x,t)}{dt}\bigg|_{x=vt}\right]=0 \tag{6-183}$$

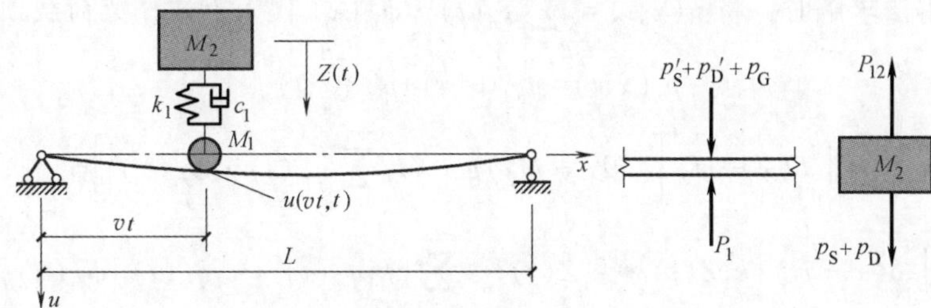

图 6-25　移动车轮加簧上质量作用下的桥梁模型

注意到 $du/dt=\partial u(x,t)/\partial t+v\partial u(x,t)/\partial x$，式右端第一项表示荷载所在位置梁的振动速度，第二项表示由于荷载的移动，使其在桥梁振动过程中引起的斜率上移动而产生的附加速度。对于一般的桥梁（其活荷载作用下产生的变形斜率很小）和现行的车速，这一项可以忽略不计。

因此，式（6-183）可以写成

$$M_2\ddot{Z}(t)+k_1[Z(t)-u(x,t)|_{x=vt}]+c_1\left[\dot{Z}(t)-\frac{\partial u(x,t)}{\partial t}\bigg|_{x=vt}\right]=0 \tag{6-184}$$

按照与前面同样的假定，体系以匀速 v 在梁上通过时，作用于梁的荷载包括：移动质量（簧下+簧上）的重力 $p_G=(M_1+M_2)g$；簧下质量 M_1 的惯性力 $p_I=M_1\dfrac{d^2u(x,t)}{dt^2}\Big|_{x=vt}$；弹簧由于 M_2 和体系所在位置梁的相对位移而产生的弹性力 $p'_S=k_1[Z(t)-u(x,t)]|_{x=vt}$；阻尼器由

于 M_2 和体系所在位置梁的相对速度差而产生的阻尼力 $p'_D=c_1\left[\dot{Z}(t)-\dfrac{\mathrm{d}u(x,t)}{\mathrm{d}t}\right]\Bigg|_{x=vt}$，则

$$\begin{aligned}p(x,t)&=\delta(x-vt)[p_G-p_1+p'_S+p'_D]\\&=\delta(x-vt)\left\{(M_1+M_2)g-M_1\left(\frac{\mathrm{d}^2u(x,t)}{\mathrm{d}t^2}\right)+k_1[Z(t)-u(x,t)]+c_1\left[\dot{Z}(t)-\frac{\mathrm{d}u(x,t)}{\mathrm{d}t}\right]\right\}\end{aligned} \tag{6-185}$$

注意到 $\dfrac{\mathrm{d}^2u}{\mathrm{d}t^2}\approx\dfrac{\partial^2u(x,\ t)}{\partial t^2}$，$\dfrac{\mathrm{d}u}{\mathrm{d}t}\approx\dfrac{\partial u(x,\ t)}{\partial t}$，所以作用于梁的外荷载为

$$p(x,t)=\delta(x-vt)\left\{(M_1+M_2)g-M_1\frac{\partial^2u(x,t)}{\partial t^2}+k_1[Z(t)-u(x,t)]+c_1\left[\dot{Z}(t)-\frac{\partial u(x,t)}{\partial t}\right]\right\} \tag{6-186}$$

因此，考虑车轮质量+弹簧（+阻尼器）+簧上质量体系的移动荷载作用下简支梁的动力平衡方程为

$$\begin{aligned}&m\frac{\partial^2u(x,t)}{\partial t^2}+c\frac{\partial u(x,t)}{\partial t}+EI\frac{\partial^4u(x,t)}{\partial x^4}\\&=\delta(x-vt)\left\{(M_1+M_2)g-M_1\frac{\partial^2u(x,t)}{\partial t^2}+k_1[Z(t)-u(x,t)]+c_1\left[\dot{Z}(t)-\frac{\partial u(x,t)}{\partial t}\right]\right\}\end{aligned} \tag{6-187}$$

按振型分解法求解时，将 $u(x,t)=\sum\limits_{m=1}^{\infty}q_m(t)\cdot\phi_m(x)$ 代入上式，梁荷载项可表示为

$$p_n(x,t)=p_{n1}(x,t)+p_{n2}(x,t) \tag{6-188a}$$

$$p_{n1}(x,t)=\int_0^L\delta(x-vt)\left[(M_1+M_2)g-M_1\sum_{m=1}^{\infty}\ddot{q}_m(t)\cdot\phi_m(x)\right]\phi_n(x)\mathrm{d}x \tag{6-188b}$$

$$p_{n2}(x,t)=\int_0^L\delta(x-vt)\left\{k_1Z(t)+c_1\dot{Z}(t)-\sum_{m=1}^{\infty}[k_1q_m(t)+c_1\dot{q}_m(t)]\phi_m(x)\right\}\phi_n(x)\mathrm{d}x \tag{6-188c}$$

对于等截面的简支梁，同样设 $\phi_n(x)=\sin\dfrac{n\pi x}{L}$，而 $x=vt$，则广义力表示为

$$p_{n1}(x,t)=(M_1+M_2)g\sin\frac{n\pi vt}{L}-M_1\sum_{m=1}^{\infty}\ddot{q}_m(t)\sin\frac{m\pi vt}{L}\sin\frac{n\pi vt}{L} \tag{6-189a}$$

$$p_{n2}(x,t)=[k_1Z(t)+c_1\dot{Z}(t)]\sin\frac{n\pi vt}{L}-\sum_{m=1}^{\infty}[k_1q_m(t)+c_1\dot{q}_m(t)]\sin\frac{m\pi vt}{L}\sin\frac{n\pi vt}{L} \tag{6-189b}$$

同理，此式的最后一步未能利用振型的正交条件。

必须注意的是，加在桥梁上的弹性力、阻尼力和惯性力分别与车轮所在位置实际梁体的位移、速度、加速度，而不是某个振型的位移、速度、加速度有关。这个事实说明，尽管采用了振型分解法，但是对于这样的车轮+弹簧（阻尼器）+簧上质量的移动荷载体系，桥梁振型之间还是互相耦联的。

对于简支梁，由式（6-187）~式（6-189），得

$$\ddot{q}_n(t)+2\zeta\omega_n\dot{q}_n(t)+\omega_n^2q_n(t)=\frac{2}{mL}\left\{(M_1+M_2)g\sin\frac{n\pi vt}{L}-M_1\sum_{m=1}^{\infty}\ddot{q}_m(t)\sin\frac{m\pi vt}{L}\sin\frac{n\pi vt}{L}+\right.$$
$$[k_1Z(t)+c_1\dot{Z}(t)]\sin\frac{n\pi vt}{L}-$$
$$\left.\sum_{m=1}^{\infty}[k_1q_m(t)+c_1\dot{q}_m(t)]\sin\frac{m\pi vt}{L}\sin\frac{n\pi vt}{L}\right\}\tag{6-190}$$

进一步将等式右边的未知位移、速度、加速度量移到左边，得

$$\left[\ddot{q}_n(t)+\frac{2M_1}{mL}\sum_{m=1}^{\infty}\ddot{q}_m(t)\sin\frac{m\pi vt}{L}\sin\frac{n\pi vt}{L}\right]+$$
$$\left[2\zeta_n\omega_n\dot{q}_n(t)+\frac{2c_1}{mL}\sum_{m=1}^{\infty}\dot{q}_m(t)\sin\frac{m\pi vt}{L}\sin\frac{n\pi vt}{L}\right]+$$
$$\left[\omega_n^2q_n(t)+\frac{2k_1}{mL}\sum_{m=1}^{\infty}q_m(t)\sin\frac{m\pi vt}{L}\sin\frac{n\pi vt}{L}\right]-\frac{2}{mL}[k_1Z(t)+c_1\dot{Z}(t)]\sin\frac{n\pi vt}{L}$$
$$=\frac{2}{mL}(M_1+M_2)g\sin\frac{n\pi vt}{L}\tag{6-191}$$

再考察式（6-184）的簧上质量运动方程，重写成下式：

$$M_2\ddot{Z}(t)+k_1[Z(t)-u(x,t)|_{x=vt}]+c_1\left[\dot{Z}(t)-\left.\frac{\partial u(x,t)}{\partial t}\right|_{x=vt}\right]=0$$

如果车轮所在位置的桥梁的位移也用振型叠加表示，且同样设 $\phi_n(x)=\sin(n\pi x/L)$，即 $u(x,t)=\sum_{m=1}^{\infty}q_m(t)\sin(m\pi vt/L)$，则上式可以整理为

$$M_2\ddot{Z}(t)+c_1\dot{Z}(t)+k_1Z(t)-c_1\sum_{m=1}^{\infty}\dot{q}_m(t)\sin\frac{m\pi vt}{L}-k_1\sum_{m=1}^{\infty}q_m(t)\sin\frac{m\pi vt}{L}=0\tag{6-192}$$

可见，通过连接两个质量的弹簧和阻尼器，将质量 M_2 的运动和桥梁振动的所有振型耦连在一起了。

将式（6-191）与式（6-192）联立，就得到简支梁与移动车轮+弹簧(阻尼器)+簧上质量体系的系统动力平衡方程组。

这是一个具有无穷多自由度的联立方程组。对简支梁来说，如果位移级数中取 N 项，则整个简支梁的广义自由度缩减为 N 个，加上质量 M_2 的自由度 $Z(t)$，系统运动方程的$N+1$阶矩阵表达式为

$$[M]\{\ddot{q}\}+[C]\{\dot{q}\}+[K]\{q\}=\{F\}\tag{6-193}$$

式中，$\{q\}$ 为广义位移向量，$\{q\}=(q_1\quad q_2\quad\cdots\quad q_N\quad Z)^{\mathrm{T}}$；

$[M]$ 为广义质量矩阵，即

$$
[M]=\begin{bmatrix} 1+\rho_M\Phi_{11} & \rho_M\Phi_{12} & \cdots & \rho_M\Phi_{1N} & 0 \\ \rho_M\Phi_{21} & 1+\rho_M\Phi_{22} & \cdots & \rho_M\Phi_{2N} & 0 \\ \vdots & \vdots & \vdots & \vdots & 0 \\ \rho_M\Phi_{N1} & \rho_M\Phi_{N2} & \cdots & 1+\rho_M\Phi_{NN} & 0 \\ 0 & 0 & 0 & 0 & M_2 \end{bmatrix}
$$

$[C]$ 为广义阻尼矩阵，$[K]$ 为广义刚度矩阵，即

$$
[C]=\begin{bmatrix} 2\zeta_1\omega_1+\rho_c\Phi_{11} & \rho_c\Phi_{12} & \cdots & \rho_c\Phi_{1N} & -\rho_c\phi_1 \\ \rho_c\Phi_{21} & 2\zeta_2\omega_2+\rho_c\Phi_{22} & \cdots & \rho_c\Phi_{2N} & -\rho_c\phi_2 \\ \vdots & \vdots & \vdots & \vdots & \vdots \\ \rho_c\Phi_{N1} & \rho_c\Phi_{N2} & \cdots & 2\zeta_N\omega_N+\rho_c\Phi_{NN} & -\rho_c\phi_N \\ -c_1\phi_1 & -c_1\phi_2 & \cdots & -c_1\phi_N & c_1 \end{bmatrix}
$$

$$
[K]=\begin{bmatrix} \omega_1^2+\rho_k\Phi_{11} & \rho_k\Phi_{12} & \cdots & \rho_k\Phi_{1N} & -\rho_k\phi_1 \\ \rho_k\Phi_{21} & \omega_2^2+\rho_k\Phi_{22} & \cdots & \rho_k\Phi_{2N} & -\rho_k\phi_2 \\ \vdots & \vdots & \vdots & \vdots & \vdots \\ \rho_k\Phi_{N1} & \rho_k\Phi_{N1} & \cdots & \omega_N^2+\rho_k\Phi_{NN} & -\rho_k\phi_n \\ -k_1\phi_1 & -k_1\phi_2 & \cdots & -k_1\phi_N & -k_1 \end{bmatrix}
$$

$\{F\}$ 为广义力向量，即

$$
\{F\}=(\rho_F\phi_1 \quad \rho_F\phi_2 \quad \cdots \quad \rho_F\phi_n \quad 0)^{\mathrm{T}}
$$

式中，$\rho_M=\dfrac{2M_1}{mL}$，$\rho_c=\dfrac{2c_1}{mL}$，$\rho_k=\dfrac{2k_1}{mL}$，$\rho_F=\dfrac{2(M_1+M_2)}{mL}g$，$\phi_n=\sin\dfrac{n\pi vt}{L}$为第 n 阶振型在 t 时刻 $x=vt$ 位置的函数值，且 $\Phi_{nm}=\phi_n\phi_m$。

可见，移动车轮（质量）+弹簧(+阻尼器)+簧上质量体系作用下的简支梁，在振型力作用下的动力平衡方程组的质量矩阵为非对角的矩阵，但与 M_2 的耦联项为零，而桥梁振型力动力平衡方程组的刚度矩阵和阻尼矩阵均为非对角的满阵，它们将各个方程耦联在一起，形成新的联立方程组。对于这样的问题，采用振型分解法虽然不能使方程组解耦，但可以通过选择适当的阶数 N 而使原来的平衡方程组降阶。

由于质量在梁上不断地运动，振型质量矩阵 $[M]$、振型刚度矩阵 $[K]$ 和振型阻尼矩阵 $[C]$ 中的系数 Φ_{nm} 都在不断地变化，成为一个时变系数的二阶微分方程组。对于这样的时变系数微分方程组，一般只能采用逐步积分的数值法求解。

习　题

6-1　对图 6-26 所示的悬臂梁，m、EI 为常数，梁端有一集中质量 $M=mL$。试建立梁的频率方程并求出梁的前三阶频率和振型。

6-2　如图 6-27 所示，长为 L 的均匀弯曲直梁的质量线密度为 m、截面抗弯刚度为 EI，梁的一端简支而另一端自由，建立计算梁的自振频率和振型的方程式，借助 Excel 近似确定梁的前三阶自振频率并画出前三阶振型。

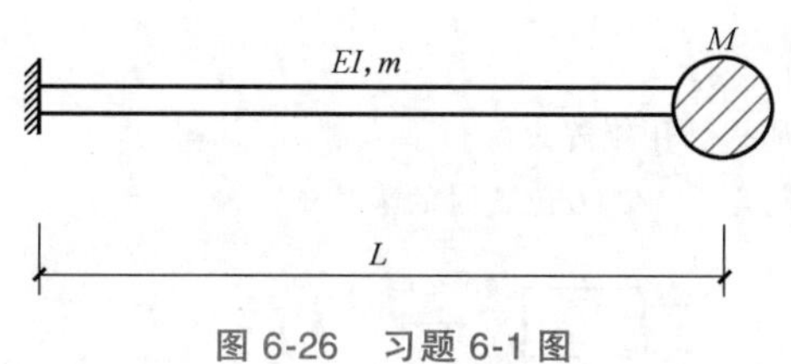

图 6-26　习题 6-1 图

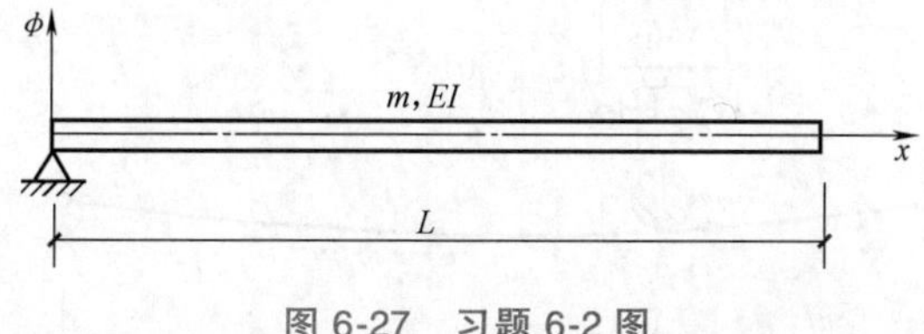

图 6-27　习题 6-2 图

6-3　图 6-28 所示均直剪切梁，梁的质量线密度为 m、截面抗剪刚度为 GA，梁的下端固定而上端由刚度为 $k=\dfrac{GA}{L}$ 的弹簧支撑，计算剪切梁的自振频率和振型，并画出前三阶振型。

6-4　图 6-29 所示刚架，所有杆件的 m、EI 为常数，两个节点处作用有简谐力矩 M_1、M_2 和简谐力 p。试建立体系的动力刚度矩阵。

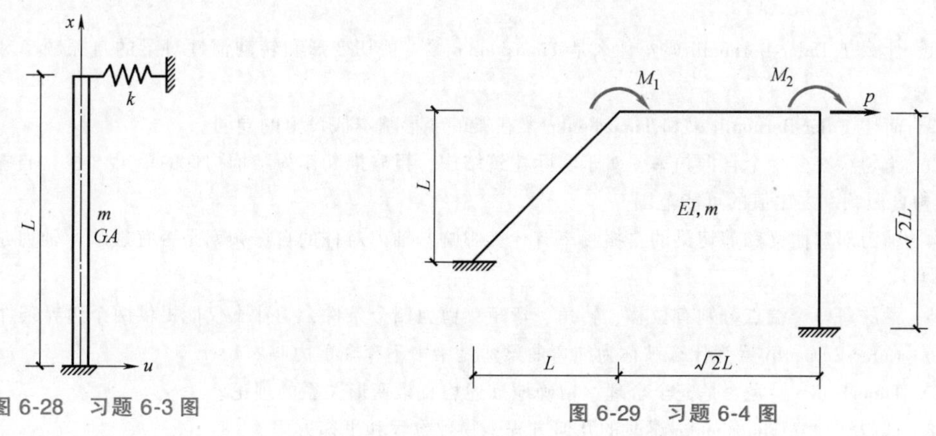

图 6-28　习题 6-3 图　　图 6-29　习题 6-4 图

6-5　图 6-30 所示均匀简支梁上作用一横向集中荷载 $p(x,\ t)=\delta(x-\xi)\delta(t-\tau)$，其中 $\delta(x)$ 为 Dirac 函数，采用基本梁理论和振型叠加法求梁的横向位移 $u(x,t)$、截界面弯矩 $M(x,t)$ 和剪力 $V(x,t)$ 的级数解。通过这三个级数解讨论位移解和内力解的收敛速度比。

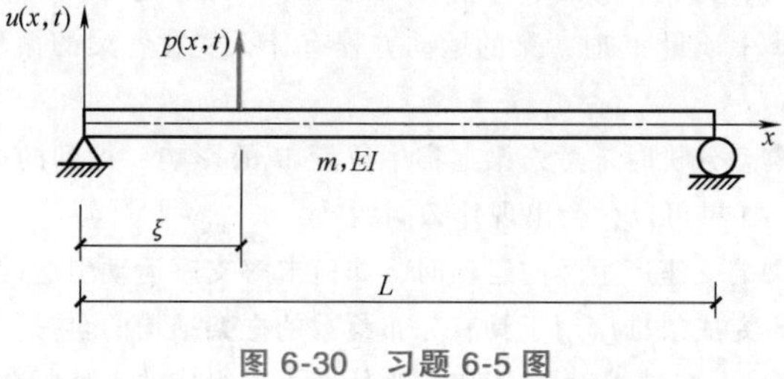

图 6-30　习题 6-5 图

6-6　图 6-31 所示简支梁，m、EI 为常数，梁上的双层质量弹簧体系以常速 v 通过，设梁的振型函数为

$y=\sum_{i=1}^{2}T_i\sin\frac{i\pi x}{L}$。

（1）写出体系运动方程的通式，用矩阵表示。

（2）写出当质量弹簧体系行至（3/7）L 位置时的表达式。

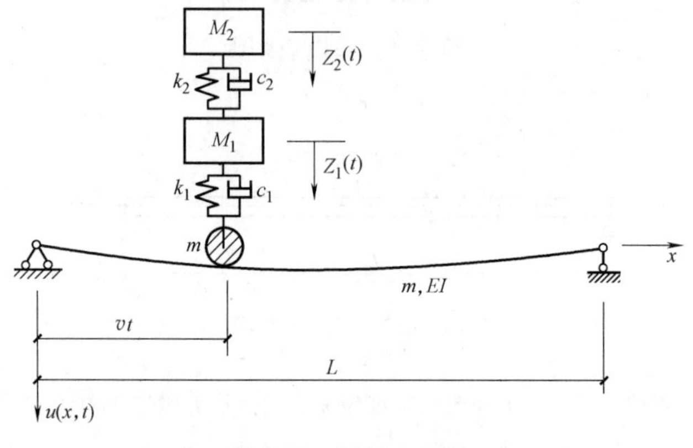

图 6-31　习题 6-6 图

思　考　题

6-1　什么是 Euler-Bernoulli 梁？什么是 Timoshenko 梁？剪切变形和转动惯性对梁的自振频率和变形有什么影响？

6-2　简述 Euler-Bernoulli 梁和 Timoshenko 梁在梁的变形基本假设上的异同。

6-3　均匀梁有多少个自振频率？对于实际建筑结构，粗略推断作为结构构件的单梁（柱）自振频率和整体结构自振频率之比值的可能范围。

6-4　轴力对弯曲梁和剪切梁的自振频率有什么影响？轴力对杆的自振频率是否有影响？轴力是否影响梁的振型？

6-5　梁的每一个端点分别有位移、转角、弯矩、剪力四个条件，为什么仅能提供两个边界条件？

6-6　Euler-Bernoulli 梁为什么被称为纯弯曲梁？是梁中不存在剪力吗？

6-7　Timoshenko 梁是否是完全合理、精确地描述均直梁变形关系的理论？

6-8　试叙述建立 Timoshenko 梁时的几何方程、物理方程和平衡方程。

6-9　横向变形梁的平截面假设有哪几种？各有什么特点？对应着什么梁？

6-10　如果要更深入、系统地研究梁截面的变化、变形规律及平截面假设带来的影响，都可以采用什么方法开展分析？

6-11　不同梁理论（轴向、剪切、弯曲、弯剪）的关键不同点在何处？

6-12　当均匀梁中有一集中质量 M 时，梁的运动方程有什么变化？梁的振型如何推导？振型的正交性如何证明？

6-13　如果在进行结构模态分析时未考虑梁上集中质量 M 的影响，得到的振型是否可以用于梁的动力反应分析（用振型叠加法）？如果可以，会出现什么问题？

6-14　当均匀简支梁的梁端支座产生竖向运动时，如何求解支座运动引起的简支梁的动力反应？

6-15　如何将一根梁的研究成果推广用于具有分布参数的框架结构的自振频率和振型的分析？

6-16　一根梁的自振频率 ω_n 与 n 或 n^2 成正比，为什么由梁组成的大型复杂结构体系（如大跨悬索桥）的自振频率却不按这一规律变化，而表现出频率密集的性质？

7

第 7 章 实用振动分析

振型和自振频率属于结构的重要动力特性，也是开展多自由度体系动力反应振型叠加法分析和振型分解反应谱分析的重要基础。我们实际所面临的结构范围十分广泛，从只有几个自由度的高度简化的数学模型、只需要考虑一、二阶模态就能求得其动力反应的近似解，一直到包含几百甚至数万个自由度的高度复杂的有限单元模型，其中可能有 50 或 100 阶模态对结构动力反应有重要影响。然而，对于大型结构，要求解至要求阶数的振型和自振频率，完全利用行列式方程的解法是困难的，需要发展更加实用的分析方法。从数学观点看，求解各类结构的振型和自振频率属于**矩阵特征值**问题，可以利用矩阵特征值的求解技术来处理结构振型和自振频率的求解问题。

7.1 Rayleigh 法

Rayleigh 法的基本原理是**能量守恒定律**。对任意的**保守系统**，其振动频率可以根据 Rayleigh 法由振动过程中的最大应变能与最大动能相等而求得。对于具有任意自由度的结构体系，用 Rayleigh 法求其基频有两种处理方式，一种是把结构看成连续体系，通过假设结构在基本模态中的变形形状和运动幅值（广义坐标）的变化规律，将连续的结构体系化为单自由度体系，利用振动过程中最大应变能与最大动能相等的原则求结构基频；另一种是在多自由度离散坐标系中应用同样的方法求解结构基频。本节基于多自由度体系，介绍 Rayleigh 法的原理和应用。

将结构的位移用假设的振型和广义坐标幅值来表示：

$$\{u(t)\}=\{\psi\}z(t)=\{\psi\}Z\sin\omega t \tag{7-1}$$

式中，$\{\psi\}=\{\psi_1 \quad \psi_2 \quad \cdots \quad \psi_N\}^{\mathrm{T}}$ 为**假设振型向量**；$z(t)=Z\sin\omega t$ 为广义坐标；Z 为 $z(t)$ 的振幅，N 为结构的自由度数。由式（7-1）可得速度向量为

$$\{\dot{u}(t)\}=\{\psi\}Z\omega\cos\omega t \tag{7-2}$$

由式（7-1）和式（7-2）可得结构的动能和位能分别为

$$T=\frac{1}{2}\{\dot{u}\}^{\mathrm{T}}[M]\{\dot{u}\}=\frac{1}{2}Z^2\omega^2\{\psi\}^{\mathrm{T}}[M]\{\psi\}\cos^2\omega t \tag{7-3}$$

$$V=\frac{1}{2}\{u\}^{\mathrm{T}}[K]\{u\}=\frac{1}{2}Z^2\{\psi\}^{\mathrm{T}}[K]\{\psi\}\sin^2\omega t \tag{7-4}$$

无阻尼多自由度体系自由振动过程中的总能量不变，由式（7-3）和式（7-4）可得结构

的总能量为

$$
\begin{aligned}
E &= T+V \\
&= \frac{1}{2}Z^2\omega^2\{\psi\}^{\mathrm{T}}[M]\{\psi\}\cos^2\omega t+\frac{1}{2}Z^2\{\psi\}^{\mathrm{T}}[K]\{\psi\}\sin^2\omega t \\
&= \mathrm{CONST}
\end{aligned} \tag{7-5}
$$

由式（7-5）可以容易地判断结构的最大动能等于最大位能：

$$T_{\max}=V_{\max} \tag{7-6}$$

且由式（7-3）和式（7-4）可知结构的最大动能和最大位能分别为

$$T_{\max}=\frac{1}{2}Z^2\omega^2\{\psi\}^{\mathrm{T}}[M]\{\psi\} \tag{7-7}$$

$$V_{\max}=\frac{1}{2}Z^2\{\psi\}^{\mathrm{T}}[K]\{\psi\} \tag{7-8}$$

将式（7-7）和式（7-8）代入式（7-6）可以得到结构的振动频率为

$$\omega=\sqrt{\frac{\{\psi\}^{\mathrm{T}}[K]\{\psi\}}{\{\psi\}^{\mathrm{T}}[M]\{\psi\}}}=\sqrt{\frac{K^*}{M^*}} \tag{7-9}$$

下面证明 Rayleigh 法获得的结构自振频率的分布范围。定义 Rayleigh 熵为

$$\rho(\psi)=\frac{\{\psi\}^{\mathrm{T}}[K]\{\psi\}}{\{\psi\}^{\mathrm{T}}[M]\{\psi\}}=\omega^2 \tag{7-10}$$

假设振型 $\{\psi\}$ 接近结构的基本振型，则 Rayleigh 熵为

$$\rho(\psi)=\frac{\{\psi\}^{\mathrm{T}}[K]\{\psi\}}{\{\psi\}^{\mathrm{T}}[M]\{\psi\}}\approx\omega_1^2 \tag{7-11}$$

对于一般情况，假设振型可表示为结构自振振型的线性组合

$$\{\psi\}=\sum_{i=1}^{N}\{\phi\}_iY_i=[\Phi]\{Y\} \tag{7-12}$$

式中，$\{\phi\}_i$ 和 Y_i 分别为结构第 i 阶自振振型及相应的组合系数，$[\Phi]$ 和 $\{Y\}$ 分别为振型矩阵和组合系数向量。

设自振振型为质量正交归一化振型，则 Rayleigh 熵可表示为

$$\rho(\psi)=\frac{\{Y\}^{\mathrm{T}}[\Phi]^{\mathrm{T}}[K][\Phi]\{Y\}}{\{Y\}^{\mathrm{T}}[\Phi]^{\mathrm{T}}[M][\Phi]\{Y\}}\approx\sum_{i=1}^{N}Y_i^2\omega_i^2/\sum_{i=1}^{N}Y_i^2 \tag{7-13}$$

由上式可以得到

$$\rho(\psi)=\sum_{i=1}^{N}Y_i^2\omega_i^2/\sum_{i=1}^{N}Y_i^2\geqslant\sum_{i=1}^{N}Y_i^2\omega_1^2/\sum_{i=1}^{N}Y_i^2=\omega_1^2 \tag{7-14}$$

$$\rho(\psi)=\sum_{i=1}^{N}Y_i^2\omega_i^2/\sum_{i=1}^{N}Y_i^2\leqslant\sum_{i=1}^{N}Y_i^2\omega_N^2/\sum_{i=1}^{N}Y_i^2=\omega_N^2 \tag{7-15}$$

因此，由 Rayleigh 法求得的频率的范围为 $\omega_1^2\leqslant\rho(\psi)\leqslant\omega_N^2$，即 $\omega_1\leqslant\omega\leqslant\omega_N$。

假设振型 $\{\psi\}$ 与基本振型只有微小误差，则 $Y_i(i=2,\ \cdots,\ N)$ 均远小于 Y_1，即 $Y_i=\varepsilon_iY_1(i=2,\ \cdots,\ N)$，其中 ε_i 为微小量，由式（7-13）可得

$$\rho(\psi)=\frac{\omega_1^2+\sum_{i=2}^{N}\omega_i^2\varepsilon_i^2}{1+\sum_{i=2}^{N}\varepsilon_i^2}=\omega_1^2\frac{1+\sum_{i=2}^{N}(\omega_i^2/\omega_1^2)\varepsilon_i^2}{1+\sum_{i=2}^{N}\varepsilon_i^2}\approx\omega_1^2+\sum_{i=1}^{N}(\omega_i^2-\omega_1^2)\varepsilon_i^2\approx\omega_1^2 \tag{7-16}$$

则由 Rayleigh 法求得的频率接近结构的一阶自振频率。实际上，同理可以证明，如果假设振型 $\{\psi\}$ 与结构第 i 阶振型相近，则由 Rayleigh 法求得的频率接近结构的第 i 阶自振频率。

通过以上分析，可以得到以下结论：若假设振型与结构的基本振型一致，用 Rayleigh 法求得的频率为结构基频的精确值。若假设的振型是结构的第 i 阶振型，则用 Rayleigh 法求得的频率为结构第 i 阶自振频率的精确值。不论什么样的初始振型，用 Raleigh 熵所求得的近似频率将是基频的上限和最高阶自振频率的下限。一般情况下，最接近基本振型的假设振型是最易确定的，因此，Rayleigh 法通常用来计算结构的基频。

7.2 Rayleigh-Ritz 法

7.2.1 Rayleigh-Ritz 法基本计算公式

虽然用 Rayleigh 法能获得较为满意的结构基频的近似解，但在动力分析中，为得到足够精确的结果，常常需要使用一阶以上的振型和频率。Rayleigh 法的 Ritz 扩展可以求得结构前若干阶固有频率的近似值，还可以获得相应阶数的振型。Rayleigh-Ritz 法首先通过假设一组振型，要求其 Rayleigh 熵取极值，从而获得一低阶的特征方程组，由此低阶方程组可以获得体系的一组近似的自振频率和自振振型。

设已知 s 个线性独立的列向量 $\{\psi\}_1$，$\{\psi\}_2$，…，$\{\psi\}_s$，组成一个 $N\times s$ 阶矩阵

$$[\Psi]=[\{\psi\}_1\quad\{\psi\}_2\quad\cdots\quad\{\psi\}_s]\quad(s<N) \tag{7-17}$$

它构成 N 阶多自由度体系的一组假设振型。当体系按某一振型做自由振动时，设其固有振型向量可以用上述假设振型的线性组合来表示，即

$$\{\phi\}=\sum_{n=1}^{s}\{\psi\}_nZ_n=[\Psi]\{Z\} \tag{7-18}$$

式中，$\{Z\}=\{Z_1\quad Z_2\quad\cdots\quad Z_s\}^{\mathrm{T}}$，为组合系数组成的列向量，即为广义坐标向量。

采用 Rayleigh 法，导得频率表达式为

$$\omega^2=\frac{\{\phi\}^{\mathrm{T}}[K]\{\phi\}}{\{\phi\}^{\mathrm{T}}[M]\{\phi\}}=\frac{\{Z\}^{\mathrm{T}}[\Psi]^{\mathrm{T}}[K][\Psi]\{Z\}}{\{Z\}^{\mathrm{T}}[\Psi]^{\mathrm{T}}[M][\Psi]\{Z\}}=\frac{\widetilde{K}(Z)}{\widetilde{M}(Z)} \tag{7-19}$$

其中广义刚度 $\widetilde{K}(Z)$ 和广义质量 $\widetilde{M}(Z)$ 分别为

$$\widetilde{K}(Z)=\{Z\}^{\mathrm{T}}[\Psi]^{\mathrm{T}}[K][\Psi]\{Z\}$$

$$\widetilde{M}(Z)=\{Z\}^{\mathrm{T}}[\Psi]^{\mathrm{T}}[M][\Psi]\{Z\} \tag{7-20}$$

用 Rayleigh 法得到的频率计算公式是广义坐标向量 $\{Z\}$ 的函数。由于 Rayleigh 法得到的频率是固有频率的上限，所以其最佳逼近是使频率最小。取极小值的条件为

$$\frac{\partial\omega^2}{\partial Z_n}=\frac{\widetilde{M}(\partial\widetilde{K}/\partial Z_n)-\widetilde{K}(\partial\widetilde{M}/\partial Z_n)}{\widetilde{M}^2}=0 \qquad (n=1,2,\cdots,s) \tag{7-21}$$

将 $\widetilde{K}=\omega^2\widetilde{M}$ 代入式（7-21）可得

$$\frac{\partial\widetilde{K}}{\partial Z_n}-\omega^2\frac{\partial\widetilde{M}}{\partial Z_n}=0 \tag{7-22}$$

利用刚度矩阵［K］的对称性，可以得到

$$\frac{\partial\widetilde{K}}{\partial Z_n}=2\left(\frac{\partial}{\partial Z_n}\{Z\}^{\mathrm{T}}[\Psi]^{\mathrm{T}}\right)[K][\Psi]\{Z\}=2\{\psi\}_n^{\mathrm{T}}[K][\Psi]\{Z\} \tag{7-23}$$

同理，可以得到

$$\frac{\partial\widetilde{M}}{\partial Z_n}=2\{\psi\}_n^{\mathrm{T}}[M][\Psi]\{Z\} \tag{7-24}$$

在推导式（7-23）和式（7-24）时，用到如下关系式：

$$\{Z\}^{\mathrm{T}}[\Psi]^{\mathrm{T}}=\left(\sum_{j=1}^{s}\{\psi\}_jZ_j\right)^{\mathrm{T}}=\sum_{j=1}^{s}\{\psi\}_j^{\mathrm{T}}Z_j$$

将式（7-23）和式（7-24）代入式（7-22），可以得到

$$\{\psi\}_n^{\mathrm{T}}[K][\Psi]\{Z\}-\omega^2\{\psi\}_n^{\mathrm{T}}[M][\Psi]\{Z\}=0 \tag{7-25}$$

依次对每一个广义坐标 $Z_n(n=1,\ 2,\ \cdots,\ s)$ 求导，可以得到 s 个方程，最后得到

$$[\Psi]^{\mathrm{T}}[K][\Psi]\{Z\}-\omega^2[\Psi]^{\mathrm{T}}[M][\Psi]\{Z\}=\{0\} \tag{7-26}$$

上式可以改写为

$$([K^*]-\omega^2[M^*])\{Z\}=\{0\} \tag{7-27}$$

这是一个 s 阶方程组，其中，广义刚度矩阵 $[K^*]=[\Psi]^{\mathrm{T}}[K][\Psi]$ 和广义质量矩阵 $[M^*]=[\Psi]^{\mathrm{T}}[M][\Psi]$ 均为 $s\times s$ 阶矩阵（$s<N$），广义刚度矩阵和广义质量矩阵中的元素分别为 $K_{ij}^*=\{\psi\}_i^{\mathrm{T}}[K]\{\psi\}_j$，$M_{ij}^*=\{\psi\}_i^{\mathrm{T}}[M]\{\psi\}_j$。

可以看出，Rayleigh-Ritz 法具有减少体系自由度的效果，它将用几何坐标表示的 N 个自由度的体系转化为用 s 个广义坐标和相应的假设振型表示的 s 个自由度的体系。

7.2.2 Rayleigh-Ritz 法的基本计算步骤

1）选取 s 个假设振型 $\{\psi\}_1$，$\{\psi\}_2$，$\cdots$，$\{\psi\}_s$，一般称这些假设振型向量为 Ritz 基。

2）根据变换 $[K^*]=[\Psi]^{\mathrm{T}}[K][\Psi]$ 和 $[M^*]=[\Psi]^{\mathrm{T}}[M][\Psi]$，得到缩减的刚度矩阵［$K^*$］和质量矩阵［$M^*$］。

3）解矩阵特征值问题（［K^*］$-\omega^2$［M^*］）$\{Z\}=\{0\}$，得到 s 个特征值 ω_1^2，ω_2^2，$\cdots$，ω_s^2 和对应的特征向量 $\{Z\}_1$，$\{Z\}_2$，$\cdots$，$\{Z\}_s$。

4）求得体系的固有频率 ω_1，ω_2，$\cdots$，ω_s，而与之相对应的固有振型为

$$\{\phi\}_n=\sum_{j=1}^{s}\{\psi\}_jZ_{nj}=[\Psi]\{Z\}_n \qquad (n=1,2,\cdots,s)$$

式中，Z_{nj} 为特征向量 $\{Z\}_n$ 的第 j 个元素。

7.2.3　Rayleigh-Ritz 法计算频率的分布规律

选取 s 个假设振型时，由 Rayleigh-Ritz 法得到的 s 个频率 ω_n^*（$n=1,\ 2,\ \cdots,\ s$）满足

$$\omega_1^* \leqslant \omega_2^* \leqslant \cdots \leqslant \omega_s^*$$

而每一个频率分别满足

$$\omega_1 \leqslant \omega_n^* \leqslant \omega_N \qquad (n=1,2,\cdots,s)$$

由此可知 Rayleigh-Ritz 法计算的频率的分布规律为

$$\omega_1 \leqslant \omega_1^* \leqslant \omega_2^* \leqslant \cdots \leqslant \omega_s^* \leqslant \omega_N$$

Rayleigh-Ritz 法实质上相当于对结构体系施加了一组**约束变换**，用**受约束体系**的振型来近似描述原体系的振型。因此可以采用 Rayleigh 约束原理对 Rayleigh-Ritz 法计算的频率分布规律给出进一步说明。对于一个 N 自由度的结构体系，当采用 s 个假设振型进行分析时（包括模态分析），广义坐标的数目是 s，此时受约束体系的自由度个数变为 s，线性约束的个数则为 $N-s$。两种极端情况是用 Rayleigh 法计算频率时仅采用了 1 个假设振型，这相当于对结构施加了 $N-1$ 个约束；而当 Rayleigh-Ritz 法采用了 N 个假设振型时，相当于对结构施加了 $N-N$ 个约束，即未对结构施加格外的约束。

Rayleigh 约束原理指出，对于承受 $N-s$ 个独立的线性约束体系（原体系自由度数为 N），其自振频率满足

$$\omega_r \leqslant \omega_r^s \leqslant \omega_{r+N-s} \qquad (r=1,2,\cdots,s)$$

式中，ω_r^s 表示受到 $N-s$ 个线性约束体系的第 r 阶固有频率，或采用了 s 个假设振型进行模态分析时获得的第 r 阶固有频率，ω_r 为原体系的第 r 阶固有频率。

Rayleigh 约束原理表明，受 $N-s$ 个线性约束体系的 s 个固有频率均不低于原体系阶数相同的频率，但也不超过原体系阶数比它大 $N-s$ 的那个频率，分别取 $s=1$ 和 $s=N$ 可以得到两种极端情况下 Rayleigh-Ritz 法计算的频率与原体系固有频率的关系。

$$\omega_1 \leqslant \omega_1^1 \leqslant \omega_N$$

$$\omega_r \leqslant \omega_r^N \leqslant \omega_r \qquad (r=1,2,\cdots,N)$$

以上公式表明，当仅采用一个假设振型时，相当于采用 Rayleigh 法计算得到的频率介于原体系最小和最大自振频率之间，而当采用了 N 个假设振型时，得到的频率即等于体系的实际固有频率。

将以上介绍的离散多自由度体系的 Rayleigh-Ritz 法与建立多自由度体系一般运动方程的广义坐标法的相关内容进行对比可以发现，Rayleigh-Ritz 法在建立特征方程时的基本思想与广义坐标法相同，实际上相当于离散体系的广义坐标法。如果采用多自由度体系振型叠加法的思想，首先假设体系的运动可以用一组假设振型表示

$$\{u(t)\} = \sum_{n=1}^{s} \{\psi\}_n q_n(t) \tag{7-28}$$

再采用与振型叠加法相同的处理过程，也同样可以得到与 Rayleigh-Ritz 法完全相同的计算公式。

例 7-1　三层框架结构的层间刚度均为 k，集中到各楼板的质量均为 m，完成以下计算：

（1）求结构的自振频率和振型；

（2）如果假设形状向量为$\{\psi\}=\{0.5 \quad 1.0 \quad 1.5\}^{T}$，用 Rayleigh 法求结构的基本自振频率。

（3）如果假设两形状向量分别为$\{\psi\}_1=\{0.5 \quad 1.0 \quad 1.5\}^{T}$和$\{\psi\}_2=\{-1.0 \quad -1.0 \quad 1.0\}^{T}$，用 Rayleigh-Ritz 法求结构的基本自振频率。

解：（1）求结构的自振频率和振型　首先形成结构的刚度矩阵和质量矩阵分别为

$$[K]=k\begin{bmatrix}2 & -1 & 0\\ -1 & 2 & -1\\ 0 & -1 & 1\end{bmatrix},[M]=m\begin{bmatrix}1 & 0 & 0\\ 0 & 1 & 0\\ 0 & 0 & 1\end{bmatrix}$$

由频率方程可以得到结构自振频率的精确解为

$$\omega_1=0.4450\sqrt{\frac{k}{m}},\omega_2=1.2470\sqrt{\frac{k}{m}},\omega_3=1.8019\sqrt{\frac{k}{m}}$$

由特征方程计算结构的振型，可以给出归一化的标准振型。

质量正交归一化振型为

$$\{\phi\}_1=\begin{Bmatrix}0.328\\ 0.591\\ 0.737\end{Bmatrix},\{\phi\}_2=\begin{Bmatrix}-0.737\\ -0.328\\ 0.591\end{Bmatrix},\{\phi\}_3=\begin{Bmatrix}0.591\\ -0.737\\ 0.328\end{Bmatrix}$$

最大值归一化振型为

$$\{\phi\}_1=\begin{Bmatrix}0.445\\ 0.802\\ 1.000\end{Bmatrix},\{\phi\}_2=\begin{Bmatrix}-1.000\\ -0.445\\ 0.802\end{Bmatrix},\{\phi\}_3=\begin{Bmatrix}0.802\\ -1.000\\ 0.445\end{Bmatrix}$$

顶层值为1归一化振型为

$$\{\phi\}_1=\begin{Bmatrix}0.445\\ 0.802\\ 1.000\end{Bmatrix},\{\phi\}_2=\begin{Bmatrix}-1.247\\ -0.555\\ 1.000\end{Bmatrix},\{\phi\}_3=\begin{Bmatrix}1.802\\ -2.247\\ 1.000\end{Bmatrix}$$

（2）用 Rayleigh 法求结构的基本自振频率　假设形状向量为$\{\psi\}=\{0.5 \quad 1.0 \quad 1.5\}^{T}$，由 Rayleigh 法计算自振频率的公式

$$\omega^2=\frac{\{\psi\}^{T}[K]\{\psi\}}{\{\psi\}^{T}[M]\{\psi\}}$$

解得

$$\omega_1^2=0.2143\frac{k}{m},\omega_1=0.4629\sqrt{\frac{k}{m}}$$

（3）用 Rayleigh-Ritz 法求结构的基本自振频率　假设形状向量为

$$\{\psi\}_1=\begin{Bmatrix}0.5\\ 1.0\\ 1.5\end{Bmatrix},\{\psi\}_2=\begin{Bmatrix}-1.0\\ -1.0\\ 1.0\end{Bmatrix}$$

根据 Rayleigh-Ritz 法确定广义刚度矩阵和广义质量矩阵的元素

$$K_{ij}^*=\{\psi\}_i^{T}[K]\{\psi\}_j$$

$$M_{ij}^* = \{\psi\}_i^{\mathrm{T}}[M]\{\psi\}_j$$

得到广义刚度矩阵和广义质量矩阵为

$$[K^*] = k\begin{bmatrix} 0.75 & 0.5 \\ 0.5 & 5 \end{bmatrix}, [M^*] = m\begin{bmatrix} 3.5 & 0 \\ 0 & 3 \end{bmatrix}$$

根据特征方程

$$([K^*] - \omega^2[M^*])\{\hat{Z}\} = \{0\}$$

可求得结构的前两阶自振频率为

$$\omega_1 = 0.4451\sqrt{\frac{k}{m}}, \omega_2 = 1.2973\sqrt{\frac{k}{m}}$$

与精确解相比，Rayleigh 法所得基频的误差约为 4%，Rayleigh-Ritz 法所得基频和二阶频率的误差约为 0.02%和 4%，可见采用 Rayleigh-Ritz 法可以获得比 Rayleigh 法更精确的结果，也可采用 Rayleigh-Ritz 法求结构的振型。

7.3　荷载相关的 Ritz 向量及 Ritz 向量直接法

在多自由度分析的振型叠加法中，采用的振型向量是结构的自由振动振型，这种振型仅与结构的性质有关，而与外荷载无关。在采用振型叠加法进行实际计算时，仅采用较低阶的若干个振型叠加，忽略了高阶振型，对于大型结构的动力反应分析时尤为如此。振型叠加法的收敛速度将受到外荷载作用形式（分布形式）的影响，当外荷载引起的振动以低阶振型为主时，计算分析收敛较快，而振动以高阶振型为主时则收敛较慢。在进行振型叠加法分析时，还可能存在对结构反应没有贡献的低阶振型（如果实际反应中这阶振型不被激发）。

图 7-1 给出一个具体的例子，一个十层均匀剪切框架结构分别考虑受到三种分布不同的外力作用，图中，横坐标为采用振型叠加法分析时所采用的振型数量，纵坐标为计算的误差。当外力引起的结构反应接近低阶振型时，用振型叠加法分析，采用数目很少的振型即可获得精度良好的分析结果；但如果外力激起的结构反应具有较高振型，采用少量振型的振型叠加法分析将导致较大的误差。由于传统振型叠加法的精度受荷载分布形式影响大，为克服振型叠加法的这些缺点和提高振型叠加法的收敛速度和精度，提出了与外荷载相关的 Ritz 向量。Ritz 向量是根据结构的性质和外荷载的分布形式来确定的，因此在振型叠加法分析中，可以用 Ritz 向量代替自由振动的振型，使计算效率得到提高。

图 7-2 给出了该例采用 Ritz 向量叠加法分析的结果。可见当外力引起的结构变形接近于一阶自振振型时，一般的振型叠加法收敛很快，Ritz 向量法与一般的振型叠加法相比并无明显优势，虽然其模拟精度仍比前者高，但很有限。当外荷载引起的振动包含更多的高振型信息时，Ritz 向量法的优势变得明显，特别是对于第三种荷载，反应中的高阶振型分量非常多，这时 Ritz 向量法明显优于一般的振型叠加法。但也要看到，如果采用了结构全部 10 个振型，则传统的振型叠加法和 Ritz 向量法均可保证得到精确解。下面介绍 Ritz 向量的计算方法。

如果外荷载为分布荷载，则可以表示成如下形式：

$$\{p(t)\} = \{S\}p(t) \tag{7-29}$$

式中，$\{p(t)\}$为作用于结构上的外荷载向量，$\{S\}$ 为与时间无关的常向量，表示荷载的空间分布形式；$p(t)$ 为标量函数，代表力函数随时间变化的规律。实际问题中的很多荷载可以表示成分布荷载的形式，如地震荷载等。利用 $\{S\}$ 可以构造出一系列正交的 Ritz 向量。

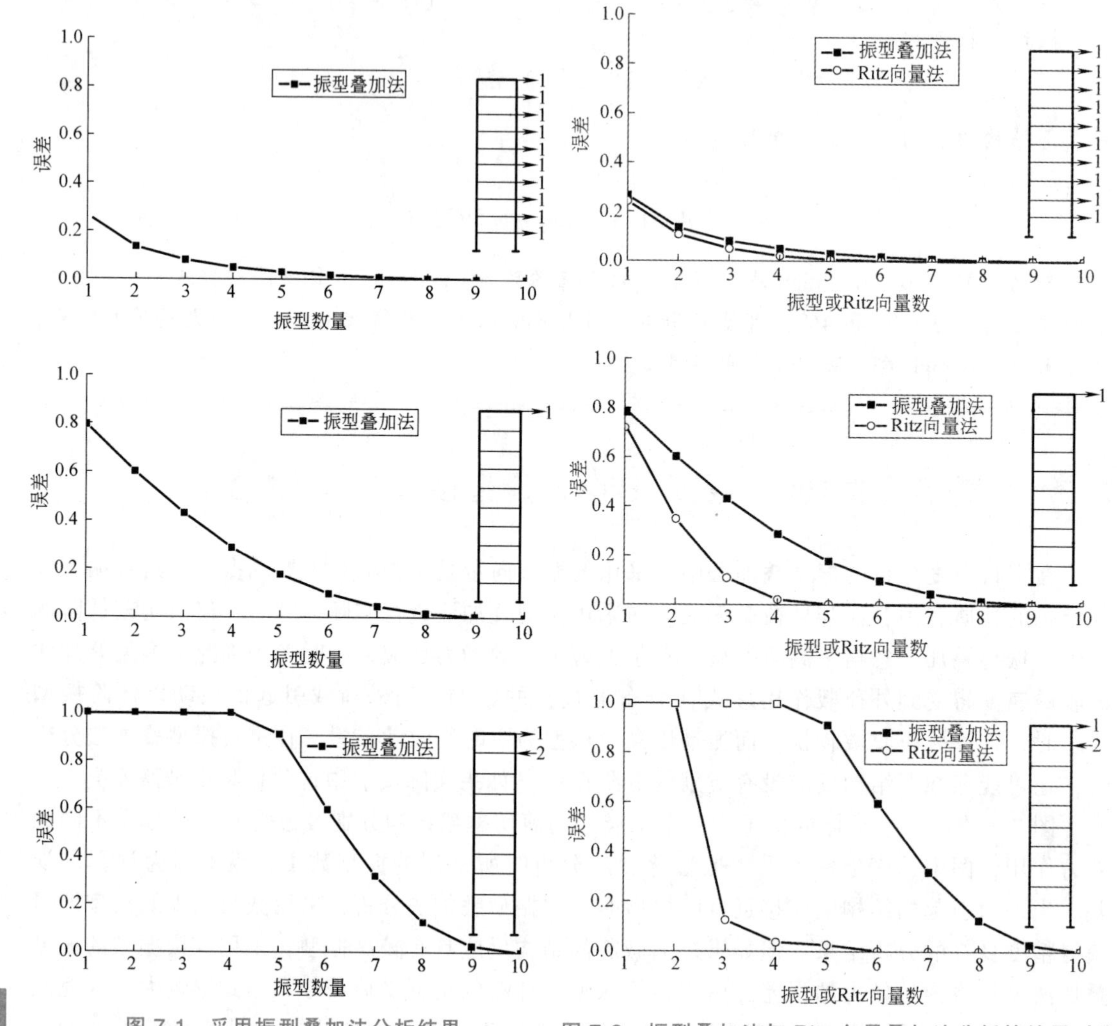

图 7-1　采用振型叠加法分析结果

图 7-2　振型叠加法与 Ritz 向量叠加法分析的结果对比

1. 第 1 阶 Ritz 向量的计算

第 1 阶 Ritz 向量 $\{\psi\}_1$ 定义为由 $\{S\}$ 作为静力作用在结构上引起的静位移

$$[K]\{y\}_1=\{S\}$$

由上式求解静力问题得到 $\{y\}_1$，再将向量 $\{y\}_1$ 按质量正交标准化得到第 1 阶 Ritz 向量

$$\{\psi\}_1=\frac{\{y\}_1}{\sqrt{\{y\}_1^{\mathrm{T}}[M]\{y\}_1}} \tag{7-30}$$

2. 第 2 阶 Ritz 向量的计算

计算 2 阶 Ritz 向量 $\{\psi\}_2$ 时，首先把与第 1 阶 Ritz 向量分布形式相应的荷载加到结构上，计算其静位移 $\{y\}_2$

$$[K]\{y\}_2=[M]\{\psi\}_1 \tag{7-31}$$

在向量 $\{y\}_2$ 中可能含有 $\{\psi\}_1$ 的成分，因此 $\{y\}_2$ 可表示成

$$\{y\}_2=\{\overline{\psi}\}_2+\alpha_{21}\{\psi\}_1 \tag{7-32}$$

式中，$\{\overline{\psi}\}_2$ 为“纯”的第 2 阶 Ritz 向量，即与第 1 阶 Ritz 向量 $\{\psi\}_1$ 满足正交条件，α_{21} 为待定常数，决定了 $\{y\}_2$ 中含有 $\{\psi\}_1$ 成分的多少。式（7-32）两端左乘以 $\{\psi\}_1^{\mathrm{T}}[M]$

$$\{\psi\}_1^{\mathrm{T}}[M]\{y\}_2=\{\psi\}_1^{\mathrm{T}}[M]\{\overline{\psi}\}_2+\alpha_{21}\{\psi\}_1^{\mathrm{T}}[M]\{\psi\}_1 \tag{7-33}$$

假设第 1 阶与第 2 阶 Ritz 向量满足关于质量矩阵 $[M]$ 正交条件。

而 $\{\psi\}_1$ 为关于质量正交归一化的向量，即满足

$$\{\psi\}_1^{\mathrm{T}}[M]\{\overline{\psi}\}_2=0 \tag{7-34}$$

$$\{\psi\}_1^{\mathrm{T}}[M]\{\psi\}_1=1 \tag{7-35}$$

将式（7-34）和式（7-35）代入式（7-33）可得

$$\alpha_{21}=\{\psi\}_1^{\mathrm{T}}[M]\{y\}_2=\{y\}_2^{\mathrm{T}}[M]\{\psi\}_1 \tag{7-36}$$

将式（7-36）代入式（7-32），整理得到“纯”的第 2 阶 Ritz 向量为

$$\{\overline{\psi}\}_2=\{y\}_2-\alpha_{21}\{\psi\}_1 \tag{7-37}$$

再进行正交归一化处理，得到第 2 阶 Ritz 向量

$$\{\psi\}_2=\frac{\{\overline{\psi}\}_2}{\sqrt{\{\overline{\psi}\}_2^{\mathrm{T}}[M]\{\overline{\psi}\}_2}} \tag{7-38}$$

3. 第 $n+1$ 阶 Ritz 向量的计算

如果第 n 阶及以前各阶 Ritz 向量已获得，为计算第 $n+1$ 阶 Ritz 向量 $\{\psi\}_{n+1}$，可以将 $[M]\{\psi\}_n$（设第 n 阶 Ritz 向量已求得）作为荷载加到结构上，计算结构的静位移 $\{y\}_{n+1}$

$$[K]\{y\}_{n+1}=[M]\{\psi\}_n \tag{7-39}$$

向量 $\{y\}_{n+1}$ 可能包含前 n 阶 Ritz 向量 $\{\psi\}_j(j=1，2，\cdots，n)$ 的成分在内，$\{y\}_{n+1}$ 可以表示成

$$\{y\}_{n+1}=\{\overline{\psi}\}_{n+1}+\sum_{j=1}^{n}\alpha_{n+1,j}\{\psi\}_j \tag{7-40}$$

式中，$\{\overline{\psi}\}_{n+1}$ 是一个“纯”的第 $n+1$ 阶向量，不含其他低阶 Ritz 向量成分。将上式两端左乘 $\{\psi\}_i^{\mathrm{T}}[M]$ 可得

$$\{\psi\}_i^{\mathrm{T}}[M]\{y\}_{n+1}=\{\psi\}_i^{\mathrm{T}}[M]\{\overline{\psi}\}_{n+1}+\sum_{j=1}^{n}\alpha_{n+1,j}(\{\psi\}_i^{\mathrm{T}}[M]\{\psi\}_j)\quad(i=1,2,\cdots,n) \tag{7-41}$$

再利用各阶 Ritz 向量之间满足关于质量矩阵正交条件，以及正交归一化向量的特点，可以得到计算系数 $\alpha_{n+1,j}$ 的计算公式为

$$\alpha_{n+1,i}=\{\psi\}_i^{\mathrm{T}}[M]\{y\}_{n+1}=\{y\}_{n+1}^{\mathrm{T}}[M]\{\psi\}_i\quad(i=1,2,\cdots,n) \tag{7-42}$$

将式（7-42）代入式（7-40），得到第 n 阶“纯”的 Ritz 向量为

$$\{\overline{\psi}\}_{n+1}=\{y\}_{n+1}-\sum_{j=1}^{n}\alpha_{n+1,j}\{\psi\}_j \tag{7-43}$$

再进行归一化处理，得到第 $n+1$ 阶归一化的 Ritz 向量为

$$\{\psi\}_{n+1}=\frac{\{\overline{\psi}\}_{n+1}}{\sqrt{\{\overline{\psi}\}_{n+1}^{\mathrm{T}}[M]\{\overline{\psi}\}_{n+1}}} \tag{7-44}$$

由式（7-40）~式（7-44）给出的处理步骤即Gram-Schmidt正交化方法。重复以上步骤，就可以得到与荷载向量有关的任意阶标准化的及满足正交条件的Ritz向量。在求得Ritz向量后，可以用Ritz向量代替振型，采用振型叠加方法计算结构的动力反应问题，由于Ritz向量是与外荷载的分布形式有关的，则对于相应的外荷载，计算的收敛速度很快，可采用比自振振型叠加法更少的振型，得到精度更高的结果。分析Ritz向量的各计算步骤可以发现，求解 n 个Ritz向量要解 n 个等价静力问题，但在计算中对刚度矩阵［K］仅需分解一次，而其余的计算量相对较小，与计算自振振型的计算量相差不大，而且容易进行计算机编程。目前，Ritz向量法已在一些通用结构分析软件中采用。

但是，Ritz向量法的优点也构成了它的缺点，即Ritz向量与外荷载的分布形式有关，对于不同分布形式的外荷载，需要计算与之相应的Ritz向量，而不像一般的自振振型，仅与结构的性质有关，对不同的外荷载是不变的。对于很多工程问题，外荷载的分布形式是不变的，如对结构的地震反应问题，地震作用（等效地震荷载）的分布形式通常仅与结构的质量分布有关。

另外一种与荷载相关的方法是Ritz向量直接法，该方法是以Ritz向量作为假设的一组振型，再采用Rayleigh-Ritz法进行体系模态分析获得体系的一组自振频率和自振振型。

7.4 矩阵迭代法

本节将介绍一种求多自由度体系频率和振型的逐步逼近方法——矩阵迭代法。该种方法既可以求体系的基频和振型，也可以求高阶频率和振型，是求解结构特征值问题的一种经典方法。

1. 基本模态迭代计算

对于任意多自由度体系，模态分析的公式为

$$[K]\{\phi\}_n=\omega_n^2[M]\{\phi\}_n \quad (n=1,2,\cdots,N) \tag{7-45}$$

式中，ω_n 和 $\{\phi\}_n$ 分别为体系的第 n 阶自振频率和振型。根据式（7-45）可以构造基于模态的迭代计算公式为

$$\{y\}^{(i)}=[D]\{\phi\}_1^{(i-1)} \tag{7-46}$$

$$\{\phi\}_1^{(i)}=\{y\}^{(i)}/\sqrt{(\{y\}^{(i)})^{\mathrm{T}}[M]\{y\}^{(i)}} \tag{7-47}$$

式中，$\{y\}^{(i)}$ 为计算的中间向量，上标（i）表示第 i 次迭代计算的结果，［D］为动力矩阵。

$$[D]=[K]^{-1}[M] \tag{7-48}$$

由迭代计算式（7-46）和式（7-47）获得的 $\{\phi\}_i^{(i)}$ 符合质量正交归一化条件，相应的频率为

$$\omega_1^{(i)}=\sqrt{(\{\phi\}_1^{(i)})^{\mathrm{T}}[K]\{\phi\}_1^{(i)}} \tag{7-49}$$

当第 i 次迭代得到的自振频率不满足精度要求时，需要继续进行迭代；而当满足精度要求时，即停止迭代，体系的基本频率为

$$\left.\begin{aligned}\{\phi\}_1&=\{\phi\}_1^{(i)}\\ \omega_1&=\omega_1^{(i)}\end{aligned}\right\} \tag{7-50}$$

相应的收敛条件为

$$\frac{\left|\omega_1^{(i)}-\omega_1^{(i-1)}\right|}{\omega_1^{(i)}}<\varepsilon \tag{7-51}$$

式中，ε 为控制精度要求的小数。

基本模态迭代公式的收敛性证明：

为证明基本模态迭代公式（7-46）和式（7-47）能经过若干次迭代后，使初始的假设向量 $\{\phi\}_1^{(0)}$ 收敛于基本模态 $\{\phi\}_1$，将初始向量 $\{\phi\}_1^{(0)}$ 用体系的振型展开

$$\{\phi\}_1^{(0)}=\sum_{n=1}^{N}q_n\{\phi\}_n \tag{7-52}$$

将式（7-46）代入式（7-47），迭代公式改写为：

$$\{\phi\}_1^{(i)}=\alpha^{(i)}[D]\{\phi\}_1^{(i-1)} \tag{7-53}$$

式中，$\alpha^{(i)}=1/\sqrt{(\{y\}^{(i)})^{\mathrm{T}}[M]\{y\}^{(i)}}$。

将式（7-52）代入式（7-53），并利用模态分析公式（7-45）可以得到

$$\{\phi\}_1^{(i)}=A^{(i)}\sum_{n=1}^{N}q_n\left(\frac{1}{\omega_n^2}\right)^i\{\phi\}_n=\frac{A^{(i)}}{\omega_1^{2i}}\left(q_1\{\phi\}_1+\sum_{n=2}^{N}q_n\left(\frac{\omega_1}{\omega_n}\right)^{2i}\{\phi\}_n\right) \tag{7-54}$$

式中，$A^{(i)}=\alpha^{(i)}\ \alpha^{(i-1)}\ \cdots\alpha^{(1)}$。

由式（7-54）可以清楚地看到经 i 次迭代后，各阶振型在 $\{\phi\}_1^{(i)}$ 中所占的比例关系，由于 $\omega_1<\omega_n$ （$n=2,3,\cdots,N$），因此经迭代计算后，$\{\phi\}_1^{(i)}$ 中高阶振型所占的成分将越来越小，而 1 阶振型所占比例越来越大，经过次数足够的迭代运算后，$\{\phi\}_1^{(i)}$ 将收敛于 1 阶振型 $\{\phi\}_1$。只要在选取的初始向量 $\{\phi\}_1^{(0)}$ 中含有 1 阶振型 $\{\phi\}_1$ 的成分，就可以保证迭代收敛于 $\{\phi\}_1$。

2. 高阶模态迭代计算

当 n-1 阶振型已经获得，第 n 阶振型的迭代公式为

$$\{y\}^{(i)}=[D]\{\phi\}_n^{(i-1)} \tag{7-55}$$

$$\{\phi\}_n^{(i)}=\{y\}^{(i)}/\sqrt{(\{y\}^{(i)})^{\mathrm{T}}[M]\{y\}^{(i)}} \tag{7-56}$$

可见高阶模态迭代计算的公式与基本模态迭代方法的公式是相同的，不同之处在于每一次迭代中，需要消除已获得的低阶模态分量，即需消除 $\{\phi\}_{n-1}$，…，$\{\phi\}_1$。其处理方法与 7.3 节 Ritz 向量计算时采用的方法［式（7-40）~式（7-43）］完全相同。

3. 最高阶模态迭代计算公式

若计算最高阶模态，仅需将基本迭代公式改为

$$\{y\}^{(i)}=[D]^{-1}\{\phi\}_N^{(i-1)} \tag{7-57}$$

$$\{\phi\}_N^{(i)}=\{y\}^{(i)}/\sqrt{(\{y\}^{(i)})^{\mathrm{T}}[M]\{y\}^{(i)}} \tag{7-58}$$

经反复迭代计算后，即可获得体系的最高阶振型 $\{\phi\}_N$，同时可以得到最高阶自振频率 ω_N。其收敛性证明与 1 阶模态迭代收敛性的证明类似。

在采用矩阵迭代法进行计算时，实际上并不用计算刚度矩阵的逆矩阵 $[K]^{-1}$，而是将

$[K]$ 进行 LDLT 分解，并采用基本公式

$$[K]\{\phi\}_n^{(i)}=[M]\{\phi\}_n^{(i-1)} \tag{7-59}$$

进行迭代计算。在迭代的每一步计算中，需对特征向量 $\{\phi\}_n^i$ 进行质量正交归一化处理，在全部迭代分析中，刚度矩阵 $[K]$ 仅需分解一次。

采用式（7-59）从低阶模态开始计算的方法也称为**矩阵逆迭代法**。

而最高阶模态的基本迭代计算公式为

$$[M]\{\phi\}_N^{(i)}=[K]\{\phi\}_N^{(i-1)} \tag{7-60}$$

采用式（7-60）从最高阶模态开始计算的方法又称为**矩阵正迭代法**。

7.5 子空间迭代法

前文提到的 Rayleigh-Ritz 法能使问题降阶，在一个缩减的低维空间中进行模态分析运算，同时获得一组模态并节省计算时间，但计算精度受假设振型的影响较大，且无法采用进一步的措施来提高计算精度，以使计算结果进一步逼近结构的真实模态。矩阵迭代法（逆迭代法）可以通过反复迭代逐步收敛到低阶自振频率和振型，但是需要在 N 阶（维）空间进行反复的迭代运算，逐次求得结构的各阶（低阶）模态，而且高阶自振频率的计算精度会快速降低。

子空间迭代法结合了 Rayleigh-Ritz 法和矩阵迭代法的特点，用矩阵迭代法通过迭代使计算的自振频率和振型逼近于真实值，用 Rayleigh-Ritz 法使问题降阶，在一个缩减的低维空间中进行模态分析运算，节省计算时间。下面介绍采用子空间迭代法计算 N 自由度体系前 s 阶振型、频率的具体步骤：

1）首先给出一组假设振型 $[\Psi]^0=[\{\psi\}_1^0\quad\{\psi\}_2^0\quad\cdots\quad\{\psi\}_s^0]$，它是由 s 个正交规范化的 N 维初始向量组成的；

2）对于第 i 次迭代，用矩阵逆迭代法迭代一次；

$$[\Psi]^{(i)}=[D][\Psi]^{(i-1)} \tag{7-61}$$

3）将 $[\Psi]^{(i)}$ 作为 Rayleigh-Ritz 法的给定的 s 个向量（Ritz 基），则体系的固有振型向量可以表示为上述 Ritz 基的线性组合，即

$$\{\phi\}=[\Psi]^{(i)}\{Z\} \tag{7-62}$$

式中，$\{Z\}$ 为组合系数向量。

利用 Ritz 基计算缩减的刚度矩阵和质量矩阵：

$$\begin{aligned}[K^*]&=([\Psi]^{(i)})^{\mathrm{T}}[K][\Psi]^{(i)}\\ [M^*]&=([\Psi]^{(i)})^{\mathrm{T}}[K][\Psi]^{(i)}\end{aligned} \tag{7-63}$$

然后求 s 阶特征问题：

$$([K^*]-\omega^2[M^*])\{Z\}=\{0\} \tag{7-64}$$

可得 s 个固有频率 ω_1，ω_2，…，ω_s 及相应的特征向量矩阵 $[Z]^{(i)}=[\{Z\}_1\quad\{Z\}_2\quad\cdots\quad\{Z\}_s]$，由此可求得体系的固有振型矩阵

$$[\Phi]^{(i)}=[\Psi]^{(i)}[Z]^{(i)} \tag{7-65}$$

4）若第 3 步计算后不满足精度要求，则返回到第 2 步继续进行迭代运算。

这样通过反复使用矩阵迭代法和 Rayleigh-Ritz 法，最终将获得结构体系的一组更高精度的自振频率和振型。

7.6 Lanczos 方法

Lanczos 方法是在分析 Ritz 向量方法特点的基础上，提出的一种进行结构体系模态分析的快速算法。

Ritz 向量法的基本计算公式如下：

$$[K]\{y\}_{n+1}=[M]\{\psi\}_n \qquad (n=2,3,\cdots,s) \tag{7-66}$$

$$\{y\}_{n+1}=\{\overline{\psi}\}_{n+1}+\sum_{j=1}^{n}a_{n+1,j}\{\psi\}_j \tag{7-67}$$

$$a_{n+1,i}=\{y\}_{n+1}^{\mathrm{T}}[M]\{\psi\}_i \qquad (i=1,2,\cdots,n) \tag{7-68}$$

$$\{\psi\}_{n+1}=\{\overline{\psi}\}_{n+1}/b_{n+1} \tag{7-69}$$

$$b_{n+1}=\sqrt{\{\overline{\psi}\}_{n+1}^{\mathrm{T}}[M]\{\overline{\psi}\}_{n+1}} \tag{7-70}$$

s 为一正整数（为待求结构自振频率和振型的个数）。

由式（7-66）和式（7-68），并考虑到质量矩阵 $[M]$ 和刚度矩阵 $[K]$ 为对称矩阵，可得

$$\begin{aligned}a_{n+1,i}&=\{y\}_{n+1}^{\mathrm{T}}[M]\{\psi\}_i=\{y\}_{n+1}^{\mathrm{T}}[K]\{y\}_{i+1}=\{y\}_{i+1}^{\mathrm{T}}[K]\{y\}_{n+1}\\&=\{y\}_{i+1}^{\mathrm{T}}[M]\{\psi\}_n=\{\psi\}_n^{\mathrm{T}}[M]\{y\}_{i+1}\end{aligned} \tag{7-71}$$

令式（7-67）中 $n=i$，再代入式（7-71），同时利用式（7-69），得

$$a_{n+1,i}=\{\psi\}_n^{\mathrm{T}}[M]\left(b_{i+1}\{\psi\}_{i+1}+\sum_{j=1}^{i}a_{i+1,j}\{\psi\}_j\right) \tag{7-72}$$

由于各阶 Ritz 向量满足质量正交归一化条件，因此，由式（7-22）可知：

当 $i=n$ 时

$$\begin{aligned}a_{n+1,n}&=\{\psi\}_n^{\mathrm{T}}[M]\left(b_{n+1}\{\psi\}_{n+1}+\sum_{j=1}^{n}a_{n+1,j}\{\psi\}_j\right)\\&=b_{n+1}\{\psi\}_n^{\mathrm{T}}[M]\{\psi\}_{n+1}+\sum_{j=1}^{n}a_{n+1,j}\{\psi\}_n^{\mathrm{T}}[M]\{\psi\}_j\\&=a_{n+1,n}\{\psi\}_n^{\mathrm{T}}[M]\{\psi\}_n=a_{n+1,n}\end{aligned}$$

当 $i=n-1$ 时

$$\begin{aligned}a_{n+1,n-1}&=\{\psi\}_n^{\mathrm{T}}[M]\left(b_n\{\psi\}_n+\sum_{j=1}^{n-1}a_{n,j}\{\psi\}_j\right)\\&=b_n\{\psi\}_n^{\mathrm{T}}[M]\{\psi\}_n+\sum_{j=1}^{n-1}a_{n,j}\{\psi\}_n^{\mathrm{T}}[M]\{\psi\}_j=b_n\{\psi\}_n^{\mathrm{T}}[M]\{\psi\}_n=b_n\end{aligned}$$

当 $i\leqslant n-2$ 时

$$a_{n+1,i}=\{\psi\}_n^{\mathrm{T}}[M]\left(b_{i+1}\{\psi\}_{i+1}+\sum_{j=1}^{i}a_{i+1,j}\{\psi\}_j\right)=0$$

记 $a_{n+1,n}=a_n$，则系数 $a_{n+1,i}$ 等于

$$a_{n+1,i}=\begin{cases} a_n & (i=n) \\ b_n & (i=n-1) \\ 0 & (i\leqslant n-2) \end{cases}$$

将以上 $a_{n+1,i}$ 系数代入式（7-67），并利用式（7-69），得

$$\{y\}_{n+1}=b_{n+1}\{\psi\}_{n+1}+a_n\{\psi\}_n+b_n\{\psi\}_{n-1} \tag{7-73}$$

对（7-66）等式两边同乘 $[K]^{-1}$ 得

$$[K]^{-1}[M]\{\psi\}_n=\{y\}_{n+1} \qquad (n=2,3,\cdots,s) \tag{7-74}$$

将式（7-73）代入式（7-74）得

$$[K]^{-1}[M]\{\psi\}_n=b_n\{\psi\}_{n-1}+a_n\{\psi\}_n+b_{n+1}\{\psi\}_{n+1} \qquad (n=2,3,\cdots,s) \tag{7-75}$$

再补充 $n=1$ 的相应公式

$$[K]^{-1}[M]\{\psi\}_1=a_1\{\psi\}_1+b_2\{\psi\}_2 \tag{7-76}$$

式（7-75）和式（7-76）可以写成矩阵的形式

$$[K]^{-1}[M][\Psi]=[\Psi][T]+b_{s+1}\{\psi\}_{s+1}[E] \tag{7-77}$$

式中

$$[\Psi]=[\{\psi\}_1 \quad \{\psi\}_2 \quad \cdots \quad \{\psi\}_s] \tag{7-78}$$

$$[E]=[0 \quad 0 \quad \cdots \quad 0 \quad 1] \tag{7-79}$$

$$[T]=\begin{bmatrix} a_1 & b_2 & 0 & & & & \\ b_2 & a_2 & b_3 & & & & \\ 0 & b_3 & a_3 & \ddots & & & \\ & & & \ddots & & & \\ & & \ddots & b_{s-1} & a_{s-1} & b_s \\ & & & 0 & b_s & a_s \end{bmatrix} \tag{7-80}$$

Lanczos 方法首先采用 Ritz 法计算 Ritz 向量，在计算过程中应用到 $a_{n+1,i}$ 系数的规律，加快了计算速度，得到的 Ritz 向量有时也称为 Lanczos 向量。求得 Lanczos 向量后，再以 Lanczos 向量为一组假设振型，采用 Rayleigh-Ritz 法计算一组结构的自振振型，在计算中又一次用到 $a_{n+1,i}$ 系数关系，使计算效率大为提高。

采用 Rayleigh-Ritz 法进行结构模态分析：以式（7-78）给出的 s 个 Ritz 向量 $[\Psi]$ 作为假设振型，则结构的自振振型可用 $[\Psi]$ 中向量的线性组合表示为

$$\{\phi\}=[\Psi]\{Z\} \tag{7-81}$$

式中，$\{Z\}=\{Z_1 \quad Z_2 \quad \cdots \quad Z_s\}^{\mathrm{T}}$。

将运动方程的特征方程

$$[K]\{\phi\}=\omega^2[M]\{\phi\}$$

写为标准特征值形式

$$[K]^{-1}[M]\{\phi\}=\lambda\{\phi\} \tag{7-82}$$

式中，$\lambda=1/\omega^2$。

将式（7-81）代入式（7-82）得

$$[K]^{-1}[M][\Psi]\{Z\}=\lambda[\Psi]\{Z\} \tag{7-83}$$

将式（7-77）代入式（7-83）得

$$([\Psi][T]+b_{s+1}\{\psi\}_{s+1}[E])\{Z\}=\lambda[\Psi]\{Z\} \tag{7-84}$$

将式（7-84）两边同乘 $[\Psi]^{\mathrm{T}}[M]$，得到

$$([\Psi]^{\mathrm{T}}[M][\Psi][T]+b_{s+1}[\Psi]^{\mathrm{T}}[M]\{\psi\}_{s+1}[E])\{Z\}=\lambda[\Psi]^{\mathrm{T}}[M][\Psi]\{Z\} \tag{7-85}$$

注意到式（7-78）及各阶 Ritz 向量的正交性质，有

$$\begin{gathered}[\Psi]^{\mathrm{T}}[M][\Psi]=[\mathrm{I}]\\ [\Psi]^{\mathrm{T}}[M]\{\psi\}_{s+1}[E]=[0]\end{gathered} \tag{7-86}$$

其中 $[I]$ 和 $[0]$ 分别为 $s\times s$ 阶的单位矩阵和零矩阵。

将（7-86）代入式（7-85），得到

$$[T]\{Z\}=\lambda\{Z\} \tag{7-87}$$

由以上特征值问题，可以求得 s 个特征值和特征向量

$$\lambda_n,\{Z\}_n \quad (n=1,2,\cdots,s) \tag{7-88}$$

其中 s 个特征值满足

$$\lambda_1\geqslant\lambda_2\geqslant\cdots\geqslant\lambda_s$$

第 n 个特征向量为

$$\{Z\}_n=\{Z_{1n}\quad Z_{2n}\quad\cdots\quad Z_{sn}\}^{\mathrm{T}}$$

则可以得到结构的 s 个自振频率和振型

$$\omega_n=\sqrt{1/\lambda_n},\quad \{\phi\}_n=[\Psi]\{Z\}_n \quad (n=1,2,\cdots,s) \tag{7-89}$$

研究表明，Lanczos 迭代方法的求解效率比子空间迭代法的效率高一个数量级。目前在互联网上已有一些公开源代码的 Lanczos 算法软件包，可以免费下载。一些大型结构分析软件中也提供了 Lanczos 算法的结构模态分析模块。

7.7　Dunkerley 法

Dunkerley（邓克莱）法给出了一种估算体系基频近似值的方法，给出的是结构体系基频的下限，当其他各阶频率远远高于基频时，利用此法估算基频较为方便。

正定的多自由度体系的质量矩阵为 $[M]$，刚度矩阵为 $[K]$，体系的模态分析方程为

$$[K]\{\phi\}=\omega^2[M]\{\phi\}$$

上式可以改写为

$$\left([D]-\frac{1}{\omega^2}[\mathrm{I}]\right)\{\phi\}=\{0\} \tag{7-90}$$

而

$$[D]=[K]^{-1}[M] \tag{7-91}$$

式中，$[D]$ 为动力矩阵；$[\mathrm{I}]$ 为单位矩阵。

根据对特征方程根的分析，可以得到体系基频估算的近似公式

$$\omega_{\mathrm{D}}=\sqrt{\frac{1}{\mathrm{tr}[D]}} \tag{7-92}$$

$$\mathrm{tr}[D]=\sum_{n=1}^{N}d_{nn} \tag{7-93}$$

式中，ω_{D} 为估算的体系的基频；tr $[D]$ 为矩阵 $[D]$ 的迹，即矩阵 $[D]$ 的对角线元素 d_{nn} 之和；N 为体系自由度数。

根据代数知识，对形如式（7-90）的特征值问题，其特征值 $1/\omega_n^2$ （$n=1$，2，…，N）之和等于动力矩阵［D］的迹，即

$$\mathrm{tr}[D]=\frac{1}{\omega_1^2}+\sum_{n=2}^{N}\frac{1}{\omega_n^2} \tag{7-94}$$

根据式（7-92）可知

$$\frac{1}{\omega_{\mathrm{D}}^2}>\frac{1}{\omega_1^2} \tag{7-95}$$

由此可得

$$\omega_{\mathrm{D}}<\omega_1 \tag{7-96}$$

Dunkerley 法和估算基频上限的 Rayleigh 法相结合可以得到所求频率的区间范围。

7.8　Jacobi（雅可比）迭代法

Jacobi 迭代法是一种旋转变换方法，采用正交相似变换将矩阵转化为对角矩阵，进而得到原矩阵的特征值和特征向量。

由矩阵分析理论可知，任何 $n\times n$ 阶实对称矩阵［A］，可通过一个 $n\times n$ 阶正交矩阵［P］，经过相似变换［P］^{T}［A］［P］化为一个对角阵［B］，即

$$[P]^{\mathrm{T}}[A][P]=[B]=\begin{bmatrix} b_1 & & & \\ & b_2 & & \\ & & \ddots & \\ & & & b_n \end{bmatrix} \tag{7-97}$$

式中，对角元素 $b_i(i=1, 2, \cdots, n)$ 为［A］的特征值，［P］的各列为［A］的各特征向量。

若用 $[A]^{(0)}=[A]$ 表示原矩阵，一系列正交变换矩阵为 $[R]_1$、$[R]_2$、…，则变换到 k 次（$k=1$，2，…）时，可表示为

$$[A]^{(k)}=[R]_k[A]^{(k-1)}[R]_k \tag{7-98}$$

如果矩阵 $[A]^{(k-1)}$ 的非对角元素中绝对值最大者为 $a_{pq}^{(k-1)}$，则 $[R]_k$ 具有如下形式：

$$[R]_k=\begin{array}{c} \begin{array}{cc} \text{第 } p \text{ 列} & \text{第 } q \text{ 列} \end{array} \\ \begin{bmatrix} 1 & & & & & & & & & \\ & \ddots & \vdots & & & & \vdots & & & \\ & & 1 & & & & & & & \\ & \cdots & \cos\theta & & \cdots & & \sin\theta & \cdots & & \\ & & \vdots & 1 & & & \vdots & & & \\ & & \vdots & & \ddots & & \vdots & & & \\ & & \vdots & & & 1 & \vdots & & & \\ & \cdots & -\sin\theta & & \cdots & & \cos\theta & \cdots & & \\ & & & & & & & 1 & & \\ & & \vdots & & & & \vdots & & \ddots & \\ & & & & & & & & & 1 \end{bmatrix} \begin{array}{l} \\ \\ \\ \text{第 } p \text{ 行} \\ \\ \\ \\ \text{第 } q \text{ 行} \\ \\ \\ \\ \end{array} \end{array} \tag{7-99}$$

由 $[A]$ 的对称性可知，矩阵 $[A]^{(k)}$ $(k=1,2,\cdots)$ 全是对称的，并且 $[A]^{(k)}$ 与 $[A]^{(k-1)}$ 的元素仅在第 p 行、第 q 行、第 p 列、第 q 列彼此不同，由式（7-98）计算得

$$\left.\begin{aligned}&\left.\begin{aligned}a_{ip}^{(k)}&=a_{ip}^{(k-1)}\cos\theta-a_{iq}^{(k-1)}\sin\theta=a_{pi}^{(k)}\\a_{iq}^{(k)}&=a_{ip}^{(k-1)}\sin\theta+a_{iq}^{(k-1)}\cos\theta=a_{qi}^{(k)}\end{aligned}\right\}i\neq p,q\\&a_{pp}^{(k)}=a_{pp}^{(k-1)}\cos^2\theta+a_{qq}^{(k-1)}\sin^2\theta-2a_{pq}^{(k-1)}\cos\theta\sin\theta\\&a_{qq}^{(k)}=a_{pp}^{(k-1)}\sin^2\theta+a_{qq}^{(k-1)}\cos^2\theta+2a_{pq}^{(k-1)}\cos\theta\sin\theta\\&a_{pq}^{(k)}=(a_{pp}^{(k-1)}-a_{qq}^{(k-1)})\sin\theta\cos\theta+a_{pq}^{(k-1)}(\cos^2\theta-\sin^2\theta)=a_{pq}^{(k)}\\&a_{ij}^{(k)}=a_{ij}^{(k-1)}\qquad(i,j\neq p,q)\end{aligned}\right\}\tag{7-100}$$

若要使 $a_{pq}^{(k)}=a_{qp}^{(k)}=0$，由上式即得

$$\frac{1}{2}(a_{pp}^{(k-1)}-a_{qq}^{(k-1)})\sin2\theta+a_{pq}^{(k-1)}\cos2\theta=0$$

进而得到确定 θ 的条件为

$$\tan2\theta=\frac{a_{pq}^{(k-1)}}{\frac{1}{2}(a_{pp}^{(k-1)}-a_{qq}^{(k-1)})}\tag{7-101}$$

为避免计算三角函数及反三角函数，注意式（7-101）右端可在（$-\infty$，$+\infty$）取值，因此 $\tan2\theta$ 可在与其周期长度相同的任一区间单值地定义；现取 $2\theta\in\left[-\frac{\pi}{2},\frac{\pi}{2}\right]$，即 $\theta\in\left[-\frac{\pi}{4},\frac{\pi}{4}\right]$，这时，如果 $a_{pp}^{(k-1)}-a_{qq}^{(k-1)}=0$，则当 $a_{pq}^{(k-1)}>0$，$\tan2\theta\to-\infty$，$\theta=-\frac{\pi}{4}$；当 $a_{pq}^{(k-1)}<0$，$\tan2\theta\to+\infty$，$\theta=\frac{\pi}{4}$；又当 $\theta\in\left[-\frac{\pi}{4},\frac{\pi}{4}\right]$ 时，$\cos\theta\in\left[-\frac{\sqrt{2}}{2},1\right]>0$，$\sin\theta\in\left[-\frac{\sqrt{2}}{2},\frac{\sqrt{2}}{2}\right]$ 是一个单调函数。这样，若记

$$\begin{gathered}\nu=|a_{pp}^{(k-1)}-a_{qq}^{(k-1)}|\\\mu=\mathrm{sign}(a_{pp}^{(k-1)}-a_{qq}^{(k-1)})(-2a_{pq}^{(k-1)})\end{gathered}\tag{7-102}$$

其中 sign（ ）表示取某个值的符号（正负），则

$$\tan2\theta=\mu/\nu\tag{7-103}$$

考虑到 θ 的取值范围，$\cos2\theta\geqslant0$，故由

$$\frac{1}{\sqrt{1+\tan^2 2\theta}}=\cos2\theta=\cos^2\theta-\sin^2\theta=2\cos^2\theta-1$$

得

$$\cos\theta=\left(\frac{\nu+\sqrt{\nu^2+\mu^2}}{2\sqrt{\nu^2+\mu^2}}\right)^{1/2}\tag{7-104}$$

通过三角恒等式

$$2\sin\theta\cos\theta=\sin2\theta=\tan2\theta\cos2\theta=\frac{\mu}{\nu}\frac{\mu}{\sqrt{\nu^2+\mu^2}}$$

得

$$\sin\theta=[2(\nu\sqrt{\nu^2+\mu^2}+\nu^2+\mu^2)]^{\frac{1}{2}}\mu \tag{7-105}$$

Jacobi 迭代法的优点是容易计算特征向量。如果经过 r 次变换后，达到了对角化的目标，即

$$[B]=[R]_r^{\mathrm{T}}\cdots[R]_2^{\mathrm{T}}[R]_1^{\mathrm{T}}[A][R]_1[R]_2\cdots[R]_r \tag{7-106}$$

设 $[P]=[R]_1[R]_2\cdots[R]_r$，则

$$[B][P]=[P][A] \tag{7-107}$$

若记对 $[A]$ 作 k 次旋转变换的 k 个初等旋转阵的乘积为 $[P_k]=[R]_1[R]_2\cdots[R]_k=[P_{k-1}][R]_k$，其中 $[P_0]=[\mathrm{I}]$，$[P_k]$的元素 $P_{ij}^{(k)}$ 可由 $[P_{k-1}]$ 的元素 $P_{ij}^{(k-1)}$ 表示为

$$\left.\begin{aligned}P_{ip}^{(k)}&=P_{ip}^{(k-1)}\cos\theta-P_{iq}^{(k-1)}\sin\theta\\P_{iq}^{(k)}&=P_{ip}^{(k-1)}\sin\theta+P_{iq}^{(k-1)}\cos\theta\\P_{ij}^{(k)}&=P_{ij}^{(k-1)}(j\neq p,q)\end{aligned}\right\} \tag{7-108}$$

当 $k=r$ 时，已认定 $[A]$ 被对角化，则$[P_r]=[P]$，它的第 j 列即 $[A]$ 的特征向量，且已规范化和正规化。

通常，不能通过有限次旋转把 $[A]$ 转化到真正的对角阵，但已经证明，当 $k\to\infty$ 时，$[A]^{(k)}\to\mathrm{diag}(b_1\quad b_2\quad\cdots\quad b_n)$。所以，只能在预先指定的精度范围内，得到近似的对角阵，求得近似的特征值及对应的特征值向量。实际计算时，先给定一个正数界限 t_1，然后按顺序 a_{12}，a_{13}，…，a_{1n}，a_{23}，…a_{2n}，…，$a_{n-1,n}$ 逐个地检查 $[A]$ 的非对角元素，消去绝对值大于 t_1 的，留下绝对值小于 t_1 的。重复上述过程，直到所有非对角元素的绝对值都小于 t_1；然后选取 $t_2<t_1$，再重复上述步骤，一直到所有非对角元素都小于正数 t_m 为止，而 $t_m<t_{m-1}$，且已小于事先给定的精度指标 $t>0$。

对于 $t_m<t_{m-1}<\cdots<t_2<t_1$ 的选取没有特定的方法，通常由 $[A]$ 的某一种范数 $\|[A]\|$，或$[A]-\mathrm{diag}(a_{ii})$的范数 $\|[A]-\mathrm{diag}(a_{ii})\|$，[如选$[A]-\mathrm{diag}(a_{ii})$的 $\|\cdot\|_F$ 范数]，来获得，即

$$\left.\begin{aligned}t_1&=\frac{1}{n}(\|[A]-\mathrm{diag}(a_{ii})\|_F)=\frac{1}{n}\Big(\sum_{\substack{i,j=1\\i\neq j}}^{n}a_{ij}^2\Big)^{\frac{1}{2}}\\t_2&=t_1/n\\&\vdots\\t_m&=t_{m-1}/n\end{aligned}\right\} \tag{7-109}$$

综上所述，Jacobi 方法的计算步骤为

1）记$[A]^{(0)}=[A]$，$[P_0]=[\mathrm{I}]$，给定精度指标 $t>0$，由式（7-109）得 t_m。

2）考察 $[A]^{(k-1)}$ 中的非对角元：若对所有 $i<j$ 有 $|a_{ij}^{(k-1)}|<t_m$，则转入步骤 7）；若存在 $i=p$，$j=q$（$p<q$），使 $|a_{ij}^{(k-1)}|\geqslant t_m$，则记下 p，q。

3）根据式（7-102）得 ν，μ。

4）根据式（7-104）和式（7-105）计算 $\cos\theta$，$\sin\theta$。

5）根据式（7-100）计算 $[A]^{(k)}$ 的各元素。

6）根据式（7-108）计算 $[P_k]$ 的各元素，将 k 加上 1，返回步骤 2）。

7）若 $t_m \geqslant t$，则 $m+1 \Rightarrow m$，$k+1 \Rightarrow k$，返回步骤 2）；若 $t_m < t$，则迭代结束。

最后从 $[A]^{(k)}$ 的对角线位置获得 $[A]$ 的近似值，从 $[P_k]$ 中获得对应的特征向量。

习　　题

7-1　建立图 7-3 所示的六层刚架的刚度阵和质量阵，当 $k_i = k$ 和 $m_i = m$（$i = 1, 2, \cdots, 6$）时，用 Rayleigh 法计算刚架结构的第一阶自振频率。设各横梁刚度为无穷大。

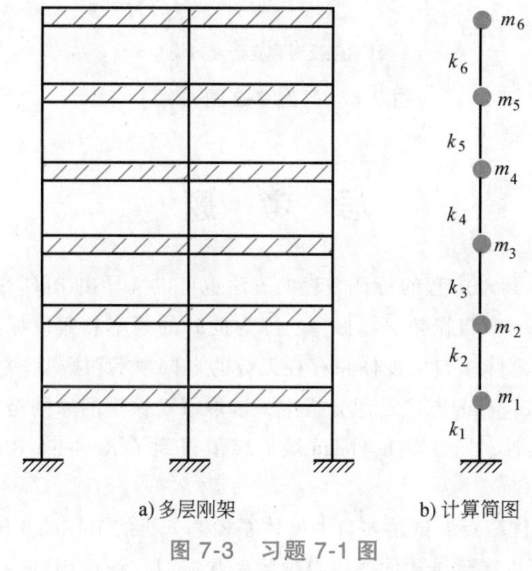

图 7-3　习题 7-1 图

7-2　图 7-4 所示为一对称刚架。用 Rayleigh 法求刚架在对称和反对称振动时的最低频率。

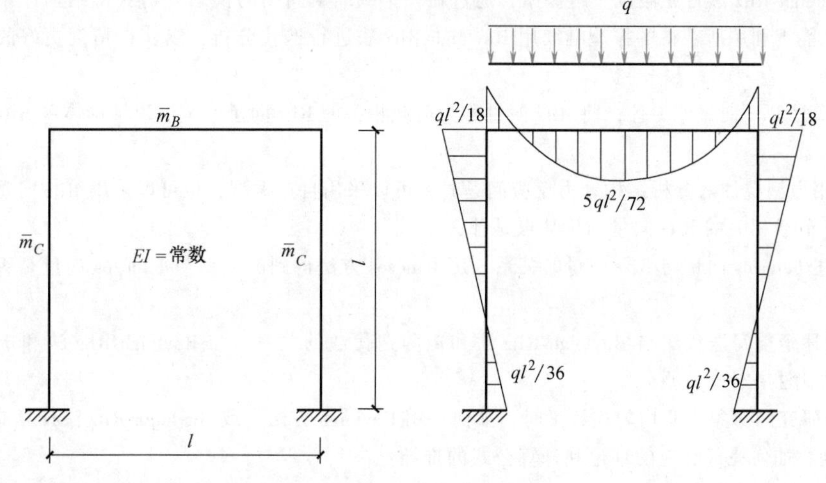

图 7-4　习题 7-2 图

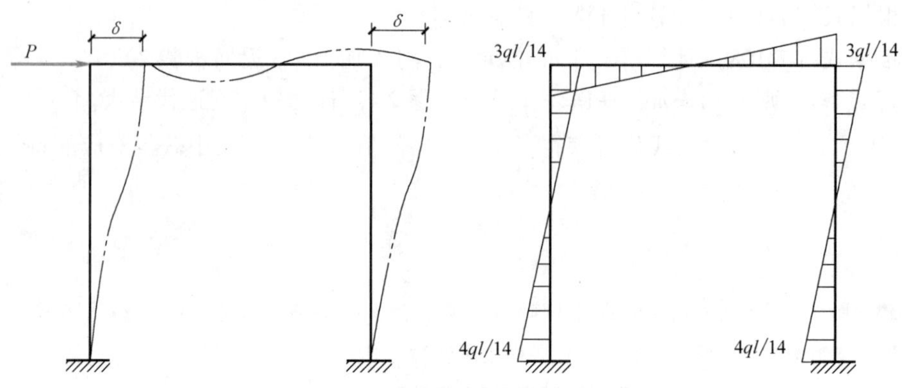

b) 刚架反对称变形及弯矩

图7-4 习题7-2图（续）

思考题

7-1 通过将假设振型代入运动方程的特征方程的方法也可以推导出 Rayleigh 法，如此得到频率和假设振型是否也应该算作是结构的一对自振频率和振型？因为此时的频率和假设振型也满足运动方程的特征方程。如果答案是肯定的，是否意味多自由度体系存在无数的自振频率和振型？

7-2 在结构自振频率的 Rayleigh 方法近似分析中，选取假设振型的原则是什么？

7-3 推导 Rayleigh-Ritz 法时，通过对 Rayleigh 熵取极值得到了 Rayleigh-Ritz 法的基本公式，取极值的物理背景是什么？

7-4 Rayleigh-Ritz 法有何优缺点？试述多自由度体系模态分析的 Rayleigh-Ritz 法的求解步骤。

7-5 用 Rayleigh-Ritz 法可以得到结构的一组自振频率和振型，在使用这一方法时，如何选取一组假设振型？

7-6 Rayleigh-Ritz 法首先假设一组振型，通过在一个减缩空间中的模态分析获得结构体系的一组振型和自振频率。能否利用所获得的振型继续用 Rayleigh-Ritz 法进行迭代分析，以获得精度更好的一组振型和自振频率？

7-7 什么是 Ritz 向量？为什么将 Ritz 向量称为荷载相关的 Ritz 向量？试给出结构体系 Ritz 向量的计算方法。

7-8 在用振型叠加法分析结构动力反应问题时，可以采用自振振型，也可以采用 Ritz 向量，与普通自振振型相比，荷载相关的 Ritz 向量的优缺点是什么？

7-9 简述 Lanczos 向量与 Ritz 向量的关系。用 Lanczos 方法得到的振型与 Lanczos 向量是否是同一概念（是否相同）？

7-10 简述子空间迭代法与 Rayleigh-Ritz 法和矩阵迭代法的关系。与 Rayleigh-Ritz 法和矩阵迭代法相比，子空间迭代法有什么优点？

7-11 当研究的对象为非均匀连续梁时，如何运用 Rayleigh 方法，或 Rayleigh-Ritz 法计算非均匀梁的自振频率和振型？如何完成相应的理论和计算公式的推导？

7-12 为什么矩阵逆迭代法会使结果收敛于低阶自振频率和振型，而矩阵正迭代法使结果收敛于高阶自振频率和振型？

7-13 为什么以重力沿运动方向作用的变形曲线作为基本振型可求得较精确的基频？

7-14　对于多自由度体系，根据任意选取的两阶假设振型，采用近似分析方法得到的两阶频率是否一定是结构前一、二阶频率的近似值？

7-15　能否用荷载相关的 Ritz 向量作为一组假设振型，由 Rayleigh-Ritz 法得到结构的一组自振频率和振型？如果可以，在计算 Ritz 向量时，计算的每一步都要求各振型满足正交条件，为什么还可以进行迭代？

第 8 章 连续体动力模型的离散化

所有实际工程结构都有无限多个自由度，也就是说要完全确定结构在任一瞬时的位置，就必须要有无数个坐标。质点、刚体是抽象的力学模型，只有在对实际工程结构进行了一定简化的基础上，才能够获得包含质点、刚体概念的简化力学模型，从而将具有无限多个自由度的实际工程结构简化为有限自由度的离散模型。通常称这一过程为**连续体动力模型的离散化**。

结构在每一个自振频率下，都有其特定的振动形态（振型）。由于作用荷载的原因，结构的很多自振频率不会被激起，相应的振动形态将不会对结构的反应有所贡献。通常结构的高阶振型是不参与到结构的反应中的，或者说由结构的高阶频率引起的振动形态幅值相对于低阶频率引起的振动形态幅值在绝对值意义上是可以忽略的小量，其原因是除了作用荷载的影响外，还有阻尼的影响，而阻尼可以使高阶频率的振动分量更快地衰减。由于这些原因，针对实际工程结构的动力分析并不需要计算结构的所有自振频率和振型。这也是连续体动力模型离散化的基础。

从实际工程出发，人们已提出了连续体动力模型离散化的多种途径，基本上可以归为两类：一类是从模型上对结构进行简化；另一类是从数学处理上对结构的运动或动力学偏微分方程进行简化，再在此基础上求得近似解，如变分直接法和加权残值法即采用了这一途径。其目的都是将无限自由度体系变为有限自由度体系，将偏微分方程的求解化为近似的常微分方程的求解，以最终适应在计算机上进行数值求解。

8.1 集中质量法及建筑物的模型化

通过把分布质量向有限点集中的直观手段，将连续体化为多自由度体系的方法称为**集中质量法**。这是一种物理近似，是一种古典的近似方法。

早期，集中质量法主要应用于那些物理参数分布很不均匀或相对集中的实际工程结构分析中，如建筑物、构筑物等。这一方法的原则是把那些惯性相对大而弹性极微弱的构件看作是集中质量，而把那些惯性相对小而弹性极为显著的构件看作是无质量的弹簧。后来这种方法也被推广用于均匀连续体结构的动力反应分析中，这在后面将详细叙述。

对于图 8-1a 所示的做水平振动的水塔模型，由于顶部水池较重，在略去次要因素后，可以简化为图 8-1b 所示的直立悬臂梁在顶端支承集中质量的单自由度体系。若要进一步考虑水池的转动惯量效应，则为两自由度的体系。

图 8-2a 所示的均布质量的简支梁，用五个离散质点来描述其惯性特征，将两个节点间的质量平均分布在两个节点上，可得图 8-2b 所示的五自由度离散集中质量模型。

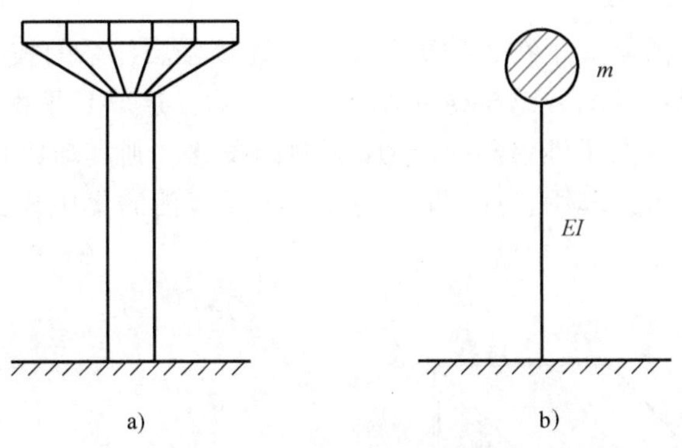

图 8-1　集中质量模型

上述两个例子分别对应了物理参数分布不均匀和均匀的情况。下面来讨论集中质量法用于建筑物模型化的问题。

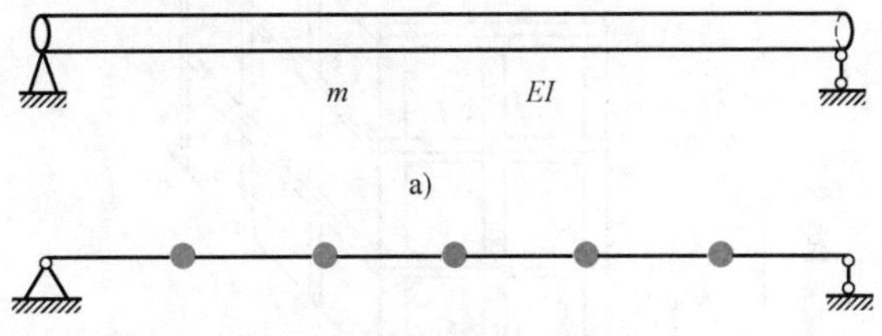

图 8-2　简支梁的集中质量模型

8.1.1　质量的集中化

建筑结构物的重量是由永久（恒）荷载和活荷载组成的。永久荷载指组成建筑物的梁、柱、楼板、墙壁、基础等构件的重量。活荷载是指建筑物内承受的人、家具、设备、器具等的重量。一般而言，不管建筑物的构造形式如何，建筑物的重量明显地集中在各个楼板层上，属于重量参数沿竖向分布明显不均匀的结构。因此，建筑物动力分析中通常把 1/2 层高范围内的全部重量（质量）集中到各自相应的楼板层上，这就是所谓的楼层集中质量模型，如图 8-3 所示。

有时为了更精确地模拟建筑物的动力反应，视建筑物的力学特性和分析目的的不同，也将楼层处的质量进一步在楼层平面内进行分配和集中。一般的处理方法是按平面（楼层）面积平均到柱头部。当然，对于楼层平面内质量分布明显不均匀的情况且要考虑建筑物的竖向振动时，按面积平均到柱头部的处理方式会带来较大的误差。

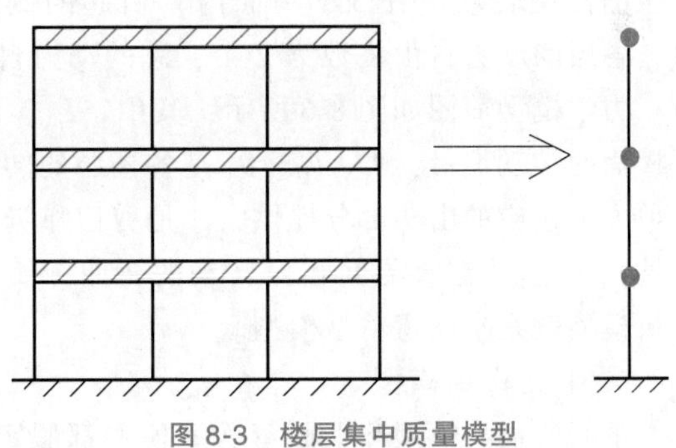

图 8-3　楼层集中质量模型

8.1.2　力学分析模型

以图 8-4 所示的一座两跨四榀的三层框架结构为例，讨论其力学分析模型的建立。假定地面是刚性的，仅有水平向的地面运动。这里仅讨论模型的简化方法，具体的质量、刚度、阻尼矩阵的计算可参考相应的文献。

首先假定图 8-4 所示的框架结构各层的几何、质量和刚度中心是重合的，即该框架结构没有扭转运动，对于线弹性反应而言，沿 zOx 和 zOy 平面的反应是各自独立的。这里仅以 zOx 平面为例进行讨论。

1. 平面剪切型模型

由于建筑物的全部质量集中在各楼层平面上，连接楼层体系的柱子就是无质量的，此时再假定楼层体系和梁是刚性的并忽略柱的轴向变形影响，这就是平面剪切型建筑物的模型。各层只允许有由于柱子侧向柔性引起的沿 Ox 方向的位移，则其动力自由度化简为3个，力学模型简图如图8-5所示，其中，m_1、m_2、m_3是各层楼面的集中质量，u_1、u_2、u_3是各楼层的水平侧移。

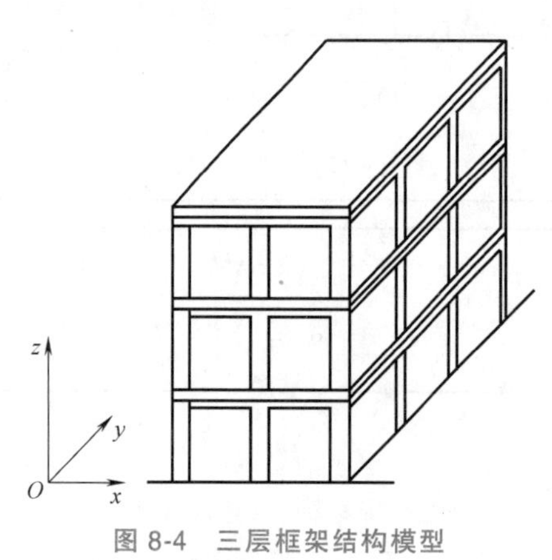

图8-4　三层框架结构模型

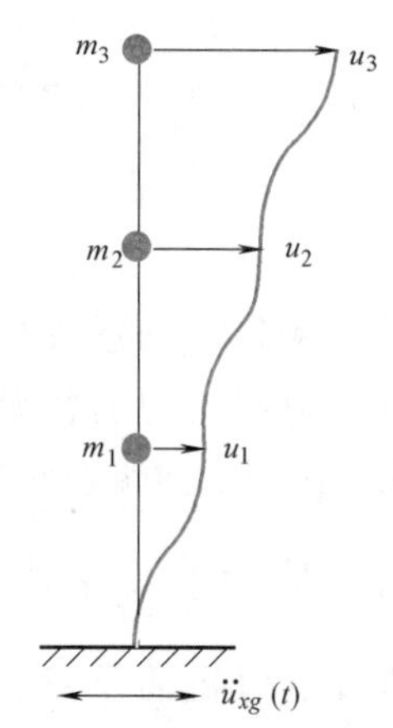

图8-5　平面剪切型模型

2. 平面弯剪型模型

上述剪切型模型中，若柱的轴向变形不可忽略，各层的侧向位移就由两个部分组成，一是相应于剪切型模型的柱子侧向柔性引起的侧向位移；二是相应于柱的轴向变形产生的楼层转动（在 zOx 平面内）引起的侧向位移。此时，各层的动力自由度数为2个，总的动力自由度数为6个。力学模型简图如图8-6所示，其中，I_{p1}、I_{p2}、I_{p3}是各层楼面的转动惯量，θ_1、θ_2、θ_3是各楼层的转角。各楼层的剪力也相应的由两部分提供，一是剪切弹簧（柱的侧向柔性）；二是引起楼层间相对转动的弯曲弹簧。这一力学分析模型就是平面弯剪型模型。

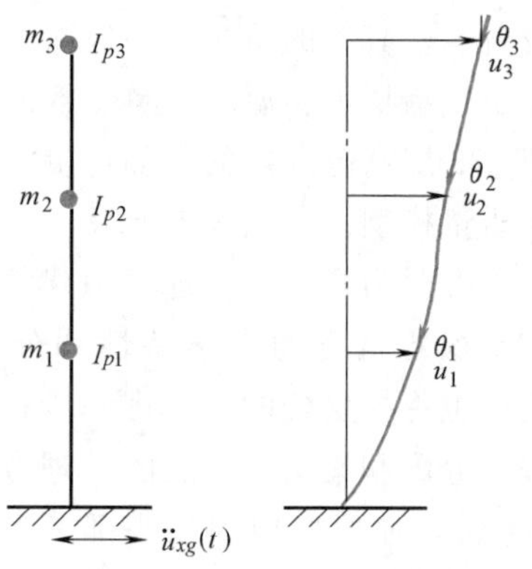

图8-6　平面弯剪型模型

3. 平面杆系模型

平面剪切型模型和平面弯剪型模型都假定楼层体系和梁是刚性的。如果忽略楼板的作用，梁、柱间的节点是刚性的，且允许节点产生转动变位，此时图8-4所示的框架结构在 zOx 平面的力学模型就是平面杆系模型。

为不失一般性，讨论楼层平面内质量按面积平均到柱头部的质量处理方式时，若假定梁、柱的轴向变形影响是不可忽略的，节点的转动惯量也予以考虑，则每一个节点相应有3个动力自由度（z、x 方向的平动和绕 y 轴的转动），图8-4所示框架在 zOx 平面的运动共有27个自由度；若假定梁、柱的轴向变形影响可以忽略，则每一个节点相应有2个动力自由度，一个是绕 y 轴的转动，另一个是沿 x 方向的变位，但此时同一层楼的节点沿 x 向的变位又是相等的，这样，每一层楼的实际动力自由度数就仅是节点数加1了，因此，这时的总动力自由度数是 12 个。进一步，再假定不考虑各节点的转动惯性，此时虽然仍是平面杆系模型，但结构的总动力自由度数与平面剪切型模型是相同的，为 3 个沿 x 轴的平动自由度。注意到第三种情况，体系的静力自由度数目与动力自由度数目是不相等的，与惯性相关的运动方程仅有 3 个，少于确定体系变形的静力自由度数（12 个）。通常，在进行动力分析前要将结构模型中的静力自由度约减掉，只保留动力自由度，从而达到减少动力计算工作量的目的，这就是所谓的静力凝聚，具体方法在前面已经介绍。

4. 空间平扭模型

在讨论前面的平面模型时，先假定了框架结构各层的几何、质量、刚度中心是沿 z 轴重合的，体系没有扭转运动，沿 x 轴和 y 轴的运动也是互相独立的，但有时上述三个中心是不重合的，这时体系将出现平扭耦合的空间运动，使问题变得复杂。假定楼层体系和梁是刚性的，考虑柱的轴向变形，这时每一楼层将会有六个动力自由度，包括 3 个平动自由度和 3 个转动自由度，体系共有 18 个动力自由度；若不考虑柱的轴向变形，这时每一楼层有 3 个动力自由度，分别为 2 个平动（沿 x、y 方向）和 1 个转动（绕 z 轴），体系共有 9 个动力自由度。

8.2　变分直接法

8.2.1　基本思想

变分原理提供了一种将真实的运动与同样条件下可能的其他运动区分开来的准则。真实的运动是指在同样的条件下（边界和约束条件）使得泛函取极值的自变函数。从变分原理出发可导出体系的控制微分方程，对于连续体，它是一组偏微分方程。变分原理的直接法是一种数学上的离散化处理方法，其途径是在利用变分原理时不将泛函的极值问题转化为求解偏微分方程问题，而是给出所求函数的近似表达式，直接利用泛函极值的必要条件确定近似表达式中的待定参数。因此，通常称这种方法为“**直接法**”。

变分原理的一般表达式为

$$\delta H[u(x,y,z,t)]=0 \tag{8-1}$$

式中，$H[u(x, y, z, t)]$ 是一泛函，它是依赖于在一定范围内可变的向量函数 $u(x, y, z, t)$ 的一个标量；$u(x, y, z, t)$ 称为自变函数。

现设 $u(x, y, z, t)$ 可近似地表达为

$$u(x,y,z,t)=\sum_{i=1}^{n} N_i(x,y,z)\,q_i(t) \tag{8-2}$$

式（8-2）中，$q_i(t)$ 为待定参数，具有**广义位移**的概念；$N_i(x, y, z)$ 为坐标函数，或者称为**形函数**，也称**试函数**。在这里，它一般满足位移边界条件（最好能满足所有边界条件），并由完备函数系组成。换句话讲，任一容许函数都可以用这些坐标函数表示，并可以以任一精度逼近。

将式（8-2）代入式（8-1）中，$H[u(x, y, z, t)]$ 将近似地转化为参数 $q_i(t)$ 的函数，即

$$H[u(x,y,z,t)]=H[q_1(t),q_2(t),\cdots,q_n(t)] \tag{8-3}$$

这样式（8-1）泛函求极值的变分问题就转换为下式的函数极值的微分问题。

$$\frac{\partial H}{\partial q_i}=0 \qquad (i=1,2,\cdots,n) \tag{8-4}$$

由式（8-4）可得到一组方程

$$\left\{\frac{\partial H}{\partial q_i}\right\}=\begin{Bmatrix}\dfrac{\partial H}{\partial q_1}\\\dfrac{\partial H}{\partial q_2}\\\vdots\\\dfrac{\partial H}{\partial q_n}\end{Bmatrix}=\begin{Bmatrix}0\\0\\\vdots\\0\end{Bmatrix} \tag{8-5}$$

对于一般动力学问题，由式（8-5）可导出体系的常微分运动方程组，即

$$[M]\{\ddot{q}\}+[C]\{\dot{q}\}+[K]\{q\}=\{p\} \tag{8-6}$$

式中，$[M]$、$[C]$、$[K]$ 分别为广义质量、广义阻尼、广义刚度矩阵；$\{p\}$ 为广义外荷载向量。

如果在泛函 H 中 u 及其导数的最高方次为二次，则称泛函 H 为二次泛函。大量工程和物理问题中的泛函都是二次泛函。对于二次泛函，可以证明由变分直接法获得的 $[M]$、$[C]$、$[K]$ 为对称矩阵。

对于弹性力学问题，可以直接采用 Hamilton 原理或最小势能原理导出控制方程。对于其中的动力学问题，Hamilton 原理表示为

$$\int_{t_1}^{t_2}\delta(T-V)\,\mathrm{d}t+\int_{t_1}^{t_2}\delta W_{\mathrm{nc}}\,\mathrm{d}t=0 \tag{8-7}$$

式中，T 为体系的总动能；V 为保守力产生的体系的势能；W_{nc} 为作用于体系上的非保守力所做的功；δ 为指定时段内所取的变分。

而对于静力学问题，最小势能原理可直接由 Hamilton 原理退化得到，表示为

$$\delta V-\delta W_{\mathrm{nc}}=0 \tag{8-8}$$

8.2.2 试函数的选择及其分类

从理论上讲，凡是可以以任意精度逼近容许函数的函数系均可以作为试函数。试函数的正确选择十分重要，已有许多文献专门论述，在这里不再详细叙述。归纳起来，作为试函数的一般条件为：①连续性；②无关性；③正交性；④完备性。其中，条件①、②、④保证了解的收敛性，是充分条件；条件③可以简化计算并保证数值解的稳定。

不同的试函数对应不同的离散化方法。试函数的构造目前大致有解析函数、分片多项式插值、半解析函数、样条函数几类，它们分别对应于 Ritz 法、有限元法、半解析法、样条函数法。Ritz 法和有限元法是最为常用的两种方法。Ritz 法也称为假设模态法，它的精度取决于假设模态（试函数）的构造形式，对于复杂结构，要构造全域的假设模态是很困难的。对于比较规则的区域，假设模态较易选取，Ritz 法有它的优势。对于不规则的复杂结构，经常将其分为有限个规则区域的组合，对每一规则区域应用 Ritz 法，然后在边界上施加连续条件和平衡条件进行综合，这就是通常的动态子结构方法，在后面将进行专题讨论，这里不

予详述。有限元法的优点是可以适应任意不规则的复杂结构，它的试函数是由分片多项式插值组成，对同类单元，它的分析是一样的，易于计算机编程。因此，有限元法获得了深入的研究和广泛的应用。下面将专门讨论有限元法。

8.3　加权残值法

加权残值法是一种数学上的离散化近似，它直接从偏微分方程出发，导出描述原动力模型的常微分方程组，即将原来的无限自由度问题缩减为近似的有限自由度问题。与前面介绍的变分法一样，这一方法首先也要假设一个**试函数**作为偏微分方程的近似解，将其代入原方程后，由于假设的试函数一般不能满足原偏微分方程，因此，便出现了**残值**，对其在域内和边界上积分，然后组成消除残值的方程组，即按某种平均意义消除残值。通过选择不同的试函数和**权函数**，由加权残值法可导出有限元法、有限差分法及各类半解析法。

下面以出平面波动问题的偏微分方程定解问题为例，阐述这种方法的基本思路。

平面波动问题的控制方程为

$$\frac{\partial^2 u}{\partial t^2}=c^2\left(\frac{\partial^2 u}{\partial x^2}+\frac{\partial^2 u}{\partial y^2}\right)\qquad(\text{在}\Omega\text{域内})\tag{8-9}$$

式中，c 为波速。对于出平面波动问题，波速 c 可以由质量密度 ρ 与剪切模量 G 表示，即 $c=\sqrt{G/\rho}$，因此式（8-9）可以改写为

$$\rho\frac{\partial^2 u}{\partial t^2}=G\left(\frac{\partial^2 u}{\partial x^2}+\frac{\partial^2 u}{\partial y^2}\right)\qquad(\text{在}\Omega\text{域内})\tag{8-10}$$

相应的边界条件为

$$u(t)=u_0(t)\quad(\text{在}\ \Gamma_1)\tag{8-11}$$

$$p(t)=p_0(t)\quad(\text{在}\ \Gamma_2)\tag{8-12}$$

$$\Gamma=\Gamma_1+\Gamma_2\tag{8-13}$$

式中，Γ_1，Γ_2分别为已知边界位移和已知边界力的边界部分，Γ 为包围域 Ω 的总边界。

先假定一个近似函数 $\bar{u}$，作为试函数来代替 u，即

$$u(x,y,t)\approx\bar{u}(x,y,t)\tag{8-14}$$

$$\bar{u}(x,y,t)=\sum_{i=1}^{n}N_i(x,y)q_i(t)\tag{8-15}$$

式中，$N_i(x,\ y)$ 为已知的函数；$q_i(t)$ 为广义坐标。

将式（8-14）代入式（8-10）、式（8-11）和式（8-12），一般不会满足原方程，将出现如下残差：

$$\varepsilon=\rho\frac{\partial^2\bar{u}}{\partial t^2}-G\left(\frac{\partial^2\bar{u}}{\partial x^2}+\frac{\partial^2\bar{u}}{\partial y^2}\right)\qquad(\text{在}\ \Omega\ \text{域内})\tag{8-16}$$

$$\varepsilon_1=\bar{u}-u_0\quad\text{在}(\Gamma_1)\tag{8-17}$$

$$\varepsilon_2=\bar{p}-p_0\quad(\text{在}\ \Gamma_2)\tag{8-18}$$

现在的目的是使区域内和边界上的误差尽可能的小，为达此目的，可将误差在域内和边界上进行适当的分配，而实现误差分配的不同途径，就产生了加权残值法的不同类型。

8.3.1　第一种形式的加权残值法

要求 $\bar{u}(x,\ y)$ 严格满足 $\varepsilon_1=0$ 和 $\varepsilon_2=0$，设权函数 $W(x,\ y)$ 为

$$W=\sum_{i=1}^{n}\beta_i\phi_i(x,y) \tag{8-19}$$

式中，$\phi_i(x,\ y)$ 是一组已知线性无关的函数，而 β_i 是任意系数。可以证明，加权残值法收敛到真解还要求权函数是由一组完备系组成（这一点往往被忽略了）。

为了使残差 ε 在域内按某种意义取最小，可将权函数 W 与残差 ε 的乘积在全域内积分并使积分值等于零，即

$$\int_\Omega \varepsilon W\mathrm{d}\Omega=\int_\Omega\left[\rho\frac{\partial^2\bar{u}}{\partial t^2}-G\left(\frac{\partial^2\bar{u}}{\partial x^2}+\frac{\partial^2\bar{u}}{\partial y^2}\right)\right]W\mathrm{d}\Omega=0 \tag{8-20}$$

由于 β_i 的任意性，故有

$$\int_\Omega\left[\rho\frac{\partial^2\bar{u}}{\partial t^2}-G\left(\frac{\partial^2\bar{u}}{\partial x^2}+\frac{\partial^2\bar{u}}{\partial y^2}\right)\right]\phi_i(x,y)\mathrm{d}\Omega=0\qquad(i=1,2,\cdots,n) \tag{8-21}$$

显然，将式（8-15）代入式（8-21）后可导出 n 个以 $q_i(t)$ 为未知量的常微分方程，n 为自由度数。

式（8-21）为标准的加权残值法格式，通过选择不同的权函数可导出有限差分法、力矩法、配点法、伽辽金法等。特别值得指出的是，当试函数和权函数选择同样形式时，由式（8-21）导出的矩阵具有对称性，这种特性是十分重要的，这一方法称为**伽辽金法**。伽辽金法利用近似解的试函数作为权函数。

8.3.2　第二种形式的加权残值法

假设选择的函数 $\bar{u}(x,\ y)$ 满足 $\varepsilon_1=0$，那么 $\bar{u}$ 仅在 Γ_2 和 Ω 上近似满足。ε_2 也可像在区域 Ω 中的 ε 一样，以类似的形式加权，即

$$\int_\Omega \varepsilon W\mathrm{d}\Omega=-\int_{\Gamma_2}(\bar{p}-p_0)W\mathrm{d}\Gamma \tag{8-22}$$

将式（8-16）代入式（8-22）并分部积分后有

$$\int_\Omega\left[\rho\frac{\partial^2\bar{u}}{\partial t^2}W+G\left(\frac{\partial\bar{u}}{\partial x}\frac{\partial W}{\partial x}+\frac{\partial\bar{u}}{\partial y}\frac{\partial W}{\partial y}\right)\right]\mathrm{d}\Omega=\int_{\Gamma_2}p_0W\mathrm{d}\Gamma \tag{8-23}$$

形如式（8-23）的方程通常称为“**弱形式**”，这里与式（8-20）不同的是试函数 $\bar{u}$ 和权函数要求连续的阶数是相同的。

选择权函数 W 为

$$W=\sum_{i=1}^{n}\beta_iN_i(x,y) \tag{8-24}$$

将式（8-24）代入式（8-23）后有

$$\int_\Omega\left[\rho\frac{\partial^2\bar{u}}{\partial t^2}N_i(x,y)+G\left(\frac{\partial\bar{u}}{\partial x}\frac{\partial N_i}{\partial x}+\frac{\partial\bar{u}}{\partial y}\frac{\partial N_i}{\partial y}\right)\right]\mathrm{d}\Omega=\int_{\Gamma_2}p_0N_i\mathrm{d}\Gamma\quad(i=1,2,\cdots,n) \tag{8-25}$$

再将式（8-15）代入式（8-25）有

$$\sum_{j=1}^{n} m_{ij}\ddot{q}_j(t) + \sum_{j=1}^{n} k_{ij}q_j(t) = Q_i \tag{8-26}$$

$$\begin{aligned}
m_{ij} &= \int_{\Omega} \rho N_i(x,y) N_j(x,y) \mathrm{d}\Omega \\
k_{ij} &= \int_{\Omega} G\left[\frac{\partial N_i(x,y)}{\partial x}\frac{\partial N_j(x,y)}{\partial x} + \frac{\partial N_i(x,y)}{\partial y}\frac{\partial N_j(x,y)}{\partial y}\right]\mathrm{d}\Omega \\
Q_i &= \int_{\Gamma_2} p_0 N_i \mathrm{d}\Gamma
\end{aligned} \tag{8-27}$$

式（8-25）就是伽辽金法的导出结果，它是有限元法和半解析法的起点。可以看出，伽辽金法形成的系数矩阵是对称的。

加权残值法还有另外一种形式，它是边界元法和 Trefftz 方法的起点，在这里不做介绍。

由式（8-21）和式（8-23）最终都可导出如下的结构运动方程，即

$$[M]^*\{\ddot{q}(t)\}+[C]^*\{\dot{q}(t)\}+[K]^*\{q(t)\}=\{Q(t)\}^* \tag{8-28}$$

式中，$[M]^*$、$[C]^*$、$[K]^*$、$\{Q(t)\}^*$分别为广义质量矩阵、广义阻尼矩阵、广义刚度矩阵，广义力向量。

一般情况下，由加权残值法形成的 $[M]^*$、$[C]^*$、$[K]^*$是不对称的，只有伽辽金法才能形成对称的 $[M]^*$、$[C]^*$、$[K]^*$矩阵。但是，对于稳定系统，$[M]^*$、$[C]^*$、$[K]^*$是正定的（这可由运动稳定性 Chetaev 定理证明）。

8.4　动力有限元法

8.4.1　有限元离散化

有限元法是目前应用最为广泛的一种离散化数值方法，其基本思想是人为地将连续体结构划分为有限个单元，规定每个单元所共有的一组变形形式，称为单元位移模式或插值函数。然后，以单元各节点的位移作为描述结构变形的广义坐标。这样，整个连续体结构的位移曲线就可由这些广义坐标和插值函数表示，再由前面介绍的变分原理直接法或伽辽金法就可以列出以节点位移为广义坐标的离散体结构的有限元运动方程。一旦各节点的位移确定，则可以通过单元位移模式求出单元内部的位移值，进而求得应变和应力。因此，从本质上讲，有限元法是变分直接法或加权残值法的一种特殊形式。选择这样一种函数的主要优点在于：

1）因为同类单元位移模式是相同的，故计算程序十分简单。

2）因为每个节点位移仅影响其邻近的单元，所以这个方法所得的方程大部分是非耦合的，易于计算机数值求解。

3）广义坐标具有明确的物理意义，这是不同于一般广义坐标法的地方，直接给出了节点的位移或力。

4）解的精度可以通过在结构离散化时增加有限单元的数目来提高。

5）分片多项式插值试函数的收敛性有保证。

上面是完全从数学上阐述的有限元法的实质。但实际上有限元法最初是从物理近似中提

出来的。在杆系结构的静力分析中，可以十分自然地把一个杆件看作离散后的一个单元。连续体力学有限元法与杆系结构力学有限元法的思想方法是一致的。它们都是将原结构分成有限个单元结构，这些单元的集合就近似代表原来的结构。如果能合理地求得各单元的物理特性，也就可以近似地求出这个组合结构的物理特性。因此，有限元法的关键是对单元力学特性的分析。一旦单元力学特性确定，则由各单元在节点处的变形连续和受力平衡条件就可以列出原结构的近似运动方程。利用变分直接法或伽辽金法推导有限元公式仅是一种数学解释。

有限元法中的单元可以具有不同的类型和形状，以不同的连接方式进行组合。在有限元分析中，人们可以同时使用各种不同类型的单元来离散一个复杂结构。商业有限元软件一般都具有丰富的单元库供用户选用，包括线单元、面单元、实体单元和特殊单元等。表 8-1 列出了一些常用单元。

表 8-1 常用单元

单元类型		形状	单元节点数	应用
线单元	杆		2	桁架结构
	梁	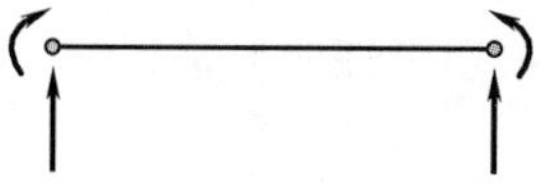	2	弯曲问题
	杆-梁	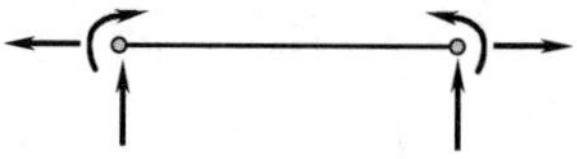	2	拉压弯扭问题
面单元	四节点四边形	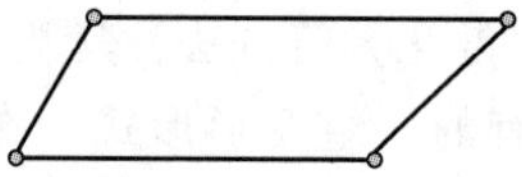	4	平面应力、平面应变、轴对称、薄板弯曲
	三节点三角形	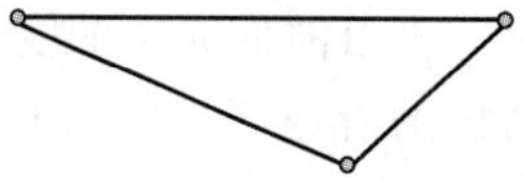	3	平面应力、平面应变、轴对称、薄板弯曲
实体单元	六面体单元	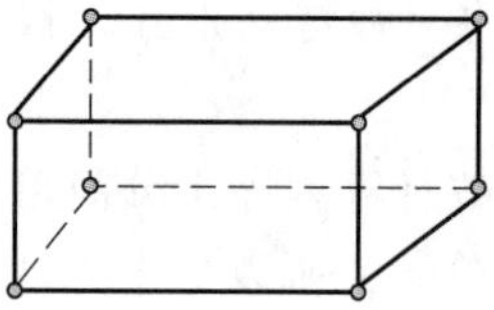	8	实体结构，厚板
	五面体单元	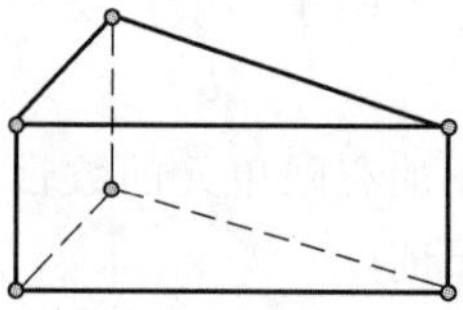	6	实体结构，厚板

（续）

单元类型		形状	单元节点数	应用
实体单元	四面体单元		4	实体结构，厚板

8.4.2　基本分析过程

对于一个结构，采用有限元法建立体系运动方程的基本步骤可以总结如下：

1）采用有限元法将结构离散化，即将结构理想化为有限单元的集合。在有限元模型中，不同单元之间的连接点称为有限元的节点，不同单元通过节点相连接。而节点的位移（可以包括转角）定义为体系的自由度。

2）对于每个单元，可以建立单元的刚度矩阵 $[\overline{K}]_e$，质量矩阵 $[\overline{M}]_e$ 和单元的外力向量 $\{\overline{p}(t)\}_e$（相应于单元自由度的外力向量），其中上画线"—"代表是在单元局部坐标系下的刚度矩阵、质量矩阵和外力向量。

3）将局部坐标系中的 $[\overline{K}]_e$、$[\overline{M}]_e$ 和 $\{\overline{p}(t)\}_e$ 通过单元局部坐标和体系整体坐标之间的坐标转换矩阵 $[T]_e$，转换成整体坐标系下的单元刚度矩阵 $[K]_e$、质量矩阵 $[M]_e$ 和外力向量 $\{p(t)\}_e$。

$$\left.\begin{aligned}[K]_e&=[T]_e^{\mathrm{T}}[\overline{K}]_e[T]_e\\ [M]_e&=[T]_e^{\mathrm{T}}[\overline{M}]_e[T]_e\\ \{p(t)\}_e&=[T]_e^{\mathrm{T}}\{\overline{p}(t)\}_e[T]_e\end{aligned}\right\}\tag{8-29}$$

4）将整体坐标下的单元刚度矩阵、质量矩阵和外力向量进行总装，集成结构体系的整体刚度矩阵 $[K]$、质量矩阵 $[M]$ 和外力荷载向量 $\{p(t)\}$。

$$\left.\begin{aligned}[K]&=\sum_{e=1}^{N_e}[A]_e[K]_e\\ [M]&=\sum_{e=1}^{N_e}[A]_e[M]_e\\ \{p(t)\}&=\sum_{e=1}^{N_e}[A]_e\{p(t)\}_e\end{aligned}\right\}\tag{8-30}$$

式中，N_e 为单元总数；$[A]_e$ 为单元矩阵向整体矩阵总装的集成关系矩阵。

5）形成总体结构有限元模型的运动方程

$$[M]\{\ddot{u}\}+[C]\{\dot{u}\}+[K]\{u\}=\{p(t)\}\tag{8-31}$$

式中，$\{u\}$ 为结构节点系位移向量；$[C]$ 为阻尼矩阵，可以按 Rayleigh 阻尼假设形成。

有限元模型的节点系运动方程与前面讲到的多自由度体系的运动方程在形式上完全相同，两种方法的不同之处仅在于单元刚度矩阵和质量矩阵的形成上。因此前面所介绍的结构动力方程的解法，如振型叠加法、时域逐步积分法等均可用于有限元模型的动力分析。

在以下各节中，将以一维梁为例说明采用有限元法分析时的各主要环节，并给出简单的算例，通过算例说明有限元模型用于结构动力反应分析时的精度。

8.5　有限元法单元位移模式及插值函数的构造

在有限元方法中，单元的位移模式或位移函数一般采用多项式作为近似函数。理由是多项式运算简便，并且随着项数的增多，可以以任意精度逼近任何一段光滑的函数曲线。当然，多项式的选取应由低阶次到高阶次。

考虑长为 L、截面抗弯刚度为 $EI(x)$、抗拉刚度为 $EA(x)$、质量线密度为 $m(x)$ 的一有限元梁单元，单元的两个节点位于两端，仅考虑平面内变形并忽略轴向变形，则由结构力学知识可知，此单元每一个节点有两个自由度，即横向位移和转角，如图 8-7 所示。如果还要考虑梁的轴向变形，则在单元的两个端点还需各增加一个沿梁轴向的自由度。

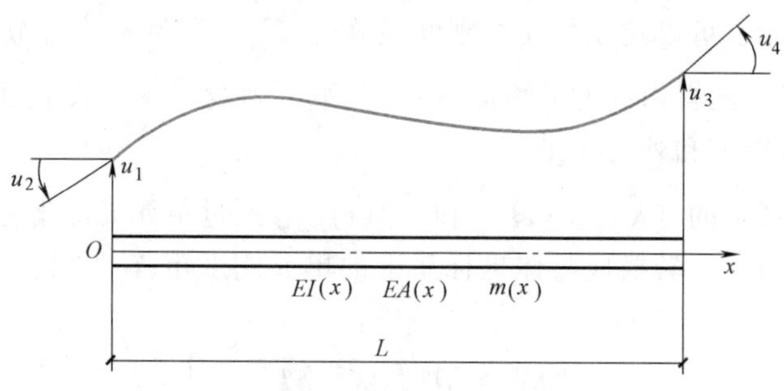

图 8-7　梁单元的节点自由度

梁单元的挠曲线可表示为

$$u(x,t)=\sum_{i=1}^{4}\psi_i(x)u_i(t)=[\psi_1(x)\quad\psi_2(x)\quad\psi_3(x)\quad\psi_4(x)]\begin{Bmatrix}u_1\\u_2\\u_3\\u_4\end{Bmatrix}=[N]\{u\}_e \tag{8-32}$$

式中，$u_i(t)$ $(i=1,2,3,4)$ 表示两节点的横向位移和转角，即广义坐标；$\psi_i(x)$ 为相应于 $u_i(t)$ 的形函数或称插值函数；$[N]=[\psi_1(x)\quad\psi_2(x)\quad\psi_3(x)\quad\psi_4(x)]$，为形函数矩阵；$\{u\}_e=\{u_1\quad u_2\quad u_3\quad u_4\}^{\mathrm{T}}$，为单元节点位移向量。

所定义的 $\psi_i(x)$ 应满足如下边界条件：

$$\left.\begin{aligned}
&i=1:\psi_1(0)=1,\ \psi_1'(0)=\psi_1(L)=\psi_1'(L)=0\\
&i=2:\psi_2'(0)=1,\ \psi_2(0)=\psi_2(L)=\psi_2'(L)=0\\
&i=3:\psi_3(L)=1,\ \psi_3(0)=\psi_3'(0)=\psi_3'(L)=0\\
&i=4:\psi_4'(L)=1,\ \psi_4(0)=\psi_4'(0)=\psi_4(L)=0
\end{aligned}\right\} \tag{8-33}$$

插值函数 $\psi_i(x)$ $(i=1,2,3,4)$ 可以是满足式（8-33）的任意函数。一种选择是用满足以上边界条件的精确解，如对于 $\psi_1(x)$，应用给出的相应四个边界条件，就可以完全确定其（静力）解析解。当梁单元的刚度沿梁长变化时，将导致求解精确解的困难，但如果梁的刚度（EI）是均匀分布的，则容易求得分别满足不同边界条件的精确解作为插值函数。用精确解作为插值函数，可使问题的有限元解具有更高的模拟精度，但有时求这样的精确解本身可能是困难的。下面介绍推导单元插值函数的一般方法。

对于一个插值函数，有四个边界条件，可用来确定四个未知系数，把插值函数设为多项式，如果选用三次多项式，则未知系数的个数正好为四个，因此可以选

$$\psi_i(x)=a_i+b_i\left(\frac{x}{L}\right)+c_i\left(\frac{x}{L}\right)^2+d_i\left(\frac{x}{L}\right)^3 \quad (i=1,2,3,4) \tag{8-34}$$

式中，a_i、b_i、c_i、d_i 分别为待定的未知系数。为方便起见，以上多项式写成无量纲形式。将式（8-34）给出的各插值函数分别代入式（8-33）给出的相应边界条件，可求得各插值函数的待定系数，最后得到满足式（8-33）的插值函数为

$$\left.\begin{aligned}\psi_1(x)&=1-3(x/L)^2+2(x/L)^3\\ \psi_2(x)&=L(x/L)-2L(x/L)^2+L(x/L)^3\\ \psi_3(x)&=3(x/L)^2-2(x/L)^3\\ \psi_4(x)&=-L(x/L)^2+L(x/L)^3\end{aligned}\right\} \tag{8-35}$$

式（8-35）给出的梁单元的插值函数示于图 8-8。

可见在确定以上插值函数时，采用了一般广义坐标法中选择形函数的条件，即由式（8-35）给出的插值函数仅由边界条件确定，而与梁的偏微分控制方程，即与梁的力学性质和梁上的横向荷载无关。因此，这些插值函数可以用于表示均匀和非均匀梁单元的位移。对于均匀梁单元，不考虑剪切变形影响时，以上给出的插值函数是一个精确解，因为此时梁单元的静力控制微分方程（无横向荷载）为

$$EI\frac{\partial^4 u}{\partial x^4}=0$$

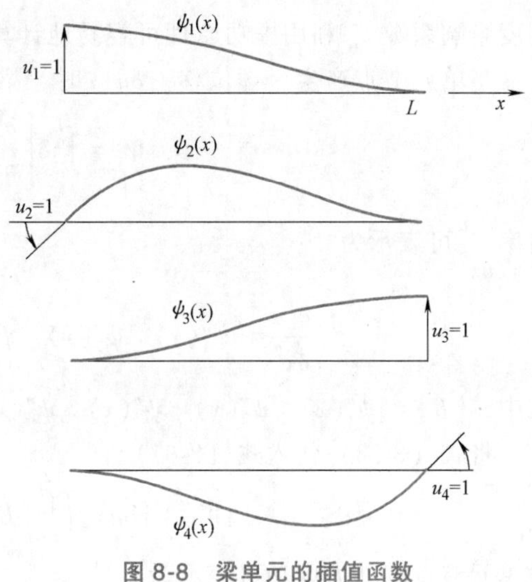

图 8-8　梁单元的插值函数

而式（8-35）给出的插值函数为三次多项式，它们满足控制方程和给定的边界条件，因此是精确解，其中精确解的含义是与结构力学中弯曲梁理论解相比较而言的。对于非均匀梁，控制方程为

$$[EI(x)u'']''=EI''(x)u''+2EI'(x)u'''+EI(x)u''''=0$$

则三次多项式不一定总能满足控制方程，因此对于非均匀梁，式（8-35）给出的插值函数是近似的。

把以上方法用于二维或三维问题时，即使结构是均匀的，得到的插值函数也可能不是精确解，因为对于二维和三维问题，构造的插值函数一般很难满足单元边界线（二维）或边界面（三维）上的位移和应力边界条件。此时，这种构造插值函数的方法可使问题简化，但结果是近似的。

8.6　有限元分析中的基本要素

为进行结构体系的有限元分析，需要建立体系有限元模型的运动方程。这涉及体系的刚度矩阵、质量矩阵和外荷载引起的节点力向量，一旦这些构成运动方程的基本要素确定，则建立了体系的运动方程。下面介绍梁单元的刚度矩阵、质量矩阵和等效外荷载向量的基本概念和计算方法。

8.6.1　单元刚度矩阵

设 $\{f\}_e=[f_1\quad f_2\quad f_3\quad f_4]^{\mathrm{T}}$ 为梁单元广义坐标 $\{u\}=[u_1\quad u_2\quad u_3\quad u_4]^{\mathrm{T}}$ 对应的节点恢复力向量，则单元刚度矩阵为

$$\begin{Bmatrix} f_1 \\ f_2 \\ f_3 \\ f_4 \end{Bmatrix}=\begin{bmatrix} k_{11}^e & k_{12}^e & k_{13}^e & k_{14}^e \\ k_{21}^e & k_{22}^e & k_{23}^e & k_{24}^e \\ k_{31}^e & k_{32}^e & k_{33}^e & k_{34}^e \\ k_{41}^e & k_{42}^e & k_{43}^e & k_{44}^e \end{bmatrix}\begin{Bmatrix} u_1 \\ u_2 \\ u_3 \\ u_4 \end{Bmatrix} \tag{8-36}$$

刚度影响系数 k_{ij}^e 利用虚功原理可容易地计算出。

当单元节点产生一虚位移 $\{\delta u\}$ 时，梁的内力虚功可表示为

$$W_{\mathrm{I}}=\int_0^L \delta\left[\frac{\partial^2 u}{\partial x^2}\right] EI(x)\ \frac{\partial^2 u}{\partial x^2}\mathrm{d}x \tag{8-37}$$

曲率$\dfrac{\partial^2 u}{\partial x^2}$可表示为

$$\frac{\partial^2 u}{\partial x^2}=[\psi_1''(x)\quad \psi_2''(x)\quad \psi_3''(x)\quad \psi_4''(x)]\{u\}=[B]\{u\}_e \tag{8-38}$$

式中，$[B]=[\psi_1''(x)\quad \psi_2''(x)\quad \psi_3''(x)\quad \psi_4''(x)]$。

将式（8-38）代入式（8-37）有

$$W_{\mathrm{I}}=\{\delta u\}_e^{\mathrm{T}}\left(\int_0^L [B]^{\mathrm{T}} EI(x)[B]\mathrm{d}x\right)\{u\}_e \tag{8-39}$$

梁单元节点的外力虚功可表示为

$$W_{\mathrm{E}}=\{\delta u\}_e^{\mathrm{T}}\{f\}_e \tag{8-40}$$

由虚功原理可知

$$W_{\mathrm{I}}=W_{\mathrm{E}} \tag{8-41}$$

将式（8-39）和式（8-40）代入式（8-41）可得单元节点力和节点位移的关系式，即

$$\{f\}_e=\left(\int_0^L [B]^{\mathrm{T}} EI(x)[B]\mathrm{d}x\right)\{u\}_e=[K]_e\{u\}_e \tag{8-42}$$

其中，刚度矩阵 $[K]_e$ 中的元素为

$$k_{ij}^e=\int_0^L EI(x)\psi_i''(x)\psi_j''(x)\mathrm{d}x \tag{8-43}$$

由上式可见，$k_{ij}^e=k_{ji}^e$表明单元刚度矩阵是对称的。当梁是等截面直梁时，由式（8-35）

可导得弯曲梁单元的刚度矩阵为

$$[K]_e=\frac{2EI}{L^3}\begin{bmatrix}6 & 3L & -6 & 3L\\ 3L & 2L^2 & -3L & L^2\\ -6 & -3L & 6 & -3L\\ 3L & L^2 & -3L & 2L^2\end{bmatrix} \tag{8-44}$$

以上给出的梁单元刚度矩阵与用初等梁理论给出的解析解是完全相同的。即对于均匀弯曲梁，采用插值函数得到的梁的刚度矩阵是精确的。这也很容易理解，对于均匀梁，前面定义的插值函数满足控制方程和边界条件，是精确解。

式（8-44）给出的刚度矩阵 $[K]_e$ 是在局部坐标下的4×4 阶单元刚度矩阵，仅反映了梁单元横向线位移和转角自由度的影响，没有考虑轴向变形的影响。如果把两个梁端与轴向相应的刚度考虑在内，则局部坐标系下的单元刚度矩阵成为 6×6 阶的矩阵，相应于两个端点的轴向位移自由度的刚度为

$$[K_N]_e=\begin{bmatrix}\frac{EA}{L} & -\frac{EA}{L}\\ -\frac{EA}{L} & \frac{EA}{L}\end{bmatrix} \tag{8-45}$$

在得到扩展的局部坐标系下的单元刚度矩阵后，可以通过坐标转换矩阵 $[T]_e$ 将局部坐标系下的单元刚度矩阵转换成整体坐标下的单元刚度矩阵，这里的坐标转换矩阵仅与梁单元的方向角 θ_e 有关，如图 8-9 所示，即

$$[T]_e=\begin{bmatrix}\cos\theta_e & \sin\theta_e & 0 & 0 & 0 & 0\\ -\sin\theta_e & \cos\theta_e & 0 & 0 & 0 & 0\\ 0 & 0 & 1 & 0 & 0 & 0\\ 0 & 0 & 0 & \cos\theta_e & \sin\theta_e & 0\\ 0 & 0 & 0 & -\sin\theta_e & \cos\theta_e & 0\\ 0 & 0 & 0 & 0 & 0 & 1\end{bmatrix} \tag{8-46}$$

在整体坐标系中，单元自由度的顺序为 $\{u_{1x}\quad u_{1y}\quad \theta_1\quad u_{2x}\quad u_{2y}\quad \theta_2\}$，下标中 1 和 2 代表梁单元的两个节点。

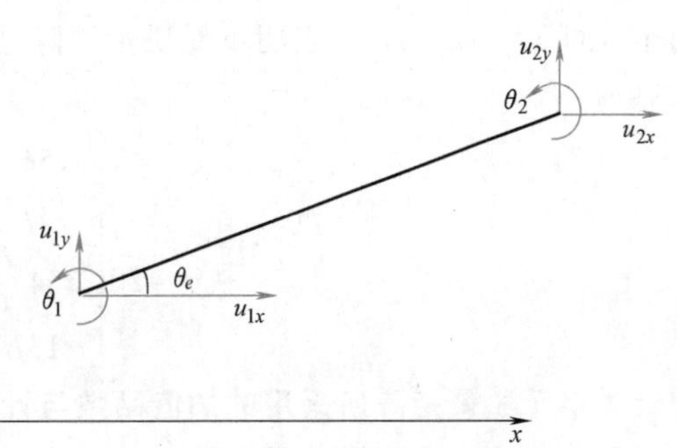

图 8-9　梁单元的整体和局部坐标系

8.6.2　单元质量矩阵

1. 一致质量矩阵

质量影响系数 m_{ij} 是在体系处于平衡位置时，单位加速度 $\ddot{u}_j=1$ 引起的惯性力在 u_i 方向上产生的约束反力。可以用与分析单元刚度矩阵类似的方法来计算 m_{ij}。

例如，为计算质量影响系数 m_{13}，令节点 2 产生一单位竖向加速度，即 $\ddot{u}_3=1$，所引起的惯性力如图 8-10 所示，分布的惯性力为

$$f_I(x)=-m(x)\ddot{u}(x,t)=-m(x)\psi_3(x)\ddot{u}_3=-m(x)\psi_3(x) \tag{8-47}$$

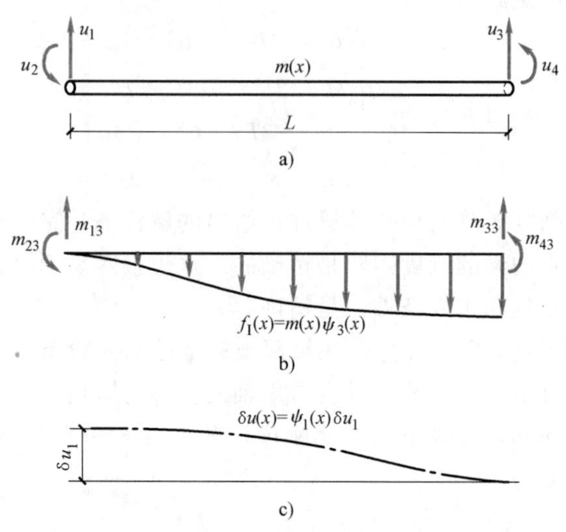

图 8-10 一致质量矩阵求解示意图

由单位加速度 $\ddot{u}_3=1$ 引起的惯性力在 u_i 方向上引起的节点约束反力，即质量影响系数 $m_{i3}(i=1，2，3，4)$，如图 8-10b 所示。为计算 m_{13}，可在节点 1 引入一个竖向虚位移 δu_1，对应的杆内虚位移为 $\delta u(x)=\psi_1(x)\delta u_1$。由于杆处于平衡位置，同时不考虑杆的变形引起的弹性力，即杆的弹性内力 $M=0$。由虚功原理得

$$m_{13}\delta u_1 - \int_0^L f_I(x)\delta u(x)\,dx = 0 \tag{8-48}$$

于是可导出

$$m_{13} = \int_0^L m(x)\psi_1(x)\psi_3(x)\,dx \tag{8-49}$$

同理，可得一般公式

$$m_{ij} = \int_0^L m(x)\psi_i(x)\psi_j(x)\,dx \tag{8-50}$$

由上式可见，$m_{ij}=m_{ji}$，表明单元质量矩阵是对称的。对于均布质量 $m(x)=m$ 时，单元质量矩阵为

$$[\overline{M}]_e^C = \frac{mL}{420}\begin{bmatrix} 156 & 22L & 54 & -13L \\ 22L & 4L^2 & 13L & -3L^2 \\ 54 & 13L & 156 & -22L \\ -13L & -3L^2 & -22L & 4L^2 \end{bmatrix} \tag{8-51}$$

当**计算单元质量矩阵所采用的插值函数与计算单元刚度矩阵所用的插值函数相同时，所得到的质量矩阵称为“一致质量矩阵”**，式（8-51）中的上标“C”代表一致质量矩阵。

2. 集中质量矩阵

单元集中质量矩阵是把单元分布的质量集中成质量块置于梁单元的两个端点上。质量块的体积等于零，质量之和等于梁单元的总质量 mL，此时再按质量阵元素 m_{ij} 的定义，可得到梁单元的集中质量矩阵为

$$[\overline{M}]_e^{\mathrm{L}}=mL\begin{bmatrix}0.5 & 0 & 0 & 0\\0 & 0 & 0 & 0\\0 & 0 & 0.5 & 0\\0 & 0 & 0 & 0\end{bmatrix} \tag{8-52}$$

式（8-52）中上标“L”代表集中质量。对于集中质量模型，仅相应于两端点的线位移自由度上有质量（非零值），其他均为零。

集中质量矩阵是对角阵，即矩阵的对角线上有非零值，而非对角线上的值均为零。因为集中质量法是把质量集中到一个点上，相应于一个质点的平动惯性力就作用在质点本身，而质点的转动惯性力等于零。

一致质量法从数学上讲是严格的，是一种数学方法。集中质量法是一种工程处理方法，可出自于工程师的直观判断。但如果在定义计算质量矩阵时所采用的插值函数不同于计算刚度矩阵的插值函数，则同样可以用式（8-50）计算出集中质量矩阵。如定义与线位移自由度相应的 ψ 为阶梯函数，而与转角相应的 $\psi=0$，也可以得到集中质量矩阵式（8-52），但此时是非一致的，即计算质量矩阵和计算刚度矩阵时的插值函数不同（不一致）。

结构动力分析和静力分析不同之处是考虑了惯性力，即考虑了质量，因为质量矩阵的形成及性质是动力问题中一个有较大影响的因素，因此下面进一步讨论集中质量法和一致质量法，比较它们的特点及优缺点。

在结构动力反应分析中，与一致质量法相比，集中质量法的最主要优点是节省计算量和计算时间，原因有两个：

1）集中质量矩阵是对角的，而一致质量矩阵是非对角的，因此无论是形成质量矩阵还是求解方程，前者均省时省力。

2）集中质量法中与转动自由度相应的转动惯量等于零，因此在动力分析中，转动自由度可以通过前面介绍的静力凝聚法消去，使结构体系的动力自由度降低一半，而一致质量法中所有的转动自由度都属于动力自由度。

一致质量法也有其优点，主要有两点：

1）在采用同样的单元数目时，一致质量法比集中质量的计算精度高；当单元数目增加时（结构被细分时），一致质量法可以更快地收敛于精确解。但在实际问题中，这种改进常常是有限的，因为对于很多的工程结构，节点扭转惯性力的影响一般是不显著的。

2）在一致质量法中，势能和动能值的计算采用了一致的方法，这样可以知道计算的自振频率与相应的精确自振频率的关系。

由于一致质量法的优点很少能超过为增加一点精度而付出的额外工作量，因此在实际问题中，集中质量法仍得到广泛的应用。

两种方法用于结构模态分析时，集中质量模型的自振频率低于实际结构，而一致质量模型的自振频率高于实际结构，因此也有采用混合质量法的。

3. 混合质量矩阵

混合质量有限元模型中质量矩阵为集中质量矩阵和一致质量矩阵的加权叠加，即

$$[M]_e^{\mathrm{H}}=(1-\beta)[M]_e^{\mathrm{L}}+\beta[M]_e^{\mathrm{C}} \tag{8-53}$$

式中，β 为加权系数，在［0，1］之间取值，当 $\beta=0$ 时，为集中质量矩阵；当 $\beta=1$ 时，为一致质量矩阵。

从不同的角度出发，研究β的取值对有限元动力模拟精度的影响，结果发现，一般情况下，取$\beta=0.5$时，混合质量模型具有较理想的模拟精度，因此通常取

$$[M]_e^{\mathrm{H}}=0.5[M]_e^{\mathrm{L}}+0.5[M]_e^{\mathrm{C}} \tag{8-54}$$

对于质量矩阵也可以像处理刚度矩阵一样，考虑单元端点两轴向自由度后，将单元4×4阶质量矩阵扩展成6×6阶质量矩阵，再通过坐标转换矩阵$[T]_e$把相应于局部坐标系下的单元质量矩阵转换成总体坐标系下的单元质量矩阵$[M]_e$，即

$$[M]_e=[T]_e^{\mathrm{T}}[\overline{M}]_e[T]_e$$

8.6.3 等效节点荷载

如果外荷载$p_i(t)$ $(i=1, 2, 3, 4)$，直接施加在单元两个节点的四个自由度之上，则可以直接写出单元外荷载向量

$$\{p(t)\}_e=\begin{Bmatrix} p_1(t) \\ p_2(t) \\ p_3(t) \\ p_4(t) \end{Bmatrix} \tag{8-55}$$

式中，p_2和p_4为作用于转动自由度上的弯矩。

如果外荷载是作用于梁中的分布荷载$p(x, t)$和集中荷载$p_j(t)$（作用在x_j点上），则由之产生的作用于第i个自由度的等效节点荷载为

$$p_i(t)=\int_0^L p(x,t)\psi_i(x)\mathrm{d}x+\sum_j p_j\psi_i(x_j) \tag{8-56}$$

如果上式中选取的插值函数与用于推导刚度矩阵时的插值函数相同，得到的节点荷载称为一致节点荷载（力）。也可以采用精度稍低，但简单的插值函数——线性插值函数，即

$$\psi_1(x)=1-\frac{x}{L},\psi_3(x)=\frac{x}{L}$$

用于形成节点荷载，这样给出的是与梁单元两端节点的线位移自由度相应的节点力，而与转角自由度相应的节点弯矩等于零。将4×1的单元节点力向量扩展为6×1的节点力向量，最后通过坐标转换矩阵，即可形成整体坐标系下的单元节点力向量。

在完成以上工作后，通过总装，可以形成体系的总体刚度矩阵、质量矩阵和外荷载向量，再采用阻尼理论假设得到体系的总体阻尼矩阵，最后得到体系的运动方程式。

例8-1 用有限元法计算图8-11所示均匀悬臂梁的自振频率和振型。悬臂梁采用两个长度相等的梁单元离散，并采用一致质量矩阵。梁截面弯曲刚度为EI，质量线密度为m。

解：(1) 定义有限元模型的自由度 总体结构体系的6个自由度示于图8-11b，包括3个线位移和3个角位移。两个单元的局部自由度示于图8-11c。

(2) 形成单元刚度矩阵 单元刚度矩阵表达式在前面已经给出，但注意到这里单元长度为$L/2$，代入式(8-44)，得到局部坐标系及自由度定义下的刚度矩阵分别为

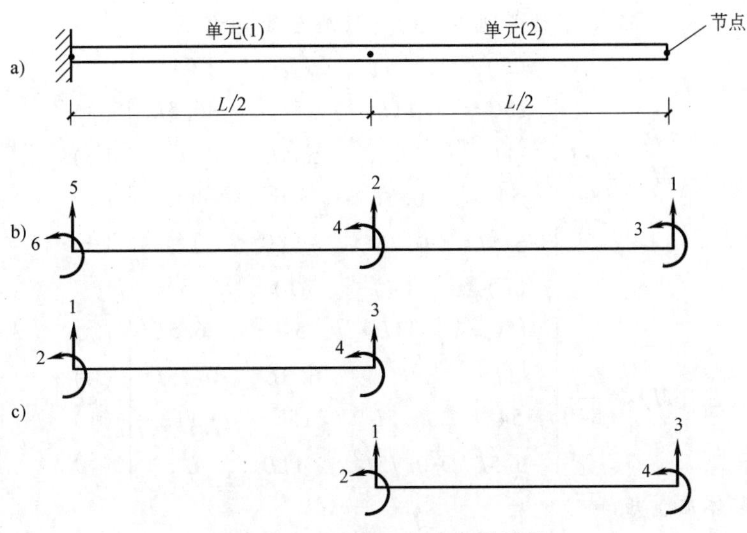

图 8-11　悬臂梁及其有限元模型

$$
\begin{matrix} & (5) & (6) & (2) & (4) & \\ [K]_1=\dfrac{8EI}{L^3} & \left[\begin{matrix} 12 \\ 3L \\ -12 \\ 3L \end{matrix}\right. & \begin{matrix} 3L \\ L^2 \\ -3L \\ L^2/2 \end{matrix} & \begin{matrix} -12 \\ -3L \\ 12 \\ -3L \end{matrix} & \left.\begin{matrix} 3L \\ L^2/2 \\ -3L \\ L^2 \end{matrix}\right] & \begin{matrix} (5) \\ (6) \\ (2) \\ (4) \end{matrix} \end{matrix}
$$

$$
\begin{matrix} & (2) & (4) & (1) & (3) & \\ [K]_2=\dfrac{8EI}{L^3} & \left[\begin{matrix} 12 \\ 3L \\ -12 \\ 3L \end{matrix}\right. & \begin{matrix} 3L \\ L^2 \\ -3L \\ L^2/2 \end{matrix} & \begin{matrix} -12 \\ -3L \\ 12 \\ -3L \end{matrix} & \left.\begin{matrix} 3L \\ L^2/2 \\ -3L \\ L^2 \end{matrix}\right] & \begin{matrix} (2) \\ (4) \\ (1) \\ (3) \end{matrix} \end{matrix}
$$

式中圆括号中的数字代表对应的结构整体自由度。

上面给出的单元刚度矩阵也是整体坐标系下的单元矩阵，因为对于本例，局部和整体坐标系是一致的，不需再用坐标转换矩阵处理。

(3) 形成体系总体刚度矩阵

$$
\begin{matrix} & (1) & (2) & (3) & (4) & (5) & (6) & \\ [K]=\dfrac{8EI}{L^3} & \left[\begin{matrix} (12) \\ (-12L) \\ (-3L) \\ (-3L) \\ 0 \\ 0 \end{matrix}\right. & \begin{matrix} (-12) \\ [12]+(12) \\ (3L) \\ [-3L]+(3L) \\ [-12] \\ [-3L] \end{matrix} & \begin{matrix} (-3L) \\ (3L) \\ (L^2) \\ (L^2/2) \\ 0 \\ 0 \end{matrix} & \begin{matrix} (-3L) \\ [-3L]+(3L) \\ (L^2/2) \\ [L^2]+(L^2) \\ [3L] \\ [L^2/2] \end{matrix} & \begin{matrix} 0 \\ [-12] \\ 0 \\ [3L] \\ [12] \\ [3L] \end{matrix} & \left.\begin{matrix} 0 \\ [-3L] \\ 0 \\ [L^2/2] \\ [3L] \\ [L^2] \end{matrix}\right] & \begin{matrix} (1) \\ (2) \\ (3) \\ (4) \\ (5) \\ (6) \end{matrix} \end{matrix}
$$

刚度矩阵中带 [ ] 的数值为单元 1，即 $[K]_1$ 中的元素；带 ( ) 的为单元 2，即 $[K]_2$ 中的元素。

(4) 形成单元质量矩阵　在前面给出的一致质量矩阵公式（8-51）中用 $L/2$ 代 L，由

$[\overline{M}]_1=[M]_1$，$[\overline{M}]_2=[M]_2$ 可以得到单元的一致质量矩阵为

$$
\begin{matrix} & (5) & (6) & (2) & (4) & \\ [M]_1=\dfrac{mL}{840} & \begin{bmatrix} 156 & 11L & 54 & -6.5L \\ 11L & L^2 & 6.5L & -0.75L^2 \\ 54 & 6.5L & 156 & -11L \\ -6.5L & -0.75L^2 & -11L & L^2 \end{bmatrix} & \begin{matrix}(5)\\(6)\\(2)\\(4)\end{matrix} \end{matrix}
$$

$$
\begin{matrix} & (2) & (4) & (1) & (3) & \\ [M]_2=\dfrac{mL}{840} & \begin{bmatrix} 156 & 11L & 54 & -6.5L \\ 11L & L^2 & 6.5L & -0.75L^2 \\ 54 & 6.5L & 156 & -11L \\ -6.5L & -0.75L^2 & -11L & L^2 \end{bmatrix} & \begin{matrix}(2)\\(4)\\(1)\\(3)\end{matrix} \end{matrix}
$$

（5）形成整体质量矩阵

$$
[M]=\frac{ML}{840}\begin{bmatrix} (156) & (54) & (-11L) & (6.5L) & 0 & 0 \\ (54) & [156]+(156) & (-6.5L) & [-11L]+(11L) & [54] & [6.5L] \\ (-11L) & (-6.5L) & (L^2) & (-0.75L^2) & 0 & 0 \\ (6.5L) & [-11L]+(11L) & (-0.75L^2) & [L^2]+(L^2) & [-6.5L] & [-0.75L^2] \\ 0 & [54] & 0 & [-6.5L] & [156] & [11L] \\ 0 & [6.5L] & 0 & [-0.75L^2] & [11L] & [L^2] \end{bmatrix}\begin{matrix}(1)\\(2)\\(3)\\(4)\\(5)\\(6)\end{matrix}
$$

（列编号依次为 (1) (2) (3) (4) (5) (6)）

质量矩阵中带 [ ] 的数值为单元1，即 $[M]_1$ 中的元素；带 ( ) 的为单元2，即 $[M]_2$ 中的元素。

（6）形成运动方程 在形成运动方程前，还要先实现约束边界条件。对于本例的悬臂梁，第5个和第6个自由度被约束，因此 $u_5=u_6=0$，这样就要把 6×6 的矩阵（刚度和质量）中的第5、6行和第5、6列去掉，然后建立体系的运动方程

$$
[M]\{\ddot{u}\}+[K]\{u\}=\{0\}
$$

具体形式为

$$
\frac{mL}{840}\begin{bmatrix} 156 & 54 & -11L & 6.5L \\ 54 & 312 & -6.5L & 0 \\ -11L & -6.5L & L^2 & -0.75L^2 \\ 6.5L & 0 & -0.75L^2 & 2L^2 \end{bmatrix}\begin{Bmatrix}\ddot{u}_1\\ \ddot{u}_2\\ \ddot{u}_3\\ \ddot{u}_4\end{Bmatrix}+\frac{8EI}{L^3}\begin{bmatrix} 12 & -12 & -3L & -3L \\ -12 & 24 & 3L & 0 \\ -3L & 3L & L^2 & -0.5L^2 \\ -3L & 0 & -0.5L^2 & 2L^2 \end{bmatrix}\begin{Bmatrix}u_1\\u_2\\u_3\\u_4\end{Bmatrix}=\begin{Bmatrix}0\\0\\0\\0\end{Bmatrix}
$$

（7）求解特征值问题 自振频率通过求解特征方程 $[K]\{\phi\}=\omega^2[M]\{\phi\}$ 得到

$$
\omega_1=3.51772\sqrt{\frac{EI}{mL^4}},\omega_2=22.2215\sqrt{\frac{EI}{mL^4}}
$$

$$
\omega_3=75.1571\sqrt{\frac{EI}{mL^4}},\omega_4=218.138\sqrt{\frac{EI}{mL^4}}
$$

而精确解为

$$\omega_1=3.5162\sqrt{\frac{EI}{mL^4}},\omega_2=22.0345\sqrt{\frac{EI}{mL^4}}$$

$$\omega_3=61.6972\sqrt{\frac{EI}{mL^4}},\omega_4=120.902\sqrt{\frac{EI}{mL^4}}$$

例 8-2　用集中质量法重新计算以上算例。

解： 与例 8-1 不同之处是质量矩阵不同，采用集中质量法时，结构总体质量矩阵可以很容易确定

$$[M]=\begin{bmatrix} mL/4 & 0 & 0 & 0 \\ 0 & mL/2 & 0 & 0 \\ 0 & 0 & 0 & 0 \\ 0 & 0 & 0 & 0 \end{bmatrix}$$

采用集中质量矩阵时，体系仅有两个动力自由度，进行特征值分析得到的两个自振频率为

$$\omega_1=3.15623\sqrt{\frac{EI}{mL^4}},\omega_2=16.2580\sqrt{\frac{EI}{mL^4}}$$

8.7　动力有限元法的精度

动力有限元法的精度一个较为全面的对比分析应包括模态分析和动力时程计算结果的分析，这里通过对比有限元模型的自振频率与精确频率及动力反应的计算结果来进行说明。

采用一致质量和集中质量有限元法分析均匀悬臂梁的自振频率。对于一致质量法，每个节点有两个（动力）自由度，一个竖向位移，一个转角；对于集中质量法，每个节点只有一个动力自由度，相应于竖向位移。将长度为 L 的悬臂梁（见图 8-11）用 N 个长度相等的单元离散，为分析单元数量的影响，分别取 $N=1$，2，3，4，5。例 8-1 和例 8-2 给出了 $N=2$ 时的分析过程，当 N 等于其他值时，可采用同样的步骤进行分析。

图 8-12 给出分别采用一致质量法和集中质量法时均匀悬臂梁的自振圆频率，横坐标为自振频率的阶数，纵坐标为自振圆频率的值，图中虚线为采用解析方法给出的精确解。

从两种有限元法给出的自振频率和精确频率的对比分析可以发现：

1）有限元法分析低阶自振频率的精度高于高阶频率。

2）增加有限单元的数量可以很快提高分析的精度。

3）一致质量法给出的自振频率高于实际值，从上限（界）收敛于精确解。

4）集中质量给出的自振频率低于精确解，从下限（界）收敛于精确解。

5）在采用数目相同的有限单元的情况下，一致质量法的结果优于集中质量法，但一致质量法要花费更多的时间来求解特征值问题，因为单元的数量相同时，一致质量法的动力自由度比集中质量法的多一倍。

外荷载作用下有限元法动力反应计算精度的比较分析采用图 8-13a 所示的均匀弯曲梁模

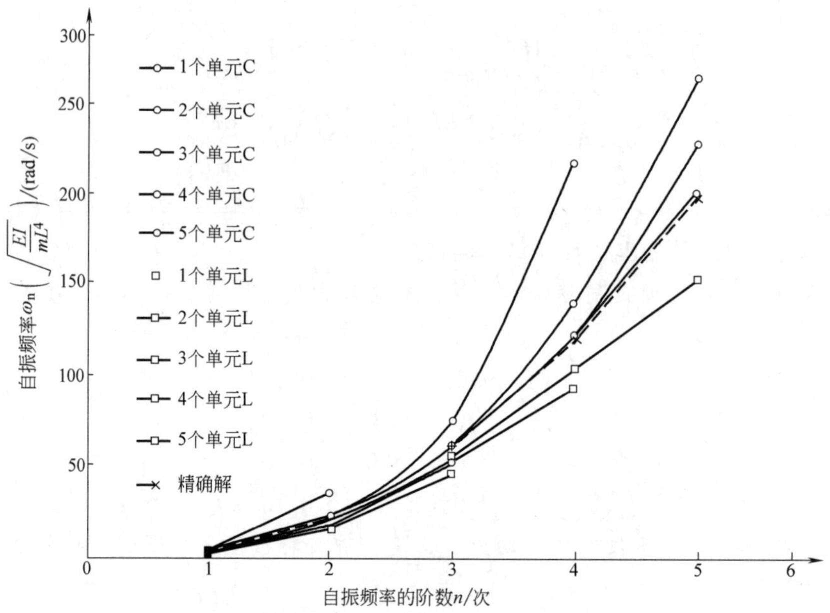

图 8-12　集中质量和一致质量有限元法计算自振频率的精度比较

型，梁的截面为圆形，半径 $a=4\text{m}$，长度 $L=40\text{m}$，质量密度 $\rho=2500\text{kg/m}^3$，弹性模量 $E=30000\text{MPa}$。梁自由端分别受到沿横向及轴向集中力 p 及 p_N 作用，集中力为持时 $T_d=0.2\text{s}$ 的 Dirac 脉冲，峰值为 $p_0=10$ MN，归一化的力时程曲线如图 8-13b 所示；对于作用时间和峰值分别为 T_d 和 p_0 的狄拉克脉冲 $p(t)$，其归一化形式为

$$\bar{p}(\bar{t})=16[h(\bar{t})-4h(\bar{t}-1/4)+6h(\bar{t}-1/2)-4h(\bar{t}-3/4)+h(\bar{t}-1)] \tag{8-57}$$

$$h(\bar{t})=\bar{t}^3H(\bar{t}) \tag{8-58}$$

式中，$H(\bar{t})$ 为 Heaviside 阶梯函数；$\bar{t}=t/T_d$；$\bar{p}=p/p_0=p_N/p_0$。

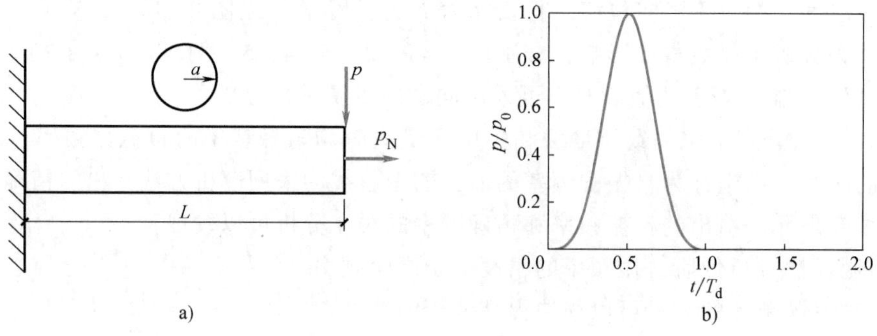

图 8-13　悬臂梁和狄拉克脉冲

图 8-14 给出了分别采用一致质量法和集中质量法计算时均匀拉压杆顶端的位移峰值随单元数的变化，其中图 8-14a 为横向力 $p(t)$ 单独作用下梁的横向位移反应峰值，图 8-14b 为轴向力 $p_N(t)$ 单独作用下梁的轴向位移反应峰值。由图中可以看出，无论是一致质量法还是集中质量法，随着单元数目 N 的增加，有限元法的精度均可以很快提高；同样的情况

下，一致质量法可更快地逼近精确解。同时也发现，无论是集中质量法还是一致质量法，有限元动力反应的解可能大于精确解，也可能小于精确解。

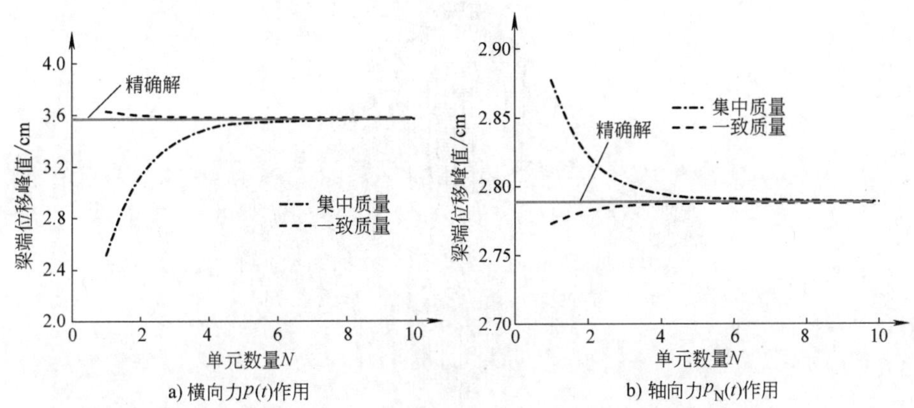

图 8-14　集中质量和一致质量有限元法计算动力反应的精度比较

对于实际的建筑结构，如框架结构、剪力墙结构等，由于结构中的很大一部分质量，包括各楼板的质量和置于其上的永久荷载、活荷载导致的等效质量，实际就相当于集中质量，因此，集中质量法仅对结构柱和剪力墙质量的处理是近似的，而对于楼层质量的处理是比较精确的。这样，分析建筑结构时由采用集中质量有限元方法导致的误差要小于分析质量连续分布梁时的误差。

8.8　连续介质结构有限元动力分析

有限元法将无限自由度的连续结构转化为由有限单元组成的有限自由度体系，将连续结构运动的偏微分控制方程转化为与有限元模型的自由度相应的常微分方程组，常微分方程的数目等于有限元离散化时的自由度数。由于结构有限元模型的运动方程与前面介绍的框架结构的方程在形式上完全相同，因此前面介绍的多自由度体系的运动方程的分析过程和方法均可用于分析有限元模型。有限元法得到广泛研究和使用，大型通用结构分析软件一般均基于有限元法。

本章介绍的分析方法和处理步骤可以推广到二维和三维结构问题的有限元分析。在正确建立有限元模型的情况下，计算结果随单元数增加收敛于精确解；相应地，单元数越多，解的精度越高。与一维有限单元集合体不同，二维和三维有限单元集合体在节点处的协调性条件不会总能确保单元边界的协调性。为了避免节点之间相邻单元的不连续性，假定单元上的插值函数能使共同的两个边界一起变形，这样的单元称为协调单元。在每一瞬时，每个单元内部的应力状态可以利用插值函数、应变-位移关系和材料的本构特性由节点位移求出。连续介质结构有限单元法和框架结构的位移法的不同之处主要在于单元质量矩阵和刚度矩阵建立的方法不同。

有限元方法的研究始于 20 世纪 60 年代，其研究成果呈爆炸式增长，发展了很多种单元及方法用于研究和解决理论问题和工程问题。理论和应用的研究成果已发表了成千上万篇文章和数十本教科书、参考书，这里无法一一列出。下面仅介绍一个核电站地震反应分析算例。

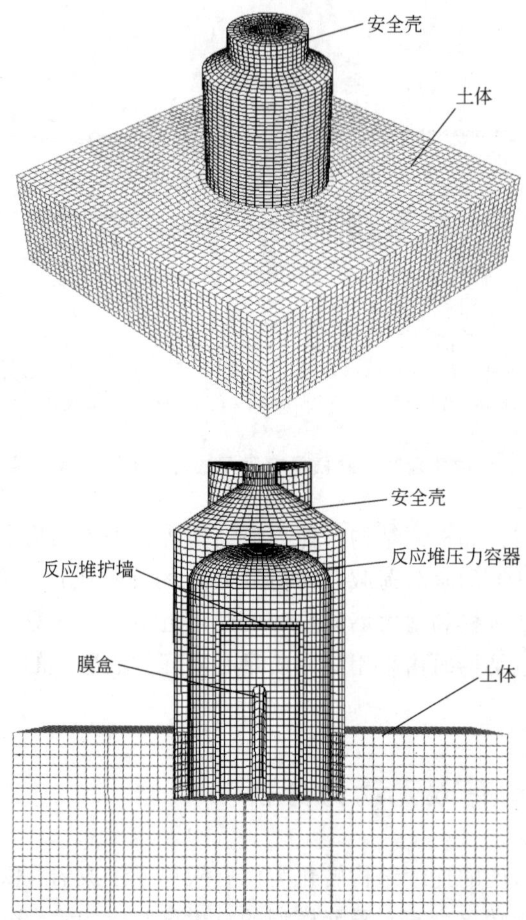

图 8-15　核反应堆建筑物有限元分析模型

图 8-15 所示为某一核电站反应堆建筑物的有限元模型。该模型包括安全壳、反应堆压力容器、反应堆护墙、膜盒，并考虑了地基土。数值模型中，安全壳和反应堆压力容器采用壳单元离散，连接管线采用梁单元离散、膜盒和土体采用三维实体单元离散。对于核电站地震反应分析的关键是研究反应堆的动力反应，土体底部所受到的地震动加速度如图 8-16 所示。图 8-17 所示为地震作用下核反应堆建筑物不同位置处的水平相对位移时程，同样也可给出反应堆结构的内力等。根据核电站反应堆建筑物的位移反应和内力反应等计算结果，即可以对结构的抗震性能进行评估，并指导结构的抗震设计。

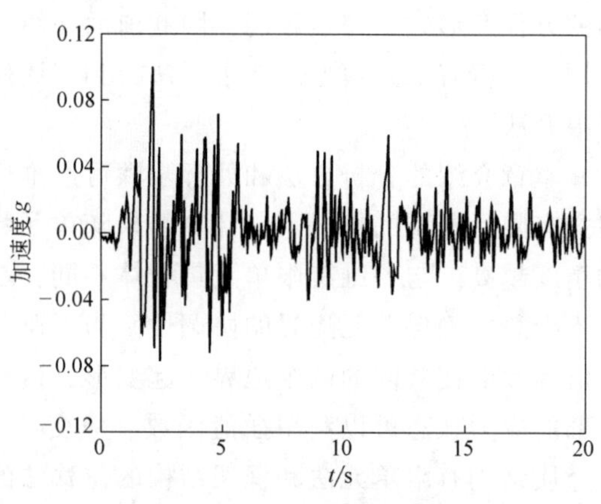

图 8-16　输入地震动加速度时程

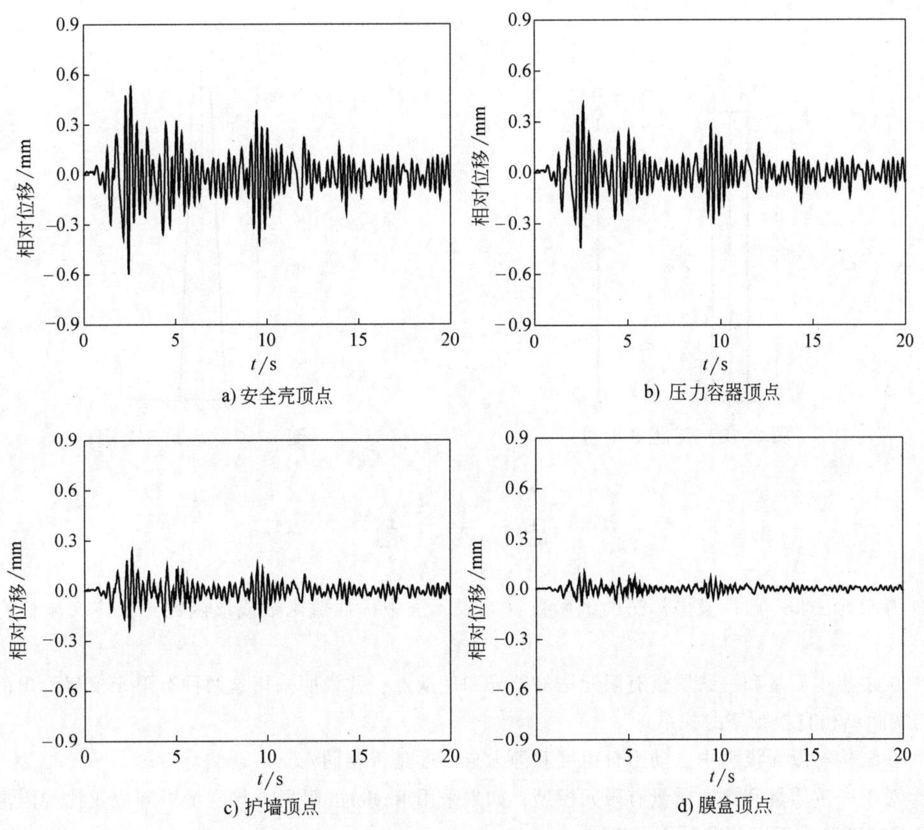

图 8-17　地震作用下核反应堆建筑物的水平位移反应

有限元方法是一种生命力强、功能强大、应用广泛的方法，而且概念简单、又有很多大型通用商用软件可用。但在用有限元法分析时，一定要对有限元法本身的特点和限制范围有充分的了解。采用合理的模型（包括简化模型）和合适的单元（特别是对于非线性问题），对获得可靠的分析结果是很重要的。同时，丰富的经验（软件方面的、荷载的和结构性能的了解）对判断计算结果的合理与否具有重要的作用。

习　题

8-1　将均匀剪切梁用两个有限单元离散（有限元模型的节点编号如图 8-18 所示），分别采用一致质量模型、集中质量模型、混合质量模型（$\beta=0.5$）确定梁的自振频率，并与采用精确方法给出的结果比较。插值函数取如下线性函数

$$\psi_1(x)=1-(x/L),\psi_2(x)=x/L$$

8-2　图 8-19 为一高为 h 的烟囱，可以用悬臂梁近似。其质量线密度呈线性变化，在底端为 m、在顶端为 $m/2$，而截面弯曲惯性矩从底端的 I 线性变化至顶端的 $I/2$。采用如下插值函数估计烟囱横向振动的前两阶自振频率和振型。

$$\psi_1(x)=1-\cos(\pi x/2h),\psi_2(x)=1-\cos(3\pi x/2h)$$

其中 x 的原点位于烟囱底端。

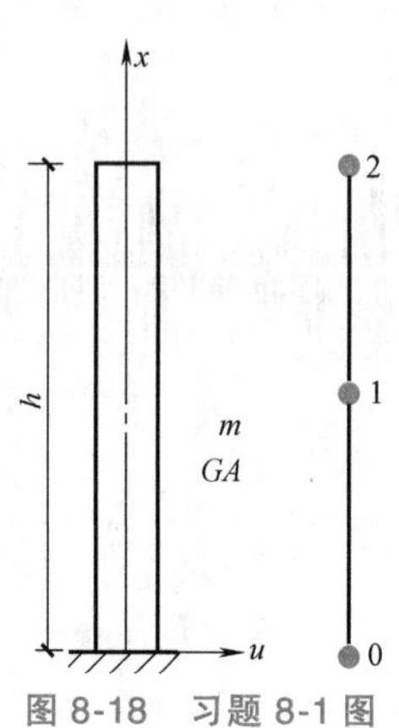

图 8-18 习题 8-1 图

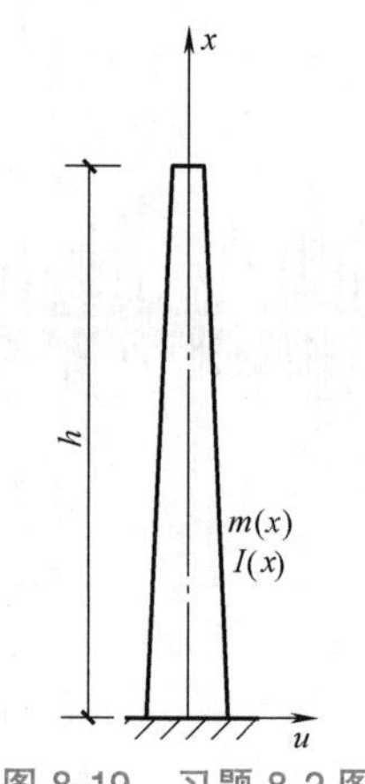

图 8-19 习题 8-2 图

思 考 题

8-1 有限元法和一般广义坐标法的试函数（有限元法中称插值函数或形函数）及广义坐标有什么主要差别？

8-2 试述集中质量和一致质量有限元法的差异和优缺点，并说明采用这两种有限元模型给出的结构自振频率与实际结构自振频率的关系。

8-3 在结构有限元模型中，动力自由度和静力自由度是否相同？

8-4 对于一致质量和集中质量有限元模型，如果采用 Rayleigh 阻尼，与质量矩阵成正比的阻尼比有什么不同？与刚度阵成正比的阻尼是否相同？

8-5 当采用中心差分法对无阻尼结构有限元模型的运动方程进行时域逐步积分求解时，集中质量法和一致质量法的逐步积分公式的最主要差别是什么？

8-6 是否可以从理论上证明一致质量有限元模型的基本自振频率必定高于相应连续结构的基本自振频率？

8-7 是否可以从理论上证明集中质量有限元模型的基本自振频率必定低于相应连续结构的基本自振频率？

8-8 能否仿照用振型叠加法分析梁的动力反应时采用的相关处理方法，直接从梁的偏微分运动方程出发，采用试函数得到梁的单元刚度阵、单元质量阵和单元外力向量？直接获得的单元刚度阵和经二次分部积分后得到的单元刚度阵的计算公式是否等效？

第 9 章

结构随机振动

9.1 概述

振动是自然界普遍存在的一种现象。车辆行进中的颠簸，地震作用下结构的反应，喷气噪声引起的飞机舱壁的颤动，海浪造成的近海钻井平台的振动等，都是工程中常遇的振动问题。这些振动将直接影响工程结构的安全性、耐久性和使用性能，在设计阶段必须予以充分考虑，并对其进行有效控制。

对工程振动问题的研究，目前存在**确定性振动**和**随机振动**两类分析方法。确定性振动是指工程的振动过程具有确定的形式和必然的变化规律，可以用关于时间 t 的确定的函数来描述的振动现象。例如，线性单自由度体系的无阻尼自由振动问题可以用下面的微分方程描述：

$$\ddot{u}(t)+\omega_n^2 u(t)=0 \tag{9-1}$$

式中，ω_n 为体系的固有振动频率。

从方程（9-1）中可以解出结构的运动规律为

$$u(t)=u(0)\cos\omega_n t+\frac{\dot{u}(0)}{\omega_n}\sin\omega_n t \tag{9-2}$$

式中，$u(0)$ 和 $\dot{u}(0)$ 分别为体系的初始位移和初始速度。可见，单自由度体系在任意时刻 t 的位移 $u(t)$ 可以由式（9-2）唯一确定，该时刻的速度 $\dot{u}(t)$ 和加速度 $\ddot{u}(t)$ 也可准确地计算出来。除了上述的结构运动规律可通过确定性的数学关系式准确表达外，结构振动的其他重要物理量（如固有频率、周期、振幅、初始相位等）也都是确定性的。确定性振动是传统的振动理论所研究的内容，已有 200 余年的历史，许多问题已研究得相当系统、深入，研究成果也在实际工程中得到了广泛的应用。

随机振动是从另一个角度看待工程的振动问题，它认为工程振动过程没有确定的变化形式，也没有必然的变化规律，因而不能用关于时间 t 的确定的函数来加以描述。例如，阵风引起的高层建筑的振动为随机振动，无法进行精确预测。如果在高层建筑的某个部位架设仪器，在相同的时间段内重复观测这种风致振动的过程则会发现，即使观测条件完全相同，观测结果也不会重复。也就是说，每次观测得到的结果可以用一个关于时间 t 的函数来表示，是确定性的，但独立地进行多次观测所得的结果不相同。因此，随机振动一般指的不是单个现象，而是大量现象的集合。这些现象表面上看似乎是杂乱的，但从总体上看具有一定的统计规律性。随机振动虽然不能用确定性函数表达，却能用统计特性来描述。在确定性振动问题中可以研究体系的激励和反应之间的确定关系，而在随机振动问题中就只能研究激励和反应之间的统计特性关系了。

像高层建筑的风致振动那样，在个别观测（试验）中呈现出不确定性，但在大量重复试验中又具有统计规律性的现象，称为随机性。随机性是自然界和人为现象所固有的属性。当随机性的程度较低时，每次试验结果之间的离散度不高，可以以平均试验结果为依据在确定性范畴内处理问题，而忽略平均值附近的变化。从这个意义上讲，确定性振动问题可以被认为是随机振动的一个特例。对于随机性程度较高，或对体系振动性态的描述要求较高，或体系工作的机理尚不清楚的振动问题，不宜采用确定性振动理论而必须采用随机振动理论进行分析和处理。

从理论上讲，在激励、体系和反应三者之间已知其中两者，就可以求解出第三者。振动理论所研究的就是在激励和体系特性已知的前提下计算体系反应的方法。如果在激励或者体系中存在随机性，则体系反应必然是随机过程，即体系将做随机振动。根据体系和随机过程的性质，随机振动可以被分为不同类型的问题，如图 9-1 所示。其中线性体系平稳随机振动问题研究得最为成熟，在工程中也应用的最为广泛，是经典理论。本章将主要介绍结构线性平稳随机振动的理论和方法。

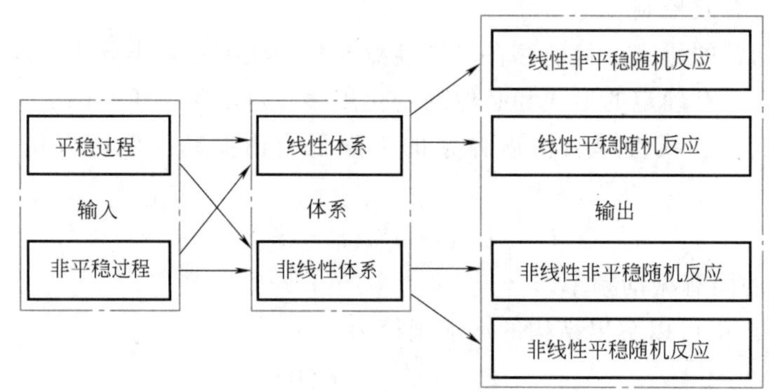

图 9-1　随机振动问题分类

线性体系是客观实际的一种近似模型，很多结构体系都可以被处理成线性体系。但对于某些需要得到更精确定量分析的问题，或者某些非线性现象，则不得不用非线性模型来模拟体系的性状。体系的非线性给随机振动分析带来了极大的困难。由于叠加原理不能适用于非线性体系，因而在线性体系分析中许多十分有效的方法已经不再适用，或者失去了原有的光华。另外，在 Gauss 随机激励下非线性体系的反应一般不再是 Gauss 过程，像线性体系那样仅研究反应的二阶矩已不能得到反应的全部统计特征，而有必要研究反应的高阶矩，或者直接寻求反应的概率密度函数。从 20 世纪 60 年代初开始，非线性随机振动问题的研究受到重视，迄今已经发展了一些比较有效的分析方法，如 FPK 方程法、矩法、随机平均法、统计平均法、摄动法等。对于非线性体系与参激体系来说，唯一可以用来求精确解的方法是 Markov 扩散过程方法。这种方法直接寻求 Gauss 白噪声激励下的非线性体系的条件概率密度函数，在数学上归结为求解相应的 FPK 方程。但它只有对一些特殊的一阶非线性体系才能得到 FPK 方程的精确解。即使为了得到稳态概率密度函数的精确解，也必须对体系的本构关系及激励的特性加上相当苛刻的限制条件。而这些条件往往在实际问题中是难以得到满足的。因此，发展各种实用性更强的近似方法求解非线性随机振动问题，是当前更为现实的途径。

非平稳随机振动问题大致可以分为三类：第一类是时不变体系在突加平稳随机激励下的反应问题；第二类是时不变体系在非平稳随机激励下的反应问题；第三类是时变体系在平稳或非平稳随机激励下的反应问题。求解线性体系非平稳随机反应的方法不外乎时域法和频域法，或者两者的结合。时域法最早由 Caughey 等人用来求解第一类问题，实际上它也是求解第二类问题的一个有效方法。频域法又分为两类：双频谱法和演变谱法。双频谱法是早期提出的方法，但求解双频谱需要大量的非平稳过程的原始数据，或不易得到，或消耗巨大。双频谱本身也没有明显的物理意义。这些原因导致双频谱法并未获得实际应用。演变谱法适用于演变随机过程问题，即统计特性受“慢变”的时间与频率函数调制的“平稳过程”问题的求解。这一频域法虽属可行，但与平稳反应的频域解法相比，显然要复杂得多。此外，还提出了一些时域法和频域法相结合的方法。

9.2　随机过程及其时域特征

9.2.1　随机过程的概念

随机过程是随机变量概念的扩展。在自然界中，随机过程的例子有很多。如研究飞机在飞行中机翼的振动问题，假设对机翼上的某点进行长时间的观测，并把结果自动记录下来。这时作为一次试验的结果，便得到一个加速度-时间的确定性函数 $\ddot{u}_1(t)$。这个加速度-时间函数是不可能预先知道的，只有通过测量才能得到。如果在相同条件下独立地再进行一次测量，则得到的记录 $\ddot{u}_2(t)$ 是与 $\ddot{u}_1(t)$ 不同的。事实上，由于结构振动的随机性，在相同条件下每次测量都将获得不同的加速度-时间函数。这些加速度-时间函数形成了一族函数，如图 9-2 所示。因此，结构振动过程的观测可以被看作是一个随机试验，只是在这里每次试验需在某个时间范围内持续进行，而相应的试验结果是一个时间 t 的函数。

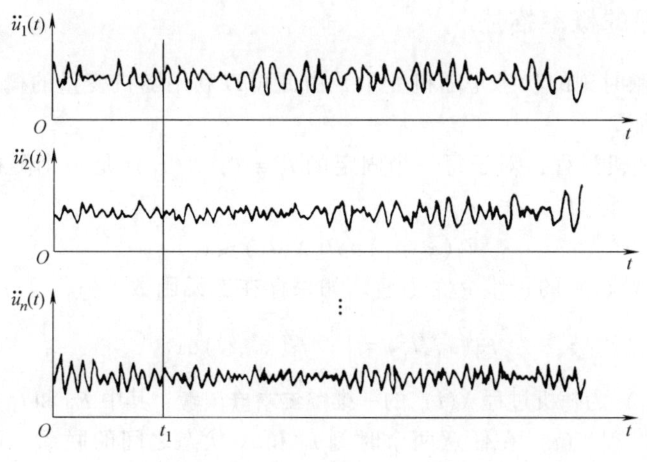

图 9-2　随机过程的样本函数

随机试验可以用其所有可能的试验结果所构成的样本空间来描述。同样，上例中观测得到的一族加速度-时间函数也可以用来描述飞机机翼的振动过程。现以此例为实际背景，引入随机过程概念。

设 E 是随机试验，$S=\{e\}$ 是它的样本空间，如果对于每一个 $e\in S$，总可以依据某种规则确定一时间 t 的函数

$$X(e,t),\quad t\in T \tag{9-3}$$

与之对应（T 是时间 t 的变化范围），于是，对于所有的 $e\in S$ 来说就得到一族时间 t 的函数。此族时间 t 的函数称为随机过程。而族中每一个函数称为这个**随机过程的样本函数**。

可见，飞机飞行中的机翼振动过程是一随机过程，一次观测得到的加速度-时间函数就是这个随机过程的一个样本函数。

与确定性函数不同，随机过程是由众多样本函数构成的集合，因而必须从集合的角度予以描述。为了描述随机过程的特征，显然可以用族中的典型样本函数 $X(e,\ t)$ 来表征。对于特定的 $e_i\in S$，即对于一个特定的试验结果，$X(e_i,\ t)$ 是一个确定的样本函数，它可以理解为随机过程的一次物理实现。如果所有样本函数的特征都是明确的，则相应的随机过程的特征也就被描述清楚了。也就是说，对随机过程的描述可以通过各个确定性的样本函数的特征予以实现。

随机过程既然是样本函数的集合，那么就可以从另外一个角度考察它。对于特定的时刻 $t_i\in T$，$X(e,\ t_i)$ 是一个定义在 S 上的随机变量，如图 9-2 所示。工程上有时把 $X(e,\ t_i)$ 称作随机过程 $X(e,\ t)$ 在 $t=t_i$ 时的状态。根据这层意义，随机过程也可以用另一形式定义：

如果对于每一个固定的 $t_i\in T$，$X(e,\ t_i)$ 都是随机变量，那么就称 $X(e,\ t)$ 是一随机过程。或者说，**随机过程 $X(e,\ t)$ 是依赖于时间 t 的一族随机变量**。也就是说，随机过程在任意时刻的状态皆为一个随机变量，这些随机变量组成的序列构成了随机过程。

随机过程的两种定义本质上是一致的，只是描述方式不同而已。在理论分析时往往采用第二种描述方法，在实际测量中往往采用第一种描述方法，因而这两种方法在理论和实际两方面是互为补充的。通常为了简便起见，省去式（9-3）中的 e，用记号 $X(t)$ 表示随机过程，它的样本函数用 $x_i(t)$ 表示。

9.2.2 随机过程的概率描述

随机过程在任意时刻的状态是随机变量，由此可以利用随机变量的概率描述方法来描述随机过程的统计特征。

设 $X(t)$ 是一随机过程，对于每一个固定的 $t_1\in T$，$X(t_1)$ 是一个随机变量，它的分布函数一般与 t_1 有关，记为

$$F_1(x_1,t_1)=P[X(t_1)\leqslant x_1] \tag{9-4}$$

称为随机过程 $X(t)$ 的一维**分布函数**。如果存在二元函数 $f_1(x_1,\ t_1)$，使

$$F_1(x_1,t_1)=\int_{-\infty}^{x_1} f_1(x_1,t_1)\,\mathrm{d}x_1 \tag{9-5}$$

成立，则称 $f_1(x_1,\ t_1)$ 为随机过程 $X(t)$ 的一维**概率密度函数**，其中 F_1 和 f_1 中的下标代表维数。

为了描述随机过程 $X(t)$ 在任意两个时刻 t_1 和 t_2 状态之间的联系，可以引入二维随机变量（$X(t_1)$，$X(t_2)$）的分布函数，它一般依赖于 t_1 和 t_2，记为

$$F_2(x_1,x_2;t_1,t_2)=P[X(t_1)\leqslant x_1,X(t_2)\leqslant x_2] \tag{9-6}$$

称为随机过程 $X(t)$ 的二维分布函数。如果存在函数 $f_2(x_1,\ x_2;\ t_1,\ t_2)$，使

$$F_2(x_1,x_2;t_1,t_2)=\int_{-\infty}^{x_1}\int_{-\infty}^{x_2} f_2(x_1,x_2;t_1,t_2)\,\mathrm{d}x_2\mathrm{d}x_1 \tag{9-7}$$

成立，则称 $f_2(x_1, x_2; t_1, t_2)$ 为随机过程 $X(t)$ 的二维概率密度。

一般地，当时间 t 取任意 n 个数值 $t_1, t_2, \cdots, t_n$ 时，**n 维随机变量**

$$(X(t_1), X(t_2), \cdots, X(t_n))$$

的分布函数记为

$$F_n(x_1, x_2, \cdots, x_n; t_1, t_2, \cdots, t_n) = P[X(t_1) \leqslant x_1, X(t_2) \leqslant x_2, \cdots, X(t_n) \leqslant x_n] \tag{9-8}$$

称为随机过程 $X(t)$ 的 **n 维分布函数**。如果存在函数 $f_n(x_1, x_2, \cdots, x_n; t_1, t_2, \cdots, t_n)$，使

$$F_n(x_1, x_2, \cdots, x_n; t_1, t_2, \cdots, t_n) = \int_{-\infty}^{x_1}\int_{-\infty}^{x_2}\cdots\int_{-\infty}^{x_n} f_n(x_1, x_2, \cdots, x_n; t_1, t_2, \cdots, t_n)\,\mathrm{d}x_n\cdots\mathrm{d}x_2\mathrm{d}x_1 \tag{9-9}$$

成立，则称 $f_n(x_1, x_2, \cdots, x_n; t_1, t_2, \cdots, t_n)$ 为随机过程 $X(t)$ 的 **n 维概率密度（函数）**。

n 维分布函数（或概率密度）能够近似地描述随机过程 $X(t)$ 的统计特性。显然，n 取得越大则 n 维分布函数描述随机过程的特性也越趋完善。一般地，分布函数族 $\{F_1, F_2, \cdots\}$ 或概率密度族 $\{f_1, f_2, \cdots\}$ 完全地确定了随机过程的全部统计特性。

在工程振动问题中需要研究的随机过程不止一个，所以有必要考察两个或两个以上的随机过程的统计信息。

设有两个随机过程 $X(t)$ 和 $Y(t)$，$t_1, t_2, \cdots, t_n$ 和 $s_1, s_2, \cdots, s_m$ 是任意两组实数，则 $n+m$ 维随机变量

$$(X(t_1), X(t_2), \cdots, X(t_n);\ Y(s_1), Y(s_2), \cdots, Y(s_m))$$

的分布函数

$$F_{n,m}(x_1, x_2, \cdots, x_n; t_1, t_2, \cdots, t_n; y_1, y_2, \cdots, y_m; s_1, s_2, \cdots, s_m)$$

称为随机过程 $X(t)$ 和 $Y(t)$ 的 $n+m$ 维联合分布函数。相应的 $n+m$ 维联合概率密度记为

$$f_{n,m}(x_1, x_2, \cdots, x_n; t_1, t_2, \cdots, t_n; y_1, y_2, \cdots, y_m; s_1, s_2, \cdots, s_m)$$

如果对任意整数 n 和 m 以及数组 $t_1, t_2, \cdots, t_n$ 和 $s_1, s_2, \cdots, s_m$，联合分布函数满足关系式

$$\begin{aligned} &F_{n,m}(x_1, x_2, \cdots, x_n; t_1, t_2, \cdots, t_n; y_1, y_2, \cdots, y_m; s_1, s_2, \cdots, s_m) \\ &= F_n(x_1, x_2, \cdots, x_n; t_1, t_2, \cdots, t_n) F_m(y_1, y_2, \cdots, y_m; s_1, s_2, \cdots, s_m) \end{aligned} \tag{9-10}$$

则称随机过程 $X(t)$ 和 $Y(t)$ 是**相互独立的**。

9.2.3 随机过程的数字特征

在实际应用中，确定随机过程的分布函数族并加以分析往往比较困难，甚至是不可能的。因而一般采用数字特征来刻画随机过程的统计特性。这些数字特征既能刻画随机过程的重要特征，又便于进行运算和实际测量。下面将逐一讨论随机过程的一些基本数字特征。

设 $X(t)$ 是一随机过程，固定 t_1，则 $X(t_1)$ 是一个随机变量，它的**均值**或**数学期望**一般与 t_1 有关，记为

$$\mu_X(t_1) = E[X(t_1)] = \int_{-\infty}^{\infty} x_1 f_1(x_1, t_1)\,\mathrm{d}x_1 \tag{9-11}$$

式中，$f_1(x_1,t_1)$ 是 $X(t)$ 的一维概率密度；$\mu_X(t)$ 称为随机过程 $X(t)$ 的均值。

若把随机变量 $X(t)$ 的**二阶原点矩**记作 $\psi_X^2(t)$，即

$$\psi_X^2(t)=E[X^2(t)] \tag{9-12}$$

它称为随机过程 $X(t)$ 的**均方值**。而二阶中心矩记作 $\sigma_X^2(t)$，即

$$\sigma_X^2(t)=E[(X(t)-\mu_X(t))^2] \tag{9-13}$$

它称为随机过程 $X(t)$ 的**方差**。方差的平方根 $\sigma_X(t)$ 称为随机过程 $X(t)$ 的均方差。

均值函数 $\mu_X(t)$ 表示了随机过程 $X(t)$ 在各个时刻的摆动中心，而方差（均方差）则描述了随机过程 $X(t)$ 在时刻 t 对于均值 $\mu_X(t)$ 的偏离程度，如图 9-3 所示。

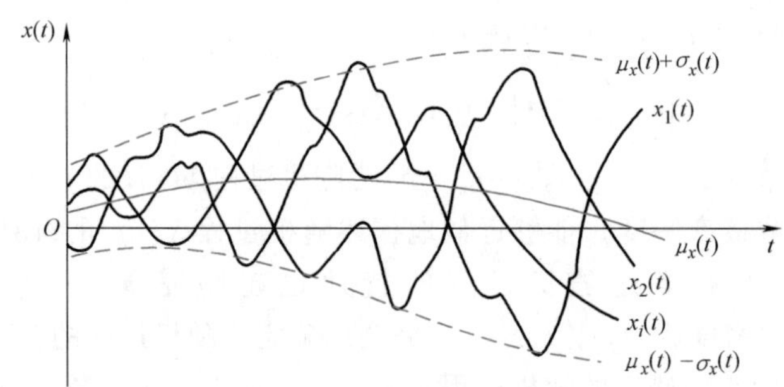

图 9-3 均值和方差的意义

均值和方差是刻画随机过程在各个孤立时刻统计特性的重要数字特征。为了描绘随机过程在两个不同时刻状态之间的联系，还需要利用二维概率密度引入新的数字特征。

设 $X(t_1)$ 和 $X(t_2)$ 是随机过程 $X(t)$ 在任意两个时刻 t_1 和 t_2 时的状态，$f_2(x_1,x_2;t_1,t_2)$ 是相应的二维概率密度。称**二阶原点混合矩**

$$R_X(t_1,t_2)=E[X(t_1)X(t_2)]=\int_{-\infty}^{\infty}\int_{-\infty}^{\infty}x_1x_2f_2(x_1,x_2;t_1,t_2)\mathrm{d}x_2\mathrm{d}x_1 \tag{9-14}$$

为随机过程 $X(t)$ 的**自相关函数**，简称相关函数。

类似地，称**二阶中心混合矩**

$$C_X(t_1,t_2)=E[(X(t_1)-\mu_X(t_1))(X(t_2)-\mu_X(t_2))] \tag{9-15}$$

为随机过程 $X(t)$ 的**自协方差函数**，简称协方差函数。

随机过程 $X(t)$ 诸数字特征之间的关系为

$$\psi_X^2(t)=E[X^2(t)]=R_X(t,t) \tag{9-16}$$

$$C_X(t_1,t_2)=R_X(t_1,t_2)-\mu_X(t_1)\mu_X(t_2) \tag{9-17}$$

$$\sigma_X^2(t)=C_X(t,t)=R_X(t,t)-\mu_X^2(t) \tag{9-18}$$

在诸数字特征中，最主要的是均值和自相关函数。从理论角度来看，仅仅研究均值和自相关函数当然不能代替整个随机过程的研究，但由于它们确实刻画了随机过程的主要统计特征，而且较有穷维分布函数族易于观测和实际计算，因而对于解决应用问题而言，它们常常能够起到重要的作用。在随机过程理论中以研究均值和相关函数为主要内容的分支称为相关理论。

由 $X(t)$ 和 $Y(t)$ 的二维联合概率密度所确定的二阶原点混合矩

$$R_{XY}(t_1,t_2)=E[X(t_1)Y(t_2)]=\int_{-\infty}^{\infty}\int_{-\infty}^{\infty}xyf_{1,1}(x,t_1;y,t_2)\mathrm{d}x\mathrm{d}y \tag{9-19}$$

称为随机过程 $X(t)$ 和 $Y(t)$ 的**互相关函数**。

两个随机过程的互协方差函数定义为

$$C_{XY}(t_1,t_2)=E[(X(t_1)-\mu_X(t_1))(Y(t_2)-\mu_Y(t_2))] \tag{9-20}$$

如果两个随机过程 $X(t)$ 和 $Y(t)$ 对于任意的 t_1 和 t_2 都有

$$C_{XY}(t_1,t_2)=0$$

则称随机过程 $X(t)$ 和 $Y(t)$ 是不相关的。此时

$$R_{XY}(t_1,t_2)=\mu_X(t_1)\mu_Y(t_2) \tag{9-21}$$

由此可以知道，两个随机过程如果是相互独立的，则它们必然不相关；反之，从不相关一般并不能推断出是相互独立的。

如果某个随机过程是由两个随机过程之和组成，即 $Z(t)=X(t)+Y(t)$，按照上面的定义显然有

$$\mu_Z(t)=\mu_X(t)+\mu_Y(t) \tag{9-22}$$

$$R_Z(t_1,t_2)=R_X(t_1,t_2)+R_{XY}(t_1,t_2)+R_{YX}(t_1,t_2)+R_Y(t_1,t_2) \tag{9-23}$$

如果随机过程 $X(t)$ 和 $Y(t)$ 不相关，则 $Z(t)$ 的自相关函数简单地等于各个过程自相关函数之和，即

$$R_Z(t_1,t_2)=R_X(t_1,t_2)+R_Y(t_1,t_2) \tag{9-24}$$

特别地，令 $t_1=t_2=t$，有

$$\psi_Z^2(t)=\psi_X^2(t)+\psi_Y^2(t) \tag{9-25}$$

9.2.4　平稳随机过程

平稳随机过程是实际应用中最重要的一类随机过程，它的特点是：过程的统计特性不随时间变化。平稳过程的 n 维分布函数对任意实数 ε 满足关系式

$$F_n(x_1,x_2,\cdots,x_n;t_1,t_2,\cdots,t_n)=F_n(x_1,x_2,\cdots,x_n;t_1+\varepsilon,t_2+\varepsilon,\cdots,t_n+\varepsilon)\quad(n=1,2,\cdots) \tag{9-26}$$

如果概率密度存在，上述平稳条件等价于

$$f_n(x_1,x_2,\cdots,x_n;t_1,t_2,\cdots,t_n)=f_n(x_1,x_2,\cdots,x_n;t_1+\varepsilon,t_2+\varepsilon,\cdots,t_n+\varepsilon)\quad(n=1,2,\cdots) \tag{9-27}$$

设 $X(t)$ 是一平稳过程，把式（9-27）应用于它的一维概率密度，并令 $\varepsilon=-t_1$，则有

$$f_1(x_1,t_1)=f_1(x_1,t_1+\varepsilon)=f_1(x_1,0) \tag{9-28}$$

可见，平稳过程的一维概率密度不依赖于时间，把它记为 $f_1(x_1)$。于是 $X(t)$ 的均值应为常数，记作 μ_X，即

$$E[X(t)]=\int_{-\infty}^{\infty}x_1f_1(x_1)\mathrm{d}x_1=\mu_X \tag{9-29}$$

在平稳过程的二维概率密度中，令 $\varepsilon=-t_1$，则有

$$f_2(x_1,x_2;t_1,t_2)=f_2(x_1,x_2;t_1+\varepsilon,t_2+\varepsilon)=f_2(x_1,x_2;0,t_2-t_1) \tag{9-30}$$

这说明二维概率密度仅依赖于时间间距 $\tau=t_2-t_1$，而与时间的个别值 t_1 和 t_2 无关，记作 $f_2(x_1,x_2;\tau)$。于是 $X(t)$ 的自相关函数仅是单变量 τ 的函数，即

$$R_X(\tau)=E[X(t)X(t+\tau)]=\int_{-\infty}^{\infty}\int_{-\infty}^{\infty}x_1x_2f_2(x_1,x_2;\tau)\mathrm{d}x_1\mathrm{d}x_2 \tag{9-31}$$

协方差函数为

$$C_X(\tau)=E[(X(t)-\mu_X)(X(t+\tau)-\mu_X)]=R_X(\tau)-\mu_X^2 \tag{9-32}$$

特别地，令 $\tau=0$，有

$$\sigma_X^2=C_X(0)=R_X(0)-\mu_X^2 \tag{9-33}$$

可见，平稳过程的均值为常数，自相关函数为单变量 τ 的函数。按照式（9-27）判别是否为平稳过程是十分困难的，甚至是不可能做到的。所以工程上通常只在相关理论范围内考虑平稳过程。这类平稳过程称为宽平稳过程或广义平稳过程，它满足条件

$$E[X(t)]=\text{常数} \tag{9-34}$$

且

$$E[X^2(t)]<+\infty,\quad E[X(t)X(t+\tau)]=R_X(\tau) \tag{9-35}$$

而按式（9-27）定义的平稳过程称为严平稳过程或狭义平稳过程。

9.2.5　导数过程的相关函数

工程振动分析中有时需要处理导数问题，如由位移求解速度，由速度求解加速度等。在随机振动分析中，该问题表现为平稳随机过程的导数运算。这部分内容涉及随机过程的均方微积分方面的知识，本章不做全面介绍，需要深入了解这方面内容时可参阅随机过程理论方面的有关专著。

设 $X(t)$ 是一平稳过程，$\dot{X}(t)$ 为它的导数过程。考虑到平稳过程 $X(t)$ 的均值为常数，所以 $\dot{X}(t)$ 的均值为

$$E[\dot{X}(t)]=\frac{\mathrm{d}}{\mathrm{d}t}E[X(t)]=0 \tag{9-36}$$

式中的期望运算和微分运算皆为线性算子，故可以交换运算的次序。

平稳过程 $X(t)$ 的自相关函数的导数为

$$\frac{\mathrm{d}}{\mathrm{d}\tau}R_X(\tau)=\frac{\mathrm{d}}{\mathrm{d}\tau}E[X(t)X(t+\tau)]$$

交换导数运算与期望运算的次序，得

$$\frac{\mathrm{d}}{\mathrm{d}\tau}R_X(\tau)=E\left[X(t)\frac{\mathrm{d}}{\mathrm{d}\tau}X(t+\tau)\right]=E[X(t)\dot{X}(t+\tau)]$$

所以

$$\frac{\mathrm{d}}{\mathrm{d}\tau}R_X(\tau)=R_{X\dot{X}}(\tau) \tag{9-37}$$

同理可得

$$\frac{\mathrm{d}^2}{\mathrm{d}\tau^2}R_X(\tau)=R_{X\ddot{X}}(\tau) \tag{9-38}$$

即平稳过程 $X(t)$ 自相关函数的二阶导数等于 $X(t)$ 与 $\ddot{X}(t)$ 的互相关函数。由于

$$R_{X\dot{X}}(\tau)=E[X(t)\dot{X}(t+\tau)]=E[X(t-\tau)\dot{X}(t)]$$

则

$$\frac{\mathrm{d}^2}{\mathrm{d}\tau^2}R_X(\tau)=E\left[\frac{\mathrm{d}}{\mathrm{d}\tau}X(t-\tau)\dot{X}(t)\right]=-R_{\dot{X}}(\tau) \tag{9-39}$$

从而得到 $X(t)$ 自相关函数二阶导数的另一种表达式，即它等于负的导数过程 $\dot{X}(t)$ 的自相关函数。按照相同的推导过程，平稳过程 $X(t)$ 的更高阶导数也容易求得。

注意到 $R_X(\tau)$ 是一个偶函数，它关于纵轴对称并在原点处取得最大值，所以 $R_X(\tau)$ 在原点处的导数值为零，即

$$\left.\frac{\mathrm{d}}{\mathrm{d}\tau}R_X(\tau)\right|_{\tau=0}=0$$

利用式（9-37），可得

$$R_{X\dot{X}}(0)=0 \tag{9-40}$$

这说明，平稳过程 $X(t)$ 与它的导数过程 $\dot{X}(t)$ 是正交的。

9.3　随机过程的频域特征

9.3.1　平稳过程的功率谱密度

相关函数描述了随机过程在时域中的特性，但要全面掌握结构振动过程的特征，还需要研究随机过程的频率结构，即研究随机过程中包含多少种频率成分，每种频率成分的幅值或能量有多大。这个问题的研究是通过 Fourier 变换这一强有力的数学工具完成的。

构造平稳过程 $X(t)$，$-\infty<t<+\infty$ 的一个截尾函数为

$$X_T(t)=\begin{cases}X(t), & |t|\leqslant T\\ 0, & |t|>T\end{cases} \tag{9-41}$$

它的 Fourier 变换为

$$\hat{X}(\omega,T)=\int_{-\infty}^{\infty}X_T(t)\mathrm{e}^{-\mathrm{i}\omega t}\mathrm{d}t=\int_{-T}^{T}X_T(t)\mathrm{e}^{-\mathrm{i}\omega t}\mathrm{d}t \tag{9-42}$$

利用巴塞伐（Parseval）等式，有

$$\int_{-\infty}^{+\infty}X_T^2(t)\,\mathrm{d}t=\frac{1}{2\pi}\int_{-\infty}^{\infty}|\hat{X}(\omega,T)|^2\mathrm{d}\omega \tag{9-43}$$

将式（9-43）两边除以 $2T$，得

$$\frac{1}{2T}\int_{-T}^{T}X^2(t)\,\mathrm{d}t=\frac{1}{4\pi T}\int_{-\infty}^{\infty}|\hat{X}(\omega,T)|^2\mathrm{d}\omega \tag{9-44}$$

显然，式（9-42）和式（9-44）中诸积分都是随机的。把式（9-44）左端的均值的极限

$$\lim_{T\to+\infty}E\left[\frac{1}{2T}\int_{-T}^{T}X^2(t)\,\mathrm{d}t\right] \tag{9-45}$$

定义为平稳过程 $X(t)$ 的平均概率。

交换式（9-45）中积分与均值运算顺序，于是

$$\lim_{T\to+\infty}E\left[\frac{1}{2T}\int_{-T}^{T}X^2(t)\,\mathrm{d}t\right]=\lim_{T\to+\infty}\frac{1}{2T}\int_{-T}^{T}E[X^2(t)]\,\mathrm{d}t=\psi_X^2 \tag{9-46}$$

可见平稳过程的平均概率就等于该过程的均方值。

利用式（9-44），式（9-46）变为

$$\psi_X^2=\frac{1}{2\pi}\int_{-\infty}^{\infty}\lim_{T\to+\infty}\frac{1}{2T}E[\,|\hat{X}(\omega,T)|^2\,]\mathrm{d}\omega \tag{9-47}$$

式（9-47）中的被积式称为平稳过程 $X(t)$ 的**功率谱密度**，记为 $S_X(\omega)$，即

$$S_X(\omega)=\lim_{T\to+\infty}\frac{1}{2T}E[\,|\hat{X}(\omega,T)|^2\,] \tag{9-48}$$

利用记号 $S_X(\omega)$，式（9-47）可简写为

$$\psi_X^2=\frac{1}{2\pi}\int_{-\infty}^{\infty}S_X(\omega)\mathrm{d}\omega \tag{9-49}$$

当 $X(t)$ 为零均值的平稳过程时，式（9-49）变为

$$\sigma_X^2=\frac{1}{2\pi}\int_{-\infty}^{\infty}S_X(\omega)\mathrm{d}\omega \tag{9-50}$$

功率谱密度 $S_X(\omega)$ 通常也简称为自谱密度或谱密度，它是从频率角度描述 $X(t)$ 的统计规律的最主要的数字特征，物理意义表示 $X(t)$ 的平均功率关于频率的分布。

9.3.2 谱密度的性质

谱密度有如下的重要性质：

1）非负性。由式（9-48）可以看出，$S_X(\omega)$ 是频率 ω 的非负函数。

2）$S_X(\omega)$ 是实的偶函数。事实上，在式（9-48）中，量

$$|\hat{X}(\omega,T)|^2=\hat{X}(\omega,T)\hat{X}(-\omega,T)$$

是关于 ω 的实的偶函数，所以它的均值的极限也必是实的偶函数。

以上定义的谱密度对 ω 的正负值都是有定义的，称为“**双边谱密度**”。一般地，负频率在物理上不好解释，同时为了便于实际测量，工程上常根据 $S_X(\omega)$ 的偶函数性质把负频率范围内的谱密度折算到正频率范围内，从而定义“**单边谱密度**”为

$$G_X(\omega)=\begin{cases}2\lim\limits_{T\to+\infty}\dfrac{1}{2T}E[\,|\hat{X}(\omega,T)|^2\,], & \omega\geqslant0\\ 0, & \omega<0\end{cases} \tag{9-51}$$

显然，单边谱密度和双边谱密度的关系为

$$G_X(\omega)=\begin{cases}2S_X(\omega), & \omega\geqslant0\\ 0, & \omega<0\end{cases}$$

3）$S_X(\omega)$ 和 $R_X(\tau)$ 是一傅里叶变换对，即

$$S_X(\omega)=\int_{-\infty}^{\infty}R_X(\tau)\mathrm{e}^{-\mathrm{i}\omega\tau}\mathrm{d}\tau \tag{9-52}$$

$$R_X(\tau)=\frac{1}{2\pi}\int_{-\infty}^{\infty}S_X(\omega)\mathrm{e}^{\mathrm{i}\omega\tau}\mathrm{d}\omega \tag{9-53}$$

它们统称为**维纳-辛钦（Wiener-Khintchine）公式**。限于篇幅，这里不对该公式进行推导，推导过程可参见有关文献。

例 9-1　已知平稳过程 $x(t)$ 的自功率谱密度函数为 $S_X(\omega)=S_0 e^{-\lambda|\omega|}$，其中 λ、S_0 均为常数，且 $\lambda>0$，求出该随机过程的自相关函数。

解：由维纳-辛钦公式，有

$$\begin{aligned} R_X(\tau) &= \frac{1}{2\pi}\int_{-\infty}^{\infty} S_X(\omega)\,e^{i\omega\tau}\,d\omega \\ &= \frac{1}{2\pi}\int_{-\infty}^{\infty} S_0 e^{-\lambda|\omega|} e^{i\omega\tau}\,d\omega \\ &= \frac{S_0}{2\pi}\left(\int_{-\infty}^{0} e^{(\lambda+i\tau)\omega}\,d\omega + \int_{0}^{\infty} e^{(-\lambda+i\tau)\omega}\,d\omega\right) \\ &= \frac{S_0}{2\pi}\left(\frac{1}{\lambda+i\tau}+\frac{1}{\lambda-i\tau}\right) = \frac{\lambda S_0}{\pi(\lambda^2+\tau^2)} \end{aligned}$$

9.3.3　导数过程的谱密度

设 $X(t)$ 是一均值为零的平稳过程，且它的导数过程 $\dot{X}(t)$ 和 $\ddot{X}(t)$ 存在。根据维纳-辛钦公式，有

$$R_{\dot{X}}(\tau) = \frac{1}{2\pi}\int_{-\infty}^{\infty} S_{\dot{X}}(\omega)\,e^{i\omega\tau}\,d\omega \tag{9-54}$$

$$R_{\ddot{X}}(\tau) = \frac{1}{2\pi}\int_{-\infty}^{\infty} S_{\ddot{X}}(\omega)\,e^{i\omega\tau}\,d\omega \tag{9-55}$$

将式（9-53）代入式（9-39），可得

$$R_{\dot{X}}(\tau) = -\frac{d^2}{d\tau^2}R_X(\tau) = \frac{1}{2\pi}\int_{-\infty}^{\infty} \omega^2 S_X(\omega)\,e^{i\omega\tau}\,d\omega \tag{9-56}$$

$$R_{\ddot{X}}(\tau) = \frac{d^4}{d\tau^4}R_X(\tau) = \frac{1}{2\pi}\int_{-\infty}^{\infty} \omega^4 S_X(\omega)\,e^{i\omega\tau}\,d\omega \tag{9-57}$$

比较式（9-54）与式（9-56）、式（9-55）与式（9-57）即可得出关系式

$$S_{\dot{X}}(\omega) = \omega^2 S_X(\omega) \tag{9-58}$$

$$S_{\ddot{X}}(\omega) = \omega^2 S_{\dot{X}}(\omega) = \omega^4 S_X(\omega) \tag{9-59}$$

同理，类比式（9-49），可得导数过程 $\dot{X}(t)$ 和 $\ddot{X}(t)$ 的均方值分别为

$$\sigma_{\dot{X}}^2 = E[\dot{X}^2(t)] = \frac{1}{2\pi}\int_{-\infty}^{\infty} S_{\dot{X}}(\omega)\,d\omega = \frac{1}{2\pi}\int_{-\infty}^{\infty} \omega^2 S_X(\omega)\,d\omega \tag{9-60}$$

$$\sigma_{\ddot{X}}^2 = E[\ddot{X}^2(t)] = \frac{1}{2\pi}\int_{-\infty}^{\infty} S_{\ddot{X}}(\omega)\,d\omega = \frac{1}{2\pi}\int_{-\infty}^{\infty} \omega^4 S_X(\omega)\,d\omega \tag{9-61}$$

9.3.4　窄带与宽带随机过程

一般来说，平稳过程的谱密度是分布在整个频率域（$-\infty<\omega<+\infty$）上的。但工程中更关心的是实际信号中强度较大的那部分频谱分量主要集中于哪些频率上。信号频谱的主要成

分所处的频率范围常用带宽表示，带宽以外的频谱分量的强度较小，实际应用时可以把它们忽略不计。这样，根据带宽的“窄”和“宽”，可以把平稳过程划分为窄带过程和宽带过程。窄带过程的功率谱密度具有尖峰特性，并且只有在该尖峰附近的一个狭窄的频带内$S_Y(\omega)$才取有意义的量级。宽带过程的功率谱密度在相当宽的频带上取有意义的量级。典型窄带过程和宽带过程的谱密度与样本函数分别如图9-4和图9-5所示。

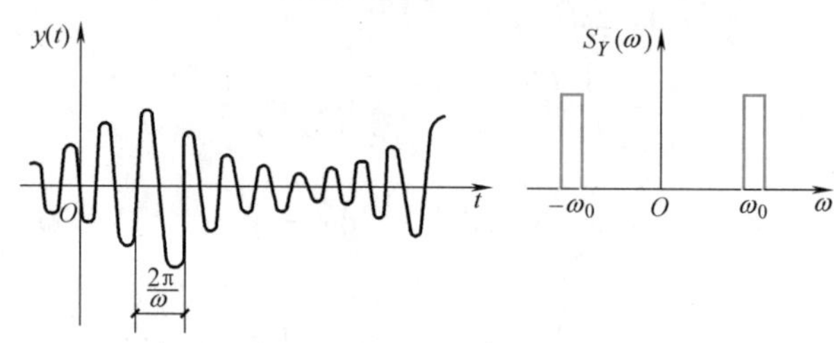

图9-4 窄带过程的谱密度与样本函数

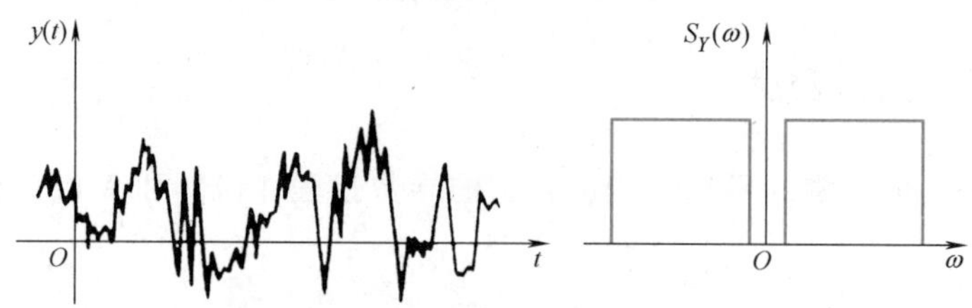

图9-5 宽带过程的谱密度与样本函数

把平稳过程划分为窄带过程和宽带过程在工程上具有重要的实际意义。因为窄带过程的能量主要集中于非常有限的频率范围内，如果引起结构振动的激励源所发出的信号为窄带过程，则在结构设计时使结构的自振频率尽量远离这个频率范围即可能使结构避免产生剧烈的振动反应。而宽带过程的能量分布于较宽的频率范围内，它所影响的结构种类比窄带过程要宽广得多。

9.3.5 互谱密度及其性质

设$X(t)$和$Y(t)$是两个平稳随机过程，定义

$$S_{XY}(\omega)=\lim_{T\to+\infty}\frac{1}{2T}E[\hat{X}(-\omega,T)\hat{Y}(\omega,T)] \tag{9-62}$$

为平稳过程$X(t)$和$Y(t)$的互谱密度。式中，$\hat{X}(t)$和$\hat{Y}(t)$依式（9-42）确定。

由式（9-62）可知，互谱密度不再是ω的正的、实的偶函数，但它具有以下性质：

1）$S_{XY}(\omega)=S_{YX}^*(\omega)$，即$S_{XY}(\omega)$和$S_{YX}(\omega)$互为共轭函数。

2）在互相关函数$R_{XY}(\tau)$绝对可积的条件下，有

$$S_{XY}(\omega)=\int_{-\infty}^{\infty}R_{XY}(\tau)\mathrm{e}^{-\mathrm{i}\omega\tau}\mathrm{d}\tau \tag{9-63}$$

$$R_{XY}(\tau)=\frac{1}{2\pi}\int_{-\infty}^{\infty}S_{XY}(\omega)\mathrm{e}^{\mathrm{i}\omega\tau}\mathrm{d}\omega \tag{9-64}$$

3）$S_{XY}(\omega)$和$S_{YX}(\omega)$的实部为ω的偶函数，虚部为ω的奇函数。

4）互谱密度与自谱密度之间有不等式

$$|S_{XY}(\omega)| \leqslant S_X(\omega) S_Y(\omega) \tag{9-65}$$

5）若随机过程 $Z(t)=X(t)+Y(t)$，则它的自功率谱密度为

$$S_Z(\omega)=S_X(\omega)+S_{XY}(\omega)+S_{YX}(\omega)+S_Y(\omega) \tag{9-66}$$

9.4　随机地震地面运动模型

结构地震反应分析是结构工程中的一个重要内容，与体系受到外部动力激励而产生振动的情形不同，结构地震反应是由地震引起的地面往复运动所导致的。对体系进行随机地震反应分析时需要采用概率方法描述地面运动的过程。本节将介绍结构随机振动分析中经常使用的几个随机地震地面运动模型。

9.4.1　理想白噪声模型

理想白噪声模型是最早用来模拟地震地面运动的随机过程模型，由美国学者G. W. Housner 于 1947 年首先提出。这一模型假设地震地面加速度 $\ddot{x}_g(t)$ 的功率谱密度函数在（$-\infty<\omega<+\infty$）的频率范围具有常数数值 S_0，即

$$S_{\ddot{x}_g}(\omega)=S_0 \quad (-\infty<\omega<+\infty) \tag{9-67}$$

应用维纳-辛钦公式，随机地面加速度过程 $\ddot{x}_g(t)$ 的自相关函数为

$$R_{\ddot{x}_g}(\tau)=\frac{1}{2\pi}\int_{-\infty}^{\infty} S_0 \mathrm{e}^{\mathrm{i}\omega\tau}\mathrm{d}\omega=S_0\delta(\tau) \tag{9-68}$$

式中，$\delta(\cdot)$ 为 Dirac δ 函数。

理想白噪声是宽带过程的极端情况，它平等地包含所有频率的谐波分量。由式（9-50）和式（9-67），理想白噪声的方差为

$$\sigma_{\ddot{x}_g}^2=R_{\ddot{x}_g}(0)=\infty \tag{9-69}$$

可见，在物理上并不存在这种白噪声过程。但是由于白噪声在数学上的简单性，它常被作为一些物理现象的近似或理想化的模型。对于线弹性结构体系，在较高频率的激励信号作用下不会产生大的反应，因此将作用在体系上的宽带随机荷载抽象为白噪声过程不会产生大的误差，但可使结构随机振动分析大大简化。

9.4.2　金井清（Kanai-Tajimi）模型

场地地震动由于受到震源特性、传播路径和场地条件等诸多因素的影响，是极为复杂的。通过对大量实际观测的强地震动数据的分析，发现实际地震动的功率谱密度函数具有明确的峰值，理想白噪声模型不能反映地震动的实际特征。因此，日本学者金井清和田治见宏于 1960 年提出了一种模拟地震地面运动的新的模型。金井清模型假设地面加速度具有如下的形式：

$$S_{\ddot{x}_g}(\omega)=\frac{\omega_g^4+4\zeta_g^2\omega_g^2\omega^2}{(\omega^2-\omega_g^2)^2+4\zeta_g^2\omega_g^2\omega^2}\cdot S_0 \tag{9-70}$$

式中，S_0 为谱强度；ω_g 和 ζ_g 分别为场地的特征频率和特征阻尼比。

金井清模型是基于下面的事实提出的，即假设地震引起的基岩的运动过程 $\ddot{u}_b(t)$ 为均值为零的理想白噪声，其谱密度为 S_0。基岩运动通过覆盖土层传播到地表，如图 9-6 所示。

覆盖土层被处理成线性单自由度体系，相当于一个过滤器。这时，覆盖土层的运动方程为

$$\ddot{u}+2\zeta_g\omega_g\dot{u}+\omega_g^2u=-\ddot{u}_b(t) \tag{9-71}$$

式中，$\ddot{u}(t)$ 为地面相对于基岩的加速度；ω_g、ζ_g 分别为覆盖土层的固有频率和阻尼比。于是，地表加速度为

$$\ddot{x}_g(t)=\ddot{u}(t)+\ddot{u}_b(t)=-2\zeta_g\omega_g\dot{u}(t)-\omega_g^2u(t) \tag{9-72}$$

以此求得的地面加速度 $\ddot{x}_g(t)$ 的功率谱密度函数就是式（9-70）给出的金井清谱形式。

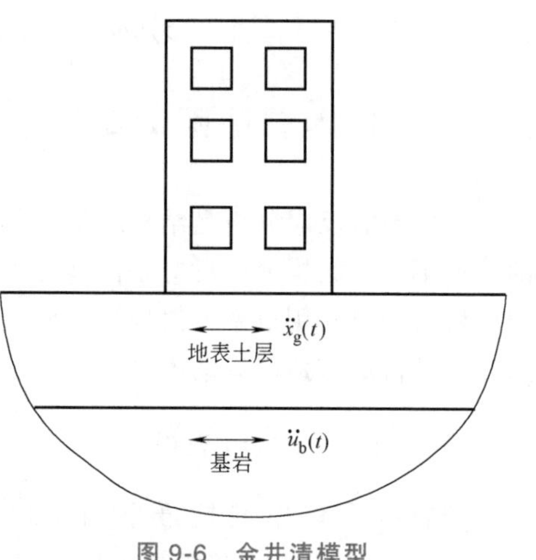

图 9-6　金井清模型

在金井清模型中，S_0 反映了地震动的强弱程度，ω_g 和 ζ_g 与覆盖土层的特性有关，一般按照土层的软硬程度而取不同的值。

金井清模型也称过滤白噪声模型，考虑了土层对基岩地震动的过滤作用，具有明确的物理意义，频谱特征比较符合实际的场地地震动，因而成为目前使用最为广泛的地震地面运动随机模型之一。但金井清谱存在一个缺点，即它不恰当地夸大了低频地震动的能量，用于某些结构（特别是长周期结构）的地震反应分析时可能得到不合理的结果。同时，它不满足地面速度和位移必须有限的条件，也就是说不满足连续两次可积的条件。由金井清谱导出的地面速度功率谱密度函数在零频处出现明显的奇异点，导致地面速度的方差无界。所以，金井清模型更适用于中高频结构随机地震反应的分析。

9.4.3　改进的金井清模型

为了改善金井清模型在低频范围内的不合理之处，我国学者胡聿贤等于 1962 年提出了一种改进方案，修正了金井清模型的缺陷。这种改进的金井清模型（也称为胡聿贤谱模型）具有下述形式：

$$S_{\ddot{x}_g}(\omega)=\frac{\omega^{2n}}{\omega_c^{2n}+\omega^{2n}}\cdot\frac{\omega_g^4+4\zeta_g^2\omega_g^2\omega^2}{(\omega^2-\omega_g^2)^2+4\zeta_g^2\omega_g^2\omega^2}S_0 \tag{9-73}$$

式中，ω_c 为低频截止频率；幂指数 n 可取 1、2 或 3，当取 $n=3$ 时，显然金井清谱存在的地面速度和地面位移方差无界的问题都不存在了。

金井清谱和胡聿贤谱的比较见图 9-7，可以发现胡聿贤谱模型只修正了金井清谱模型的低频部分，而基本上不改变金井清谱模型的中高频部分，利用强震观测资料适当地拟合出来的胡聿贤谱模型更符合地震动的实际情况。

事实上，金井清谱在中、高频段拟合出的地震地面加速度特性还是比较合理的，胡聿贤谱也仅是修改了其接近零频范围内的平稳功率谱的特征。探究这两种关于地震地面运动的平稳功率谱密度模型可以发现，金井清谱实际上是一种过滤白噪声模型，即理想白噪声过程经过一个线性过滤器（线性单自由度体系）的过滤后形成的；而胡聿贤谱的物理机制是理想白噪声过程经过两次过滤后形成的，第一次过滤削减理想白噪声过程的低频成分，从而形成具有如下形式的有色基岩谱：

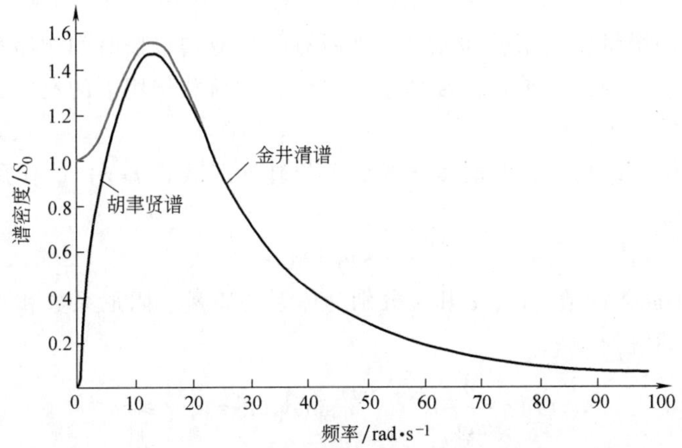

图 9-7　金井清谱与胡聿贤谱的比较

$$S_{\ddot{x}_r}(\omega)=\frac{\omega^{2n}}{\omega_c^{2n}+\omega^{2n}}\cdot S_0$$

其中，低频截止频率 ω_c 的作用是限定削减白噪声谱的频段，它规定了只在 $0\sim2\omega_c$ 频率范围内对强度为 S_0 的白噪声谱进行削减。第二次过滤使用的过滤器与金井清谱完全一致，所以胡聿贤谱是一种两次过滤白噪声过程。

关于平稳地震地面运动功率谱模型方面的工作大多为基于式（9-70）而进行改进，主要是克服金井清谱在低频特别是零频处的不合理之处。形如式（9-73）的胡聿贤谱是较早提出改进金井清谱的工作，其后又陆续提出了一些金井清谱的改进方案，如 Clough-Penzien 谱，写为

$$S_{\ddot{x}_g}(\omega)=\frac{\omega^4}{(\omega^2-\omega_r^2)^2+4\zeta_r^2\omega_r^2\omega^2}\cdot\frac{\omega_g^4+4\zeta_g^2\omega_g^2\omega^2}{(\omega^2-\omega_g^2)^2+4\zeta_g^2\omega_g^2\omega^2}\cdot S_0 \tag{9-74}$$

式中，ω_r 和 ζ_r 为过滤器参数。对比式（9-73）的胡聿贤谱模型和式（9-74）的 Clough-Penzien 谱模型，可以发现两者都是对金井清谱模型的改进方案，只不过各自采用了不同的过滤器而已。相较而言，胡聿贤谱选用的过滤器只含有一个参数，应用起来比较简便，给出的谱模型为单峰模型，而 Clough-Penzien 谱则为双峰模型，使用的过滤器中含有两个参数。

9.5　线性单自由度体系随机反应

结构随机振动反应的求解可以在频域中进行，即设法求出结构体系动力反应的功率谱密度，然后通过积分运算计算出体系的均方反应。这种方法称为频域法，是从古典控制理论中移植过来的思想，在结构随机振动研究的早期占有重要地位。与之对应，结构随机反应的时域分析方法致力于直接求解体系反应的相关函数，从而直接得到体系的均方反应。频域法和时域法各有长处和短处，应视问题的具体情况选择应用。

9.5.1　脉冲反应函数和复频反应函数

第 3 章讨论了线性单自由度结构体系在确定性荷载作用下反应的解法。事实上，作用在

结构上的外荷载 $p(t)$ 可以看作是一系列脉冲荷载的连续作用。每一个脉冲荷载都将使结构产生一个动力反应的增量，利用叠加原理，把所有的反应增量按时间顺序累加起来就得到了结构体系的动力反应。因此，单自由度体系在单位脉冲荷载作用下的反应，即脉冲反应函数的计算是非常关键的一个步骤。

假设线性单自由度结构体系在时刻 τ 受到单位脉冲荷载 $\delta(t-\tau)$ 的作用，则体系的动力反应满足方程

$$m\ddot{y}+c\dot{y}+ky=\delta(t-\tau) \tag{9-75}$$

式中，$\delta(\cdot)$ 为 Dirac δ 函数；m、c 和 k 分别为体系的质量、阻尼系数和刚度。

方程（9-75）的解为

$$y(t)=\frac{1}{m\omega_{\mathrm{D}}}\mathrm{e}^{-\zeta\omega_{\mathrm{n}}(t-\tau)}\sin\omega_{\mathrm{D}}(t-\tau),\quad t\geqslant\tau \tag{9-76}$$

式中，ζ 为体系阻尼比；ω_{D} 是有阻尼体系自振频率，$\omega_{\mathrm{D}}=\omega_{\mathrm{n}}\sqrt{1-\zeta^2}$，其中 ω_{n} 为无阻尼体系自振频率。

当 $\tau=0$ 时，得到单自由度体系在单位脉冲 $\delta(t)$ 作用下的反应，它被定义为单位脉冲反应函数，用 $h(t)$ 表示，即

$$h(t)=\begin{cases}\dfrac{1}{m\omega_{\mathrm{D}}}\mathrm{e}^{-\zeta\omega_{\mathrm{n}}t}\sin\omega_{\mathrm{D}}t, & t\geqslant 0\\ 0, & t<0\end{cases} \tag{9-77}$$

显然，时刻 τ 的冲量 $p(\tau)\mathrm{d}\tau$ 引起的结构动力反应为 $p(\tau)\mathrm{d}\tau\cdot h(t-\tau)$，外荷载 $p(t)$ 在时间 $[0,\ t]$ 内使结构产生的总反应为

$$y(t)=\int_0^t p(\tau)h(t-\tau)\mathrm{d}\tau \tag{9-78}$$

此式即杜哈曼（Duhamel）积分。上式中，如果将积分下限改为 $-\infty$，积分上限改为 $+\infty$，并不会改变积分的结果。这是因为当 $\tau<0$ 时，没有荷载作用在结构上，$p(t)=0$；当 $\tau>t$ 时，荷载尚未作用在结构上，$h(t-\tau)=0$。于是 Duhamel 积分改写为

$$y(t)=\int_{-\infty}^{\infty}p(\tau)h(t-\tau)\mathrm{d}\tau \tag{9-79}$$

若做积分变换 $\theta=t-\tau$，线性单自由度结构体系的反应还可以写为

$$y(t)=\int_{-\infty}^{\infty}p(t-\theta)h(\theta)\mathrm{d}\theta \tag{9-80}$$

单位脉冲反应函数 $h(t)$ 是一个重要的指标，它在本质上刻画了线性单自由度结构体系的动态特性。这是因为，当体系在零时刻受到单位脉冲作用时，由于作用时间非常短，体系反应可视为自由振动，即单位脉冲作用在结构上的结果只是为结构提供了自由振动的初始条件（实际上是提供了大小为 $1/m$ 的初始速度）。因而单位脉冲只是激起了体系的自由振动反应，其自由振动过程当然仅反映体系自身的动态特性。这里的单位脉冲仅仅只是用来“量测”体系动态特性的一种工具，这从式（9-77）的 $h(t)$ 的表达式中就可以清晰地看出，其中质量 m、自振频率 ω_{n} 和阻尼比 ζ 等都是描述体系动态特性的物理量，式（9-77）中未包含任何有关外荷载的信息。

除了单位脉冲反应函数 $h(t)$，还可以采用复频反应函数 $H(\mathrm{i}\omega)$ 描述体系的动态特性。事实上，外荷载 $p(t)$ 在时间 $[0,t]$ 内的作用，也可以看作是一系列简谐分量的叠加。只

要把各简谐分量引起的结构反应叠加起来，同样也可以得到体系的动态反应。为此，先来研究线性单自由度结构体系在单位简谐荷载 $e^{i\omega t}$ 作用下的反应。此时结构的振动方程为

$$m\ddot{y}+c\dot{y}+ky=e^{i\omega t} \tag{9-81}$$

令其解为 $y(t)=H(i\omega)e^{i\omega t}$，代入上述振动方程，得

$$H(i\omega)=\frac{1}{k-m\omega^2+i\omega c}=\frac{1}{k}\left[\frac{1}{1-(\omega/\omega_n)^2+2i\zeta(\omega/\omega_n)}\right] \tag{9-82}$$

式中，$H(i\omega)$ 为**复频反应函数**，也称为**频响函数**或**传递函数**，它是在圆频率为 ω 的简谐外力作用下结构体系的动力反应与作用力 $e^{i\omega t}$ 的比值。$H(i\omega)$ 一般为复数，也可以写成下面的形式：

$$H(i\omega)=|H(i\omega)|e^{i\varphi}=\beta e^{i\varphi} \tag{9-83}$$

式中，$\beta=|H(i\omega)|$反映了线性结构体系反应对外荷载的放大倍数；角度 φ 表示同频简谐分量的外荷载与结构反应之间的相位差。β 和 φ 不仅取决于结构体系自身的特性，还同扰频 ω 有关，不难推导出

$$\beta=\frac{1}{k}\cdot\frac{1}{\sqrt{[1-(\omega/\omega_n)^2]^2+[2i\zeta(\omega/\omega_n)]^2}} \tag{9-84}$$

$$\varphi=-\arctan\left[\frac{2\zeta(\omega/\omega_n)}{1-(\omega/\omega_n)^2}\right] \tag{9-85}$$

由复频反应函数的定义，容易得到线性体系激励和反应在频域内具有关系：

$$Y(\omega)=H(i\omega)X(\omega) \tag{9-86}$$

式中，$X(\omega)$ 和 $Y(\omega)$ 分别为体系激励 $x(t)$ 和反应 $y(t)$ 的 Fourier 变换。这里所讲的激励可以是作用在结构体系上的外力，也可以是地面运动；结构反应可以是位移、速度、加速度，也可以是构件内力，如弯矩、剪力等。为了方便起见，下面统一将激励称为输入，用 $x(t)$ 表示，反应称为输出，用 $y(t)$ 表示。

脉冲反应函数 $h(t)$ 和复频反应函数 $H(i\omega)$ 分别描述了结构体系在时域和频域内的特性，它们自然应该存在某种联系。事实上，$h(t)$ 和 $H(i\omega)$ 构成 Fourier 变换对，即

$$H(i\omega)=\int_{-\infty}^{\infty}h(t)e^{-i\omega t}dt \tag{9-87}$$

$$h(t)=\frac{1}{2\pi}\int_{-\infty}^{\infty}H(i\omega)e^{i\omega t}d\omega \tag{9-88}$$

只要令 $x(t)=e^{i\omega t}$，利用式（9-80），可得到反应为

$$y(t)=\int_{-\infty}^{\infty}h(\theta)e^{i\omega(t-\theta)}d\theta=e^{i\omega t}\int_{-\infty}^{\infty}h(\theta)e^{-i\omega\theta}d\theta \tag{9-89}$$

由于

$$y(t)=H(i\omega)e^{i\omega t} \tag{9-90}$$

比较以上两个式子就可以得到 $H(i\omega)$ 和 $h(t)$ 的关系，即式（9-87）和式（9-88）。

例 9-2　图 9-8 所示的振动体系，刚性杆 AB 可绕光滑铰座 A 自由转动。已知集中质量 m、弹簧刚度 k、阻尼器的阻尼系数 c。试确定该体系在简谐输入荷载 $x(t)=x_0\sin\omega t$ 下对应于质量位移输出 $y(t)$ 的复频反应函数。

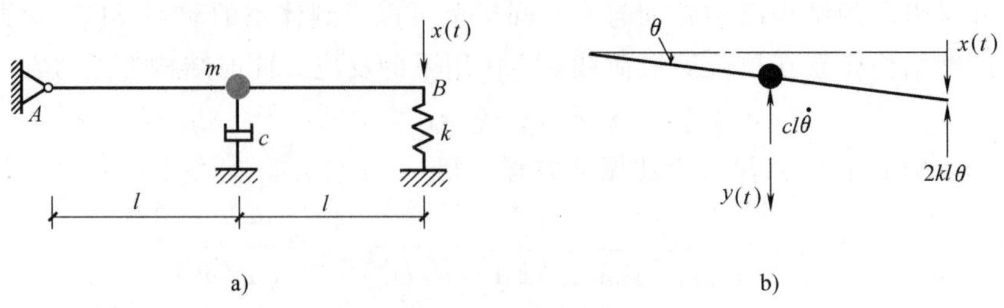

图 9-8　例 9-2 的振动体系

解：如图 9-8b 所示，取质量 m 的竖向位移 $y(t)$ 作为输出，假定 AB 杆绕 A 点转角为 θ，则有 $y=l\theta$。由牛顿第二定律，绕 A 点转动的运动方程为

$$x(t)\cdot 2l-cl\dot{\theta}\cdot l-2kl\theta\cdot 2l=ml^2\ddot{\theta} \tag{a}$$

将 $y=l\theta$ 代入上述方程，整理后得

$$m\ddot{y}+c\dot{y}+4ky=2x(t) \tag{b}$$

令 $x(t)=\mathrm{e}^{\mathrm{i}\omega t}$，$y(t)=H(\mathrm{i}\omega)\mathrm{e}^{\mathrm{i}\omega t}$，代入方程（b），有

$$(-m\omega^2+\mathrm{i}c\omega+4k)H(\mathrm{i}\omega)\mathrm{e}^{\mathrm{i}\omega t}=2\mathrm{e}^{\mathrm{i}\omega t} \tag{c}$$

由于 $\mathrm{e}^{\mathrm{i}\omega t}$ 不为零，故求得复频反应函数为

$$H(\mathrm{i}\omega)=\frac{2}{(4k-m\omega^2)+\mathrm{i}c\omega}$$

9.5.2　反应过程的均值

在随机输入量 $x(t)$ 的作用下，线性时不变单自由度结构体系的输出量 $y(t)$ 是一个随机过程，它的均值为

$$\mu_y(t)=E[y(t)] \tag{9-91}$$

利用式（9-80），可得

$$\mu_y(t)=E\left[\int_{-\infty}^{\infty}h(\theta)x(t-\theta)\mathrm{d}\theta\right] \tag{9-92}$$

由于数学期望和积分的计算均为线性算子，交换它们的运算次序，上式变为

$$\mu_y(t)=\int_{-\infty}^{\infty}h(\theta)E[x(t-\theta)]\mathrm{d}\theta \tag{9-93}$$

若 $x(t)$ 为平稳随机过程，则它的均值是一个常数，即

$$E[x(t-\theta)]=E[x(t)]=\mu_x$$

所以

$$\mu_y(t)=\mu_x\int_{-\infty}^{\infty}h(\theta)\mathrm{d}\theta \tag{9-94}$$

由式（9-87），可知

$$H(\mathrm{i}0)=\int_{-\infty}^{\infty}h(\theta)\mathrm{d}\theta \tag{9-95}$$

则式（9-94）又可以写为

$$\mu_y(t)=\mu_x H(\mathrm{i}0) \tag{9-96}$$

如果输入为零均值的平稳过程，$\mu_x=E[x(t)]=0$，由式（9-96）可知结构反应过程的均值也必为零，即 $\mu_y=E[y(t)]=0$。对于非零均值的输入，利用式（9-82），得 $H(\mathrm{i}0)=1/k$，则均值反应按式（9-96）计算，得

$$\mu_y(t)=\frac{\mu_x}{k} \tag{9-97}$$

此式即胡克定律的表达式。由此可见，非零均值激励下的线性单自由度体系的均值反应相当于按静力方式进行计算，即将激励过程的均值 μ_x 看作静力施加于结构体系上，其反应即为体系反应过程的均值 μ_y，如图 9-9 所示。

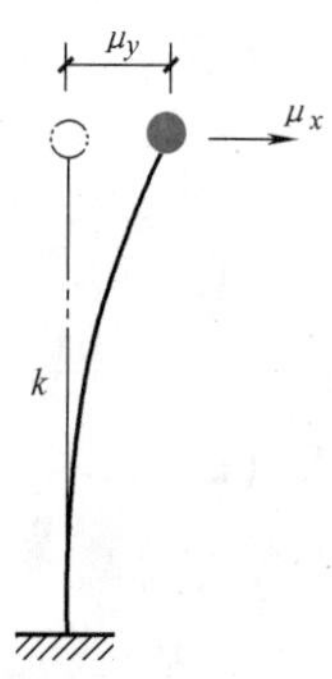

图 9-9　体系反应均值

9.5.3　反应过程的自相关

平稳反应过程 $y(t)$ 的自相关函数为

$$R_y(\tau)=E[y(t)y(t+\tau)] \tag{9-98}$$

将式（9-80）的结构反应代入式（9-98），得

$$R_y(\tau)=E\left[\left(\int_{-\infty}^{\infty}h(u)x(t-u)\mathrm{d}u\right)\left(\int_{-\infty}^{\infty}h(v)x(t+\tau-v)\mathrm{d}v\right)\right] \tag{9-99}$$

交换数学期望和积分运算的次序，得

$$R_y(\tau)=\int_{-\infty}^{\infty}h(u)\int_{-\infty}^{\infty}h(v)E[x(t-u)x(t+\tau-v)]\mathrm{d}v\mathrm{d}u \tag{9-100}$$

注意到 $E[x(t-u)x(t+\tau-v)]=R_x(\tau+u-v)$，则反应过程的自相关函数可表示为

$$R_y(\tau)=\int_{-\infty}^{\infty}h(u)\int_{-\infty}^{\infty}h(v)R_x(\tau+u-v)\mathrm{d}v\mathrm{d}u \tag{9-101}$$

采用式（9-101）计算结构平稳反应过程的自相关函数时需要进行双重积分的运算，且实际工程中随机激励过程的自相关函数 $R_x(\tau)$ 几乎难以获得，所以工程上很少直接利用式（9-101）计算结构的随机反应。但是一旦求得结构随机反应过程的自相关函数 $R_y(\tau)$，则计算结构均方反应就非常容易了，只要在式（9-101）中令 $\tau=0$ 即可得到

$$\sigma_y^2=R_y(0)=\int_{-\infty}^{\infty}h(u)\int_{-\infty}^{\infty}h(v)R_x(u-v)\mathrm{d}v\mathrm{d}u \tag{9-102}$$

例 9-3　单自由度体系质量、阻尼系数和刚度分别为 m、c、k，受到均值为零、强度为 S_0 的理想白噪声过程激励，试求体系的自相关反应。

解：单自由度体系运动方程为

$$m\ddot{y}+c\dot{y}+ky=x(t) \tag{a}$$

式中，$x(t)$ 为理想白噪声过程，有 $S_x(\omega)=S_0$，因为均值为零，故其自相关函数为

$$R_x(\tau)=C_x(\tau)=2\pi S_0\delta(\tau) \tag{b}$$

该体系的单位脉冲反应函数为

$$h(t)=\frac{1}{m\omega_{\mathrm{D}}}\mathrm{e}^{-\zeta\omega_{\mathrm{n}}t}\sin\omega_{\mathrm{D}}t,\quad t\geqslant 0 \tag{c}$$

由式（9-101），体系自相关反应为

$$
\begin{aligned}
R_y(\tau) &= \int_{-\infty}^{\infty} h(u)\int_{-\infty}^{\infty} h(v)R_x(\tau+u-v)\mathrm{d}v\mathrm{d}u \\
&= 2\pi S_0\int_{-\infty}^{\infty}\int_{-\infty}^{\infty} h(u)h(v)\delta(\tau+u-v)\mathrm{d}v\mathrm{d}u \\
&= 2\pi S_0\int_{-\infty}^{\infty} h(u)h(\tau+u)\mathrm{d}u
\end{aligned}
$$

将式（c）代入上式，有

$$
R_y(\tau) = \frac{2\pi S_0}{m^2\omega_{\mathrm{D}}^2}\int_{-\infty}^{\infty} \mathrm{e}^{-\zeta\omega_{\mathrm{n}}(\tau+2u)}\sin\omega_{\mathrm{D}}u\sin\omega_{\mathrm{D}}(\tau+u)\mathrm{d}u \tag{d}
$$

积分后可得

$$
R_y(\tau)=\frac{\pi S_0}{2m^2\zeta\omega_{\mathrm{n}}^3}\mathrm{e}^{-\zeta\omega_{\mathrm{n}}|\tau|}\left(\cos\omega_{\mathrm{D}}\tau+\frac{\zeta}{\sqrt{1-\zeta^2}}\sin\omega_{\mathrm{D}}|\tau|\right) \tag{e}
$$

式（e）即为体系反应的自相关函数。如果令 $\tau=0$，还可以进一步得到体系反应的均方值，即

$$
\sigma_y^2=S_y(0)=\frac{\pi S_0}{2m^2\zeta\omega_{\mathrm{n}}^3}=\frac{\pi S_0}{ck} \tag{f}
$$

9.5.4　反应过程的自谱密度

根据维纳-辛钦公式，结构平稳反应过程 $y(t)$ 的自功率谱密度函数为

$$
S_y(\omega) = \int_{-\infty}^{\infty} R_y(\tau)\mathrm{e}^{-\mathrm{i}\omega\tau}\mathrm{d}\tau
$$

利用式（9-101），可得

$$
S_y(\omega) = \int_{-\infty}^{\infty}\left(\int_{-\infty}^{\infty}\int_{-\infty}^{\infty} h(u)h(v)R_x(\tau+u-v)\mathrm{d}u\mathrm{d}v\right)\mathrm{e}^{-\mathrm{i}\omega\tau}\mathrm{d}\tau \tag{9-103}
$$

交换积分运算的次序，并经整理后有

$$
S_y(\omega) = \int_{-\infty}^{\infty} h(u)\mathrm{e}^{\mathrm{i}\omega u}\int_{-\infty}^{\infty} h(v)\mathrm{e}^{-\mathrm{i}\omega v}\left[\int_{-\infty}^{\infty} R_x(\tau+u-v)\mathrm{e}^{-\mathrm{i}\omega(\tau+u-v)}\mathrm{d}(\tau+u-v)\right]\mathrm{d}v\mathrm{d}u \tag{9-104}
$$

由式（9-87）和式（9-52），得

$$
S_y(\omega)=H(-\mathrm{i}\omega)H(\mathrm{i}\omega)S_x(\omega) \tag{9-105}
$$

显然

$$
H(-\mathrm{i}\omega)=H^*(\mathrm{i}\omega) \tag{9-106}
$$

式中，$H^*(\mathrm{i}\omega)$ 是 $H(\mathrm{i}\omega)$ 的共轭函数。将式（9-106）代入式（9-105），则结构反应的自谱密度函数可表示为

$$
S_y(\omega)=H^*(\mathrm{i}\omega)H(\mathrm{i}\omega)S_x(\omega)=|H(\mathrm{i}\omega)|^2S_x(\omega) \tag{9-107}
$$

由式（9-107）可见，反应和激励的自谱密度具有非常简单的关系，计算 $|H(\mathrm{i}\omega)|$ 远比式（9-101）的二重积分运算容易，所以传统上工程分析时通常都是计算反应的自谱密度，如果需要，再通过 Fourier 变换将它转换成自相关函数。但随着计算技术的发展和计算机能力的提高，这种趋势正在发生变化，基于直接求解自相关函数的时域分析方法正在受到更多的重视。

结构均方反应也可以利用自谱密度函数求得，即

$$\sigma_y^2 = \int_{-\infty}^{\infty} S_y(\omega)\mathrm{d}\omega \tag{9-108}$$

与式（9-102）相比，需要进行积分运算。可见，反应的相关函数的求解比较困难，但通过它计算均方值却很容易；而反应的谱密度函数比较容易求得，但通过它求解均方反应却需要进行积分运算。两种方法各有利弊，应视实际情况选用。

例 9-4　推导式（9-70）的金井清谱。

金井清谱是将覆盖土层视为线性单自由度体系过滤器，即运动方程写为

$$\ddot{u}+2\zeta_g\omega_g\dot{u}+\omega_g^2 u = -\ddot{u}_b(t) \tag{a}$$

式中，$\ddot{u}_b(t)$ 为基岩激励过程，假定为零均值、功率谱密度为 S_0 的理想白噪声。

首先求 $u(t)$ 的功率谱密度。令

$$\ddot{u}_b(t) = e^{i\omega t} \tag{b}$$

则

$$u(t) = H_u(i\omega)e^{i\omega t} \tag{c}$$

将式（b）和式（c）代入方程（a），可得

$$H_u(i\omega) = -\frac{1}{\omega_g^2-\omega^2+i2\zeta_g\omega_g\omega} \tag{d}$$

由式（9-107），有

$$S_u(\omega) = |H_u(i\omega)|^2 S_{\ddot{u}_b}(\omega) = \frac{1}{(\omega_g^2-\omega^2)^2+4\zeta_g^2\omega_g^2\omega^2}\cdot S_0 \tag{e}$$

由方程（a），在基岩运动激励下地表加速度应为

$$\ddot{x}_g(t) = \ddot{u}(t)+\ddot{u}_b(t) = -2\zeta_g\omega_g\dot{u}(t)-\omega_g^2 u(t) \tag{f}$$

如果再令 $u(t)=e^{i\omega t}$ 和 $\ddot{x}_g(t)=H_{\ddot{x}_g}(i\omega)e^{i\omega t}$，将它们代入方程（f），得到 $\ddot{x}_g$ 相对于 u 的传递函数：

$$H_{\ddot{x}_g}(i\omega) = -\omega_g^2-i2\zeta_g\omega_g\omega \tag{g}$$

故有

$$S_{\ddot{x}_g}(\omega) = |H_{\ddot{x}_g}(i\omega)|^2 S_u(\omega) = \frac{\omega_g^4+4\zeta_g^2\omega_g^2\omega^2}{(\omega_g^2-\omega^2)^2+4\zeta_g^2\omega_g^2\omega^2}\cdot S_0 \tag{h}$$

此即式（9-70）的金井清谱公式。

由此可见，金井清谱实际上是一种过滤白噪声模型。顺便指出，金井清谱假定基岩激励过程为理想白噪声，如果基岩运动选择为一种过滤噪声过程，即具有谱密度

$$S_{\ddot{u}_b}(\omega) = \frac{\omega^{2n}}{\omega_c^{2n}+\omega^{2n}}\cdot S_0 \tag{i}$$

则可以推得地表加速度过程为胡聿贤谱。所以，胡聿贤谱实际上是一种双重过滤白噪声模型，第一次过滤削减低频成分，第二次过滤削减中高频成分，其中第二次过滤使用的过滤器与金井清谱一致。

9.5.5　激励和反应的互相关和互谱密度

根据随机过程互相关函数的定义，激励过程和反应过程的互相关函数为

$$R_{xy}(\tau)=E[x(t)y(t+\tau)] \tag{9-109}$$

利用式（9-80），得

$$R_{xy}(\tau)=E\left[x(t)\int_{-\infty}^{\infty}h(\theta)x(t+\tau-\theta)\mathrm{d}\theta\right] \tag{9-110}$$

交换期望运算与积分运算的次序，有

$$R_{xy}(\tau)=\int_{-\infty}^{\infty}h(\theta)E[x(t)x(t+\tau-\theta)]\mathrm{d}\theta \tag{9-111}$$

即

$$R_{xy}(\tau)=\int_{-\infty}^{\infty}h(\theta)R_{x}(\tau-\theta)\mathrm{d}\theta \tag{9-112}$$

激励过程和反应过程的互功率谱密度函数为

$$S_{xy}(\omega)=\int_{-\infty}^{\infty}R_{xy}(\tau)\mathrm{e}^{-\mathrm{i}\omega\tau}\mathrm{d}\tau$$

将式（9-112）代入上式，有

$$S_{xy}(\omega)=\int_{-\infty}^{\infty}\left(\int_{-\infty}^{\infty}h(\theta)R_{x}(\tau-\theta)\mathrm{d}\theta\right)\mathrm{e}^{-\mathrm{i}\omega\tau}\mathrm{d}\tau \tag{9-113}$$

交换积分运算的次序，得

$$S_{xy}(\omega)=\int_{-\infty}^{\infty}h(\theta)\mathrm{e}^{-\mathrm{i}\omega\theta}\mathrm{d}\theta\int_{-\infty}^{\infty}R_{x}(\tau-\theta)\mathrm{e}^{-\mathrm{i}\omega(\tau-\theta)}\mathrm{d}(\tau-\theta) \tag{9-114}$$

即

$$S_{xy}(\omega)=H(\mathrm{i}\omega)S_{x}(\omega) \tag{9-115}$$

由互谱密度性质，可知

$$S_{yx}(\omega)=S_{xy}^{*}(\omega)=H^{*}(\mathrm{i}\omega)S_{x}(\omega)=H(-\mathrm{i}\omega)S_{x}(\omega) \tag{9-116}$$

9.6　线性多自由度体系随机反应

单自由度体系的随机振动分析是一个单输入、单输出的问题。对于多自由度体系，需要分析多个自由度上的反应，而且结构往往不止在一个自由度上受到激励，所以多自由度体系随机反应分析通常是一个多输入、多输出的问题。本节介绍求解线性时不变多自由度结构体系平稳随机反应的两种基本方法，即直接方法和振型叠加方法。直接方法是直接从体系振动方程入手，寻求体系稳态随机反应的方法。它是一种精确方法，但求解问题的规模不宜过大，适用于自由度数目较少时体系的随机反应分析。振型叠加方法是利用振型的正交特性，通过振型变换手段大幅度缩减分析的自由度数目，从而计算体系随机反应的方法。振型叠加方法可以解决较大规模的结构分析问题，但它是一种近似方法，一般要求体系具有经典阻尼。

9.6.1　直接方法

1. 多自由度体系的振动反应

假设体系有 m 个输入 $x_j(t)$，$j=1, 2, \cdots, m$ 和 n 个输出 $y_k(t)$，$k=1, 2, \cdots, n$。根据

叠加原理，线性体系的每一个输出都可以由各个独立的输入所引起的反应叠加而成。所以，对于每一个输出 $y_k(t)$，存在 m 个脉冲反应函数，即 $h_{kj}(t)$，$k=1, 2, \cdots, n$；$j=1, 2, \cdots, m$，使得

$$y_k(t)=\sum_{j=1}^{m}\int_{-\infty}^{+\infty}h_{kj}(\theta)x_j(t-\theta)\,\mathrm{d}\theta \tag{9-117}$$

而对应于全部 n 个输出，就存在 $n\times m$ 个脉冲反应函数，将它们排列成矩阵形式，有

$$[h(t)]=\begin{bmatrix}h_{11} & h_{12} & \cdots & h_{1m}\\ h_{21} & h_{22} & \cdots & h_{2m}\\ \vdots & \vdots & \ddots & \vdots\\ h_{n1} & h_{n2} & \cdots & h_{nm}\end{bmatrix} \tag{9-118}$$

称为体系的脉冲反应矩阵。如果体系的 n 个输出用向量表示为

$$\{y(t)\}=\{y_1(t),y_2(t),\cdots,y_n(t)\}^{\mathrm{T}}$$

而输入为

$$\{x(t)\}=\{x_1(t),x_2(t),\cdots,x_m(t)\}^{\mathrm{T}}$$

则体系反应也可以写成矩阵形式，即

$$\{y(t)\}=\int_{-\infty}^{\infty}[h(\theta)]\{x(t-\theta)\}\,\mathrm{d}\theta \tag{9-119}$$

对式（9-118）进行 Fourier 变换，得到体系的复频反应矩阵为

$$[H(\mathrm{i}\omega)]=\begin{bmatrix}H_{11} & H_{12} & \cdots & H_{1m}\\ H_{21} & H_{22} & \cdots & H_{2m}\\ \vdots & \vdots & \ddots & \vdots\\ H_{n1} & H_{n2} & \cdots & H_{nm}\end{bmatrix} \tag{9-120}$$

其中

$$H_{kj}(\mathrm{i}\omega)=\int_{-\infty}^{\infty}h_{kj}(t)\mathrm{e}^{-\mathrm{i}\omega t}\,\mathrm{d}t\quad(k=1,2,\cdots,n;\ j=1,2,\cdots,m)$$

输出和输入在频域内具有关系

$$\{Y(\omega)\}=[H(\mathrm{i}\omega)]\{X(\omega)\} \tag{9-121}$$

式中，$\{Y(\omega)\}$ 和 $\{X(\omega)\}$ 分别为输出向量 $\{y(t)\}$ 和输入向量 $\{x(t)\}$ 的 Fourier 变换向量。

2. 体系反应的均值向量

体系 n 个平稳反应过程的均值为

$$\{\mu_y\}=E[\{y(t)\}] \tag{9-122}$$

将式（9-119）代入式（9-122），有

$$\{\mu_y\}=E\left[\int_{-\infty}^{\infty}[h(\theta)]\{x(t-\theta)\}\,\mathrm{d}\theta\right] \tag{9-123}$$

交换期望运算和积分运算的次序，得

$$\{\mu_y\}=\int_{-\infty}^{\infty}[h(\theta)]E[\{x(t-\theta)\}]\,\mathrm{d}\theta \tag{9-124}$$

由于 m 个输入均为平稳过程，则

$$\{\mu_y\}=\int_{-\infty}^{\infty}[h(\theta)]\mathrm{d}\theta\cdot\{\mu_x\} \tag{9-125}$$

式中，$\{\mu_x\}$ 为体系平稳激励过程的均值向量。

由于$[H(\mathrm{i}\omega)]$是$[h(t)]$的 Fourier 变换矩阵，则

$$[H(\mathrm{i}0)]=\int_{-\infty}^{\infty}[h(\theta)]\mathrm{d}\theta \tag{9-126}$$

所以

$$\{\mu_y\}=[H(\mathrm{i}0)]\{\mu_x\} \tag{9-127}$$

显然，多自由度体系均值反应也可以按照静力的方式计算，即将 m 个输入过程的均值看作静力施加于体系上，按照静力方法分别计算出它们在第 k 自由度所产生的反应，然后将这 m 个静力反应值叠加，得到的结果就是体系第 k 自由度平稳反应过程的均值。

3. 体系反应的相关函数矩阵

将 m 个输入过程的自相关函数与互相关函数排列成 $m\times m$ 阶的矩阵形式，称为输入相关函数矩阵，并记为

$$[R_{xx}(\tau)]=E[\{x(t)\}\{x(t+\tau)\}^{\mathrm{T}}] \tag{9-128}$$

同样，由 n 个输出过程的自相关函数与互相关函数构成的 $n\times n$ 阶矩阵称为输出相关函数矩阵，记为

$$[R_{yy}(\tau)]=E[\{y(t)\}\{y(t+\tau)\}^{\mathrm{T}}] \tag{9-129}$$

由式（9-119）可知$\{y(t)\}$的转置向量为

$$\{y(t)\}^{\mathrm{T}}=\int_{-\infty}^{\infty}\{x(t-\theta)\}^{\mathrm{T}}[h(\theta)]^{\mathrm{T}}\mathrm{d}\theta \tag{9-130}$$

将式（9-119）和式（9-130）代入式（9-129），有

$$[R_{yy}(\tau)]=E\left[\int_{-\infty}^{\infty}[h(u)]\{x(t-u)\}\mathrm{d}u\int_{-\infty}^{\infty}\{x(t+\tau-v)\}^{\mathrm{T}}[h(v)]^{\mathrm{T}}\mathrm{d}v\right] \tag{9-131}$$

交换期望运算和积分运算的次序，得

$$[R_{yy}(\tau)]=\int_{-\infty}^{\infty}[h(u)]\int_{-\infty}^{\infty}E[\{x(t-u)\}\{x(t+\tau-v)\}^{\mathrm{T}}][h(v)]^{\mathrm{T}}\mathrm{d}v\mathrm{d}u \tag{9-132}$$

所以体系反应的相关函数矩阵可表示为

$$[R_{yy}(\tau)]=\int_{-\infty}^{\infty}[h(u)]\int_{-\infty}^{\infty}[R_{xx}(\tau+u-v)][h(v)]^{\mathrm{T}}\mathrm{d}v\mathrm{d}u \tag{9-133}$$

输出相关函数矩阵$[R_{yy}(\tau)]$的主对角线元素描述了体系各平稳反应过程的自相关函数，其他元素为不同反应过程的互相关函数。如果将 n 个主对角元素取出并组成向量，则形成体系反应自相关函数向量

$$\{R_y(\tau)\}=E[\{y(t)\}\otimes\{y(t+\tau)\}]=\{R_{y_1}(\tau)\quad R_{y_2}(\tau)\quad\cdots\quad R_{y_n}(\tau)\}^{\mathrm{T}} \tag{9-134}$$

式中，符号$\otimes$表示两个向量中的对应元素相乘。

在式（9-134）中，只要令 $\tau=0$ 就得到体系各均方反应的值，即

$$\sigma_{y_k}^2=R_{y_k}(0)\quad(k=1,2,\cdots,n)$$

4. 体系反应的谱密度函数矩阵

m 个输入过程的自谱密度函数与互谱密度函数构成 $m\times m$ 阶输入功率谱密度函数矩阵，记为

$$[S_{xx}(\omega)]=\int_{-\infty}^{\infty}[R_{xx}(\tau)]e^{-i\omega\tau}d\tau \tag{9-135}$$

而 n 个输出过程的自谱密度函数与互谱密度函数构成的 $n\times n$ 阶输出功率谱密度函数矩阵，记为

$$[S_{yy}(\omega)]=\int_{-\infty}^{\infty}[R_{yy}(\tau)]e^{-i\omega\tau}d\tau \tag{9-136}$$

将式（9-133）代入式（9-136），得

$$[S_{yy}(\omega)]=\int_{-\infty}^{\infty}\int_{-\infty}^{\infty}[h(u)]\int_{-\infty}^{\infty}[R_{xx}(\tau+u-v)][h(v)]^{T}e^{-i\omega\tau}dvdud\tau$$

交换积分运算的次序，经整理后得

$$[S_{yy}(\omega)]=\int_{-\infty}^{\infty}[h(u)]e^{i\omega u}du\int_{-\infty}^{\infty}[R_{xx}(\tau+u-v)]e^{-i\omega(\tau+u-v)}d(\tau+u-v)\int_{-\infty}^{\infty}[h(v)]^{T}e^{-i\omega v}dv$$

即

$$[S_{yy}(\omega)]=[H(i\omega)]^{*}[S_{xx}(\omega)][H(i\omega)]^{T} \tag{9-137}$$

式中

$$[H(i\omega)]^{*}=[H(-i\omega)]=\int_{-\infty}^{\infty}[h(\theta)]e^{i\omega\theta}d\theta$$

体系反应的自谱密度函数向量为

$$\{S_{y}(\omega)\}=\int_{-\infty}^{\infty}\{R_{y}(\tau)\}e^{-i\omega\tau}d\tau \tag{9-138}$$

它是由输出谱密度函数矩阵 $[S_{yy}(\omega)]$ 的主对角线元素构成的向量。显然，体系第 k 自由度的均方反应为

$$\sigma_{y_k}^{2}=\int_{-\infty}^{\infty}S_{y_k}(\omega)d\omega\quad(k=1,2,\cdots,n)$$

式中，$S_{y_k}(\omega)$ 为 $\{S_{y}(\omega)\}$ 的第 k 个元素。

5. 激励与反应的互相关函数矩阵

m 个输入和 n 个输出的互相关函数构成的 $m\times n$ 阶矩阵，记为

$$[R_{xy}(\tau)]=E[\{x(t)\}\{y(t+\tau)\}^{T}] \tag{9-139}$$

将式（9-130）代入式（9-139），得

$$[R_{xy}(\tau)]=E[\{x(t)\}\int_{-\infty}^{\infty}\{x(t+\tau-\theta)\}^{T}[h(\theta)]^{T}d\theta] \tag{9-140}$$

交换期望运算和积分运算的次序，有

$$[R_{xy}(\tau)]=\int_{-\infty}^{\infty}E[\{x(t)\}\{x(t+\tau-\theta)\}^{T}][h(\theta)]^{T}d\theta \tag{9-141}$$

则体系激励与反应互相关函数矩阵为

$$[R_{xy}(\tau)]=\int_{-\infty}^{\infty}[R_{xx}(\tau-\theta)][h(\theta)]^{T}d\theta \tag{9-142}$$

类似地，将 n 个输出和 m 个输入的互相关函数构成的 $n\times m$ 阶矩阵，记为

$$[R_{yx}(\tau)]=E[\{y(t)\}\{x(t+\tau)\}^{T}] \tag{9-143}$$

经过类似的推导，可得反应与激励互相关函数矩阵为

$$[R_{yx}(\tau)]=\int_{-\infty}^{\infty}[h(\theta)][R_{xx}(\tau+\theta)]d\theta \tag{9-144}$$

注意到 $[R_{xy}(\tau)]$ 和 $[R_{yx}(\tau)]$ 满足关系

$$[R_{xy}(-\tau)]=[R_{yx}(\tau)]^{\mathrm{T}} \tag{9-145}$$

6. 激励与反应的互谱密度函数矩阵

m 个输入和 n 个输出的互功率谱密度函数构成的 $m\times n$ 阶矩阵，记为

$$[S_{xy}(\omega)]=\int_{-\infty}^{\infty}[R_{xy}(\tau)]\mathrm{e}^{-\mathrm{i}\omega\tau}\mathrm{d}\tau \tag{9-146}$$

将式（9-142）代入式（9-146），得

$$[S_{xy}(\omega)]=\int_{-\infty}^{\infty}\int_{-\infty}^{\infty}[R_{xx}(\tau-\theta)][h(\theta)]^{\mathrm{T}}\mathrm{e}^{-\mathrm{i}\omega\tau}\mathrm{d}\theta\mathrm{d}\tau \tag{9-147}$$

交换积分运算的次序，并经整理后有

$$[S_{xy}(\omega)]=\int_{-\infty}^{\infty}[R_{xx}(\tau-\theta)]\mathrm{e}^{-\mathrm{i}\omega(\tau-\theta)}\mathrm{d}(\tau-\theta)\int_{-\infty}^{\infty}[h(\theta)]^{\mathrm{T}}\mathrm{e}^{-\mathrm{i}\omega\theta}\mathrm{d}\theta \tag{9-148}$$

则体系激励与反应互谱密度函数矩阵为

$$[S_{xy}(\omega)]=[S_{xx}(\omega)][H(\mathrm{i}\omega)]^{\mathrm{T}} \tag{9-149}$$

类似地，n 个输出和 m 个输入的互功率谱密度函数构成的 $n\times m$ 阶矩阵，记为

$$[S_{yx}(\omega)]=\int_{-\infty}^{\infty}[R_{yx}(\tau)]\mathrm{e}^{-\mathrm{i}\omega\tau}\mathrm{d}\tau \tag{9-150}$$

将式（9-144）代入式（9-150），得

$$[S_{yx}(\omega)]=\int_{-\infty}^{\infty}\int_{-\infty}^{\infty}[h(\theta)][R_{xx}(\tau+\theta)]\mathrm{e}^{-\mathrm{i}\omega\tau}\mathrm{d}\theta\mathrm{d}\tau \tag{9-151}$$

交换积分运算的次序，并经整理后有

$$[S_{yx}(\omega)]=\int_{-\infty}^{\infty}[h(\theta)]\mathrm{e}^{\mathrm{i}\omega\theta}\mathrm{d}\theta\int_{-\infty}^{\infty}[R_{xx}(\tau+\theta)]\mathrm{e}^{-\mathrm{i}\omega(\tau+\theta)}\mathrm{d}(\tau+\theta) \tag{9-152}$$

则体系反应与激励互谱密度函数矩阵为

$$[S_{yx}(\omega)]=[H(\mathrm{i}\omega)]^{*}[S_{xx}(\omega)] \tag{9-153}$$

注意到 $[S_{xy}(\omega)]$ 和 $[S_{yx}(\omega)]$ 满足关系

$$[S_{xy}(\omega)]^{\mathrm{T}}=[S_{yx}(\omega)]^{*} \tag{9-154}$$

9.6.2 振型叠加分析方法

假定线性多自由度体系的自由度数为 N，在输入向量 $\{x\}$ 的激励下体系的振动方程为

$$[M]\{\ddot{y}\}+[C]\{\dot{y}\}+[K]\{y\}=\{x\} \tag{9-155}$$

式中，$[M]$、$[C]$ 和 $[K]$ 分别为体系的质量、阻尼和刚度矩阵，它们都是 $N\times N$ 的矩阵；$\{y\}$ 为体系的输出向量，维数为 N。

一般情况下，式（9-155）中的 N 个方程是耦合的。为了解上述方程，令

$$\{y\}=[\Phi]\{q\}=\sum_{j=1}^{n}q_j\{\phi\}_j \tag{9-156}$$

式中，$[\Phi]$ 为振型矩阵，由体系的前 n 阶振型构成，这里取 $n<<N$；$\{q\}$ 为广义坐标向量。

将式（9-156）代入方程（9-155）并前乘 $[\Phi]^{\mathrm{T}}$，有

$$[\widetilde{M}]\{\ddot{q}\}+[\widetilde{C}]\{\dot{q}\}+[\widetilde{K}]\{q\}=\{f\} \tag{9-157}$$

式中

$$[\widetilde{M}]=[\Phi]^{\mathrm{T}}[M][\Phi],\quad [\widetilde{C}]=[\Phi]^{\mathrm{T}}[C][\Phi],\quad [\widetilde{K}]=[\Phi]^{\mathrm{T}}[K][\Phi]$$

$$\{f\}=[\Phi]^{\mathrm{T}}\{x\}$$

式中，$[\widetilde{M}]$ 和 $[\widetilde{K}]$ 为对角矩阵。如果体系具有经典阻尼，则方程（9-157）可解耦，即 $[\widetilde{C}]$ 也为对角矩阵。

式（9-157）中的 n 个方程相互是不耦合的，每个方程对应着一个振型，相当于一个单自由度的结构体系。按照前面线性单自由度体系随机反应的分析方法，可以得到每个振型坐标 $q_j(j=1, 2, \cdots, n)$ 反应的统计量。最后，利用式（9-156）的变换关系，计算结构体系输出量 $\{y\}$ 的统计特征。

体系第 j 自由度的反应 y_j 的均方值为

$$\sigma_{y_j}^2=E[y_j^2(t)]=E\left[\left(\sum_{k=1}^{n}\phi_{jk}q_k\right)^2\right] \tag{9-158}$$

式中，ϕ_{jk} 表示第 k 振型的第 j 个元素。

显然，振型坐标 $q_j(j=1, 2, \cdots, n)$ 之间存在着某种相关性。一般认为，当体系的固有频率比较接近时，则相应的振型坐标 q_i 和 q_j 之间的相关性较大；反之，当体系的两阶固有频率离得较远时，q_i 和 q_j 趋向于相互独立。因此，计算体系均方反应 $\sigma_{y_j}^2$ 时需要考虑振型组合问题。目前已经提出了多种振型组合方法，比较常用的方法有：

（1）SRSS 法（Square Root of the Sum of Squares）

$$\sigma_{y_j}=\sqrt{\sum_{k=1}^{n}\phi_{jk}^2\sigma_{q_k}^2} \tag{9-159}$$

该方法实质上是认为各阶振型反应之间是相互独立的。

（2）ABS 法（Absolute Method）

$$\sigma_{y_j}^2=\sum_{k=1}^{n}(|\phi_{jk}\sigma_{q_k}|) \tag{9-160}$$

该方法假设所有振型反应之间具有相关系数 $\rho=\pm1$。

（3）CQC 法（Combined Quadratic Combination）

$$\sigma_{y_j}=\sqrt{\sum_{i=1}^{n}\sum_{k=1}^{n}\sigma_{ji}\rho_{ik}\sigma_{jk}} \tag{9-161}$$

式中

$$\sigma_{ji}=\phi_{ji}\sigma_{q_i}$$

$$\rho_{ik}=\frac{8\sqrt{\zeta_i\zeta_k}(\zeta_i+r\zeta_k)r^{3/2}}{(1-r^2)^2+4\zeta_i\zeta_k r(1+r^2)+4(\zeta_i^2+\zeta_k^2)r^2}$$

$$r=\frac{\omega_k}{\omega_i},\quad k>j$$

式中，ζ_i 和 ζ_k 分别为第 i 阶和第 k 阶振型阻尼比；ω_i 和 ω_k 为第 i 阶和第 k 阶自振频率。

9.7　结构随机反应分析的虚拟激励法

通过前节的讨论可知，线性多自由度体系的随机反应一般可以采用直接法进行分析，当体系的自由度数目较大时，可以采用振型叠加方法近似求解。使用振型叠加法时要求体系具有经典阻尼，计算时忽略了不同振型之间的耦合影响。为了克服这些限制，林家浩教授等提出了结构随机反应分析的虚拟激励法，仅利用简谐激励下结构稳态振动方面的知识就可进行较为复杂的结构随机振动分析，不仅较好地解决了模态分析法的不足之处，而且充分利用了现代数字计算机的优势，大大提高了计算效率。

9.7.1　单输入情形

假定体系只存在一个简谐随机输入 $x=Ae^{i\omega t}$，它的自功率谱密度函数为 $S_x(\omega)$。则体系的任意输出量（如某节点位移、某杆端弯矩等）必为简谐形式，且

$$y=Be^{i(\omega t+\varphi)} \tag{9-162}$$

输入 x 和输出 y 之间满足关系：

$$y=H(i\omega)x \tag{9-163}$$

它们的功率谱密度函数之间存在关系：

$$S_y(\omega)=|H(i\omega)|^2S_x(\omega) \tag{9-164}$$

如果取简谐随机输入 x 的幅值 $A=\sqrt{S_x(\omega)}$，即 $x=\sqrt{S_x(\omega)}\cdot e^{i\omega t}$，并认为 ω 为一固定值，则输出 y 仍然具有式（9-162）的简谐形式。此时

$$|H(i\omega)|=\frac{|y|}{|x|}=\frac{B}{\sqrt{S_x(\omega)}} \tag{9-165}$$

所以

$$S_y(\omega)=|H(i\omega)|^2S_x(\omega)=B^2 \tag{9-166}$$

由此可见，输出量在 ω 处的谱密度值就是体系简谐反应幅值的二次方，式（9-166）建立了体系输入和输出的功率谱密度函数之间的换算关系，通过确定性的简谐振动分析即可完成结构体系的随机振动分析。计算过程中不必知道复频反应函数 $H(i\omega)$ 的显式表达式，也不必考虑输入和输出之间的相位差。显然，对于一系列离散的 ω 值重复上述的分析过程，即可容易得到离散表达的 $S_y(\omega)$ 曲线。

如果单输入 $x(t)$ 作用于第 j 自由度上，则体系的运动方程为

$$[M]\{\ddot{y}\}+[C]\{\dot{y}\}+[K]\{y\}=\{R\}x \tag{9-167}$$

式中，向量 $\{R\}$ 中只有第 j 个元素为 1，其余元素均为 0。

假定输入 $x(t)$ 具有下述虚拟的简谐运动形式

$$x(t)=\sqrt{S_x(\omega_k)}\cdot e^{i\omega_k t} \tag{9-168}$$

式中，ω_k 为频率 ω 的某一离散值。

将式（9-168）代入方程（9-167），则得到简谐振动方程

$$[M]\{\ddot{y}\}+[C]\{\dot{y}\}+[K]\{y\}=\sqrt{S_x(\omega_k)}\cdot e^{i\omega_k t}\{R\} \tag{9-169}$$

该方程的阶数 N 一般较高，可采用振型分解法降阶，即首先求解特征方程

$$[K][\Phi]=[M][\Phi][\Omega^2]$$

$$[\Phi]^T[M][\Phi]=[I]$$

从中求出 n 阶特征值和特征向量（一般 $n<<N$），令

$$\{y\} = [\Phi]\{q\} = \sum_{r=1}^{n}\{\phi\}_r q_r \tag{9-170}$$

将式（9-170）代入式（9-169）并前乘 $[\Phi]^{\mathrm{T}}$，则方程（9-169）降阶为

$$[\overline{M}]\{\ddot{q}\}+[\overline{C}]\{\dot{q}\}+[\overline{K}]\{q\}=\sqrt{S_x(\omega_k)}\cdot \mathrm{e}^{\mathrm{i}\omega_k t}\{\overline{R}\} \tag{9-171}$$

其中

$$[\overline{M}]=[\mathrm{I}],\ [\overline{K}]=[\Omega^2],\ [\overline{C}]=[\Phi]^{\mathrm{T}}[C][\Phi],\ \{\overline{R}\}=[\Phi]^{\mathrm{T}}\{R\}$$

如果结构体系具有经典阻尼，且第 r 阶振型阻尼比为 ζ_r，则

$$[\overline{C}]=\mathrm{diag}[2\zeta_1\omega_1,2\zeta_2\omega_2,\cdots,2\zeta_n\omega_n] \tag{9-172}$$

此时，式（9-171）可以分解为 n 个互不耦合的方程，其中第 r 个方程为

$$\ddot{q}_r+2\zeta_r\omega_r\dot{q}_r+\omega_r^2 q_r=R_r\sqrt{S_x(\omega_k)}\cdot \mathrm{e}^{\mathrm{i}\omega_k t} \tag{9-173}$$

它的解为

$$q_r=H_r R_r\sqrt{S_x(\omega_k)}\cdot \mathrm{e}^{\mathrm{i}\omega_k t} \tag{9-174}$$

其中

$$H_r=(\omega_r^2-\omega_k^2+\mathrm{i}2\zeta_r\omega_r\omega_k)^{-1} \tag{9-175}$$

将式（9-174）代入式（9-170），得

$$\{y\} = \sum_{r=1}^{n}\{\phi\}_r H_r R_r\sqrt{S_x(\omega_k)}\cdot \mathrm{e}^{\mathrm{i}\omega_k t} \tag{9-176}$$

由式（9-166），得输出量的功率谱密度函数为

$$\{S_{yy}\}=\{|y|^2\}=\{y\}^*\otimes\{y\} \tag{9-177}$$

展开后得

$$\{S_{yy}\} = \sum_{i=1}^{n}\sum_{j=1}^{n}R_iR_jH_i^*H_j\{\phi\}_i\otimes\{\phi\}_j S_x(\omega_k) \tag{9-178}$$

式中符号同上节说明。

结构体系的谱密度函数矩阵可按下式求解：

$$[S_{yy}]=\{y\}^*\{y\}^{\mathrm{T}} \tag{9-179}$$

将式（9-179）展开后，有

$$[S_{yy}] = \sum_{i=1}^{n}\sum_{j=1}^{n}R_iR_jH_i^*H_j\{\phi\}_i\{\phi\}_j^{\mathrm{T}} S_x(\omega_k) \tag{9-180}$$

在有意义的频率范围内，对所有的频点 $\omega_k(k=1,\ 2,\ \cdots,\ K)$ 都按照上述虚拟激励法计算出体系输出向量 $\{y\}$ 的值，然后利用式（9-177）和式（9-179）就可以求解出离散表示的 $\{S_{yy}\}$ 和 $[S_{yy}]$。如果需要计算单元节点力 $\{p\}$ 的功率谱密度函数，则应把式（9-176）的体系反应 $\{y\}$ 当作拟静力位移，计算出相应的拟静力 $\{p\}$，从而

$$[S_{pp}]=\{p\}^*\{p\}^{\mathrm{T}} \tag{9-181}$$

$$[S_{yp}]=\{y\}^*\{p\}^{\mathrm{T}},\ [S_{py}]=\{p\}^*\{y\}^{\mathrm{T}} \tag{9-182}$$

$$\{S_{pp}\}=\{p\}^*\otimes\{p\} \tag{9-183}$$

进一步，还可以通过节点力向量 $\{p\}$ 计算出单元内部应力的功率谱密度函数，方法相同，不再赘述。

按照上述的虚拟激励法计算体系随机反应时，结果中实际上已经包含了结构体系各阶振

型之间耦合的影响，因而不必再分析各振型之间的组合问题。这是因为虚拟激励法是按照确定性方法计算体系的反应向量，无论振型是否密集，只要参振振型足够多，则按照振型分解法总可以得到相当准确的反应 $\{y\}$。这样，$\{y\}$ 中已经包含了各阶振型的贡献，将 $\{y\}$ 自乘后而得到的体系输出功率谱密度函数中自然也就含有各振型的全部耦合项了。另外，虚拟激励法并不要求结构体系一定具有经典阻尼。当体系具有非经典阻尼时，只要采用某种方法能够计算出 $\{y\}$，则上述方法同样适用。

如果体系的输入为地面运动加速度 $\ddot{x}_g$，它的功率谱密度函数为 $S_{\ddot{x}_g}$，则按照虚拟激励法计算体系的随机地震反应也很容易。这时只要将地面加速度虚拟为

$$\ddot{x}_g(t)=\sqrt{S_{\ddot{x}_g}(\omega)}\cdot e^{i\omega t}$$

按照上述步骤仍然很容易求解出体系地震反应的谱密度。

例 9-5　图 9-10 所示的双跨结构，图中给出柱的水平刚度和梁的抗压刚度，忽略柱的轴向变形，结构基底受到地震地面加速度 $\ddot{x}_g(t)$ 激励，其功率谱密度 $S_{\ddot{x}_g}(\omega)=S_0$，计算体系位移反应的自谱矩阵及柱底剪力的自谱向量。

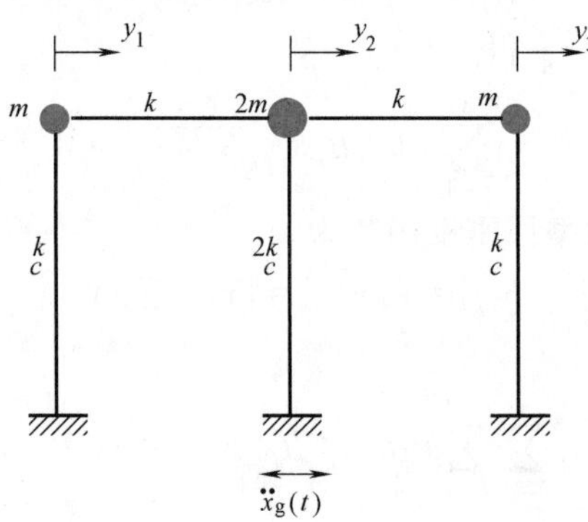

图 9-10　双跨结构

解：该体系的运动方程为

$$\begin{bmatrix} m & & \\ & 2m & \\ & & m \end{bmatrix}\begin{Bmatrix} \ddot{y}_1 \\ \ddot{y}_2 \\ \ddot{y}_3 \end{Bmatrix}+\begin{bmatrix} c & & \\ & c & \\ & & c \end{bmatrix}\begin{Bmatrix} \dot{y}_1 \\ \dot{y}_2 \\ \dot{y}_3 \end{Bmatrix}+\begin{bmatrix} 2k & -k & \\ -k & 4k & -k \\ & -k & 2k \end{bmatrix}\begin{Bmatrix} y_1 \\ y_2 \\ y_3 \end{Bmatrix}=-\begin{Bmatrix} m \\ 2m \\ m \end{Bmatrix}\ddot{x}_g(t) \tag{a}$$

令

$$\ddot{x}_g(t)=\sqrt{S_{\ddot{x}_g}(\omega)}\cdot e^{i\omega t}=\sqrt{S_0}\cdot e^{i\omega t} \tag{b}$$

则方程 (a) 的解可由下式求出：

$$\begin{bmatrix} 2k-m\omega^2+i\omega c & -k & \\ -k & 4k-2m\omega^2+i\omega c & -k \\ & -k & 2k-m\omega^2+i\omega c \end{bmatrix}\begin{Bmatrix} y_1 \\ y_2 \\ y_3 \end{Bmatrix}=-\begin{Bmatrix} m \\ 2m \\ m \end{Bmatrix}\sqrt{S_0}\cdot e^{i\omega t} \tag{c}$$

若记

$$S=3k-m\omega^2,\ T=\omega c$$

利用问题的对称性容易求得：

$$\{y\}=\begin{Bmatrix}y_1\\y_2\\y_3\end{Bmatrix}=-\frac{1}{\Delta}\begin{Bmatrix}S+0.5T\mathrm{i}\\S+T\mathrm{i}\\S+0.5T\mathrm{i}\end{Bmatrix}m\sqrt{S_0}\cdot \mathrm{e}^{\mathrm{i}\omega t}\tag{d}$$

其中

$$\Delta=S(S-2k)-0.5T^2+1.5T(S-k)\mathrm{i}$$

柱底剪力为

$$\{Q\}=\begin{Bmatrix}Q_1\\Q_2\\Q_3\end{Bmatrix}=\begin{Bmatrix}ky_1\\2ky_2\\ky_3\end{Bmatrix}\tag{e}$$

所以

$$[S_{yy}]=\{y\}^*\{y\}^{\mathrm{T}}$$

$$=\frac{m^2S_0}{|\Delta|^2}\begin{bmatrix}S^2+\frac{T^2}{4} & S^2+\frac{T^2}{2}+\frac{ST}{2}\mathrm{i} & S^2+\frac{T^2}{4}\\ S^2+\frac{T^2}{2}-\frac{ST}{2}\mathrm{i} & S^2+T^2 & S^2+\frac{T^2}{2}-\frac{ST}{2}\mathrm{i}\\ S^2+\frac{T^2}{4} & S^2+\frac{T^2}{2}+\frac{ST}{2}\mathrm{i} & S^2+\frac{T^2}{4}\end{bmatrix}\tag{d}$$

$$\{S_{QQ}\}=\{Q\}^*\otimes\{Q\}=\frac{m^2k^2S_0}{|\Delta|^2}\begin{Bmatrix}S^2+\frac{T^2}{4}\\4S^2+4T^2\\S^2+\frac{T^2}{4}\end{Bmatrix}\tag{f}$$

9.7.2　多输入情形

上述单输入情形的虚拟激励法可以推广到多输入情形。如果体系上有 m 个输入过程 $x_j(t)(j=1,2,\cdots,m)$，它们的自谱密度函数和互谱密度函数分别为 $S_{x_j}(\omega)(j=1,2,\cdots,m)$ 和 $S_{x_jx_l}(\omega)(j,l=1,2,\cdots,m)$。对于每一个离散的频点 ω，构造 m 个虚拟的简谐输入

$$x_j(t)=\sqrt{S_{x_j}(\omega)}\cdot \mathrm{e}^{\mathrm{i}\omega t}\quad (j=1,2,\cdots,m)\tag{9-184}$$

由每个 $x_j(t)$，按照确定性的简谐振动分析方法可以算得体系的 n 个反应 y_k 为

$$y_{kj}(t)=B_{kj}\mathrm{e}^{\mathrm{i}(\omega t+\varphi_{kj})}\quad (k=1,2,\cdots,n)\tag{9-185}$$

由于

$$y_{kj}=H_{kj}(\mathrm{i}\omega)x_j\tag{9-186}$$

将式（9-184）和式（9-185）代入式（9-186），有

$$H_{kj}(\mathrm{i}\omega)=\frac{y_{kj}}{x_j}=\frac{B_{kj}\mathrm{e}^{\mathrm{i}\varphi_{kj}}}{\sqrt{S_{x_j}(\omega)}}\tag{9-187}$$

由式（9-137）可知，体系输出 $y_k(t)$ 和 $y_j(t)$ 的互谱密度函数为

$$S_{y_ky_j}(\omega)=\sum_{q=1}^{m}\sum_{p=1}^{m}H_{kp}^{*}H_{jq}S_{x_px_q}(\omega) \tag{9-188}$$

将式（9-187）的单位复频反应函数代入式（9-188），得

$$S_{y_ky_j}(\omega)=\sum_{q=1}^{m}\sum_{p=1}^{m}\frac{B_{kp}B_{jq}\mathrm{e}^{-\mathrm{i}(\varphi_{kp}-\varphi_{jq})}}{\sqrt{S_{x_p}(\omega)S_{x_q}(\omega)}}S_{x_px_q}(\omega) \tag{9-189}$$

取 $k=j=r$，得 $y_r(t)$ 的自谱密度函数，即

$$S_{y_r}(\omega)=\sum_{q=1}^{m}\sum_{p=1}^{m}\frac{B_{rp}B_{rq}\mathrm{e}^{-\mathrm{i}(\varphi_{rp}-\varphi_{rq})}}{\sqrt{S_{x_p}(\omega)S_{x_q}(\omega)}}S_{x_px_q}(\omega) \tag{9-190}$$

与单输入情形时的步骤相同，当取一系列离散的频点 ω 时，按照式（9-189）和式（9-190）重复计算，就可以得到离散表示的 $S_{y_ky_j}$ 和 S_{y_r}。

由于 $S_{x_px_q}(\omega)$ 和 $S_{x_qx_p}(\omega)$ 总是相互共轭的，所以式（9-190）中 $S_{y_r}(\omega)$ 的右端的复数总是成共轭对地出现，其和为一实数，故 $S_{y_r}(\omega)$ 是频率 ω 的实函数。应用虚拟激励法编制计算机程序时，式（9-190）右端的复数虚部可以全部不予计入。特别地，当所有输入量都互不相关时，由式（9-190）立即得到

$$S_{y_r}(\omega)=\sum_{j=1}^{m}B_{rj}^{2} \tag{9-191}$$

可见，多输入情形下体系的随机振动分析仍然可以仅利用结构简谐振动分析方法完成。

9.8 结构随机反应分析的状态空间法

现代控制理论建立了以状态空间方法为基础的分析方法，改变了古典控制理论延续的复频反应函数为基础的分析方法。状态空间方法是一种动态体系分析的方法，它适用性广，可以提供更多的体系内部信息，能够解决很多以前无法解决或者难以解决的问题，而且易采用计算机进行计算，因而在现代工程控制论中受到重视并得到广泛的应用。线性结构体系是一种常系数的线性力学体系，自然可以利用状态空间法强大的优势进行分析，随机反应统计特性的求解也不例外。

9.8.1 状态空间的基本概念

结构体系的动态特性一般用微分方程描述，它在体系输入和输出之间建立了一座桥梁，这也是我们最为熟悉的描述方法。微分方程并不是描述体系动态特性的唯一方法，事实上体系在任意时刻的状态可以用状态变量进行描述。这里所说的状态是指对体系行为的完整描述，如果结构体系在时刻 $t=t_0$ 的初始条件为 $y(t_0)$ 和 $\dot{y}(t_0)$，则体系的输出可以一般性地写为

$$y(t)=f[\{z(t_0)\},x(t),t] \quad t\geqslant t_0 \tag{9-192}$$

式中，$\{z(t_0)\}=\{y(t_0) \quad \dot{y}(t_0)\}^{\mathrm{T}}$ 称为结构体系在 $t=t_0$ 时刻的状态，$x(t)$ 称为体系的输入（或激励），$y(t)$ 称为体系的输出（或反应）。

因此，体系输出不仅同 $[t_0,t]$ 区间内的输入 $x(t)$ 有关，而且与 $t=t_0$ 时刻的初始状

态有关。一般地，如果结构体系的初始状态 $\{z(t_0)\}$ 及 t_0 时刻以后的输入 $x(t)$ 全部已知，则输出 $y(t)$ 就可以由式（9-192）唯一地确定。当 $t \geqslant t_0$ 时，像这样能够唯一地确定输出 $y(t)$ 所必需的最少个数的 n 个变量 $z_1(t)$，$z_2(t)$，…，$z_n(t)$ 称为状态变量，它们组成的向量称为状态向量，由状态向量构成的 n 维空间叫作状态空间，体系任一时刻的状态都可以用状态空间中的一点表示。状态变量描述了体系在某个时刻的状态。

体系在 t_0 时刻的状态包含了体系在该时刻以前的全部历史信息。知道了体系在 t_0 时刻的状态，以及 t_0 时刻以后的输入，就可以求得体系在任何时刻 t 的输出。由于初始状态时刻 t_0 的选择是任意的，因此当取 $t_0=t$ 时，体系在 t 时刻的状态就包含了那个时刻体系的全部信息。从而式（9-192）可改写为

$$y(t)=f[\{z(t)\},x(t),t] \tag{9-193}$$

式（9-193）表明，体系输出 $y(t)$ 由 t 时刻的状态 $\{z(t)\}$ 和输入 $x(t)$ 决定。

9.8.2　单自由度体系

线性单自由度体系在激励 $x(t)$ 作用下的运动微分方程为

$$m\ddot{y}(t)+c\dot{y}(t)+ky(t)=x(t) \tag{9-194}$$

式中，m、c 和 k 分别为体系的质量、阻尼和刚度。

取状态向量

$$\{z(t)\}=\begin{Bmatrix} z_1 \\ z_2 \end{Bmatrix}=\begin{Bmatrix} y \\ \dot{y} \end{Bmatrix} \tag{9-195}$$

则方程（9-194）可改写为

$$m\dot{z}_2+cz_2+kz_1=x(t)$$

再补充一个恒等方程

$$-k\dot{z}_1+kz_2=0$$

写成矩阵形式，有

$$[\widetilde{m}]\{\dot{z}\}+[\widetilde{k}]\{z\}=\{f(t)\} \tag{9-196}$$

其中

$$[\widetilde{m}]=\begin{bmatrix} -k & 0 \\ 0 & m \end{bmatrix},\ [\widetilde{k}]=\begin{bmatrix} 0 & k \\ k & c \end{bmatrix},\ \{f(t)\}=\begin{Bmatrix} 0 \\ 1 \end{Bmatrix}x(t)$$

方程（9-196）称为状态方程，它不是唯一的，将体系写为式（9-196）的形式是为了保持 $[\widetilde{m}]$ 和 $[\widetilde{k}]$ 的对称性。体系的特征方程为

$$|[\widetilde{m}]P+[\widetilde{k}]|=0 \tag{9-197}$$

展开后有

$$mP^2+cP+k=0$$

考虑小阻尼情形，即 $\zeta<1$ 时，体系特征方程（9-197）有一对复特征根

$$P_1=P_2^*=-\zeta\omega_{\mathrm{n}}+\mathrm{i}\omega_{\mathrm{D}} \tag{9-198}$$

式中

$$\omega_{\mathrm{n}}^2=k/m,\ \zeta=c/c_{\mathrm{cr}},\ c_{\mathrm{cr}}=2\sqrt{km},\ \omega_{\mathrm{D}}=\omega_{\mathrm{n}}\sqrt{1-\zeta^2}$$

体系特征值 P_j 所对应的特征向量方程为

$$([\widetilde{m}]P_j+[\widetilde{k}])\{\varphi\}_j=\{0\}\quad (j=1,2) \tag{9-199}$$

由此求得体系的两个特征向量为

$$\{\varphi\}_j=\begin{Bmatrix}1\\P_j\end{Bmatrix}\quad (j=1,2)$$

注意到体系的复特征向量 $\{\varphi\}_j$ 具有如下的加权正交性：

$$\{\varphi\}_j^{\mathrm{T}}[\widetilde{k}]\{\varphi\}_l=\{\varphi\}_j^{\mathrm{T}}[\widetilde{m}]\{\varphi\}_l=0\quad (j\neq l) \tag{9-200a}$$

$$\{\varphi\}_j^{\mathrm{T}}[\widetilde{k}]\{\varphi\}_j=-P_j\{\varphi\}_j^{\mathrm{T}}[\widetilde{m}]\{\varphi\}_j\quad (j=1,2) \tag{9-200b}$$

记

$$[\boldsymbol{\Phi}]=[\{\varphi\}_1\quad\{\varphi\}_2]$$

做复模态变换

$$\{z\}=[\boldsymbol{\Phi}]\{q\}=\sum_{j=1}^{2}\{\varphi\}_j q_j \tag{9-201}$$

将式（9-201）代入方程（9-196），并前乘 $[\boldsymbol{\Phi}]^{\mathrm{T}}$，利用式（9-200）的正交性，整理后有

$$\{\dot{q}\}-[G]\{q\}=\{F\} \tag{9-202}$$

其中

$$[G]=\begin{bmatrix}P_1 & 0\\0 & P_2\end{bmatrix},\quad \{F\}=\begin{Bmatrix}F_1\\F_2\end{Bmatrix}=\frac{1}{\mathrm{i}2m\omega_{\mathrm{D}}}\begin{Bmatrix}1\\-1\end{Bmatrix}x(t),\quad \{q\}=\begin{Bmatrix}q_1\\q_2\end{Bmatrix}$$

注意到方程（9-202）已是解耦了的，它的解为

$$\{q(t)\}=\int_0^{\infty}[h(\theta)]\{F(t-\theta)\}\mathrm{d}\theta \tag{9-203}$$

式中，$[h(t)]$ 为脉冲反应函数矩阵，它具有下列形式

$$[h(t)]=\begin{bmatrix}h_1(t) & 0\\0 & h_2(t)\end{bmatrix}=\begin{bmatrix}\mathrm{e}^{P_1 t} & 0\\0 & \mathrm{e}^{P_2 t}\end{bmatrix}\quad t>0$$

按方程（9-202）计算复振型反应 $\{q(t)\}$ 的相关函数时需要知道广义激励 $\{F(t)\}$ 的相关函数矩阵。为此假设线性结构体系的输入 $x(t)$ 为零均值的平稳过程，它的自相关函数为 $R_x(\tau)$。那么体系的广义随机激励 $\{F(t)\}$ 也具有零均值，且它的相关函数矩阵为

$$[R_{FF}(\tau)]=E[\{F(t)\}\{F^*(t+\tau)\}^{\mathrm{T}}]=[T]R_x(\tau) \tag{9-204}$$

其中

$$[T]=\frac{1}{4m^2\omega_{\mathrm{D}}^2}\begin{bmatrix}1 & -1\\-1 & 1\end{bmatrix} \tag{9-205}$$

所以，体系的复模态反应也是零均值的平稳过程，其相关函数矩阵可以写为

$$[R_{qq}(\tau)]=E[\{q(t)\}\{q^*(t+\tau)\}^{\mathrm{T}}]$$

将式（9-203）代入上式，交换期望与积分运算的次序，有

$$[R_{qq}(\tau)]=\int_0^{\infty}\int_0^{\infty}[h(u)]\cdot E[\{F(t-u)\}\{F^*(t+\tau-v)\}^{\mathrm{T}}][h^*(v)]^{\mathrm{T}}\mathrm{d}v\mathrm{d}u \tag{9-206}$$

考虑到 $[h^*(t)]$ 为对角阵，则 $[h^*(t)]=[h^*(t)]^{\mathrm{T}}$，方程（9-206）化为

$$[R_{qq}(\tau)]=\int_0^\infty\int_0^\infty[h(u)][R_{FF}(\tau+u-v)][h^*(v)]\mathrm{d}v\mathrm{d}u$$

将式（9-204）代入上式，得

$$[R_{qq}(\tau)]=\int_0^\infty\int_0^\infty[h(u)][T][h^*(v)]R_x(\tau+u-v)\mathrm{d}v\mathrm{d}u \tag{9-207}$$

利用式（9-201），可得体系状态向量反应的相关函数矩阵为

$$[R_{zz}(\tau)]=E[\{z(t)\}\{z(t+\tau)\}^{\mathrm{T}}]=[\Phi][R_{qq}(\tau)][\Phi^*]^{\mathrm{T}} \tag{9-208}$$

由于平稳过程与它的导数过程正交，所以 $[R_{zz}(\tau)]$ 应为对角矩阵。

9.8.3　多自由度体系

考虑 m 个输入所组成的向量

$$\{x(t)\}=\{x_1(t)\quad x_2(t)\quad\cdots\quad x_m(t)\}^{\mathrm{T}}$$

作用下的线性体系，其振动方程为

$$[M]\{\ddot{y}(t)\}+[C]\{\dot{y}(t)\}+[K]\{y(t)\}=\{x(t)\} \tag{9-209}$$

式中，$[M]$、$[C]$ 和 $[K]$ 分别为体系的质量矩阵、阻尼矩阵和刚度矩阵，假定反应向量 $\{y(t)\}$ 的阶数为 N。

引入状态向量

$$\{z\}=\begin{Bmatrix}\{y\}\\\{\dot{y}\}\end{Bmatrix}$$

并将方程（9-209）改写为

$$[\widetilde{M}]\{\dot{z}(t)\}+[\widetilde{K}]\{z(t)\}=\{f(t)\} \tag{9-210}$$

其中

$$[\widetilde{M}]=\begin{bmatrix}-[K] & [0]\\ [0] & [M]\end{bmatrix},\ [\widetilde{K}]=\begin{bmatrix}[0] & [K]\\ [K] & [C]\end{bmatrix},\ [f(t)]=\begin{Bmatrix}\{0\}\\\{x\}\end{Bmatrix}$$

注意到 $[\widetilde{M}]$ 和 $[\widetilde{K}]$ 都保持对称性。式（9-210）的特征方程为

$$|[\widetilde{M}]P+[\widetilde{K}]|=0 \tag{9-211}$$

从中可以求得体系的 $2N$ 个特征值 $P_j(j=1,\cdots,2N)$，它们对应于特征向量方程为

$$([\widetilde{M}]P_j+[\widetilde{K}])\{\phi\}_j=\{0\}\quad(j=1,2,\cdots,2N) \tag{9-212}$$

从而可以得到 $2N$ 个特征向量 $\{\phi\}_j\ (j=1,\cdots,2N)$。如果记

$$[\Phi]=[\{\phi\}_1\quad\{\phi\}_2\quad\cdots\quad\{\phi\}_{2N}]$$

可以证明，体系的各特征向量之间具有如下的加权正交性，即

$$\{\phi\}_j^{\mathrm{T}}[\widetilde{K}]\{\phi\}_l=\{\phi\}_j^{\mathrm{T}}[\widetilde{M}]\{\phi\}_l=0\quad j\neq l$$

当 $j=l$ 时，存在如下关系：

$$\{\phi\}_j^{\mathrm{T}}[\widetilde{K}]\{\phi\}_j=-P_j\{\phi\}_j^{\mathrm{T}}[\widetilde{M}]\{\phi\}_j=0\quad(j=1,2,\cdots,2N)$$

做复模态变换

$$\{z\}=[\boldsymbol{\Phi}]\{q\} \tag{9-213}$$

将式（9-213）代入方程（9-210），并前乘 $[\boldsymbol{\Phi}]^{\mathrm{T}}$，得

$$[\hat{M}]\{\dot{q}\}+[\hat{K}]\{q\}=\{\hat{f}\} \tag{9-214}$$

式中

$$[\hat{M}]=[\boldsymbol{\Phi}]^{\mathrm{T}}[\widetilde{M}][\boldsymbol{\Phi}]=\mathrm{diag}(m_1,m_2,\cdots,m_{2N}),m_j=\{\phi\}_j^{\mathrm{T}}[\widetilde{M}]\{\phi\}_j$$

$$[\hat{K}]=[\boldsymbol{\Phi}]^{\mathrm{T}}[\widetilde{K}][\boldsymbol{\Phi}]=\mathrm{diag}(k_1,k_2,\cdots,k_{2N}),k_j=\{\phi\}_j^{\mathrm{T}}[\widetilde{K}]\{\phi\}_j=-P_jm_j$$

$$\{\hat{f}\}=[\boldsymbol{\Phi}]^{\mathrm{T}}\{f\}$$

注意到方程（9-214）已经解耦了，所以该方程又可以写成

$$\{\dot{q}\}-[G]\{q\}=\{F\} \tag{9-215}$$

式中

$$\{F\}=\mathrm{diag}\left[\frac{1}{m_1},\frac{1}{m_2},\cdots,\frac{1}{m_{2N}}\right]\{\hat{f}\}$$

可见，多自由度体系的复振型反应方程（9-215）在形式上同单自由度体系的复模态反应方程（9-202）完全一样，只不过多自由度体系借助于复振型变换而得到的解耦后的方程数目已扩展为 $2N$ 个。因而前面单自由度体系随机反应分析的结果完全可以推广用于多自由度体系，只需做类似推导即可。

习　题

9-1　证明随机过程 $X(t)$ 诸数字特征之间满足关系：

（1）$\psi_X^2(t)=R_X(t,t)$

（2）$C_X(t_1,t_2)=R_X(t_1,t_2)-\mu_X(t_1)\mu_X(t_2)$

（3）$\sigma_X^2(t)=R_X(t,t)-\mu_X^2(t)$

9-2　求图9-11所示体系的单位脉冲反应函数 $h(t)$ 和复频反应函数 $H(\mathrm{i}\omega)$，并验证 $h(t)$ 和 $H(\mathrm{i}\omega)$ 构成Fourier变换对。

9-3　图9-12所示体系在地面不平度输入 $x(t)$ 下产生振动，假定 $x(t)$ 为零均值的平稳随机过程，其谱密度为 $S_x(\omega)=S_0$，求质量 m 位移输出过程 $y(t)$ 的谱密度。

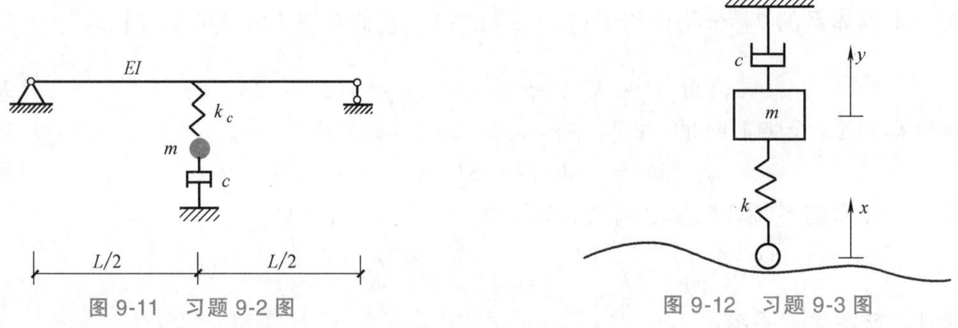

图9-11　习题9-2图　　图9-12　习题9-3图

9-4　证明胡聿贤谱是自谱密度为

$$S_{\ddot{x}_r}(\omega)=\frac{\omega^{2n}}{\omega_c^{2n}+\omega^{2n}}\cdot S_0$$

的基岩谱经过金井清谱过滤器进行过滤后的结果，然后进一步证明该基岩谱是一种过滤白噪声过程，并确定其使用的过滤器方程。

9-5　图 9-13 所示体系受到的荷载 $p(t)$ 为零均值的平稳白噪声过程，谱强度为 S_0，求两根不等高柱的柱底弯矩的自谱密度。

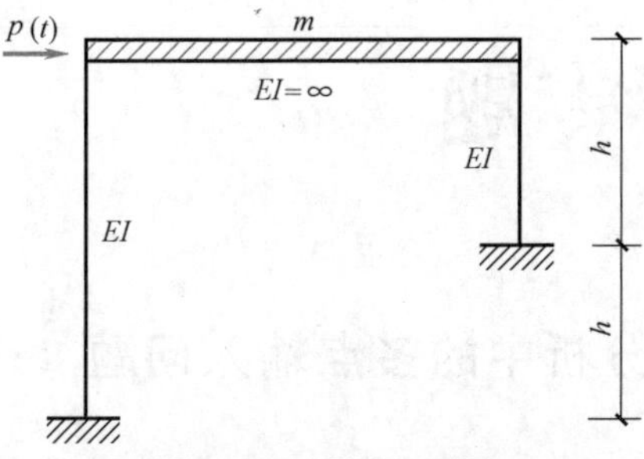

图 9-13　习题 9-5 图

9-6　图 9-14 所示体系，若外荷载 $p_1(t)$ 和 $p_2(t)$ 均为零均值的平稳过程，功率谱密度函数为 $S_{p_1}(\omega)=S_{p_2}(\omega)=S_0$，求该体系位移反应自谱密度矩阵和层间剪力自谱密度向量。

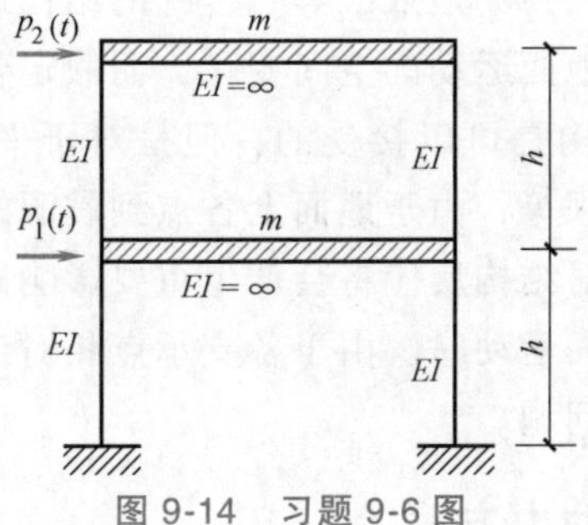

图 9-14　习题 9-6 图

思　考　题

9-1　结构动力反应问题中引起不确定性的来源有几种？指出工程结构动力分析中的两类不确定性问题。

9-2　什么是随机变量？什么是随机过程？两者之间有什么关系？

9-3　什么是平稳随机过程？强平稳和弱平稳的定义是什么？

9-4　什么是宽带随机过程？什么是窄带随机过程？把平稳随机过程划分为窄带过程和宽带过程在工程上有什么实际意义？

9-5　什么是各态历经随机过程？它与平稳随机过程的关系是什么？

9-6　给出三种常见的随机过程描述。

9-7　试述功率谱密度函数和自相关函数的定义。什么是 Wiener-Khintchin 定理？

9-8　结构动力学课程介绍的线性结构随机反应的频域分析方法中如何反映或如何实现结构动力反应的不确定性计算？

10

第 10 章

结构动力学专题

10.1 结构地震反应分析中的多点输入问题

地震作用过程中，大跨结构不同支承点处的地震动特征会存在较大的差异，即存在地震动空间效应。地震动空间效应主要由以下因素引起：不同支撑点处地震波的到达时间差异引起的**行波效应**；地震波在不均匀介质中传播产生的折射和反射作用而导致的**相干效应**；不同结构支撑点处**局部场地**差异导致的场地**效应**等。传统的结构地震反应分析方法仅考虑地面运动随时间的变化特性，未涉及地面运动的空间变化，而假定各支承点的地震输入是完全相同的。这对于平面尺寸较小的结构是可以接受的，但是对于平面尺寸较大的结构，如长跨桥梁、地铁隧道、地下管线、大坝等，由于地面上各点到震源的距离不同，接收到的地震波也必然存在着相位差，而相位差对结构反应将会产生重要影响。在这种情况下，必须考虑各支承点在同一时刻承受不同的地面运动时，由于各支承点相对运动所引起的结构内部的拟静力应力，这就是所谓的多点输入问题。

10.1.1 多点输入问题的动力方程

多点地震输入下多自由度体系的动力反应方程可表示为

$$\begin{bmatrix}[M] & [M_g]\\ [M_g]^T & [M_{gg}]\end{bmatrix}\begin{Bmatrix}\{\ddot{u}_a\}\\ \{\ddot{u}_g\}\end{Bmatrix}+\begin{bmatrix}[C] & [C_g]\\ [C_g]^T & [C_{gg}]\end{bmatrix}\begin{Bmatrix}\{\dot{u}_a\}\\ \{\dot{u}_g\}\end{Bmatrix}+\begin{bmatrix}[K] & [K_g]\\ [K_g]^T & [K_{gg}]\end{bmatrix}\begin{Bmatrix}\{u_a\}\\ \{u_g\}\end{Bmatrix}=\begin{Bmatrix}\{0\}\\ \{p_g(t)\}\end{Bmatrix} \tag{10-1}$$

式中，$[M]$、$[C]$ 和 $[K]$ 为结构的质量矩阵、刚度矩阵和阻尼矩阵；$[M_g]$、$[C_g]$ 和 $[K_g]$ 分别表示地面支承与结构耦联的质量矩阵、阻尼矩阵和刚度矩阵；$[M_{gg}]$、$[C_{gg}]$ 和 $[K_{gg}]$ 分别表示支承部分的质量矩阵、阻尼矩阵和刚度矩阵；$\{u_a\}$ 和 $\{u_g\}$ 分别为结构和支座的绝对位移；$\{p_g(t)\}$ 为作用于支承的外荷载向量。由上式的第一个方程可得到

$$[M]\{\ddot{u}_a\}+[C]\{\dot{u}_a\}+[K]\{u_a\}=-([M_g]\{\ddot{u}_g\}+[C_g]\{\dot{u}_g\}+[K_g]\{u_g\}) \tag{10-2}$$

各节点的位移可分为由于支承运动引起的**拟静力位移**和**动力相对位移**两部分。支承节点总是随地面一起运动，因而这些节点的动力位移为零，所以有

$$\begin{Bmatrix}\{u_a\}\\ \{u_g\}\end{Bmatrix}=\begin{Bmatrix}\{u_s\}\\ \{u_g\}\end{Bmatrix}+\begin{Bmatrix}\{u\}\\ \{0\}\end{Bmatrix} \tag{10-3}$$

式中，$\{u_s\}$ 表示因支承运动 $\{u_g\}$ 所引起的结构的拟静力位移；$\{u\}$ 为结构相对于地面的

动力位移。由于此时地面运动并不唯一，$\{u\}$ 实际上是结构总位移 $\{u_a\}$ 减去拟静力位移 $\{u_s\}$ 之后的其余部分，而拟静力位移定义为给定支撑运动，按静力方法计算给出的结构位移。

拟静力位移 $\{u_s\}$ 可通过静力分析方法获得，令式（10-2）中加速度和速度项为零，即惯性力和阻尼力为零，此时的 $\{u_a\}$ 等于 $\{u_s\}$，则可以得到

$$[K]\{u_s\}=-[K_g]\{u_g\} \tag{10-4}$$

由式（10-4）可得到 $\{u_s\}$ 和 $\{u_g\}$ 的关系为

$$\{u_s\}=[E_g]\{u_g\} \tag{10-5}$$

其中

$$[E_g]=-[K]^{-1}[K_g] \tag{10-6}$$

将式（10-3）第一个方程代入式（10-2），则

$$[M]\{\ddot{u}\}+[C]\{\dot{u}\}+[K]\{u\}=\{p_{\text{eff}}(t)\} \tag{10-7}$$

其中，$\{p_{\text{eff}}(t)\}$ 表示等效地震作用向量，它的表达式为

$$\begin{aligned}\{p_{\text{eff}}(t)\}=&-([M]\{\ddot{u}_s\}+[M_g]\{\ddot{u}_g\})-([C]\{\dot{u}_s\}+[C_g]\{\dot{u}_g\})-\\&([K]\{u_s\}+[K_g]\{u_g\})\end{aligned} \tag{10-8}$$

式（10-8）右端第二项表示结构与支座的阻尼耦联，由于比较小，通常可忽略。同时，根据式（10-4）和式（10-5），式（10-8）可简化为

$$\{p_{\text{eff}}(t)\}=-([M][E_g]+[M_g])\{\ddot{u}_g\} \tag{10-9}$$

对于集中质量体系，$[M_g]=[0]$，则可得到

$$\{p_{\text{eff}}(t)\}=-[M][E_g]\{\ddot{u}_g\} \tag{10-10}$$

注意到对于不同的支承点或同一支承点的不同自由度，$\ddot{u}_g$在同一时刻的值是不同的，因此等效地震作用向量可表示为

$$\{p_{\text{eff}}(t)\}=-\sum_{l=1}^{N_g}[M]\{E_{gl}\}\ddot{u}_{gl} \tag{10-11}$$

式中，$\{E_{gl}\}$ 为 $[E_g]$ 中的第 l 列元素；$\ddot{u}_{gl}$为向量 $\{\ddot{u}_g\}$ 中的第 l 项；N_g 为支承点自由度总数。

10.1.2　多点输入问题的振型叠加法

利用振型正交条件，将多点地震动输入下的动力反应方程（10-7）解耦后，可得到

$$\ddot{q}_n+2\zeta_n\omega_n\dot{q}_n+\omega_n^2q_n=-\sum_{l=1}^{N_g}\gamma_{nl}\ddot{u}_{gl}(t) \tag{10-12}$$

式中，q_n 为第 n 阶振型广义位移；ω_n 为相应于第 n 阶振型的自振圆频率；ζ_n 为第 n 阶振型的振型阻尼比；γ_{nl} 为第 n 阶振型的振型参与系数。

$$\gamma_{nl}=\frac{\{\phi\}_n^{\mathrm{T}}[M]\{E_{gl}\}}{M_n}\qquad M_n=\{\phi\}_n^{\mathrm{T}}[M]\{\phi\}_n \tag{10-13}$$

M_n 为第 n 阶振型的广义质量。

在初始值为零的情况下，利用 Duhamel 积分可得到式（10-12）的解为

$$q_n(t) = -\sum_{l=1}^{N_g} \frac{\gamma_{nl}}{\omega_{Dn}} \int_0^t \ddot{u}_{gl}(\tau) e^{-\zeta_n \omega_n (t-\tau)} \sin\omega_{Dn}(t-\tau) d\tau \tag{10-14}$$

式中，$\omega_{Dn}=\sqrt{1-\zeta_n^2}\omega_n$，为第 n 阶有阻尼圆频率。通过求解式（10-12）得到结构的第 n 阶振型位移 q_n 后，结构相对地面的位移反应为

$$u(t) = \sum_n \{\phi\}_n q_n(t) \tag{10-15}$$

由式（10-5）求得了结构的拟静力位移 $\{u_s\}$，由式（10-15）求得了结构的动力相对位移 $\{u\}$，则多点地震动输入下结构总的反应为

$$\{u_a\} = \{u_s\} + \{u\} == \sum_{l=1}^{N_g} \{E_{gl}\} u_{gl} + \sum_n \{\phi\}_n q_n(t) \tag{10-16}$$

10.2　结构地震反应分析中的多维输入问题

地震波由于起源和传播的复杂性，导致其通过地面时的运动形式十分复杂，各点的波速、周期和相位的不同使得地面的每一部分都是一个多维度的运动，包含三个平动分量和三个围绕相应坐标轴的转动分量。结构在地震作用下，除了发生平移振动外，还会发生扭转振动。引起扭转振动的原因，一是地面运动存在转动分量，或地震时地面各点的运动存在着相位差；二是结构本身存在偏心，即结构的质量中心与刚度中心不相重合。震害表明，扭转作用会加重结构的破坏，在某些情况下成为导致结构破坏的主要因素。如 2008 年汶川地震中，映秀镇漩口中学三栋教学楼由于刚度中心和质量中心不重合，发生明显的扭转反应，导致横向倒塌，全部倒向重心所在的教室一侧。因此，在进行结构地震分析时仅仅考虑单分量地震动作用是不够的，必须考虑多分量地震作用对结构的影响。

10.2.1　多维地震输入时非对称结构的振型叠加法

计算非对称结构在多维地震动作用下的反应时，在刚性楼板假定前提下通常每层考虑三个自由度，即 x、y 方向及扭转方向。在 x 方向地震动 $\ddot{x}_g$ 和 y 方向地震动 $\ddot{y}_g$ 作用下，N 层非对称结构的运动方程可表示为

$$[M]\{\ddot{u}\}+[C]\{\dot{u}\}+[K]\{u\}=-[M]\{\ddot{u}_g\} \tag{10-17}$$

式中，$\{u\}=\{\{u\}_x^T \quad \{u\}_y^T \quad \{u\}_\theta^T\}^T$ 为结构在 x 方向、y 方向和扭转方向相对于地面的位移反应；$\{\ddot{u}_g\}=\{\{I\}^T\ddot{u}_{gx},\{I\}^T\ddot{u}_{gx},\{0\}^T\}^T$ 为地面运动加速度向量；$[M]$、$[C]$ 和 $[K]$ 为结构的 $3N$ 阶质量矩阵、阻尼矩阵和刚度矩阵，$\{I\}$ 为单位列向量。

设

$$\{u\} = \sum_{n=1}^{3N} \{\phi\}_n q_n(t) = [\Phi]\{q\} \tag{10-18}$$

式中，$\{q\}=\{q_1 \quad q_2 \quad \cdots \quad q_{3N}\}^T$ 为广义坐标向量；$[\Phi]=[\{\phi\}_1 \quad \{\phi\}_2 \quad \cdots \quad \{\phi\}_{3N}]$ 为振型矩阵。将式（10-18）代入式（10-17），可得到

$$[M][\Phi]\{\ddot{q}\}+[C][\Phi]\{\dot{q}\}+[K][\Phi]\{q\}=-[M]\{\ddot{u}_g\} \tag{10-19}$$

上式左乘 $\{\phi\}_n^T$，并利用正交条件，得

$$\ddot{q}_n + 2\zeta_n\omega_n\dot{q}_n + \omega_n^2 q_n = -\frac{\sum_{i=1}^{N} m_{ii}\phi_n(i)\ddot{u}_{gx} + \sum_{i=N+1}^{2N} m_{ii}\phi_n(i)\ddot{u}_{gy}}{\sum_{i=1}^{3N} m_{ii}\phi_n^2(i)} \tag{10-20}$$

上式可简记为

$$\ddot{q}_n + 2\zeta_n\omega_n\dot{q}_n + \omega_n^2 q_n = -(\gamma_{xn}\ddot{u}_{gx} + \gamma_{yn}\ddot{u}_{gy}) \tag{10-21}$$

式中，

$\gamma_{xn} = \dfrac{\sum_{i=1}^{N} m_{ii}\phi_n(i)}{\sum_{i=1}^{3N} m_{ii}\phi_n^2(i)}$，$\gamma_{yn} = \dfrac{\sum_{i=N+1}^{2N} m_{ii}\phi_n(i)}{\sum_{i=1}^{3N} m_{ii}\phi_n^2(i)}$，分别为第 n 振型在 x 和 y 方向的振型参与系数，$\phi_n(i)$ 为第 n 阶振型 i 自由度的分量。

求解式（10-21）得到各振型位移反应 q_n，再将 q_n 代入式（10-18）便可得到结构的地震反应。

10.2.2　多维地震作用下的反应谱方法

利用振型叠加法可求得结构在地震作用下全时程的动力反应，但工程中最为关心的是结构最大动力反应，尤其是地震内力的最大值，因此，在实际结构的抗震设计中，工程师们通常采用反应谱方法。

第 j 振型第 i 层的水平地震作用，可按下式确定：

$$\left.\begin{aligned} F_{xji} &= \alpha_j\gamma_{tj}X_{ji}G_i \\ F_{yji} &= \alpha_j\gamma_{tj}Y_{ji}G_i \\ F_{tji} &= \alpha_j\gamma_{tj}r_i^2\phi_{ji}G_i \end{aligned}\right\} \tag{10-22}$$

式中，F_{xji}、F_{yji}、F_{tji} 分别为第 j 振型 i 层的 x 方向、y 方向和扭转方向的地震作用；α_j 为第 j 阶自振频率（周期）对应的加速度反应谱值；G_i 为结构第 i 层的重力；X_{ji}、Y_{ji} 分别为第 j 振型 i 层质心在 x、y 方向的水平相对位移；ϕ_{ji} 为第 j 振型 i 层的相对扭转角；r_i 为第 i 层转动半径，可取 i 层绕质心的转动惯量除以该层质量的商的正二次方根；γ_{tj} 为考虑扭转的第 j 振型参与系数，可按式（10-23）和式（10-24）计算。

当仅取 x 方向地震作用时

$$\gamma_{tj} = \sum_{i=1}^{n} X_{ji}G_i \Big/ \sum_{i=1}^{n}(X_{ji}^2 + Y_{ji}^2 + \phi_{ji}^2 r_i^2)G_i \tag{10-23}$$

当仅取 y 方向地震作用时

$$\gamma_{tj} = \sum_{i=1}^{n} Y_{ji}G_i \Big/ \sum_{i=1}^{n}(X_{ji}^2 + Y_{ji}^2 + \phi_{ji}^2 r_i^2)G_i \tag{10-24}$$

对于扭转耦联振动的多层偏心结构，各振型的频率比较接近。将各振型的地震效应组合成总的地震作用效应时，应考虑相近频率振型之间的相关性。在单向水平地震作用下，《建筑抗震设计规范》（GB 50011—2010）中采用了完全二次型组合方法（CQC）求出地震作用效应，即

$$S=\sqrt{\sum_j\sum_k\rho_{jk}S_jS_k} \tag{10-25}$$

$$\rho_{jk}=\frac{8\zeta_j\zeta_k(1+\lambda_T)\lambda_T^{1.5}}{(1-\lambda_T^2)^2+4\zeta_j\zeta_k(1+\lambda_T^2)\lambda_T} \tag{10-26}$$

式中，S 为考虑扭转的地震作用效应；S_j、S_k 分别为第 j、k 振型地震作用产生的作用效应；ρ_{jk} 为第 j 振型与第 k 振型的耦联系数；ζ_j 和 ζ_k 为第 j 和 k 阶振型阻尼比；λ_T 为 j 振型与 k 振型的自振周期比。

利用式（10-25）分别对 x 方向和 y 方向地震输入求得地震作用效应，记为 S_x 和 S_y，则在双向水平地震动作用下的总的地震作用效应由下面两式中的最大值确定，即

$$S=\sqrt{S_x^2+(0.85S_y)^2}$$

$$S=\sqrt{S_y^2+(0.85S_x)^2} \tag{10-27}$$

以上介绍的内容仅是多维地震输入问题中的一个方面。当结构地震反应为小变形弹性反应时，多维输入地震作用下结构的反应实际上是可以解耦的，从 10.2.1 给出的计算公式可以看到，结构在 x 和 y 向地震作用下的反应，可以采用分别计算 x 向和 y 向地震作用下的反应，再将两者叠加求得。

多维地震输入问题的另一个重要方面，是 x 向和 y 向地震作用下，结构的耦合反应，即所谓的二阶效应，即便是对称结构（结构的形心、质心和刚度中心重合），在平动地震作用下，由于耦合地震反应也会产生扭转或弯曲振动效应，将产生附加扭矩，对结构的地震反应产生进一步的影响。

10.3　复模态分析方法

在实际工程中，有许多结构体系为非经典阻尼体系，其阻尼不满足正交条件，如土-结构动力相互作用体系、流体-结构相互作用体系、由阻尼截然不同的材料组成的结构体系（如钢-混凝土组合结构）及设置耗能装置的减振控制体系等。近年来迅速发展起来的复模态分析方法，为解决这类体系中的非经典阻尼解耦问题提供了一条有效途径，从而使得振型叠加法能够继续使用。

10.3.1　状态变量与状态空间

在描述对象运动的所有变量中，必定可以找到数目最少的一组变量，它们已经足以描述对象的全部运动，这组变量就称为对象的**状态变量**。对于一般的线性动力体系，其任一时刻的状态都可以用该时刻的位移和速度来表示，因此位移和速度就构成了该体系的状态变量。状态空间就是以体系的 N 个状态变量为轴所组成的 N 维空间。体系的任意状态都可以用状态空间中的一点来表示。由线性定常动力体系的微分方程经简单变量代换可得到体系状态方程。一个 N 层多自由度结构体系在单向地震动作用下的微分方程可表示为

$$[M]\{\ddot{u}\}+[C]\{\dot{u}\}+[K]\{u\}=-[M]\{I\}\ddot{u}_g(t) \tag{10-28}$$

式中，$\{I\}$ 为 N 维单位向量。

设状态变量为 $\{v\}=\begin{Bmatrix}\{u\}\\\{\dot{u}\}\end{Bmatrix}$，则 $\{\dot{v}\}=\begin{Bmatrix}\{\dot{u}\}\\\{\ddot{u}\}\end{Bmatrix}$，补充等式

$$[M]\{\dot{u}\}-[M]\{\dot{u}\}=\{0\} \tag{10-29}$$

则式（10-28）可化为关于状态向量 $\{v\}$ 的一阶微分方程

$$[M_e]\{\dot{v}(t)\}+[K_e]\{v(t)\}=-[M_e]\{\mathrm{I}_e\}\ddot{u}_g(t) \tag{10-30}$$

式中

$$[M_e]=\begin{bmatrix}[C] & [M]\\ [M] & [0]\end{bmatrix}\quad [K_e]=\begin{bmatrix}[K] & [0]\\ [0] & -[M]\end{bmatrix}\{\mathrm{I}_e\}=\begin{Bmatrix}\{\mathrm{I}\}\\ \{0\}\end{Bmatrix} \tag{10-31}$$

10.3.2　复特征值问题

与式（10-30）相对应的复特征值问题为

$$(\lambda[M_e]+[K_e])\{\varPsi_e\}=\{0\} \tag{10-32}$$

这是一个实系数的 $2N$ 阶复特征值问题。由于 $[M_e]$ 是正定矩阵，实际的结构体系又是小阻尼的，因此复特征值共轭成对出现（设无重根）。设前 N 个复特征值为

$$\lambda_j=-\sigma_j+\mathrm{i}\omega_{dj}\quad (j=1,2,\cdots,N) \tag{10-33}$$

式中，$\mathrm{i}=\sqrt{-1}$，σ_j 和 ω_{dj} 分别为 λ_j 的实部和虚部。与 λ_j 对应的复特征向量为

$$\{\varPsi_j\}=\begin{Bmatrix}\{\psi_j\}\\ \{\lambda_j\psi_j\}\end{Bmatrix}\quad (j=1,2,\cdots,N) \tag{10-34}$$

而后 N 个复特征值为

$$\lambda_{N+j}=\overline{\lambda}_j=-\sigma_j-\mathrm{i}\omega_{dj}\quad (j=1,2,\cdots,N) \tag{10-35}$$

相应的共轭复特征向量为

$$\{\varPsi_{N+j}\}=\begin{Bmatrix}\{\overline{\psi}_j\}\\ \{\overline{\lambda}_j\overline{\psi}_j\}\end{Bmatrix}\quad (j=1,2,\cdots,N) \tag{10-36}$$

记

$$[\Lambda]=\mathrm{diag}(\lambda_1,\lambda_2,\cdots,\lambda_N)$$
$$[\overline{\Lambda}]=\mathrm{diag}(\lambda_{N+1},\lambda_{N+2},\cdots,\lambda_{2N}) \tag{10-37}$$

为复特征值矩阵，相应的复特征向量值矩阵为

$$[\varPsi_e]=[\{\varPsi_1\}\quad\{\varPsi_2\}\quad\cdots\quad\{\varPsi_N\}\quad\{\varPsi_{N+1}\}\quad\{\varPsi_{N+2}\}\cdots\{\varPsi_{2N}\}] \tag{10-38}$$

10.3.3　复特征值向量的正交性

由于所有的 λ_j 和 $\{\varPsi_j\}$ 都满足式（10-32），所以有

$$\begin{Bmatrix}\{\psi_k\}\\ \{\psi_k\lambda_k\}\end{Bmatrix}^{\mathrm{T}}\left(\begin{bmatrix}[C] & [M]\\ [M] & [0]\end{bmatrix}\lambda_j+\begin{bmatrix}[K] & [0]\\ [0] & -[M]\end{bmatrix}\right)\begin{Bmatrix}\{\psi_j\}\\ \{\psi_j\lambda_j\}\end{Bmatrix}=0 \tag{10-39}$$

$$\begin{Bmatrix}\{\psi_j\}\\ \{\psi_j\lambda_j\}\end{Bmatrix}^{\mathrm{T}}\left(\begin{bmatrix}[C] & [M]\\ [M] & [0]\end{bmatrix}\lambda_k+\begin{bmatrix}[K] & [0]\\ [0] & -[M]\end{bmatrix}\right)\begin{Bmatrix}\{\psi_k\}\\ \{\psi_k\lambda_k\}\end{Bmatrix}=0 \tag{10-40}$$

式（10-40）转置后减去式（10-39），并利用 $[M_e]$ 和 $[K_e]$ 的对称性，可得

$$\begin{Bmatrix}\{\psi_k\}\\ \{\psi_k\lambda_k\}\end{Bmatrix}^{\mathrm{T}}\left(\begin{bmatrix}[C] & [M]\\ [M] & [0]\end{bmatrix}\right)\begin{Bmatrix}\{\psi_j\}\\ \{\psi_j\lambda_j\}\end{Bmatrix}(\lambda_k-\lambda_j)=0 \tag{10-41}$$

当 $j \neq k$ 时，因 $\lambda_j \neq \lambda_k$，故必有

$$\begin{Bmatrix} \{\psi_k\} \\ \{\psi_k \lambda_k\} \end{Bmatrix}^{\mathrm{T}} \left(\begin{bmatrix} [C] & [M] \\ [M] & [0] \end{bmatrix} \right) \begin{Bmatrix} \{\psi_j\} \\ \{\psi_j \lambda_j\} \end{Bmatrix} = 0 \tag{10-42}$$

将式（10-42）代入式（10-39），可得到

$$\begin{Bmatrix} \{\psi_k\} \\ \{\psi_k \lambda_k\} \end{Bmatrix}^{\mathrm{T}} \begin{bmatrix} [K] & [0] \\ [0] & -[M] \end{bmatrix} \begin{Bmatrix} \{\psi_j\} \\ \{\psi_j \lambda_j\} \end{Bmatrix} = 0 \tag{10-43}$$

将式（10-42）和式（10-43）简写为

$$\{\boldsymbol{\Psi}_k\}^{\mathrm{T}}[M_e]\{\boldsymbol{\Psi}_j\} = 0 \quad (j,k=1,2,\cdots,2N; j \neq k) \tag{10-44}$$

$$\{\boldsymbol{\Psi}_k\}^{\mathrm{T}}[K_e]\{\boldsymbol{\Psi}_j\} = 0 \quad (j,k=1,2,\cdots,2N; j \neq k) \tag{10-45}$$

式（10-44）和式（10-45）说明，体系复特征向量具有关于矩阵 $[M_e]$ 和 $[K_e]$ 的加权正交特性。由于这一特性，体系复特征向量具备了构成复状态空间基底的条件。

10.3.4 复模态叠加法

将式（10-30）中状态变量 $\{v\}$ 表示为复特征向量的线性组合形式，即

$$\{v\} = [\boldsymbol{\Psi}_e]\{z\} = \sum_{j=1}^{2N} \{\boldsymbol{\Psi}_j\} z_j \tag{10-46}$$

式中，z_j 为对应于第 j 阶复振型的广义坐标。将上式代入式（10-30），可得

$$[M_e][\boldsymbol{\Psi}_e]\{\dot{z}(t)\} + [K_e][\boldsymbol{\Psi}_e]\{z(t)\} = -[M_e]\{\mathrm{I}_e\}\ddot{u}_{\mathrm{g}}(t) \tag{10-47}$$

上式各项同乘以 $\{\boldsymbol{\Psi}_j\}^{\mathrm{T}}$，并利用正交关系式（10-44）和式（10-45），则可得到复模态空间内的运动方程

$$\dot{z}_j + \lambda_j z_j = -\eta_j \ddot{u}_{\mathrm{g}}(t) \quad (j=1,2,\cdots,2N) \tag{10-48}$$

其中

$$\lambda_j = b_j / a_j \quad (j=1,2,\cdots,2N) \tag{10-49}$$

$$a_j = \begin{Bmatrix} \{\psi_j\} \\ \{\psi_j \lambda_j\} \end{Bmatrix}^{\mathrm{T}} \begin{bmatrix} [C] & [M] \\ [M] & [0] \end{bmatrix} \begin{Bmatrix} \{\psi_j\} \\ \{\psi_j \lambda_j\} \end{Bmatrix} = \{\boldsymbol{\Psi}_j\}^{\mathrm{T}}[M_e]\{\boldsymbol{\Psi}_j\} \quad (j=1,2,\cdots,2N) \tag{10-50}$$

$$b_j = \begin{Bmatrix} \{\psi_j\} \\ \{\psi_j \lambda_j\} \end{Bmatrix}^{\mathrm{T}} \begin{bmatrix} [K] & [0] \\ [0] & -[M] \end{bmatrix} \begin{Bmatrix} \{\psi_j\} \\ \{\psi_j \lambda_j\} \end{Bmatrix} = \{\boldsymbol{\Psi}_j\}^{\mathrm{T}}[K_e]\{\boldsymbol{\Psi}_j\} \quad (j=1,2,\cdots,2N) \tag{10-51}$$

$$\eta_j = \frac{\begin{Bmatrix} \{\psi_j\} \\ \{\psi_j \lambda_j\} \end{Bmatrix}^{\mathrm{T}} \begin{bmatrix} [C] & [M] \\ [M] & [0] \end{bmatrix} \begin{Bmatrix} \{0\} \\ \{\mathrm{I}\} \end{Bmatrix}}{a_j} = \frac{\{\boldsymbol{\Psi}_j\}^{\mathrm{T}}[M_e]\{\mathrm{I}_e\}}{a_j} \quad (j=1,2,\cdots,2N) \tag{10-52}$$

式中，a_j、b_j 和 η_j 分别为复振型质量、复振型刚度和复振型参与系数。

求解式（10-48），可得到

$$z_j(t) = z_j(0)\mathrm{e}^{\lambda_j t} - \eta_j \int_0^t \mathrm{e}^{\lambda_j(t-\tau)} \ddot{u}_{\mathrm{g}}(\tau)\,\mathrm{d}\tau \quad (j=1,2,\cdots,2N) \tag{10-53}$$

式中，$z_j(0)$ 为广义坐标的初始条件，利用广义坐标与初始状态变量间的分解关系可得

$$z_j(0) = \frac{\{\boldsymbol{\Psi}_j\}^{\mathrm{T}}[M_e]\{v(0)\}}{a_j} \tag{10-54}$$

假定结构在地震开始时处于静止状态，因此 $\{z(0)\}=\{0\}$。将式（10-53）代入式（10-46）即可得到结构的地震反应，则结构的位移反应为

$$\{u\}=-\sum_{j=1}^{2N}\{\psi_j\}\eta_j\int_0^t e^{\lambda_j(t-\tau)}\ddot{u}_g(\tau)\,d\tau \tag{10-55}$$

由于真实体系只有实数解，故取上式中的实部，同时考虑 Ψ_j 与 Ψ_{N+j} 的共轭性，则有

$$\{u\}=-2\sum_{j=1}^{N}\mathrm{Re}\left[\{\psi_j\}\eta_j e^{\lambda_j t}\int_0^t e^{-\lambda_j\tau}\ddot{u}_g(\tau)\,d\tau\right] \tag{10-56}$$

复模态分析方法利用状态空间理论，将非经典阻尼体系的运动方程转换成状态方程，从而解决了这类型体系不能解耦的问题。由于在实际工程中存在大量的非经典阻尼体系，因此以复模态理论为基础的分析方法有着重要的理论意义和实际工程意义。

10.4　动态子结构法

在近代结构分析中，经常要对一些十分复杂的结构进行总体动力分析，如航空航天飞行器、高层建筑、海上采油平台和水坝等，这种结构的有限元模型可能含有数以万计的自由度。如果直接计算，往往为计算机条件所不能允许，这时可以通过划分子结构以实现特征方程的降阶。同时，考虑到大型复杂结构的制造或者是施工过程，有的分部件制造，有的分区域施工，然后组成一个大系统。这个过程正好符合模态综合法“先修改后复原”的思想，先将结构划分为彼此独立自由度较少的子结构，使其容易分析，然后将各子结构装配恢复成原先的结构，最终获得总体动力特性参数。

动态子结构法的一个突出特点是子结构的模态特性既可以从计算中得到，也可以通过试验获取，从而灵活地把试验与计算结合起来，也方便了模型验证或模型修正。子结构法的思想是于 20 世纪 60 年代提出的，之后经进一步的改进和发展已经成为大型复杂结构系统的有效计算方法。本节介绍模态综合法和界面位移综合法。

10.4.1　模态综合法

模态综合法的全称为动态子结构的模态综合法，又称为子结构法，模态（Mode）也称为振型。其基本思想为通过将结构划分为若干个相对小的子结构（部件），分析子结构的振动特性，仅保留其少数几阶低阶模态，将各子结构的低阶保留模态通过交界面的位移协调条件合成为总体结构的模态，然后进行分析计算。这样通过对子结构的模态缩减从而减少了总体结构模态的自由度。

在计算子结构的固有模态时，可以令交界面完全固定，也可以完全自由，前者称为固定界面法，而后者称为约束界面法。下面介绍固定界面法的基本原理和步骤。

1. 子结构的划分

首先将整个结构划分为若干个子结构。每个子结构应该是容易分析的，同时子结构的划分应考虑到制造和装配过程，使各子结构在连接的薄弱处分开。设共分为 s 个子结构，其中一个子结构的动力方程为（暂不考虑阻尼）

$$\begin{bmatrix}[M_{ii}] & [M_{ij}]\\ [M_{ji}] & [M_{jj}]\end{bmatrix}\begin{Bmatrix}\{\ddot{X}_i\}\\ \{\ddot{X}_j\}\end{Bmatrix}+\begin{bmatrix}[K_{ii}] & [K_{ij}]\\ [K_{ji}] & [K_{jj}]\end{bmatrix}\begin{Bmatrix}\{X_i\}\\ \{X_j\}\end{Bmatrix}=\begin{Bmatrix}\{p_i\}\\ \{p_j\}\end{Bmatrix} \tag{10-57}$$

式中，[M] 和 [K] 分别为子结构的质量矩阵和刚度矩阵；{X} 和 {p} 为物理位移和外力向量。下标 i 和 j 分别表示为与子结构内部自由度和交界面自由度相关的量。

2. 子结构的固定界面主模态

固定交界面的自由度，即 $\{X_j\}=\{0\}$，求子结构的固定界面主模态。结构自由振动，故其内部自由度不受外力，$\{p_i\}=\{0\}$。展开（10-57）式的第一行可以得到

$$[M_{ii}]\{\ddot{X}_i\}+[K_{ii}]\{X_i\}=\{0\} \tag{10-58}$$

其特征方程为

$$[K_{ii}][\Phi]=[M_{ii}][\Phi][\Lambda] \tag{10-59}$$

式中的模态 [Φ] 已经关于质量归一化了，而且按照频率由小到大升序排列。根据要求计算精度的不同可以将其分为低阶保留模态和舍弃的高阶模态，即

$$[\Phi]=[[\Phi_k]\quad[\Phi_h]] \tag{10-60}$$

式中，k 和 h 分别为保留的低阶模态数和舍弃的高阶模态数。

3. 子结构的约束模态

依次给交界面上的自由度以单位位移，同时保持其余自由度固定，按照下式求出子结构静力反应的约束模态，即

$$\begin{bmatrix}[K_{ii}] & [K_{ij}]\\ [K_{ji}] & [K_{jj}]\end{bmatrix}\begin{bmatrix}[\psi_{ij}]\\ [I_{jj}]\end{bmatrix}=\begin{bmatrix}[0]\\ [p_{jj}]\end{bmatrix} \tag{10-61}$$

式中，单位矩阵 [I_{jj}] 表示依次给每个交界面自由度以单位位移，同时其余交界面自由度固定；[ψ_{ij}] 为相应的子结构内部自由度的静力位移；[p_{jj}] 为交界面自由度上的反力矩阵。故可得子结构的约束模态矩阵

$$[\Psi]=\begin{bmatrix}[\psi_{ij}]\\ [I_{jj}]\end{bmatrix}=\begin{bmatrix}-[K_{ii}]^{-1}[K_{ij}]\\ [I_{jj}]\end{bmatrix} \tag{10-62}$$

4. 子结构的模态综合

根据子结构的固定界面模态和约束模态可以形成该子结构缩减后的模态，称为主模态，用 [ϕ] 表示。子结构的节点位移为交界面固定时的位移和交界面各自由度分别发生单位位移时产生位移的叠加，由主模态表示为

$$\{X\}=\begin{Bmatrix}\{X_i\}\\ \{X_j\}\end{Bmatrix}=\begin{bmatrix}[\Phi_k] & [\psi_{ij}]\\ [0] & [I_{jj}]\end{bmatrix}\begin{Bmatrix}\{u_k\}\\ \{u_j\}\end{Bmatrix}=[\phi]\begin{Bmatrix}\{u_k\}\\ \{u_j\}\end{Bmatrix} \tag{10-63}$$

式中，$\{u_k\}$ 和 $\{u_j\}$ 分别为相应于主模态的模态坐标。由于仅保留了子结构的低阶模态和交界面自由度产生的约束模态，子结构的自由度得到了缩减。对于每个子结构，其位移皆可如此形成。

5. 第一次坐标变换，形成非耦合的总体方程

利用子结构的主模态表示出其位移后，需按照子结构间的交界面位移协调条件合成总体结构位移。下面以两个子结构，即 α 和 β 子结构来说明连接过程，首先对子结构动力方程进行降阶并合成非耦合的总体结构方程。子结构 α 和 β 的位移分别为

$$\{X^{\alpha}\}=\begin{Bmatrix}\{X_i^{\alpha}\}\\ \{X_j^{\alpha}\}\end{Bmatrix}=\begin{bmatrix}[\Phi_k^{\alpha}] & [\psi_{ij}^{\alpha}]\\ [0] & [I_{jj}^{\alpha}]\end{bmatrix}\begin{Bmatrix}\{u_k^{\alpha}\}\\ \{u_j^{\alpha}\}\end{Bmatrix}=[\phi^{\alpha}]\{u^{\alpha}\} \tag{10-64}$$

和

$$\{X^{\beta}\}=\begin{Bmatrix}\{X_i^{\beta}\}\\\{X_j^{\beta}\}\end{Bmatrix}=\begin{bmatrix}[\Phi_l^{\beta}] & [\psi_{ij}^{\beta}]\\ [0] & [I_{jj}^{\beta}]\end{bmatrix}\begin{Bmatrix}\{u_l^{\beta}\}\\\{u_j^{\beta}\}\end{Bmatrix}=[\phi^{\beta}]\{u^{\beta}\} \tag{10-65}$$

式中，子结构 α 的低阶保留模态数目为 k；子结构 β 的低阶保留模态数目为 l。子结构 α 和 β 采用主模态表示的总体结构动力方程为

$$[M_{\mu}]\{\ddot{u}\}+[K_{\mu}]\{u\}=[\phi]^{\mathrm{T}}\{p\} \tag{10-66}$$

式中，

$$[M_{\mu}]=\begin{bmatrix}[M_{\mu}^{\alpha}] & [0]\\ [0] & [M_{\mu}^{\beta}]\end{bmatrix},\ [M_{\mu}^{\alpha}]=[\phi^{\alpha}]^{\mathrm{T}}[M^{\alpha}][\phi^{\alpha}],$$

$$[M_{\mu}^{\beta}]=[\phi^{\beta}]^{\mathrm{T}}[M^{\beta}][\phi^{\beta}] \tag{10-67}$$

$$[K_{\mu}]=\begin{bmatrix}[K_{\mu}^{\alpha}] & [0]\\ [0] & [K_{\mu}^{\beta}]\end{bmatrix},[K_{\mu}^{\alpha}]=[\phi^{\alpha}]^{\mathrm{T}}[K^{\alpha}][\phi^{\alpha}],[K_{\mu}^{\beta}]=[\phi^{\beta}]^{\mathrm{T}}[K^{\beta}][\phi^{\beta}] \tag{10-68}$$

式中，$[M^{\alpha}]$，$[K^{\alpha}]$，$[M^{\beta}]$ 和 $[K^{\beta}]$ 分别为子结构 α 和 β 的质量矩阵和刚度矩阵。

$$\{u\}=\begin{Bmatrix}\{u^{\alpha}\}\\\{u^{\beta}\}\end{Bmatrix},[\phi]=\begin{bmatrix}[\phi^{\alpha}]\\ [\phi^{\beta}]\end{bmatrix} \tag{10-69}$$

此时，子结构之间是非耦合。

6. 第二次坐标变换，实现子结构的连接

事实上，两个子结构模态坐标中的各元素并不都互相独立，其交界面处的模态坐标分量是重复的。由于交界面为子结构 α 和 β 共有，交界面处需满足如下的协调条件：

位移协调条件

$$\{X_j^{\alpha}\}=\{X_j^{\beta}\} \tag{10-70}$$

力协调条件

$$\{p_j^{\alpha}\}+\{p_j^{\beta}\}=\{0\} \tag{10-71}$$

将式（10-64）和式（10-65）第二行展开并代入式（10-70），可得

$$\{u_j^{\alpha}\}=\{u_j^{\beta}\} \tag{10-72}$$

这样，可以在总体模态坐标合成时消去重复的交界面模态坐标。于是，总体结构的模态坐标可以表示为

$$\{u\}=\begin{Bmatrix}\{u^{\alpha}\}\\\{u^{\beta}\}\end{Bmatrix}=\begin{Bmatrix}\{u_k^{\alpha}\}\\\{u_j^{\alpha}\}\\\{u_l^{\beta}\}\\\{u_j^{\beta}\}\end{Bmatrix}=\begin{bmatrix}[I] & [0] & [0]\\ [0] & [I] & [0]\\ [0] & [0] & [I]\\ [0] & [I] & [0]\end{bmatrix}\begin{Bmatrix}\{u_k^{\alpha}\}\\\{u_j^{\alpha}\}\\\{u_l^{\beta}\}\end{Bmatrix}=[S]\begin{Bmatrix}\{u_k^{\alpha}\}\\\{u_j^{\alpha}\}\\\{u_l^{\beta}\}\end{Bmatrix}=[S]\{q\} \tag{10-73}$$

式中，$[S]$ 为第二次坐标转换矩阵

$$[S]=\begin{bmatrix}[I] & [0] & [0]\\ [0] & [I] & [0]\\ [0] & [0] & [I]\\ [0] & [I] & [0]\end{bmatrix} \tag{10-74}$$

$\{q\}$ 为总体结构的模态坐标向量

$$\{q\}=\begin{Bmatrix}\{u_k^\alpha\}\\ \{u_j^\alpha\}\\ \{u_l^\beta\}\end{Bmatrix}$$

将式（10-73）代入式（10-66），可得

$$[M_q]\{\ddot{q}\}+[K_q]\{q\}=\{p_q\}=[S]^{\mathrm{T}}[\phi]^{\mathrm{T}}\{p\} \tag{10-75}$$

式中

$$[M_q]=[S]^{\mathrm{T}}[M_u][S],\quad [K_q]=[S]^{\mathrm{T}}[K_u][S] \tag{10-76}$$

下面分析一下广义力 $\{p_q\}$ 的特点。将式（10-69）和式（10-74）代入后，可得

$$\{p_q\}=[S]^{\mathrm{T}}[\phi]^{\mathrm{T}}\{p\}=\begin{bmatrix}[I] & [0] & [0] & [0]\\ [0] & [I] & [0] & [I]\\ [0] & [0] & [I] & [0]\end{bmatrix}\begin{bmatrix}[\Phi_k^\alpha] & [0] & [\Phi_l^\beta] & [0]\\ [\psi_{ij}^\alpha] & [I_{jj}^\alpha] & [\psi_{ij}^\beta] & [I_{jj}^\beta]\end{bmatrix}\begin{Bmatrix}\{0\}\\ \{p_j^\alpha\}\\ \{0\}\\ \{p_j^\beta\}\end{Bmatrix}$$

$$=\begin{Bmatrix}\{0\}\\ \{p_i^\alpha+p_j^\beta\}\\ \{0\}\end{Bmatrix}=\begin{Bmatrix}\{0\}\\ \{0\}\\ \{0\}\end{Bmatrix} \tag{10-77}$$

式（10-75）变为

$$[M_q]\{\ddot{q}\}+[K_q]\{q\}=\{0\} \tag{10-78}$$

上式为子结构对接后总体结构的自由振动方程，模态坐标的自由度数目 q 比原来的物理坐标数目 N 大为减少，因此缩减了体系的自由度。

7. 模态综合法中交界面自由度的处理

经过处理后，虽然各子结构的内部自由度得到了缩减，但由于将交界面的全部物理坐标直接作为总体结构的广义坐标，当用于多个子结构组成的复杂结构时，交界面的坐标数目往往很多，使得式（10-78）求解规模仍然很大，因此有必要对交界面自由度进行缩减，以提高计算效率。一种方法为类似于模态缩减法，通过保留交界面自由度的主要低阶模态，舍弃其高阶模态，进行交界面自由度的缩减。另一种方法为 Guyan 缩减法，将交界面自由度分为主自由度和副自由度，通过将副自由度凝缩掉而仅保留主自由度达到自由度缩减的目的。

采用模态综合法计算的各低阶特征值与原结构低阶特征值的误差，跟子结构划分是否得当，各子结构低阶保留模态是否合理有很大关系。一般地，这样求出总体结构的主模态中，前 1/3 低阶模态具有可以接受的精度。

10.4.2　界面位移综合法

子结构的模态综合法通过子结构模态的截断达到缩减总体结构动力自由度的目的。界面位移综合法通过另一种途径，即把子结构的内部自由度直接向其交界面凝聚，从而有效地缩减结构系统动力分析的自由度。由于界面位移综合法不涉及子结构模态坐标的概念，不进行子结构主模态分析，因而原理简明、方法简单。不同的子结构凝聚方法形成不同的界面位移综合法，下面首先介绍一下对结构的次要自由度（副自由度）进行约化降阶的两种方法。

1. 子结构的 Guyan 静力凝聚

Guyan 凝聚方法建立在静力平衡方程的基础上，是早期大型复杂结构缩减动力分析自由度的有效计算方法之一。Guyan 凝聚方法将结构的自由度划分为主自由度和副自由度，忽略副自由度的惯性。由于在求解主位移时忽略了这种惯性效应，而仅考虑了其静力的弹性，Guyan 凝聚方法也称为静力凝聚方法。子结构的动力方程可写成

$$\begin{bmatrix} [M_{\mathrm{mm}}] & [M_{\mathrm{ms}}] \\ [M_{\mathrm{sm}}] & [M_{\mathrm{ss}}] \end{bmatrix} \begin{Bmatrix} \{\ddot{X}_{\mathrm{m}}\} \\ \{\ddot{X}_{\mathrm{s}}\} \end{Bmatrix} + \begin{bmatrix} [K_{\mathrm{mm}}] & [K_{\mathrm{ms}}] \\ [K_{\mathrm{sm}}] & [K_{\mathrm{ss}}] \end{bmatrix} \begin{Bmatrix} \{X_{\mathrm{m}}\} \\ \{X_{\mathrm{s}}\} \end{Bmatrix} = \begin{Bmatrix} \{0\} \\ \{0\} \end{Bmatrix} \tag{10-79}$$

式中，$[M]$ 和 $[K]$ 分别为子结构的质量矩阵和刚度矩阵，下标 m 和 s 分别表示子结构的主自由度（master DOF）和副自由度（slave DOF）。忽略式（10-79）中副自由度的惯性，令其为零，即

$$\begin{bmatrix} [M_{\mathrm{mm}}] & [0] \\ [0] & [0] \end{bmatrix} \begin{Bmatrix} \{\ddot{X}_{\mathrm{m}}\} \\ \{\ddot{X}_{\mathrm{s}}\} \end{Bmatrix} + \begin{bmatrix} [K_{\mathrm{mm}}] & [K_{\mathrm{ms}}] \\ [K_{\mathrm{sm}}] & [K_{\mathrm{ss}}] \end{bmatrix} \begin{Bmatrix} \{X_{\mathrm{m}}\} \\ \{X_{\mathrm{s}}\} \end{Bmatrix} = \begin{Bmatrix} \{0\} \\ \{0\} \end{Bmatrix} \tag{10-80}$$

展开上式中的第二行，可得

$$\{X_{\mathrm{s}}\} = -[K_{\mathrm{ss}}]^{-1}[K_{\mathrm{sm}}]\{X_{\mathrm{m}}\} \tag{10-81}$$

$$\begin{Bmatrix} \{X_{\mathrm{m}}\} \\ \{X_{\mathrm{s}}\} \end{Bmatrix} = \begin{bmatrix} [I] \\ -[K_{\mathrm{ss}}]^{-1}[K_{\mathrm{sm}}] \end{bmatrix} \{X_{\mathrm{m}}\} = [T_{\mathrm{G}}]\{X_{\mathrm{m}}\} \tag{10-82}$$

于是，式（10-79）简化为

$$[M_{\mathrm{G}}]\{\ddot{X}_{\mathrm{m}}\} + [K_{\mathrm{G}}]\{X_{\mathrm{m}}\} = \{0\} \tag{10-83}$$

式中，$[M_{\mathrm{G}}]$ 和 $[K_{\mathrm{G}}]$ 为 Guyan 凝聚质量矩阵和刚度矩阵

$$\begin{aligned} [M_{\mathrm{G}}] &= [T_{\mathrm{G}}]^{\mathrm{T}}[M][T_{\mathrm{G}}] \\ [K_{\mathrm{G}}] &= [T_{\mathrm{G}}]^{\mathrm{T}}[K][T_{\mathrm{G}}] \end{aligned} \tag{10-84}$$

这样就等于将结构的刚度和质量全部凝聚到主自由度上，使总体结构的自由度得到了缩减。得到主自由度的位移后，通过求解式（10-79）中的第二行，便可以得到副自由度的位移。

在子结构一级水平上实施 Guyan 凝聚，就形成了最简单的界面位移综合法。

Guyan 凝聚方法用于子结构中，将子结构的交界面自由度作为主自由度，而将其内部自由度作为副自由度，下面以两个子结构 α 和 β 的对接说明其过程。

根据式（10-82），子结构 α 的坐标转换矩阵为 $[T_{\mathrm{G}}^{\alpha}]$，子结构 β 的坐标转换矩阵为 $[T_{\mathrm{G}}^{\beta}]$。子结构 α 和 β 的交界面位移分别为

$$\{X^{\alpha}\} = \begin{Bmatrix} \{X_{jm}^{\alpha}\} \\ \{X_{is}^{\alpha}\} \end{Bmatrix} = [T_{\mathrm{G}}^{\alpha}]\{X_{jm}^{\alpha}\} \tag{10-85}$$

$$\{X^{\beta}\} = \begin{Bmatrix} \{X_{jm}^{\beta}\} \\ \{X_{is}^{\beta}\} \end{Bmatrix} = [T_{\mathrm{G}}^{\beta}]\{X_{jm}^{\alpha}\} \tag{10-86}$$

式中，$\{X_{jm}\}$ 为交界面主自由度的物理位移；$\{X_{is}\}$ 为交界面副自由度的物理位移。子结构 α 和 β 向交界面凝聚后的动力方程为

$$[M_G^\alpha]\{\ddot{X}_{jm}^\alpha\}+[K_G^\alpha]\{X_{jm}^\alpha\}=\{p_{jm}^\alpha\} \tag{10-87}$$

$$[M_G^\beta]\{\ddot{X}_{jm}^\beta\}+[K_G^\beta]\{X_{jm}^\beta\}=\{p_{jm}^\beta\} \tag{10-88}$$

交界面需满足如下的协调条件：

位移协调条件

$$\{X_{jm}^\alpha\}=\{X_{jm}^\beta\}=\{X_{jm}\} \tag{10-89}$$

力协调条件

$$\{p_{jm}^\alpha\}+\{p_{jm}^\beta\}=\{0\} \tag{10-90}$$

将式（10-89）代入式（10-87）和式（10-88）后并相加，然后将式（10-90）代入可得

$$[[M_G^\alpha]+[M_G^\beta]]\{\ddot{X}_{jm}\}+[[K_G^\alpha]+[K_G^\beta]]\{X_{jm}\}=\{0\} \tag{10-91}$$

上式通过 Guyan 凝聚方法将两个子结构的内部自由度全部凝聚到交界面上，从而缩减了体系的自由度，求解上式即可得到结构的低阶特征值和特征向量。

2. 子结构的 Kuhar 动力凝聚

Guyan 静力凝聚方法假定静变位模式计算动能，忽略了惯性效应。而 Kuhar 考虑了这种近似误差，提出了 Kuhar 动力凝聚方法，也称为动力变换法。下面介绍 Kuhar 方法。

式（10-79）可重写为

$$\begin{bmatrix}[K_{mm}]-\omega_i^2[M_{mm}] & [K_{ms}]-\omega_i^2[M_{ms}]\\ [K_{sm}]-\omega_i^2[M_{sm}] & [K_{ss}]-\omega_i^2[M_{ss}]\end{bmatrix}\begin{Bmatrix}\{X_m\}\\ \{X_s\}\end{Bmatrix}=\begin{Bmatrix}\{0\}\\ \{0\}\end{Bmatrix} \tag{10-92}$$

将上式第二行展开得

$$([K_{sm}]-\omega_i^2[M_{sm}])\{X_m\}+([K_{ss}]-\omega_i^2[M_{ss}])\{X_s\}=\{0\} \tag{10-93}$$

或

$$\{X_s\}=-([K_{ss}]-\omega_i^2[M_{ss}])^{-1}([K_{sm}]-\omega_i^2[M_{sm}])\{X_m\}=[\eta]\{X_m\} \tag{10-94}$$

式中，副自由度向主自由度映射的矩阵为 $[\eta]$，且

$$[\eta]=-([K_{ss}]-\omega_i^2[M_{ss}])^{-1}([K_{sm}]-\omega_i^2[M_{sm}]) \tag{10-95}$$

总体坐标变换为

$$\begin{Bmatrix}\{X_m\}\\ \{X_s\}\end{Bmatrix}=\begin{bmatrix}[I]\\ [\eta]\end{bmatrix}\{X_m\}=[T_K]\{X_m\} \tag{10-96}$$

于是，式（10-92）简化为

$$[M_K]\{\ddot{X}_m\}+[K_K]\{X_m\}=\{0\} \tag{10-97}$$

式中，$[M_K]$ 和 $[K_K]$ 为 Kuhar 凝聚质量矩阵和刚度矩阵，即

$$\begin{aligned}[M_K]&=[T_K]^T[M][T_K]\\ [K_K]&=[T_K]^T[K][T_K]\end{aligned} \tag{10-98}$$

可见，Guyan 静力凝聚是 Kuhar 动力凝聚当 $\omega_i=0$ 的特殊形式。在计算时先估计一个特征值，一般采用 Guyan 计算的特征值作为估计值进行迭代计算，可以证明其结果收敛于系统的真实解。

10.5　结构动力分析中的物理非线性问题

结构动力分析中的物理非线性主要是指结构恢复力的非线性问题。恢复力是指结构或构件

在外荷载去除后恢复原来形状的能力。恢复力曲线模型一般包括骨架曲线、滞回特性、刚度退化规律三个组成部分。确定恢复力曲线的方法有试验拟合法、系统识别法、理论计算法。

已提出的结构非线性恢复力模型大体上可分为曲线形模型和折线形模型。曲线形恢复力模型是由连续曲线构成，刚度变化连续，符合工程需要，但刚度计算复杂。折线形恢复力模型由若干直线段所构成，刚度变化不连续，存在拐点或突变点，但由于刚度计算简单，因而在工程中得到了广泛应用。常用的恢复力模型有兰伯格-奥斯古德（Romberg-Osgood）模型、克拉夫（Clough）退化双线性模型、武田（Tekeda）模型等。

10.5.1　几个重要的恢复力曲线模型

1. 双线性模型

双线性恢复力模型是结构分析中最简单、最基本的恢复力模型。该模型的滞回规律是：加载时先沿骨架曲线进行，屈服后的加载刚度为屈服刚度，无论是否达到屈服，卸载刚度和初始加载刚度相同。卸载至零载后进行反向加载，反向加载时的刚度为初始刚度，达到屈服后变为屈服刚度，如图 10-1 所示。

2. 克拉夫（Clough）退化双线性模型

克拉夫退化双线性模型（见图 10-2）是较早提出的刚度退化模型，主要是作为钢筋混凝土结构受弯构件的恢复力特性模型提出来的。该模型刚度退化方程为

$$K_r = K_y \left| \frac{u_m}{u_y} \right|^{-\alpha} \tag{10-99}$$

式中，u_y 和 K_y 分别为屈服位移和初始刚度；u_m 为最大位移；K_r 为对应于 u_m 的退化刚度；α 为刚度退化指数。

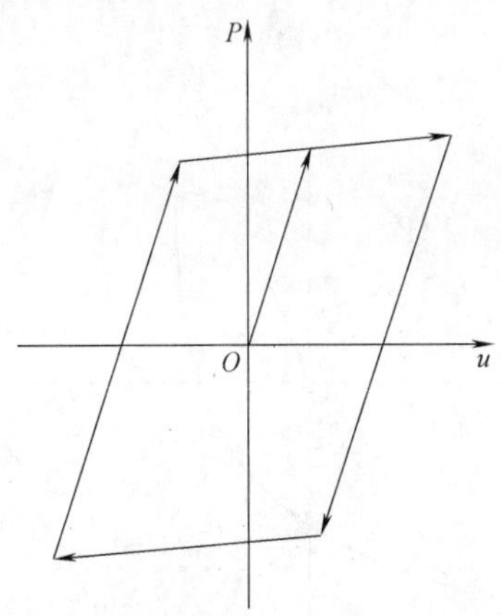

图 10-1　双线性模型

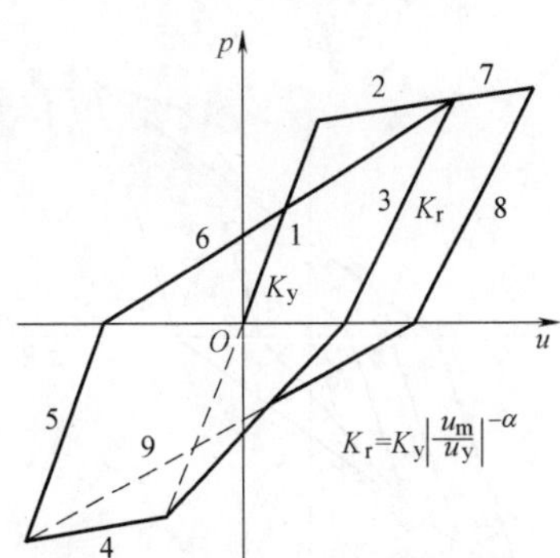

图 10-2　克拉夫退化双线性模型

克拉夫模型的滞回规律是：加载时先沿骨架曲线进行，在进入屈服段以后，卸载刚度按式（10-99）采用。卸载至零载进行反向加载时则指向反向位移的最大点，如反向未屈服则指向反向屈服点。次滞回规则与主滞回规则相同，克拉夫模型的骨架曲线可根据实际需要取为平顶或坡顶两种。

克拉夫模型能较好地符合钢筋混凝土构件动力性能的主要特性，其滞回规则又比较简单，因此得到广泛的应用。一般情况下，对坡顶形骨架曲线，屈服后的刚度通常取为屈服前

刚度的 5%~10%。

3. 武田（Tekeda）模型

武田模型是根据较多的钢筋混凝土构件试验所得的恢复力特性抽象出来的，适用于以弯曲破坏为主的情况。主要特性有：

1）考虑开裂所引起的构件刚度降低，骨架曲线取为三折线：开裂前直线用于线弹性阶段，混凝土受拉开裂后用第二段直线，纵向受拉钢筋屈服后用第三段直线。

2）卸载刚度退化规律与克拉夫模型近似，即卸载刚度随变形增加而降低，具体形式为

$$K_r=\frac{P_f+P_y}{u_f+u_y}\left|\frac{u_m}{u_y}\right|^{-\alpha} \tag{10-100}$$

式中，u_f、P_f 为开裂点 C 的位移和荷载；u_y、P_y 为屈服点 Y 的位移和荷载；其余参数同前。

3）采用了较为复杂的主、次滞回规律。其核心可概括为：卸载刚度按式（10-100）计算，主滞回反向加载按反方向是否开裂、屈服分别考虑，次滞回反向加载指向外侧滞回曲线的峰点，如图 10-3 所示。

4. 兰伯格-奥斯古德（Romberg-Osgood）模型

兰伯格-奥斯古德模型（见图 10-4）最初是为表示金属材料的恢复力模型而提出来的，后来广泛用作土体、钢筋材料的非线性恢复力模型。模型骨架曲线用屈服强度 P_y、屈服位移 u_y 和形状指数 γ 三个基本参数确定，即

$$\frac{u}{u_y}=\frac{P}{P_y}\left(1+\eta\left|\frac{P}{P_y}\right|^{\gamma-1}\right) \tag{10-101}$$

式中，η 为常系数，根据材料特性的不同而确立。当 $\gamma=1$ 时，为线弹性情况；当 $\gamma\to\infty$ 时，为理想塑性情况。γ 值对结构动力反应有重要影响，较大的指数 γ 对应于较高的滞回耗能和较大的塑性残余变形。

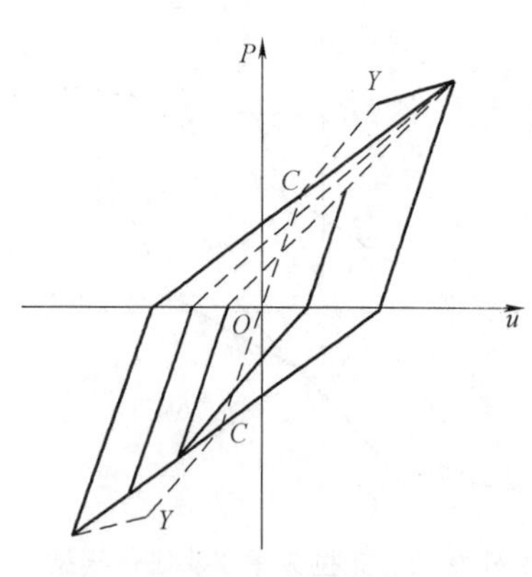

图 10-3 武田模型

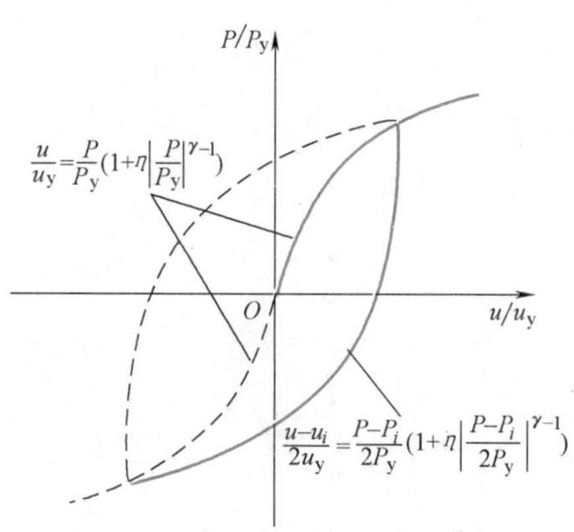

图 10-4 兰伯格-奥斯古德模型

滞回曲线的形状定义为

$$\frac{u-u_i}{2u_y}=\frac{P-P_i}{2P_y}\left(1+\eta\left|\frac{P-P_i}{2P_y}\right|^{\gamma-1}\right) \tag{10-102}$$

式中，u_i 和 P_i 为卸载时的位移和荷载坐标值。

兰伯格-奥斯古德（Romberg-Osgood）模型假定主、次滞回曲线都服从式（10-102）的规律。

10.5.2　双向恢复力模型

以上所介绍的三个模型基本上都属于平面力系的恢复力模型，而实际结构和结构构件都是处于空间受力状态，因此要进一步考虑多向力作用下的结构性能和相应的恢复力模型。

利用塑性力学模型构造双向恢复力模型，本质上是一种比拟法，即以内力空间来代替应力空间，以截面曲率代替应变。这种比拟法并没有严格的证明，然而它是一种可行的方案，特别是这方面的探索性研究获得了试验结果的初步支持之后，基于这一方法的研究与应用日渐增多。

本节以钢筋混凝土双轴受弯柱为例，介绍利用塑性力学模型构造双向恢复力模型的过程。

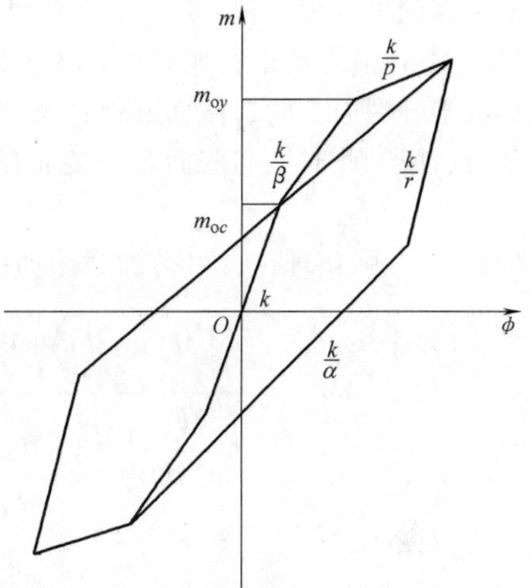

图 10-5　单轴受力三折线恢复力模型

1. 基本假定

1）截面任一主轴方向的弯矩曲率骨架曲线为三折线，如图 10-5 所示。

2）杆件轴力为常量。

图 10-5 中，m_{oc} 和 m_{oy} 分别为单轴加载时的开裂和屈服弯矩，k 为初始弹性刚度，β、p、r、α 分别为开裂后、屈服后、卸载时和卸载再加载时的刚度相关系数。

2. 加载曲面函数

设构件承受双轴弯矩 m_x 和 m_y 与轴力作用。显然，m_x 和 m_y 与轴力构成内力空间。加载过程中构件截面上的任一内力组合（m_x，m_y，n）为内力空间加载点，根据第一条假定，加载过程中，构件截面受力状态可分为弹性状态、开裂状态和屈服状态三种。由于假定轴力为常量，因而可用双轴弯矩空间中的开裂曲面和屈服曲面来描述三种受力状态。

考虑到截面屈服属于截面破坏阶段，因而屈服曲面可用构件破坏的相关曲线形式来描述。根据试验分析，双轴弯矩作用的钢筋混凝土构件截面破坏相关曲线可表示为

$$\left(\frac{m_x}{m_{ux}}\right)^{\rho_1}+\left(\frac{m_y}{m_{uy}}\right)^{\rho_2}=1 \tag{10-103}$$

式中，m_{ux} 和 m_{uy} 分别表示单轴加载时 x 轴和 y 轴的极限弯矩；ρ_1 和 ρ_2 为曲面指数。

参照式（10-103），可将构件的开裂加载面 F_c 表示为

$$F_c=\left(\frac{|m_x-m_x^c|}{m_{ox}^c}\right)^{\rho}+\left(\frac{|m_y-m_y^c|}{m_{oy}^c}\right)^{\rho}-1=0 \tag{10-104}$$

式中，m_x^c 和 m_y^c 分别表示开裂加载曲面中心坐标；m_{ox}^c 和 m_{oy}^c 分别表示单轴加载时 x 轴和 y 轴的开裂弯矩。

同样，屈服加载面 F_y 可表示为

$$F_y=\left(\frac{|m_x-m_x^y|}{m_{ox}^y}\right)^{\rho}+\left(\frac{|m_y-m_y^y|}{m_{oy}^y}\right)^{\rho}-1=0 \tag{10-105}$$

式中，m_x^y 和 m_y^y 分别表示屈服加载曲面中心坐标；m_{ox}^y 和 m_{oy}^y 分别表示单轴加载时 x 轴和 y 轴的屈服弯矩。

3. 强化理论

假设构件在双轴弯矩空间中的开裂与屈服加载曲面的运动规律符合随动强化理论，加载过程中，随着塑性应变的增加，加载曲面仅发生无旋转的刚性位移，形状和大小不发生改变。显然，随动强化理论包含了 Bauschinger 效应。根据加载曲面运动方式不同，已提出的随动强化理论可分为三种：Prager 强化理论、Ziegler 强化理论和 Mroz 强化理论。

根据 Mroz 强化理论，加载点位于开裂面内时截面处于弹性阶段，加载面不发生移动；加载点位于开裂面上时，截面开裂；继续加载，开裂面与加载点一起移动，加载点达到屈服面时截面屈服。此时，屈服面与开裂面在加载点相切，继续加载时，开裂面和屈服面随加载点一起移动。

根据 Mroz 强化理论，可得加载曲面中心移动增量向量表达式为

$$\{\mathrm{d}M_{\mathrm{c}}\}=\frac{[([M_{\mathrm{u}}]-[I])\{M\}-([M_{\mathrm{u}}]\{M_{\mathrm{c}}\}-\{M_{\mathrm{y}}\})]\dfrac{\partial F_{\mathrm{y}}}{\partial\{M\}}\{\mathrm{d}M\}}{\left(\dfrac{\partial F_{\mathrm{y}}}{\partial\{M\}}\right)^{\mathrm{T}}[([M_{\mathrm{u}}]-[I])\{M\}-([M_{\mathrm{u}}]\{M_{\mathrm{c}}\}-\{M_{\mathrm{y}}\})]} \tag{10-106}$$

和

$$\{\mathrm{d}M_{\mathrm{y}}\}=\frac{(\{M\}-\{M_{\mathrm{y}}\})\dfrac{\partial F_{\mathrm{y}}}{\partial\{M\}}\{\mathrm{d}M_{\mathrm{y}}\}}{\left(\dfrac{\partial F_{\mathrm{y}}}{\partial\{M\}}\right)^{\mathrm{T}}(\{M\}-\{M_{\mathrm{y}}\})} \tag{10-107}$$

式中，$\{\mathrm{d}M\}$ 为弯矩增量向量；$\{\mathrm{d}M_{\mathrm{c}}\}$ 和 $\{\mathrm{d}M_{\mathrm{y}}\}$ 分别为开裂和屈服加载曲面中心移动增量向量；$[I]$ 为单位矩阵；$[M_{\mathrm{u}}]$ 为对角矩阵，$[M_{\mathrm{u}}]=\mathrm{diag}\left[\dfrac{m_{ox}^{\mathrm{y}}}{m_{ox}^{\mathrm{c}}},\ \dfrac{m_{oy}^{\mathrm{y}}}{m_{oy}^{\mathrm{c}}}\right]$。

4. 截面本构模型

构件截面本构关系是描述截面变形增量 $\{\mathrm{d}u\}$ 与内力增量 $\{\mathrm{d}M\}$ 之间的数学表达式。考虑到截面塑性变形增量为加载点所在的各加载曲面塑性变形增量之和，故截面总变形增量可表示为

$$\{\mathrm{d}u\}=\{\mathrm{d}u_{\mathrm{e}}\}+\{\mathrm{d}u_{\mathrm{c}}\}+\{\mathrm{d}u_{\mathrm{y}}\} \tag{10-108}$$

式中，$\{\mathrm{d}u_{\mathrm{e}}\}$ 为截面弹性变形增量向量；$\{\mathrm{d}u_{\mathrm{c}}\}$ 和 $\{\mathrm{d}u_{\mathrm{y}}\}$ 分别表示开裂面与屈服面塑性变形增量向量。

利用塑性力学的正交流动法则，可导出

$$\{\mathrm{d}u_i\}=\frac{\left(\dfrac{\partial F_i}{\partial\{M\}}\right)\left(\dfrac{\partial F_i}{\partial\{M\}}\right)^{\mathrm{T}}}{\left(\dfrac{\partial F_i}{\partial\{M\}}\right)^{\mathrm{T}}[K_i]\left(\dfrac{\partial F_i}{\partial\{M\}}\right)}\{\mathrm{d}M\}\quad(i=\mathrm{c},\mathrm{y}) \tag{10-109}$$

其中，塑性刚度矩阵可表示为

$$[K_i]=\begin{bmatrix}\dfrac{\partial m_x}{\partial u_{ix}} & \dfrac{\partial m_x}{\partial u_{iy}}\\[2ex] \dfrac{\partial m_y}{\partial u_{ix}} & \dfrac{\partial m_y}{\partial u_{iy}}\end{bmatrix}\quad(i=\mathrm{c},\mathrm{y}) \tag{10-110}$$

上式 $[K_i]$ 中非对角元素不为零，反映了双轴弯矩间存在相互作用和影响。

将式（10-109）代入式（10-110），可得截面本构关系为

弹性阶段

$$\{du\}=[K_c]^{-1}\{dM\} \tag{10-111a}$$

开裂阶段

$$\{du\}=\left([K_e]^{-1}+\frac{\left(\frac{\partial F_c}{\partial\{M\}}\right)\left(\frac{\partial F_c}{\partial\{M\}}\right)^{\mathrm{T}}}{\left(\frac{\partial F_c}{\partial\{M\}}\right)^{\mathrm{T}}[K_c]\left(\frac{\partial F_c}{\partial\{M\}}\right)}\right)\{dM\} \tag{10-111b}$$

屈服阶段

$$\{du\}=\left([K_e]^{-1}+\frac{\left(\frac{\partial F_c}{\partial\{M\}}\right)\left(\frac{\partial F_c}{\partial\{M\}}\right)^{\mathrm{T}}}{\left(\frac{\partial F_c}{\partial\{M\}}\right)^{\mathrm{T}}[K_c]\left(\frac{\partial F_c}{\partial\{M\}}\right)}+\frac{\left(\frac{\partial F_y}{\partial\{M\}}\right)\left(\frac{\partial F_y}{\partial\{M\}}\right)^{\mathrm{T}}}{\left(\frac{\partial F_y}{\partial\{M\}}\right)^{\mathrm{T}}[K_y]\left(\frac{\partial F_y}{\partial\{M\}}\right)}\right)\{dM\} \tag{10-111c}$$

一般来说，确定 $[K_i]$ 中非对角元素较为困难，目前实用中通常取非对角元素为零，而对角线元素利用单轴三折线恢复力模型确定。于是，各阶段刚度矩阵可表示为

$$[K_e]=\mathrm{diag}\left[\frac{k_x}{r_x},\ \frac{k_y}{r_y}\right] \tag{10-112a}$$

$$[K_c]=\mathrm{diag}\left[\frac{k_x}{\alpha_x-r_x},\ \frac{k_y}{\alpha_y-r_y}\right] \tag{10-112b}$$

$$[K_y]=\mathrm{diag}\left[\frac{k_x}{p_x-\alpha_x},\ \frac{k_y}{p_y-\alpha_y}\right] \tag{10-112c}$$

考虑到双轴恢复力特性间存在的相互耦合影响，令

$$r_x'=r_y'=\max(r_x,r_y) \tag{10-113a}$$

$$\alpha_x'=\alpha_x+q\alpha_y \tag{10-113b}$$

$$\alpha_y'=\alpha_y+q\alpha_x \tag{10-113c}$$

式中，q 为截面的双轴恢复力特性耦合系数。用 r_x'、r_y'、α_x'和 α_y'代替 r_x'、r_y'、α_x 和 α_y，则有

$$[K_e]=\mathrm{diag}\left[\frac{k_x}{r_x'},\frac{k_y}{r_y'}\right] \tag{10-114a}$$

$$[K_c]=\mathrm{diag}\left[\frac{k_x}{\alpha_x'-r_x'},\frac{k_y}{\alpha_y'-r_y'}\right] \tag{10-114b}$$

$$[K_y]=\mathrm{diag}\left[\frac{k_x}{p_x-\alpha_x'},\frac{k_y}{p_y-\alpha_y'}\right] \tag{10-114c}$$

5. 加、卸载判别准则

加载点沿不同的开裂曲面或屈服曲面继续移动而材料继续产生塑性变形称为加载；加载点沿同一开裂曲面或屈服曲面移动，材料既不产生塑性变形和强化，也不进入弹性区，称为

中性变载；加载点由开裂曲面或屈服曲面进入弹性区域称为卸载。

根据塑性理论中的 Drucker 塑性公设，可导出加、卸载判别准则为

$$\left(\frac{\partial F_i}{\partial\{M\}}\right)^{\mathrm{T}}[K_{\mathrm{e}}]\{\mathrm{d}u\}\begin{cases}>0 & \text{加载}\\ =0 & \text{中性变载}\\ <0 & \text{卸载}\end{cases}\quad (\mathrm{i}=\mathrm{c},\mathrm{y}) \tag{10-115}$$

10.6　结构动力分析中的几何非线性问题

结构的几何非线性是另外一种非线性现象，非线性方程的求解方法已经在 10.5 节中进行了介绍，本节以结构的 P-Δ 效应为例，初步介绍结构的几何非线性问题。

10.6.1　P-Δ 效应

P-Δ 效应是指结构在水平力的作用下，结构发生侧向位移 Δ 时，竖向力 P 的作用会使结构产生附加弯矩和附加侧移，从而使总弯矩和总侧移增加的现象。

如图 10-6 所示的单质点力学体系，其中质点的质量为 m，考虑它为两个自由度。为方便起见，x 方向的相对位移表示为 u_x，y 方向的相对位移表示为 u_y；水平荷载用 $p_x(x)$ 表示，竖向荷载用 $p_y(x)$ 表示；模型的水平和竖向刚度分别为 k_x 和 k_y；相应的阻尼为 c_x 和 c_y；杆长为 l。

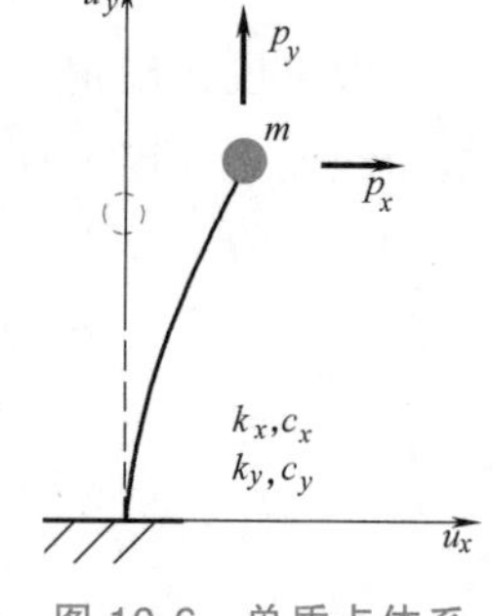

图 10-6　单质点体系

由图 10-6 可知，当结构发生较大水平位移后，竖向外荷载和竖向惯性力在基底产生的弯矩为

$$M=-p_y u_x+m\ddot{u}_y u_x=(-p_y+\ddot{u}_y)u_x \tag{10-116}$$

附加弯矩可用质点上一个能产生同样大小弯矩的等效水平力来替代，等效水平力为

$$p_{\mathrm{eq}}=M/l=(-p_y+m\ddot{u}_y)u_x/l=k_{\mathrm{P}}u_x \tag{10-117}$$

式中，$k_{\mathrm{P}}=(-p_y+m\ddot{u}_y)/l$ 为影响刚度。

这样，包含 P-Δ 效应的质点水平运动方程为

$$m\ddot{u}_x+c_x\dot{u}_x+k_x u_x=p_x+p_{\mathrm{eq}} \tag{10-118}$$

将式（10-117）代入上式，则有

$$m\ddot{u}_x+c_x\dot{u}_x+(k_x-k_{\mathrm{p}})u_x=p_x \tag{10-119}$$

竖向运动方程为

$$m\ddot{u}_y+c_y\dot{u}_y+k_y u_y=p_y \tag{10-120}$$

从以上运动方程可以看出，竖向运动方程是独立的，因此可以在给定初始条件下求出 u_y 后，代入水平运动方程，联合相应的初始条件，便可求解水平位移 u_x。一般来说，考虑 P-Δ 效应等于降低了结构的刚度，通常情况下这会使结构的反应增大。同时，应该注意到，由于水平位移虽然随着水平外荷载的增加而增加，但它们之间并不是正比关系，因此，式（10-119）虽然形式上是线性的，但实质上它是一个非线性方程。

10.6.2　多自由度体系的 P-Δ 效应问题

超高层建筑、电视塔及烟囱等一些高耸结构，由于所承受的风荷载、地震作用等水平荷载较大，因而会产生较大的水平位移。这种情况下，结构的 P-Δ 效应比较明显，在进行动力分析和抗震设计时都应该考虑到 P-Δ 效应的影响。

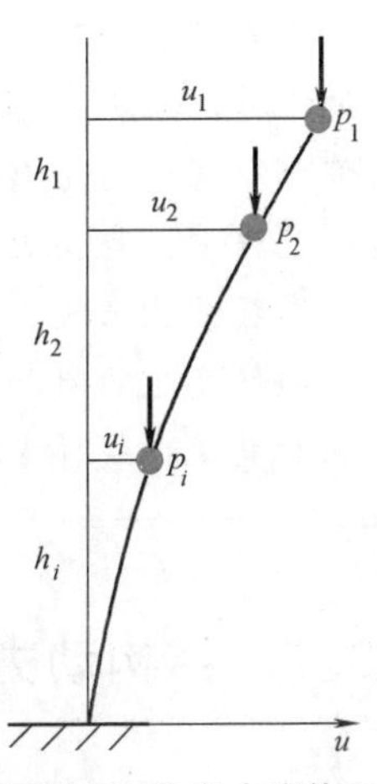

图 10-7　多自由度体系

考虑如图 10-7 所示的多自由度体系，按 10.6.1 所述的计算等效侧向力的方法，可以导出多自由度体系等效侧向力向量为

$$\{p_{eq}\}=[K_P]\{u\} \tag{10-121}$$

式中，$\{u\}$ 为体系的侧向位移向量；$[K_P]$ 为体系的影响刚度矩阵。这样，多自由度体系的运动方程即可表示为

$$[M]\{\ddot{u}\}+[C]\{\dot{u}\}+([K]-[K_P])\{u\}=\{p(t)\} \tag{10-122}$$

按照上节所述求解多自由度体系非线性运动方程的方法，则可求解该体系的动力反应。

例 10-1　某电视塔由塔座、塔身、塔楼和塔杆组成，结构对称性好，总高度为 408m，地面输入为 EL Centro 地震波，南北向输入，最大地震动加速度调整为 100cm/s^2。以此为例，说明 P-Δ 效应对结构动力反应的影响。

解：将整个塔沿高度分成 26 段，形成有 26 个质点的弯曲串联多自由度体系，其刚度矩阵由直接刚度法形成，阻尼采用瑞雷阻尼，阻尼比取 0.02，采用体系合适的两阶频率计算阻尼系数。通过计算得到体系的最大位移和最大弯矩，见表 10-1。

表 10-1　某电视塔计算结果

质点号	最大位移/m			质点号	最大弯矩/10^8N·m		
	不考虑 P-Δ 效应	考虑 P-Δ 效应	差值 (%)		不考虑 P-Δ 效应	考虑 P-Δ 效应	差值 (%)
1	0.899	0.912	1.49	14	1.162	1.154	-0.71
2	0.679	0.710	4.66	15	1.142	1.137	-0.41
3	0.516	0.540	4.71	16	1.612	1.610	-0.09
4	0.399	0.414	3.61	17	1.805	1.790	-0.88
5	0.324	0.329	1.54	18	1.883	1.802	-4.32
6	0.258	0.258	-0.08	19	1.814	1.725	-4.88
7	0.203	0.213	5.03	20	1.694	1.604	-5.34
8	0.177	0.187	6.00	21	1.861	1.732	-6.93
9	0.154	0.164	6.50	22	2.736	2.637	-3.62
10	0.133	0.142	6.55	23	3.760	3.593	-4.45
11	0.118	0.124	4.57	24	4.810	5.145	6.96
12	0.107	0.111	4.13	25	6.627	6.613	5.53
13	0.095	0.099	4.09	26	9.475	9.843	3.89

由表中数据可以看出：考虑 P-Δ 效应时的反应值不一定在每个自由度上都比不考虑时的大；考虑与不考虑 P-Δ 效应时，位移的最大差别为 6.5%左右，弯矩的最大差别接近 7%，它们都没有达到 10%。形成这种情况是因为在地震作用下，结构的变形过程十分复杂，在这一过程中，竖向力产生的附加弯矩在结构的某些部位可以和水平地震力产生的弯矩反号；对超高层结构来说，地震反应中的高阶振型含量丰富，那种蛇形变形会使各质点重力对体系下方部位产生的附加弯矩也出现反号现象。上述两者都会减弱 P-Δ 效应。但是，6%~7%的差别对电视塔这样重要的设施来说，是一个不容忽视的问题。

10.7 结构动力参数识别和动力检测

随着计算能力和计算方法的发展，结构分析模型的精度越来越高。但是由于认识水平和结构复杂性的限制，理论模型和实际结构之间总是存在一定的差距。其中最主要的是边界条件不完全符合实际，复杂结构中的某些材料特性也随着环境条件而变化，设计和施工误差造成理论模型也与实际结构不符等。同时，使用期间的疲劳与退化也改变了结构的特性。因此，需要对结构进行动力参数识别和检测，以评估其实际的运行状态，并为维护、加固提供可靠的依据。

动力检测是指利用结构的动力反应进行结构性态识别的方法，包括对结构进行激励的方式、反应量（位移、速度和加速度）和测量位置的选择，以及对测量信号的处理方式和结构识别方法。结构的性态在物理空间内通过结构的刚度、质量和阻尼等物理参数，或者在模态空间内通过固有频率、阻尼比和振型等模态参数来描述。结构动力参数识别是指利用通过动力测试得到的结构动力反应来识别结构参数的方法，可分为时域和频域两种方法，本节介绍模态参数频域识别方法的基本概念和原理，以及动力检测基本内容。

10.7.1 动力参数频域识别方法

多自由度体系结构的动力方程为

$$[M]\{\ddot{u}\}+[C]\{\dot{u}\}+[K]\{u\}=\{p(t)\} \tag{10-123}$$

式中，$[M]$、$[C]$ 和 $[K]$ 的意义同前；$\{p(t)\}$ 为激振力向量；u、$\dot{u}$ 和 $\ddot{u}$ 分别为结构的位移、速度和加速度反应向量。对式（10-123）进行 Laplace 变换（拉氏变换），可得

$$([M]s^2+[C]s+[K])\{U(s)\}=\{P(s)\}=[H_{\mathrm{d}}(s)]^{-1}\{U(s)\} \tag{10-124}$$

式中，$\{P(s)\}$ 和 $\{U(s)\}$ 分别为结构的 $\{p(t)\}$ 和 $\{u(t)\}$ 的拉氏变换；$[H_{\mathrm{d}}(s)]^{-1}$ 的表达式如下

$$[H_{\mathrm{d}}(s)]^{-1}=[M]s^2+[C]s+[K] \tag{10-125}$$

式中，$[H_{\mathrm{d}}(s)]$ 为结构的位移传递函数，该函数建立了在复数 s 域内结构的位移反应和激励之间的映射关系。将式（10-125）两边同乘以振型矩阵 $[\Phi]$，则

$$\begin{aligned}[\Phi]^{\mathrm{T}}[H_{\mathrm{d}}(s)]^{-1}[\Phi]&=[\Phi]^{\mathrm{T}}([M]s^2+[C]s+[K])[\Phi]\\&=\mathrm{diag}(M_j)s^2+\mathrm{diag}(C_j)s+\mathrm{diag}(K_j)\end{aligned} \tag{10-126}$$

式中，振型矩阵 $[\Phi]$ 由各阶振型向量 $\{\phi\}_j(j=1,2,\cdots,N)$ 组成，即 $[\Phi]=[\{\phi\}_1,\{\phi\}_2\cdots\{\phi\}_N]$；$M_j$，$C_j$ 和 K_j 分别为结构的第 j 阶振型质量、振型阻尼和振型刚度；diag（.）表示

对角矩阵。

对式（10-126）求逆，并两边分别左乘和右乘 $[\boldsymbol{\Phi}]$ 和 $[\boldsymbol{\Phi}]^{\mathrm{T}}$，得

$$[H_{\mathrm{d}}(s)]=[\boldsymbol{\Phi}](\mathrm{diag}(1/(M_i s^2+C_i s+K_i))[\boldsymbol{\Phi}]^{\mathrm{T}}$$

$$=\sum_{i=1}^{N}\frac{\{\phi\}_i\{\phi\}_i^{\mathrm{T}}}{M_i s^2+C_i s+K_i}=\sum_{i=1}^{N}\frac{\{\phi\}_i\{\phi\}_i^{\mathrm{T}}}{M_i(s^2+2\zeta_i\omega_i s+\omega_i^2)} \tag{10-127}$$

上式为位移传递函数的表达式。当结构在零初始条件下（速度和加速度均为零时），由拉氏变换的性质可得

$$H_{\mathrm{a}}(s)=sH_{\mathrm{v}}(s)=s^2H_{\mathrm{d}}(s) \tag{10-128}$$

由于傅里叶变换是拉氏变换当 $s=\mathrm{i}\omega$ 时的特例，因此由式（10-127）和式（10-128）可得

$$[H_{\mathrm{a}}(\mathrm{i}\omega)]=\mathrm{i}\omega[H_{\mathrm{v}}(\mathrm{i}\omega)]=(\mathrm{i}\omega)^2[H_{\mathrm{d}}(\mathrm{i}\omega)]=-\omega^2\sum_{i=1}^{N}\frac{\{\phi\}_i\{\phi\}_i^{\mathrm{T}}}{M_i(-\omega^2+2\mathrm{i}\zeta_i\omega_i\omega+\omega_i^2)} \tag{10-129}$$

式中，$[H_{\mathrm{a}}(\mathrm{i}\omega)]$，$[H_{\mathrm{v}}(\mathrm{i}\omega)]$ 和 $[H_{\mathrm{d}}(\mathrm{i}\omega)]$ 分别为结构的加速度、速度和位移传递函数，该函数建立了在频域 ω 内结构的反应和激励之间的映射关系。

下面以加速度传递函数为例说明其意义。传递函数的任一元素 $H_{\mathrm{a}}^{rp}(\mathrm{i}\omega)$ 表示 r 点激振、p 点拾振的分量，其表达式为

$$H_{\mathrm{a}}^{rp}(\mathrm{i}\omega)=-\omega^2\sum_{i=1}^{N}\frac{\phi_{ri}\phi_{pi}}{M_i(-\omega^2+2\mathrm{i}\zeta_i\omega_i\omega+\omega_i^2)} \tag{10-130}$$

式中，ϕ_{ri} 和 ϕ_{pi} 分别为结构第 i 阶振型的 r 和 p 自由度的分量。

传递函数的任一列元素 $\{H_{\mathrm{a}}^{p}(\mathrm{i}\omega)\}$ 表示各自由度分别激振、p 点拾振的加速度反应；而任一行元素 $\{H_{\mathrm{a}}^{r}(\mathrm{i}\omega)\}^{\mathrm{T}}$ 表示在 r 自由度激振、所有自由度同时拾振的加速度反应。由于 $[H_{\mathrm{a}}(\mathrm{i}\omega)]=[H_{\mathrm{a}}(\mathrm{i}\omega)]^{\mathrm{T}}$，即传递函数矩阵为对称阵，所以 $H_{\mathrm{a}}^{rp}(\mathrm{i}\omega)=H_{\mathrm{a}}^{pr}(\mathrm{i}\omega)$，即传递函数矩阵中 r 点激振、p 点拾振的元素与 p 点激振、r 点拾振的元素相等，这就是传递函数的互易性定理，常在试验中据此检查试验设置的好坏和测量数据的质量。

传递函数 $[H(\mathrm{i}\omega)]$ 是频率的函数，为复数，可以通过幅值和相位表示，也可以通过实部和虚部表示，为复平面上的向量。传递函数反映了结构的特性，通过它便可以了解结构的特征，频域识别方法就是通过传递函数对结构参数进行识别。试验时，通过同时测量激励和加速度反应的时程信号，经过放大器和抗混滤波器后进行模/数转换和快速 Fourier 变换（FFT）变成频域信号，获得传递函数后按照参数辨识方法识别模态参数。

对于多自由度结构体系，在传递函数幅值谱的曲线中会出现多个峰值（峰值数量与结构的自由度数相同），但由式（10-130）可以看出，在某阶固有频率附近，其他模态的贡献可以忽略而按照单自由度体系处理。下面介绍参数识别最基本的幅值法和分量分析法。

1. 幅值法

传递函数的幅值与结构的动力放大系数是等价的，可以按照半功率带宽法的步骤识别结构的固有频率和阻尼比。下面说明振型的识别方法。在 r 自由度激振、所有自由度同时拾振可得到传递函数的一列（或一行）元素 $\{H_{\mathrm{a}}^{r}(\mathrm{i}\omega)\}$，由式（10-130）可知，当频率等于第 i

阶固有频率时，传递函数幅值可以近似表示为

$$|H_{\mathrm{a}}^{rp}(\mathrm{i}\omega)| \cong |H_{\mathrm{a}}^{rp}(\mathrm{i}\omega_i)| = \frac{\phi_{ri}\phi_{pi}}{2M_i\zeta_i} \tag{10-131}$$

式中，只有 ϕ_{pi} 随测点位置不同而变化，其余皆为由激振自由度 r 和第 i 阶模态所决定的常数，因而传递函数幅值与 ϕ_{pi} 成正比，这里 ϕ_{pi} 为结构的第 i 阶模态。所以各自由度加速度传递函数幅频曲线在某阶模态频率处的峰值之比近似等于该阶模态在各自由度处的分量之比。

2. 分量分析法

分量分析法通过将传递函数分解为实部和虚部进行分析来识别模态参数。将式（10-130）中的传递函数分解为实部和虚部

$$\begin{aligned}
\mathrm{Re}(H_{\mathrm{a}}^{rp}(\mathrm{i}\omega)) &= \omega^2 \sum_{i=1}^{N} \frac{(\omega^2-\omega_i^2)\phi_{ri}\phi_{pi}}{M_i[(\omega^2-\omega_i^2)^2+(2\zeta_i\omega_i\omega)^2]} \\
&= \frac{(\omega^2-\omega_i^2)\phi_{ri}\phi_{pi}}{M_i[(\omega^2-\omega_i^2)^2+(2\zeta_i\omega_i\omega)^2]} + \omega^2 \sum_{\substack{j=1\\ j\neq i}}^{N} \frac{(\omega^2-\omega_j^2)\phi_{rj}\phi_{pj}}{M_j[(\omega^2-\omega_i^2)^2+(2\zeta_i\omega_i\omega)^2]} \\
&= \frac{(\omega^2-\omega_i^2)\phi_{ri}\phi_{pi}}{M_i[(\omega^2-\omega_i^2)^2+(2\zeta_i\omega_i\omega)^2]} + H_{\mathrm{Re}}^{r}
\end{aligned} \tag{10-132}$$

和

$$\begin{aligned}
\mathrm{Im}[H_{\mathrm{a}}^{rp}(\mathrm{i}\omega)] &= \omega^2 \sum_{i=1}^{N} \frac{2\zeta_i\omega_i\omega\phi_{ri}\phi_{pi}}{M_i[(\omega^2-\omega_i^2)^2+(2\zeta_i\omega_i\omega)^2]} \\
&= \omega^2 \frac{2\zeta_i\omega_i\omega\phi_{ri}\phi_{pi}}{M_i[(\omega^2-\omega_i^2)^2+(2\zeta_i\omega_i\omega)^2]} + \omega^2 \sum_{\substack{j=1\\ j\neq i}}^{N} \frac{2\zeta_j\omega_j\omega\phi_{rj}\phi_{pj}}{M_j[(\omega^2-\omega_i^2)^2+(2\zeta_i\omega_i\omega)^2]} \\
&= \omega^2 \frac{2\zeta_i\omega_i\omega\phi_{ri}\phi_{pi}}{M_i[(\omega^2-\omega_i^2)^2+(2\zeta_i\omega_i\omega)^2]} + H_{\mathrm{Im}}^{r}
\end{aligned} \tag{10-133}$$

当频率在第 i 阶固有频率附近时，该阶模态起主导作用，称为主模态。若各固有频率间隔较大，在主模态附近其余模态的影响较小，可以用常数来表示，即上式中的 H_{Re}^{r}、H_{Im}^{r} 称为剩余模态的实部与虚部。在远离固有频率处，剩余模态曲线比较平坦，几乎不随频率而变化。剩余模态使实频和虚频图相对于坐标轴平移一段距离，称为剩余柔度线。

在固有频率附近，传递函数实部与剩余柔度线的交点为零，而传递函数虚部达到极值，据此可确定固有频率。由于虚频曲线的峰值估计较准且不受剩余柔度的影响，一般采用虚频曲线峰值确定固有频率。而阻尼比系数可对虚频曲线的峰值采用半功率带宽法进行计算。在主模态处如果不计剩余柔度的影响，传递函数虚频的一列可表示为

$$\mathrm{Im}\{H_{\mathrm{a}}^{r}(\mathrm{i}\omega_i)\} = \frac{\phi_{ri}\{\phi\}_i}{M_i 2\zeta_i} = \frac{\phi_{ri}}{M_i 2\zeta_i}\begin{Bmatrix}\phi_{1i}\\ \phi_{2i}\\ \vdots\\ \phi_{Ni}\end{Bmatrix} \tag{10-134}$$

由于$\dfrac{\phi_{ri}}{M_i 2\zeta_i}$为由激振自由度 r 和第 i 阶模态决定的常数，这样由式（10-134）即可确定结

构的第 i 阶模态 $\{\phi\}_i$。因此，各自由度加速度传递函数虚频曲线在某阶模态频率处的峰值之比等于该阶模态振型在各自由度处的坐标之比。虽然式（10-134）与式（10-131）在表达式形式上相同，但二者有本质的区别。在式（10-134）中剩余模态的影响已经去除，因而传递函数虚频曲线所确定的振型是准确的。

在频域中的参数识别方法还有导纳圆法，即将传递函数的实部和虚部分别作为实轴和虚轴而形成一个圆形（也称为 Nyquist 图），通过圆的特征而识别各参数。其他的频域参数识别方法还有正交多项式拟合法、非线性加权最小二乘法和 Levy 法等。

10.7.2　动力检测的激励和测量

1. 激励方法

为了测量结构的传递函数，需要对其激励而产生振动，激励方式一般有两种：人工激励和环境激励。人工激励是利用激振器或者其他激振装置对待测结构施加稳定正弦激励的方式。其缺点在于普通的激振器能量较小，而土木工程结构一般比较庞大，难以使结构有效地激振起来，可激发出的模态数量相对较少。而待测结构周围大地环境的微小振动（称为地脉动）、风及结构的活荷载可引起工程结构的低幅振动，称为环境激励。自然地脉动的位移幅值从千分之几到几微米，频带从 0.1Hz 到 100Hz，而脉动风能激励起结构的幅值相对较大。采用环境激励时反应的信噪比较低，试验需要时间较长。

2. 数字信号分析中的迭混与泄漏

在数字信号分析过程中可能出现各种各样的误差，主要有过载、数字变换噪声、量化、动态范围限制等因素引起的误差，最重要的两类误差是迭混和泄漏。

迭混是在采样过程中将连续信号转变为时间域的离散信号时造成的。采样在数学上相当于用一个单位脉冲序列组成的梳状函数去乘以原始的连续信号。经过采样后，采样信号的频谱包含着原始信号频谱及附加的无限个经过平移的原始信号频谱（频谱的幅值均乘以常数倍个采样频率），平移量等于采样频率及其各次倍频。理论分析表明，当连续信号的频谱的最大频率小于采样频率的一半时，经过采样后的信号频谱与原信号频谱完全一致，即信号无失真；当信号的频谱的最大分析频率大于采样频率的一半时，平移频谱将与原始信号频谱重叠，使采样后的某些频带的幅值与原始信号频谱不同，这种现象称为迭混。频率迭混使采样信号产生失真，造成误差。其物理意义是，采样频率太低，采样点过少，以致采样后的信号不能复员原始信号。这就要求分析信号中的最高频率 f_{max} 满足著名的香农（Shannon）采样定理，即

$$f_{max} \leqslant f_s/2 \tag{10-135}$$

式中，f_s 为采样频率。滤除所有高于 $f_s/2$ 的频率分量即可避免迭混现象的发生。

泄漏是指在时间信号经过傅里叶变换后，在频域中出现了本不属于原始信号的附加分量，相当于能量“泄漏”到附加的频率分量上去了。泄漏产生的根源在于测量必须在有限的观测时间内进行，相当于人为地将连续的时间信号加了一个矩形窗，破坏了离散傅里叶变换的基本假定，即被观测信号在观测时间内必须是周期的。泄漏可以通过根据信号类型的不同而加不同的窗函数来解决。常用的窗函数有矩形窗（Rectangle Window）、平顶窗（Flat Top Window）、汉宁窗（Hanning Window）、海明窗（Hamming Window）、高斯窗（Gauss Window）、力窗和指数窗等。加窗实质上是在进行傅里叶变换前将观测时间内非周期的信号

乘上一个两端近似为零窗函数，使其满足傅里叶变换的周期性要求。在随机振动分析中，一般采用汉宁窗或者海明窗；在锤击试验中，对力信号要加力窗，对响应信号加指数窗。采用非矩形窗函数有一个弊端，它们使信号中的总能量减少，从而降低了频域中的幅值，也相当于增加了结构中的阻尼。

3. 环境激励时的参数识别方法

参数识别的基本原理是建立在已知系统的输出和输入来求得复频反应函数（频域）或脉冲反应函数（时域），从而实现对系统参数的识别。对土木工程结构而言，结构的振动反应（输出）由安置在结构各部位的传感器记录得到，然而在实际工作环境条件下，大型复杂实际结构的激励（输入）却不是那么容易可以测到的。虽然有一些专用的激振设备和相应输入-输出测试装置，但现场实验条件、结构的复杂性和实测数据质量等因素往往限制了这类专用激振设备的使用。一些重型的激振装置都很昂贵，势必增加了系统识别的成本，且用这种方法必然影响结构或线路的正常工作，这对使用繁忙的结构会带来诸多不便。另一方面，像车辆、行人、风及其组合等是作用于结构上的环境或自然激励，用环境激励引起的振动对结构系统进行识别显然具有许多优点：无须贵重的激励设备，不打断结构的正常使用，方便省时，只需测定反应数据。同时，直接从结构工作状态的振动反应数据识别模态参数更符合实际情况和边界条件，可以实现对结构的参数识别、在线损伤检测和实时健康监测，这已成为土木工程结构系统识别十分活跃的课题。由于此时仅仅有环境振动反应的输出数据，对真正的输入情况是不知道的，因此系统识别过程是只知输出的系统识别。环境振动系统识别对传统系统识别的方法也是一种挑战，需要应用一些特殊的识别技术，因为环境振动反应一般振动幅值很小，随机性很强，噪声影响和数据量大等。

环境激励时地脉动、风及结构活荷载往往同时作用在结构上，而且分布在结构不同位置，通常很难甚至无法测量其输入信号。此时，只能利用输出信号来识别结构的参数。在频域识别时假定输入为平稳白噪声，其功率谱为一常数，这样结构反应的自功率谱与传递函数的二次方成正比，通过结构各测点反应的功率谱进行参数识别。反应功率谱的峰值所对应的频率一般是结构的固有频率，但由于噪声和激励并非完全平稳的影响，需要测量多个测点反应的功率谱进行比较才能最终确定结构的各阶固有频率。其判别原则为：①多个测点反应的自功率谱峰值位于同一频率处；②模态频率处各测点间的相干函数值较大；③各测点在模态频率附近具有近似同相位或反相位的特点。在阻尼较小和频率间隔较大的情况下，振型可以认为是各测点反应信号的互功率谱与自功率谱的比值。

采用环境激励的参数识别方法中时域识别方法具有较大的优越性，因为时域法仅采用结构反应的时间历程，无须知道激励即可进行识别。时域识别方法有基于离散时间数据的 ARMA 模型、特征实现算法（ERA）、自然激励技术（NET）、随机子空间法（SSI）等。其中，随机子空间方法具有较大的优越性，即将结构系统的二阶控制微分方程写成为状态方程形式，构成了一个动力学系统的离散时间状态空间模型，并假定过程噪声和测量噪声为零均值的白噪声。然后采用矩阵的 QR 分解、奇异值分解（SVD）及最小二乘等来识别系统状态矩阵和观测矩阵，并由它们的特征值分解最终确定结构的模态参数，即自振频率、阻尼比和振型。

思　考　题

10-1　什么是 $P\text{-}\Delta$ 效应？$P\text{-}\Delta$ 效应的本质是什么？如何处理高层结构动力反应问题分析中的 $P\text{-}\Delta$ 效应？

10-2　什么是结构健康监测？什么是结构检测？两者的研究目标和采用的研究方法有什么异同？

10-3　什么是结构地震反应问题中的多维地震动输入问题，这一问题的本质是什么？

10-4　什么是结构多点地震动输入问题，如何建立这一问题的运动方程，能否用振型叠加法分析该问题？

10-5　什么是物理非线性？在结构地震反应分析研究中，大体上有几种层面的结构物理非线性模型？

参考文献

[1] CHOPRA A K. 结构动力学 [M]. 谢礼立，吕大刚，等译. 北京：高等教育出版社，2016.

[2] CLOUGH R W, PENZIEN J. Dynamics of Structures [M]. New York: McGraw-Hill, 1995.

[3] 克拉夫，彭津. 结构动力学 [M]. 王光远，等译. 北京：高等教育出版社，2006.

[4] 威尔逊. 结构静力与动力分析 [M]. 北京金土木软件技术有限公司，中国建筑标准设计研究院，译. 北京：中国建筑工业出版社，2006.

[5] 李东旭. 高等结构动力学 [M]. 北京：科学出版社，2010.

[6] 唐友刚. 高等结构动力学 [M]. 天津：天津大学出版社，2002.

[7] 龙驭球，包世华，袁驷. 结构力学 [M]. 北京：高等教育出版社，2018.

[8] 王勖成. 有限单元法 [M]. 北京：清华大学出版社，2003.

[9] 张雄，王天舒，刘岩. 计算动力学 [M]. 北京：清华大学出版社，2015.

[10] 朱位秋. 随机振动 [M]. 北京：科学出版社，2018.

[11] 盛聚，谢式千，潘承毅. 概率论与数理统计 [M]. 北京：高等教育出版社，2008.

[12] 林家浩，张亚辉. 随机振动的虚拟激励法 [M]. 北京：科学出版社，2006.

[13] 李宏男. 结构多维抗震理论 [M]. 北京：科学出版社，2006.

[14] 柴田明德. 结构抗震分析 [M]. 曲哲，译. 北京：中国建筑工业出版社，2020.

[15] 沈聚敏，周锡元，高小旺，等. 抗震工程学 [M]. 北京：中国建筑工业出版社，2015.

[16] 李国强，李杰. 工程结构动力检测理论与应用 [M]. 北京：科学出版社，2002.

[17] AVITABILE P. Modal Testing-A Practitioner's Guide [M]. Hoboken: John Wiley & Sons Ltd, 2017.

[18] 陆秋海，李德葆. 工程振动试验分析 [M]. 北京：清华大学出版社，2015.

[19] 海伦，拉门兹，萨斯. 模态分析理论与试验 [M]. 白化同，郭继忠，译. 北京：北京理工大学出版社，2001.

[20] 诸德超，邢誉峰. 工程振动基础 [M]. 北京：北京航空航天大学出版社，2004.

[21] 张相庭，王志培，等. 结构振动力学 [M]. 上海：同济大学出版社，2005.

[22] THOMSON W T, DAHLEH M D. 振动理论及应用：第 5 版/英文版 [M]. 北京：清华大学出版社，2007.

[23] RAO S S. 机械振动 [M]. 李欣业，张理诚，译. 北京：清华大学出版社，2016.